U0426894

中国地质调查成果 CGS 2018—011
广西天等龙原—德保那温地区锰矿整装勘查区
关键基础地质研究项目资助(12120114052601)

广西西南地区锰矿及早三叠世岩相古地理与锰矿找矿方向

GUANGXI XINAN DIQU MENGKUANG JI ZAOSANDIESHI YANXIANG GUDILI YU MENGKUANG ZHAOKUANG FANGXIANG

夏柳静 汤朝阳 李 堃 文运强
赵武强 刘 飞 李荣志 高 翔 等编著

内容简介

桂西南锰矿富集区是我国乃至亚洲有名的锰成矿带，分布有超大型、特大型、大中型锰矿床几十处。含锰地层有上泥盆统榴江组、五指山组，下石炭统大塘组，下三叠统北泗组。针对锰矿的勘查、科研工作自20世纪五六十年代开始，经过21世纪初找矿突破战略行动的推动，取得了丰硕的成果，积累了宝贵的资料。本专著依托“广西天等龙原—德保那温地区锰矿整装勘查区关键基础地质研究项目”(12120114052601)所取得的成果，对桂西南地区半个多世纪的锰矿勘查、科研工作的成果进行了较为全面的归并、展示。

本专著适合于区域地质调查、矿产地质调查、矿产勘查和规划管理部门相关人员使用，对地质找矿，特别是锰矿的找矿工作具有重要参考价值。

图书在版编目(CIP)数据

广西西南地区锰矿及早三叠世岩相古地理与锰矿找矿方向/夏柳静，汤朝阳等编著. —武汉：中国地质大学出版社，2018.12

ISBN 978-7-5625-4468-5

Ⅰ. ①广…
Ⅱ. ①夏…②汤…
Ⅲ. ①锰矿床-找矿方向-研究-广西
Ⅳ. ①P618.320.8

中国版本图书馆CIP数据核字(2018)第297118号

广西西南地区锰矿及早三叠世岩相古地理与锰矿找矿方向	夏柳静　汤朝阳　等编著
责任编辑：王凤林	责任校对：周　旭
出版发行：中国地质大学出版社(武汉市洪山区鲁磨路388号)	邮编：430074
电　话：(027)67883511　　传　真：(027)67883580	E-mail:cbb@cug.edu.cn
经　销：全国新华书店	http://cugp.cug.edu.cn
开本：787毫米×1092毫米　1/16	字数：493千字　印张：19.25
版次：2018年12月第1版	印次：2018年12月第1次印刷
印刷：武汉市籍缘印刷厂	印数：1—600册
ISBN 978-7-5625-4468-5	定价：168.00元

如有印装质量问题请与印刷厂联系调换

前　言

桂西南成矿区地处广西西南部，位于滨太平洋构造与古特提斯-喜马拉雅构造域交会部位附近，早古生代属于扬子准地台与华南地槽的过渡区。一级大地构造单元处于南华准地台西南段，二级构造单元为右江再生地槽区。从加里东运动到早-中三叠世，该区经历了地槽（加里东）→地台（海西）→再生地槽（印支）的发展演化过程。其中，上古生界以碳酸盐岩建造为主，并以形成盆台相间的古地理格局为特色；早-中三叠世则为地槽型复理石建造；海西期—印支期有海底基性—酸性火山喷发和基性岩浆侵入；印支运动使本区海水退出，地层强烈褶皱，地壳强烈上升。

桂西南地区地壳演变、构造发展的特殊性，形成了多个沉积间断面，并形成了丰富的矿产，主要矿种有锰矿、铝土矿、煤矿，其次有金、铜、锌、锡、水晶、锑、磷、萤石、石油、重晶石等矿产。

对桂西南地区地质发展和成矿作用影响较大的有郁南运动、加里东运动、龙州运动、黔桂运动、东吴运动、苏皖运动、印支运动、燕山运动及喜马拉雅运动。

广西运动（晚加里东运动）使桂西南地区下古生界褶皱形成上下古生界之间的角度不整合接触，结束了本区地槽活动的历史，形成了前泥盆系褶皱基底；龙州运动（柳江运动）使地壳缓慢上升，造成区域性的海退，使局部地区露出海面并遭受风化剥蚀，形成泥盆系与石炭系间的平行不整合。同时，海盆内某些低洼的水下盆地逐渐形成闭塞环境，这对沉积锰的形成具有重要意义；黔桂运动造成中二叠统栖霞组与上石炭统马平组之间的平行不整合；东吴运动在本区形成中-上二叠统之间的平行不整合，在上二叠统沉积铁铝岩和铝土矿；苏皖运动形成早-中三叠世地层与晚二叠世地层之间的假整合，中三叠统上部地层超覆于上二叠统生物礁灰岩之上；印支运动是一次强烈的造山运动，结束了右江再生地槽的历史，并使晚古生代和早-中三叠世地层全面褶皱，基本形成了目前所见的盖层构造形式；燕山运动表现为强烈的断裂、断块活动，酸性岩浆侵入，形成小岩株、岩脉及隐伏岩体；喜马拉雅运动主要为新构造抬升及断裂活动，使本区西部、北部隆升，构成云贵高原的边缘部分，形成现代的地理格局。

桂西南锰矿成矿带展布有超大型、特大型、大型、中型、小型矿床（点）几十处，20 世纪亚洲最大的锰矿下雷锰矿床就位于其中。锰矿床主要集中分布在龙邦—下雷—东平—巴马一带上泥盆统、下石炭统、下三叠统中。

锰矿床主要围绕着地州-向都弧形褶皱带分布，西翼有龙邦锰矿区、龙昌锰矿区，东翼有下雷锰矿区、宁干锰矿区、东平锰矿区。根据锰矿成因、空间产出特征，锰矿床可分为沉积型和次生风化型两大类，二者既共生又独立，有沉积型碳酸锰矿的地方一定有次生风化型氧化锰矿，如下雷锰矿床、湖润锰矿床等，有次生风化型氧化锰矿的地方不一定有达工业要求的沉积型碳酸锰矿，如宁干锰矿床、龙怀锰矿床等。次生风化型锰矿床又可进一步分为锰帽型、淋积型、堆积型、洞积型氧化锰矿床。

桂西南地区锰矿的形成受同生沉积走滑拉断盆地、地层层位、沉积相及亚相、微相组合类型、后期剥离断层及顺层韧性走滑断层、构造热液和岩浆热液及表生风化等多种地质因素的控制，遵循区域构造演化控盆、盆地控相、沉积相控矿、岩性控矿层(体)的原则。

20世纪50年代末在桂西南地区经群众报矿发现下雷锰矿床、东平锰矿床，自此拉开了对桂西南锰矿的勘查、研究工作的序幕。半个多世纪过去了，随着各种勘查技术、科研手段的不断进步，锰矿选冶技术的不断提升，对桂西南锰矿的勘查、研究成果也不断更新。

桂西南地区主要的锰矿赋矿层位有上泥盆统榴江组(D_3l)、上泥盆统五指山组(D_3w)、下石炭统大塘组(C_1d)、下三叠统北泗组(T_1b)，对应的矿床有"土湖式"锰矿床、"下雷式"锰矿床、"宁干式"锰矿床、"东平式"锰矿床、"龙怀式"锰矿床、"扶晚式"锰矿床。对应的典型矿床有土湖锰矿床、下雷锰矿床、宁干锰矿床、东平锰矿床、龙怀锰矿床、扶晚锰矿床。

土湖锰矿床与下雷锰矿床含锰岩系最初均为上泥盆统榴江组，后来随着对下雷锰矿床研究的不断深入，将下雷锰矿床的含锰岩系确定为上泥盆统五指山组。近期在土湖锰矿区及其外围开展的勘查、研究表明，土湖锰矿床与下雷锰矿床还是有较大的差异的。一方面土湖锰矿床有上泥盆统榴江组(D_3l)、上泥盆统五指山组(D_3w)两套含锰岩系，即这两套含锰岩系在土湖锰矿区均含矿；另一方面，土湖锰矿区内的锰矿层厚度要小，矿石品位要低，特别是榴江组中的原生锰矿层基本上均为低品位碳酸锰矿石。

"东平式""龙怀式""扶晚式"锰矿床的含锰岩系均为下三叠统北泗组，它们的区别在于：一是含锰岩系4个岩性段的厚度有明显的差异；二是含锰岩系4个岩性段的含矿性有很大的差异；三是风化形成的锰帽型氧化锰矿的矿石质量有很大的差异；四是与锰帽型氧化锰矿对应的深部矿胚层的含锰量有较大的差异；五是成矿的岩相古地理有较大的差异。这些差异在本专著中均有介绍。

自1999年新一轮国土资源大调查工作以来，在桂西南地区先后开展了"广西桂西南优质锰矿评价""广西桂西南百色龙川-燕垌优质锰矿富集区预查""广西靖西龙邦锰矿远景区调查"等项目，以及与桂西南地区有关联的"广西大新—云南广南一带锰矿资源评价""广西那坡-云南麻栗坡锰多金属矿调查"等大调查项目；"广西靖西县岜爱山矿区优质锰矿普查""广西靖西县龙昌矿区锰矿普查"等资源补偿费项目。通过这些项目的实施，相继发现了宁干锰矿、龙川锰矿、龙邦锰矿等一批有价值的矿床(点)。

2011年10月国务院发布《找矿突破战略行动纲要(2011—2020年)》，吹响了全国新一轮找矿突破战略行动的号角。借此东风，2012年国土资源部在桂西南地区设立"广西天等龙原—德保那温地区锰矿整装勘查区"，在中央财政、地方财政的支持下，对"东平式"锰矿床深部的碳酸锰矿开展了勘查、研究工作，探明了1个特大型、2个大型、3个小型锰矿床，估算(333+334)锰矿石资源量2.0×10^8t左右。

"广西天等龙原—德保那温地区锰矿整装勘查区专项填图与技术应用示范"作为整装勘查区的配套项目，在中国冶金地质总局广西地质勘查院、中国地质调查局武汉地质调查中心技术人员的努力下，在中国地质调查局武汉地质调查中心、广西国土资源厅的领导、专家的悉心指导下，主要取得了如下成果：

(1)基本厘定了早三叠世成矿地质体、成矿构造和成矿结构面、成矿作用特征标志。

①成矿地质体为早三叠世北泗期被两组断裂控制的台间盆地，台间盆地内的孤立台地(丘台)周边是最重要的赋矿沉积地质体；②成矿构造和成矿结构面总体表现为构造层和滑脱层等接触或相关界面，锰矿沉积在扁豆状灰岩向硅质、泥质、钙质岩沉积变换的界面上；③成矿作用特征标志为台间盆地相台丘边缘下斜坡亚相、含锰泥岩-泥灰岩微相。

(2)编制了《广西天等龙原—德保那温地区锰矿整装勘查区早三叠世北泗期岩相古地理图》。首次完成了我国重要锰成矿区带桂西南地区三叠纪成锰期岩相古地理的研究，认为锰矿形成最有利的岩相古地理为浅海盆地，最有利的亚相为台丘下斜坡，最有利的微相为泥灰岩-泥岩组合，完成了重要成矿区带的基础地质研究。

(3)首次总结出我国重要锰成矿区带桂西南地区早三叠世锰矿床成矿具“内源外生”的规律。成矿物质主体不是来源于越北古陆、云开古陆和江南古陆长期剥蚀提供的锰质，而是深部热液携带的锰质，完全颠覆了以往“外源外生”的成因观点，为重要成矿区带的基础地质研究提出了新的观点和方向。

(4)通过对矿石结构构造的研究，将锰矿层微、常量元素分析结果投到 Fe-Mn-Al 三角图上等现代矿产研究手段，首次解决了我国重要锰成矿区带桂西南地区三叠纪成锰期锰质沉积不均匀展布的现象：离下雷-灵马同生走滑断裂(或是热液活动中心)越远，沉积的内源锰质越少，所形成的锰矿床锰矿石的品位(或是含锰岩系含锰)就会偏低。初步判定东平锰矿区在早三叠世北泗期是一个热源出口或是火山喷溢口，所带出的深源锰质就近沉积，形成较富、规模巨大的碳酸锰矿床，为重要成矿区带基础地质研究、找矿预测提供了模式。

(5)圈定应用示范区，提出验证方案。根据典型矿床研究成果，岩相古地理相、亚相、微相分布特征，平尧矿段项目验证成果，在摩天岭复向斜核部圈出两块有利的找锰远景区，建议施工 1～2 个深孔进行查证。

(6)初步建立了广西天等东平-德保那温锰矿整装勘查区锰矿找矿预测地质模型，填补了我国重要锰成矿区带桂西南地区的空白。

(7)依据全国锰矿资源潜力评价成果及资源潜力预测方式、方法，预测整装勘查区内锰矿石资源量为 6.49×10^{8} t。

(8)引领地方财政、商业资金投入整装勘查区开展锰矿勘查工作，如广西田东县六乙锰矿勘探项目、广西大等县平尧锰矿区深部碳酸锰矿普查项目、广西天等县那造锰矿区深部碳酸锰矿普查项目、广西天等县驮琶锰矿区深部碳酸锰矿普查项目等。共探获 1 个特大型、1 个大型、3 个中型锰矿床。

研究人员经过多年的工作，取得了大量的第一手资料，并对大调查、资源补偿费、老矿山等项目成果进行了系统的梳理，完成了阶段性的成果总结，取得了一些新进展，提出了一些新认识，对该区下一步的找矿工作有一定的指导意义，但仍然存在大量的科学问题需要进一步解决。由于编著者的水平有限，难免存在一些疏漏之处，敬请读者批评指正。

编著者

2018 年 4 月

目　录

第一章 概述

第一节 研究区范围及自然经济地理概况

一、研究区范围及交通

研究区位于广西西南部，包括南宁地区的西北部、百色地区的大部分，是我国有名的桂西南锰成矿带。东起巴马县凤凰—大新县龙合一线，西至田林县八渡—那坡县百合一线，北为田林县八渡—巴马县三石一线，南至中国与越南边界线，涉及1：20万田林县、靖西县、田东县、百色市等图幅，隶属田林县、田东县、德保县、靖西县、大新县、天等县、那坡县、巴马县和百色市等市县管辖。地理坐标为东经105°00′—107°30′，北纬22°40′—24°20′，面积约32 000km^2。

南昆铁路、广昆高速路(G80)位于研究区中偏北部，G78高速路位于研究区的西北角，田东至龙邦一级口岸的铁路、田阳至龙邦一级口岸高速路位于中部；合那(合浦—那坡)省级高速路位于南部，隆安到硕龙在建高速路位于西南部、百色至凌云在建高速路位于研究区的中北部、百色至巴马在建高速路位于研究区的东北部；国道、省二级公路S109、S210、S213、S325、S206、S318、S208与百色市至田东、德保、天等、靖西、那坡、凌云、巴马等县道及乡镇、村村通硬化公路联成交通网，研究区内的交通极为方便(图1-1)。

二、研究区自然经济地理概况

研究区地处云贵高原东南缘，属中、低山陡坡及中山岩溶地貌，地势高峻。总的地势西北高，东南低，北面有海拔1000m以上的中高山，海拔最高为那坡县附近的弄前山(1510m)，一般为500～700m，最大高差为695m，相对高差200～400m，中等强烈切割，地形复杂，大部分为丘陵和山地，山地坡高在15°～60°不等，山脉呈南西-北东向延伸。

区内水系发育，主要为西江水系，总流向由西向东，较大的河流有左江、右江、红水河等，河流流量大，水力资源丰富，水电发展潜力巨大，但地表水极不发育。

研究区地处亚热带，属亚热带季风气候，气候温暖潮湿，雨量充沛。日照时间长，无霜期达 300 天以上，昼夜温差较大，基本为雨热同季。每年 6～9 月较热，平均气温 25～27℃，12 月至次年 2 月气温较低，平均为 5～15℃，局部山区有霜冻，4～5 月有冰雹。年平均降雨量为 1200～1700mm，5～8 月为雨季，降雨量达 1123mm，占全年降雨量的 77%，对野外地质工作有一定的影响，野外研究工作应尽量避开这些时段。

研究区地处边远山区，为壮族、汉族、苗族、瑶族、彝族、仡佬族等多民族聚居地，以壮族为主，劳动力较为充沛。研究区内经济欠发达，工业基础较差，是国家重点扶贫地区，有国家重点扶贫县天等县等。经济以农业为主，粮食作物主要为水稻、玉米和红薯，粮食仅够自给，经济作物有甘蔗、芭蕉、油茶、芒果、八角、辣椒、生姜等。经济林主要有松、杉、栎类等。

工业主要为采矿、冶炼业。平果铝矿、东平锰矿、大新锰矿、湖润锰矿为广西重要的铝、锰生产基地，其他为民营小手工业及民采矿业。

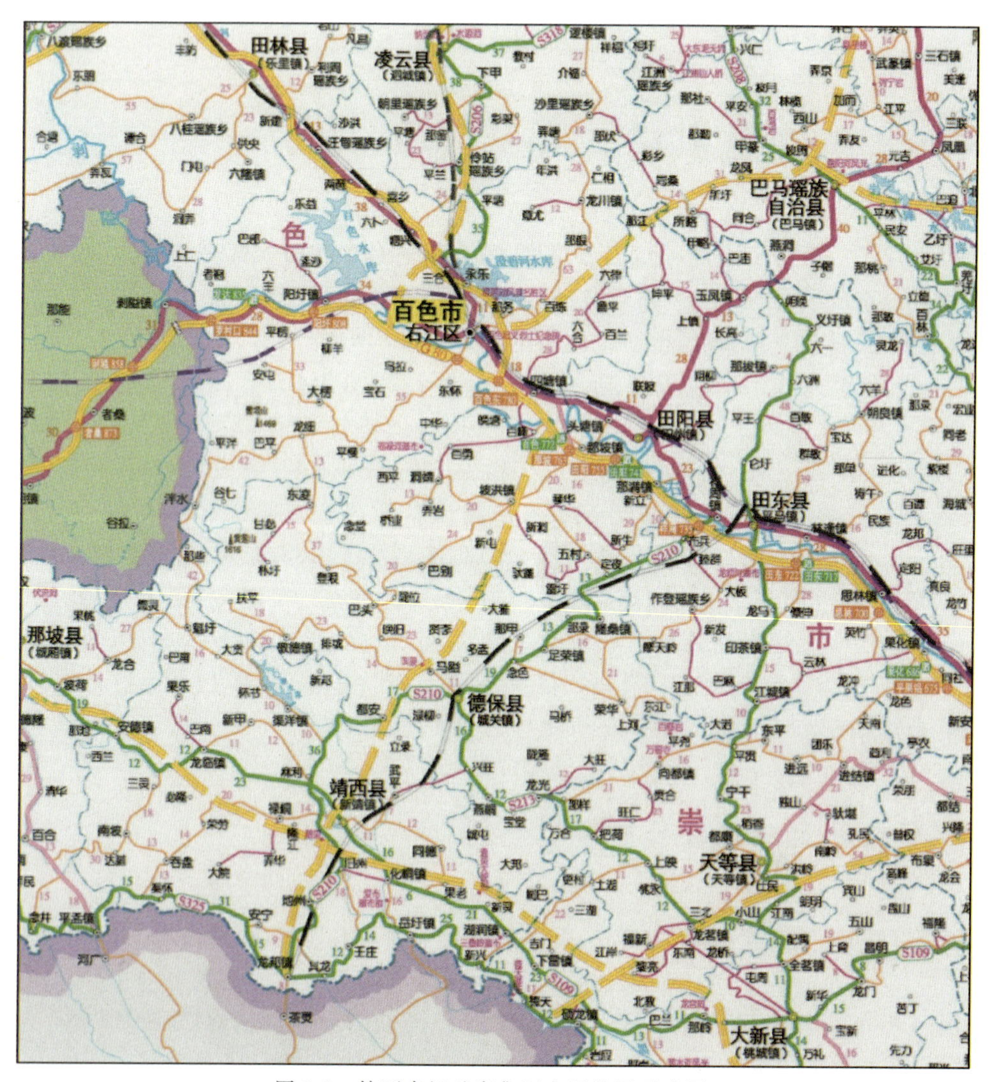

图 1-1　桂西南锰矿富集区交通位置示意图

三、桂西南锰矿富集区所处成矿带概述

据2007年4月出版、陈毓川院士等编著的《中国成矿体系与区域成矿评价》中中国成矿带划分方案，桂西南锰矿富集区位于粤西-大明山中生代钨锡铅锌金银成矿区（Ⅲ-62），右江地槽中生代金铅锌锑铜锰铝磷成矿区（Ⅲ-69），扬子地台西缘元古宙、晚古生代、中生代铁钛钒铜铅锌铂银金稀土成矿带（Ⅲ-70）。

自提出钦杭成矿带后，广西就被划分为南岭成矿带、钦杭成矿带、右江成矿区3个成矿区（带），1个凹陷区（桂中凹陷），如图1-2所示。根据此方案，桂西南锰矿富集区位于右江成矿区内。

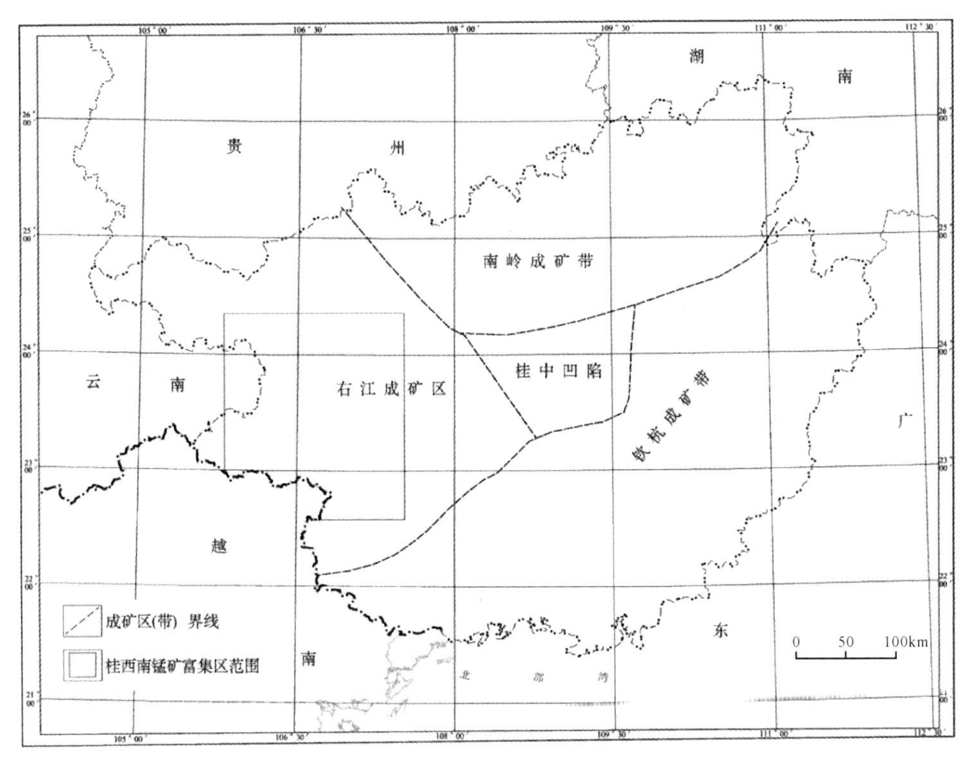

图1-2　桂西南锰矿富集区所处成矿带略图

第二节　整装勘查区概况

2012年依据国土资源部第22号《国土资源部关于设立第二批找矿突破战略行动整装勘查区的公告》，在桂西南锰矿富集区东南部正式设立国家第二批整装勘查区“广西天等龙原—德保那温地区锰矿整装勘查区”。这是桂西南锰矿富集区设立的唯一的一片整装勘查区。

广西天等龙原—德保那温地区锰矿整装勘查作业区位于广西百色市、崇左市境内，行政

区划属天等县的进结镇、向都镇、宁干乡、东平镇，田东县的江城镇、印茶镇，德保县的足荣乡、荣华乡、大旺乡等乡镇管辖。北自田东作登，南止德保大旺，东起天等龙原，西至德保那温，其地理坐标为东经 106°36′47″—107°17′57″，北纬 23°12′46″—23°26′43″，面积 1077.0km^2。

设立锰矿整装勘查区的目的主要是通过开展 1∶5 万区域测量、基础科研工作，不同比例尺的地质修测、地质简测工作，查明整装勘查区内锰矿形成的岩相古地理环境等特征，加强预测工作；查明工作区内地层、构造、岩浆岩及锰矿体分布情况和地质特征。对地表工作程度低的地区施工槽探工程，加密、追索锰矿层地表出露情况；用坑道工程控制、了解氧化界线、氧化带的发育情况及锰矿层的厚度、锰矿石质量沿走向的变化特征、采选冶试验样品；施工钻探工程控制深部锰矿层的延伸、厚度及矿石质量特征。整体查明锰矿体的分布、数量、赋存部位、形态、规模产状、厚度、矿石品位、物质成分、结构构造、矿石类型等。

根据不同勘查阶段的要求及锰矿市场价格的变化特征，相继对不同勘查地段的锰矿石的选矿性能开展实验室扩大连续试验、半工业试验研究。根据不同勘查阶段要求，开展区域水文地质、矿区及矿床水文地质、工程地质、环境地质工作，整体查明勘查区内矿床开采技术条件。根据各阶段工作所获得的地质矿产资料、成果及国内外资源市场情况，进行矿床开发经济意义的概略评价、预可行性研究和可行性研究，为资源利用、整合资源、扩大矿山开发规模提供依据。研究本整装勘查区成矿条件及成矿规律，推动整个桂西南地区锰矿找矿工作。

预期完成主要工作量：1∶5 万区测 2050km^2，1∶1 万地质测量 190km^2，1∶2000 地质测量 51km^2，1∶2.5 万区域水文地质填图 108km^2，1∶5000 矿区水文地质填图 76km^2，槽探85 500m^3，坑探 800m，钻探 106 332m。预期新增(111b＋122b＋333)锰矿资源储量 8000×10^{4}t。

整装勘查区内的锰矿展布于下三叠统北泗组(后改为石炮组)中，受摩天岭复式向斜及其两翼、东西转折端，尤其是东部转折端次级褶皱的控制。

2012—2016 年整装勘查区内共开展地质勘查项目 14 个，投入勘查资金共 12 078 万元，具体见表 1-1。其中，社会项目 6 个，投入资金共 6028 万元，占总投入资金的 49.91%；区财政项目 5 个，投入资金共 3190 万元，占总投入资金的 26.41%；国家财政项目 3 个，投入资金共 2860 万元，占总投入资金的 23.68%。

表 1-1　整装勘查区投入项目及资金明细表

项目性质	项目名称	投入资金(万元)
国家项目	锰矿整装勘查区关键基础地质研究	280
	广西田东—德保地区矿产地质调查	640
	广西天等县天等锰矿接替资源勘查	1940
省基金项目	广西田东县那社锰矿区碳酸锰矿普查	400
	广西天等县东平锰矿区外围锰矿普查	950
	广西天等县东平锰矿区冬裕—含柳矿段碳酸锰矿普查	400
	广西天等县东平锰矿区平尧矿段碳酸锰矿普查	960
	广西天等县东平锰矿区那造矿段碳酸锰矿普查	480

续表 1-1

项目性质	项目名称	投入资金（万元）
社会项目	广西德保县扶晚锰矿区老坡—孟棉矿段生产勘探	718
	广西德保县扶晚锰矿区老坡—孟棉矿段深部详查	580
	广西德保县普楞矿区锰矿详查	200
	广西田东六乙锰矿勘探	900
	广西德保县抚晚锰矿详查	3000
	广西田东六乙锰矿详查	630
总计		12 078

整装勘查区内设置的 14 个项目均已经结束野外地质工作。各个项目完成的主要实物工作量见表 1-2。各个项目提交的资源储量见表 1-3。

表 1-3 中，"东平式"锰矿石资源储量是指根据《铁、锰、铬矿地质勘查规范》(DZ/T 0200—2002)中表 E6"冶金用锰矿一般工业指标"圈矿估算的资源储量。整装勘查区内大多数探矿工程控制的锰矿层平均锰品位一般小于表 E6 中规定的"单工程平均品位(≥15%)"，所以估算的资源储量大部分为低品位碳酸锰矿石量。

"扶晚式"锰矿石资源储量则是相关科研单位受投资方委托，根据矿石选冶技术性能研究、预可行性研究成果报告推荐圈矿指标，投资方将此圈矿指标下达给勘查单位，勘查单位依据此圈矿指标圈定矿体估算的资源储量。

自设立整装勘查区以来，通过各类(中央财政资金、省财政资金、企业勘查资金投入)项目的实施，浅表的氧化锰矿已基本查明；虽然近几年国内外铁锰矿研究成果表明，向斜是沉积型铁锰矿最有利的控矿、储矿构造，在受热液影响的情况下，向斜核部的铁锰矿厚度有变大、品位有变富的趋势；通过"广西天等龙原—德保那温地区锰矿整装勘查区专项填图与技术应用示范"项目对锰矿形成岩相古地理的研究，证明摩天岭复式向斜核部也存在对锰矿形成有利的岩相古地理环境，锰矿沉积过程中有热液参与、改造；已查明的锰矿床具有矿床规模大、矿层厚度大、埋藏浅、矿石选冶性能良好等优势，但由于已查明的整装勘查区内碳酸锰矿石以低品位(即含锰大于边界品位，小于单工程平均品位)为主，因此，这一轮整装勘查区的勘查工作并没有对摩天岭复式向斜核部下三叠统北泗组的含矿性开展有益的探索。

表 1-2　整装勘查区各个地质勘查项目完成主要实物工作量明细表

序号	项目名称	矿产远景调查(km^2)	1∶5 万地球物理调查	钻探(m)	坑探(m)	槽探(m^3)	浅井(m)
1	广西天等龙原—德保那温地区锰矿整装勘查区关键基础地质研究	10	157(点)			1000.00	
2	广西田东—德保地区矿产地质调查	1246	100(km^2)	1693.24		9100.21	10.60
3	广西田东县龙怀锰矿区那社矿段碳酸锰矿普查			2306.39		2327.00	

续表 1-2

序号	项目名称	矿产远景调查(km²)	1∶5万地球物理调查	钻探(m)	坑探(m)	槽探(m³)	浅井(m)
4	广西天等县东平矿区外围锰矿普查			2918.85		434.15	
5	广西天等县天等锰矿接替资源勘查			6714.25	203.0	1000.00	
6	广西德保县扶晚锰矿区老坡—孟棉矿段勘探			3946.64		2890.69	
7	广西德保县扶晚锰矿区老坡—孟棉矿段详查			4471.28			
8	广西田东县六乙锰矿勘探			4000.00		1350.80	39
9	广西德保县足荣扶晚矿区锰矿详查			25 077.11	437.8	6190.54	52
10	广西德保县普楞矿区锰矿详查			2189.13		1465.26	
合计				53 138.39	640.8	18 999.65	101.6

表 1-3 研究区 2012 年后开展的各类地勘项目一览表

序号	项目/矿区/矿段	新增矿石量(t)	资源储量类别	矿床式
1	广西田东—德保地区矿产地质调查	2987	333	扶晚式
2	广西田东县龙怀锰矿区那社矿段碳酸锰矿普查	1000	333	扶晚式
3	广西天等县东平锰矿区外围锰矿普查	14 000	333	东平式
4	广西天等县天等锰矿接替资源勘查	4000	333	东平式
5	广西德保县扶晚锰矿区老坡—孟棉矿段勘探	2329	111b+122b+333	扶晚式
6	广西德保县扶晚锰矿区老坡—孟棉矿段详查	1284	332+333	扶晚式
7	广西德保县普楞矿区锰矿详查	30	332+333	扶晚式
8	广西田东六乙锰矿勘探	4248	332+333	扶晚式
9	广西德保县抚晚锰矿详查	8161	122b+333	扶晚式
10	广西天等县东平锰矿区冬裕—咸柳矿段碳酸锰矿普查	1000	333	东平式
11	广西天等县东平锰矿区平尧矿段碳酸锰矿普查	2000	333	东平式
总计		41 039	111b+122b+333	

第三节　整装勘查区关键勘查地质研究项目概述

为了加强整装勘查区内的综合研究，提高整装勘查区内的勘查技术水平，在“广西天等龙原—德保那温地区锰矿整装勘查区”内设立了“广西天等龙原—德保那温地区锰矿整装勘查区专项填图与技术应用示范”综合研究项目。其主要目的是：以海相沉积型锰矿床为重点，在天等龙原—德保那温地区整装勘查区摩天岭复向斜中东平、扶晚等重点工作区，主要通过成矿地质体、成矿构造和成矿结构面、成矿作用特征标志等研究，结合必要的大比例尺专项地质填图及物探工作，构建找矿预测模型，开展找矿预测研究，强化成果应用，及时为整装勘查区内各类勘查项目勘查工程的布置提供合理化建议。

一、完成任务及工作量

1. 任务完成情况

任务书中规定的任务、指标总体上完成情况较好，多数指标超额完成。完成工作量及任务见表1-4。部分工作量变更说明如下：

槽探工程工作量未完成，主要是由于当地农户的干扰；已经将此工作量变更为各类样品工作量。将这一变更向广西壮族自治区国土资源厅提出变更申请后，获得批准，批准文号为桂国土资函〔2016〕935号。

设计要求“编制摩天岭复向斜中东平、扶晚等重点工作区1∶5万岩相古地理、地质矿产、物探、化探等系列图件，完成数据库建设”，因为勘查区内1∶5万区域调查、矿产调查尚未开展或未完成，无法收集到相关资料，并且勘查区面积相对较大，达1077km^2，目的矿种——锰矿为沉积矿床，采用1∶10万编图能更清楚地将区内沉积相特征反映在一张图上；而重点工作区如东平锰矿区和扶晚锰矿区工作程度较高，采用1∶1万编图更能反映其整体成矿要素特征。故编图采用两个层次，即整个整装勘查区综合图件采用1∶10万编图，重点工作区采用1∶1万编图。

2. 工作情况

2014年1～6月，系统收集、深入分析、综合研究有关资料，编制有关基础图件，编制总体设计并提交评审，同时对研究区的重要问题进行预研究。

2014年7月下旬至12月，进行野外地质调查和综合研究，测量重点沉积相剖面，完成路线调查等实物工作量，采集相关研究样品，对样品进行整理和单矿物分离、样品测试和光薄片鉴定；大比例尺物探工作；资料整理，资料汇总和成矿规律总结；提出下年度工作部署建议。其中2014年7月28日—2014年9月30日和2014年11月10日—2014年12月18日为野外工作时间。

2015 年 1～3 月，资料整理、图件编绘、野外工作准备阶段。编制该地区的相关图件草图，作好开展野外工作的准备；编制年度设计并报批审查。

2015 年 4～12 月，野外地质调查和研究阶段，开展的主要工作如下（表 1-4）。

表 1-4　完成主要实物工作量表

工作项目	计量单位	设计工作量			完成工作量			完成比例（%）
		2014 年	2015 年	合计	2014 年	2015 年	合计	
AMT 测深	点	62		62	62		62	100
CSAMT 测深	点		95	95		95	95	100
物探剖面	km	2.4	3.0	5.4	2.4	3.09	5.49	102
1∶500～1∶2000 实测剖面	km	20	5	25	20	10	30	120
路线观察	点	60	100	160	60	242	302	188
探槽	m^3	1000	450	1450	800		800	55
1∶1 万建造构造填图	km^2		10	10		12	12	120
岩矿光薄片鉴定	块	100		100	89	15	104	104
主、微量元素分析	个	100	100	200	108	100	208	104
电子探针分析	件/点	20/60	20/60	40/120	20	24	44/120	110
稀土元素分析	个	20	20	40	40	40	80	200
常量元素分析	个	60	15	75	60	30	90	120
同位素分析	个	15		15	15		15	100
包裹体分析	个	8		8	10		10	125
系列编图	幅	13	25	38	13	28	41	108

（1）对那社矿段典型矿床进行研究，开展建造构造专项填图，重点填测含锰岩系、锰矿层的野外产状、空间变化、控矿构造、矿石类型、结构构造、热液蚀变、有机质的分布等，进行全面细致的观察。高度重视野外第一手资料和数据的采集，严格按照国家地质勘查规范开展野外工作。

（2）开展剖面测量工作，大体布设主干剖面 6 条。详细观察剖面上的地层层序，厘清马脚岭组、北泗组的基本层序，以及主体含锰层——北泗组的含矿岩石组合特征、含锰岩系特征和米级旋回特征，为沉积相、亚相、微相的划分进一步收集野外第一手资料。

（3）施工槽探工程，对建造构造填图、实测剖面中被浮土覆盖的重要地质现象、重要界线、构造形迹等进行揭露，满足野外观察、采样的需要；对含矿性好的含锰岩系进行揭露，圈定成矿有利地段，为预测和示范研究提供资料。

（4）开展物探工作。其中 2015 年 1 月 9 日—2015 年 2 月 10 日和 2015 年 3 月 18 日—2015 年 4 月 24 日、2015 年 6 月 23 日—2015 年 7 月 31 日、2015 年 8 月 9 日—2015 年 9 月 25 日和 2015 年 11 月 7 日—2015 年 12 月 23 日为野外工作时间，2016 年 5 月 8—2016 年 6 月 10 日为野外验收和成果验收准备阶段。

二、取得的主要成果

1）基本厘定了整装勘查区内成矿地质体、成矿构造和成矿结构面、成矿作用特征标志。①成矿地质体为早三叠世北泗期被两组断裂控制的台间盆地，台间盆地内的孤立台地（丘台）周边是最重要的赋矿沉积地质体；②成矿构造和成矿结构面总体表现为构造层和滑脱层等接触或相关界面，锰矿沉积在扁豆状灰岩向硅质、泥质、钙质岩沉积变换的界面上；③成矿作用特征标志为台间盆地相台丘边缘下斜坡亚相、含锰泥岩-泥灰岩微相。

2）编制了《广西天等龙原—德保那温地区锰矿整装勘查区早三叠世北泗期岩相古地理图》。首次完成了我国重要锰成矿区（带）桂西南地区三叠纪成锰期岩相古地理的研究，认为锰矿形成最有利的岩相古地理为浅海盆地，最有利的亚相为台丘下斜坡，最有利的微相为泥灰岩-泥岩组合，完成了重要成矿区（带）的基础地质研究（图1-3）。

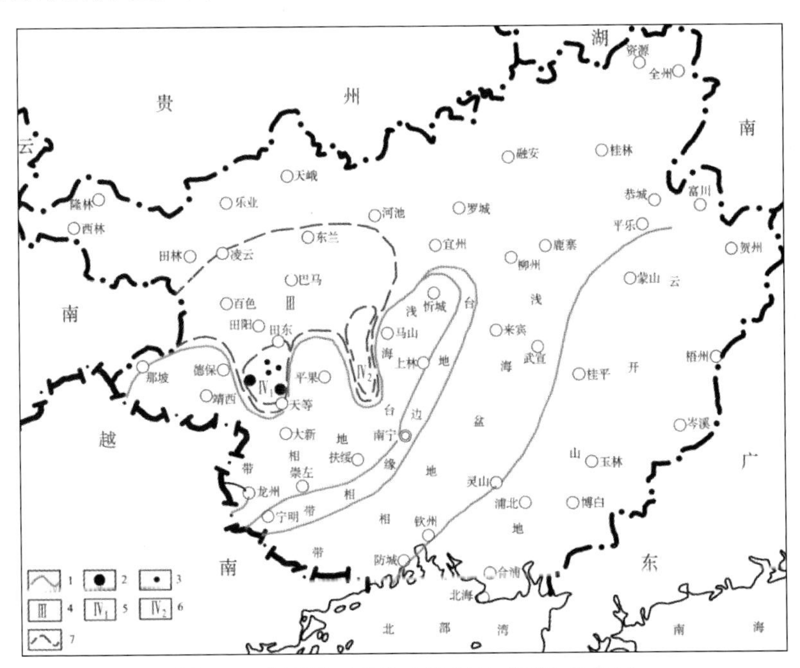

图1-3　广西早三叠世成锰期（北泗期）分布图

1.沉积相带界线；2.大中型锰矿床；3.锰矿（化）点；4.三级锰矿成矿带；5.德保-天等四级锰矿成矿带；6.平果-马山四级锰矿成矿带；7.成矿带界线

3）首次总结出我国重要锰成矿区（带）桂西南地区三叠纪锰矿床成矿具"内源外生"的规律。成矿物质来源主体不是来源于越北古陆、云开古陆和江南古陆长期剥蚀提供的锰质，而是深部热液携带的锰质，完全颠覆了以往"外源外生"的成因观点，为重要成矿区（带）的基础地质研究提出了新的观点和方向。

4）首次解决了我国重要锰成矿区（带）桂西南地区三叠纪成锰期锰质沉积不均匀展布的现象，离下雷-灵马同生走滑断裂（或是热液活动中心）越远，沉积的内源锰质越少，所形成的锰矿床锰矿石的品位（或是含锰岩系含锰）就会偏低，为重要成矿区（带）基础地质研究、找矿预测提供了模式。

(1)豆(鲕)粒状构造是整装勘查区内东平锰矿区独有的(图 1-4),北部的六乙锰矿区、邻近的龙怀锰矿区、西部的扶晚锰矿区等均未见此构造。现代学者研究认为:热气液喷出口及其附近具有丰富的物质来源与较高温度的热水流动地带是锰矿豆(鲕)粒最有利的生成环境,低温滞水、正常沉积锰质的水动力环境不易形成豆(鲕)粒锰矿。

图 1-4　东平锰矿区Ⅰ矿层豆(鲕)状碳酸锰矿石

(2)将锰矿层微、常量元素分析结果投到 Fe-Mn-Al 三角图上,落于热水区的样点东平锰矿区占 80%左右,见图 1-5。

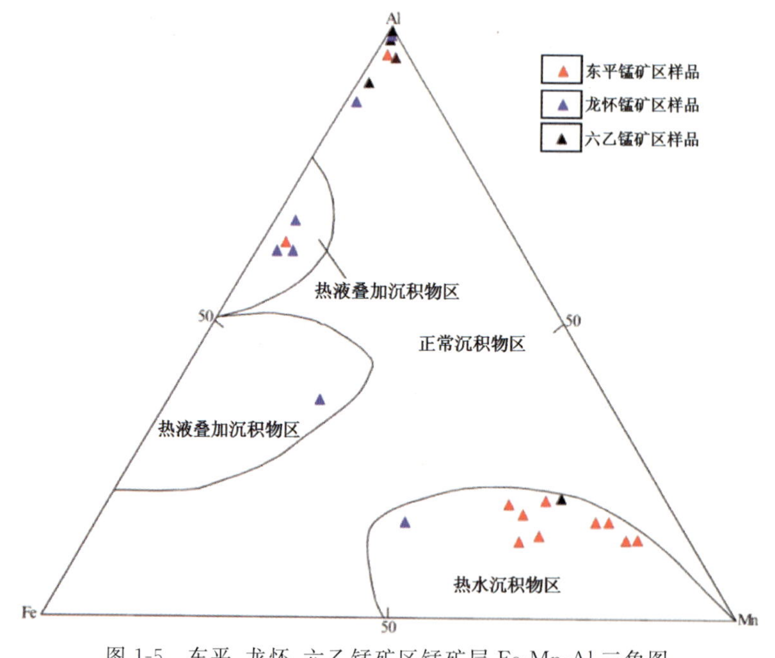

图 1-5　东平、龙怀、六乙锰矿区锰矿层 Fe-Mn-Al 三角图

(3)现代研究资料表明,走滑断裂带是最活跃的构造带,也是火山活动最活跃、最容易发生的地带。

因此,可以判定东平锰矿区在早三叠世北泗期为一个热源出口,或是火山喷溢口,所带出的深源锰质就近沉积,形成较富、规模巨大的碳酸锰矿床。

5)圈定应用示范区,提出验证方案。根据典型矿床研究成果,岩相古地理相、亚相、微相分布特征，平尧矿段项目验证成果，在摩天岭复向斜核部圈出两块有利的找锰远景区，建议施工 1～2 个深孔进行查证，见图 1-6。预期工作量为 4000～5000m。

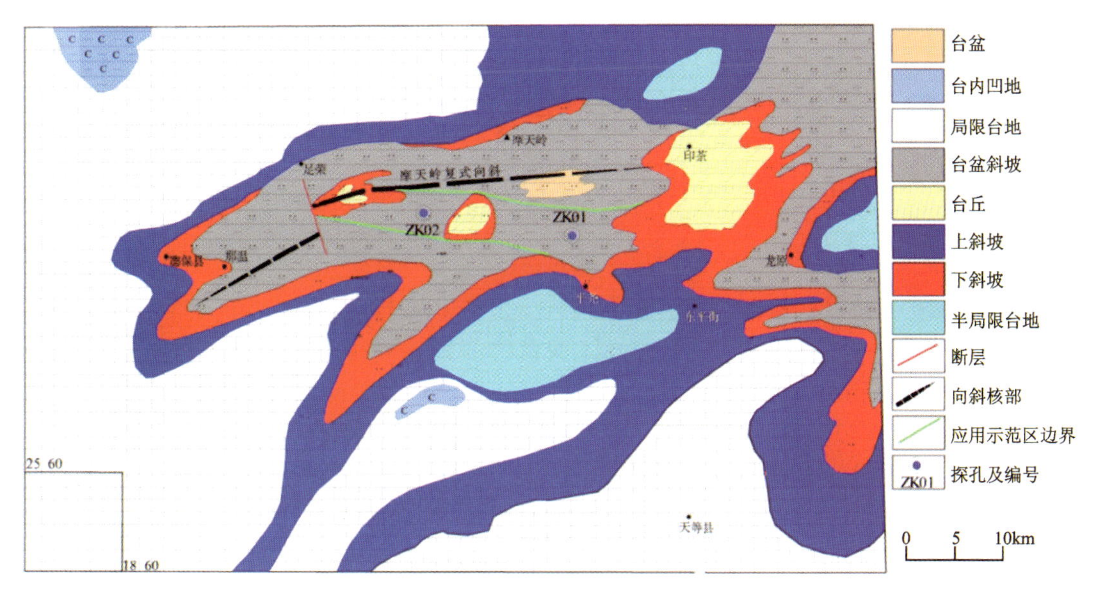

图 1-6　摩天岭复向斜核部含矿性探孔位置图

6)初步建立了广西天等东平-德保那温锰矿整装勘查区锰矿找矿预测地质模型，填补了我国重要锰成矿区(带)桂西南地区的空白。

7)在对 A 级远景区(东平-那社和扶晚远景区)典型矿床进行研究的基础上，总结出“东平式”“扶晚式”锰矿床的成矿要素。据此成果，圈出两个 B 级远景区(平尧-加乐找矿靶区和那板-坡塘找矿靶区)和两个 C 级远景区(大旺找矿靶区和进远-进结找矿靶区)。

8)依据全国锰矿资源潜力评价成果及资源潜力预测方式、方法，预测整装勘查区内锰矿石资源量为 6.49×10^{8}t。

9)引领地方财政、商业资金投入整装勘查区开展锰矿勘查工作，如广西田东县六乙锰矿勘探项目、广西天等县平尧锰矿区深部碳酸锰矿普查项目、广西天等县那造锰矿区深部碳酸锰矿普查项目、广西天等县驮琶锰矿区深部碳酸锰矿普查项目等。共探获 2 个大型、2 个中型锰矿床。

三、存在的主要问题

现代锰矿研究表明：向斜构造对锰矿的保存、富集是很有利的。由于受氧化、淋滤作用的影响，浅表氧化锰矿的品位一般偏低，在摩天岭复向斜东南部平尧矿段施工的钻孔表明，锰矿层随倾向延深锰矿石品位有增高的趋势；摩天岭复向斜的规模巨大，若核部含矿性好，锰矿石资源量规模巨大。但整装勘查区设立 5 年来，虽项目执行单位曾建议对摩天岭复向斜核部施工 1～2 个钻孔，探索其含矿性，使本次综合研究项目或是整装勘查区的整体勘查工作有一个完美的收官，但最后还是不了了之。

第二章　以往地质工作及取得成果

桂西南锰矿富集区就锰矿而言，氧化锰矿整体工作程度较高，绝大部分开展了详查、勘探工作；碳酸锰矿只有下雷锰矿区（含锰岩系上泥盆统五指山组）的工作程度较高，已基本完成勘探工作；而下三叠统北泗组、上泥盆统榴江组含锰岩系中的碳酸锰矿近几年才陆续开展勘查工作，且总体工作程度偏低，大多数只是普查工作程度；下石炭统大塘组含锰岩系中的碳酸锰矿基本上未开展勘查、研究工作。

第一节　基础地质调查

1970—1980 年完成桂西南地区 1∶20 万区域地质矿产调查工作，初步控制桂西南地区的构造格架，初步了解了地层、岩相古地理特征，为矿产勘查打下了基础。

1978—1982 年，广西壮族自治区第二地质队完成 1∶5 万德保幅区域地质调查报告。

1980—1990 年完成了 1∶20 万化探扫面工作，发现了一大批有价值的多金属矿异常。

1993—1995 年，广西地球物理勘察院完成 1∶5 万果化镇幅（南半幅）、进结幅（北半幅）区域地质调查报告。

1994 年，原地矿部航空物探遥感中心在该区进行了 1∶10 万航空测量，并圈定了多处航磁异常和隐伏岩体，为在该区开展找矿工作提供较准确的资料。

1∶5 万区域地质调查已完成了西林、那坡、德隆、上映、下雷、屏山等 16 幅，初步查明和建立了本区地层层序及构造岩浆演化特征，为矿产勘查工作部署提供了依据。

2006—2009 年，广西地质调查研究院完成整装勘查区 1∶5 万马隘幅、隆桑幅、德保幅、果化镇（半幅）、进结（半幅）共 4 幅区域地质调查工作。

第二节　矿产地质工作

桂西南地区主要矿种有锰、铝、金、铜、锡、铁、银、锑、硫铁矿、重晶石以及石油、煤矿等。勘查工作总体上以 1985 年为界限，在此之前主要勘查铜、铁、锰、铝、锑矿以及煤矿等，1985 年以后重点勘查金、银、铝土矿及锰矿等，并取得了比较好的找矿成果。

桂西南地区锰矿地质工作始于 1956 年，随着氧化锰矿地质勘查工作的开展，陆续在泥盆系、石炭系、三叠系中发现一批锰矿床(点)，随着对氧化锰矿床的不断勘查相继发现了一批碳酸锰矿床。

桂西南地区的锰矿主要有“下雷式”锰矿床、“土湖式”锰矿床、“东平式”锰矿床、“宁干式”锰矿床、“龙怀式”锰矿床、“扶晚式”锰矿床等。各式锰矿床在桂西南锰矿富集区分布情况见图 2-1。各矿床式勘查工作及取得的成果如下。

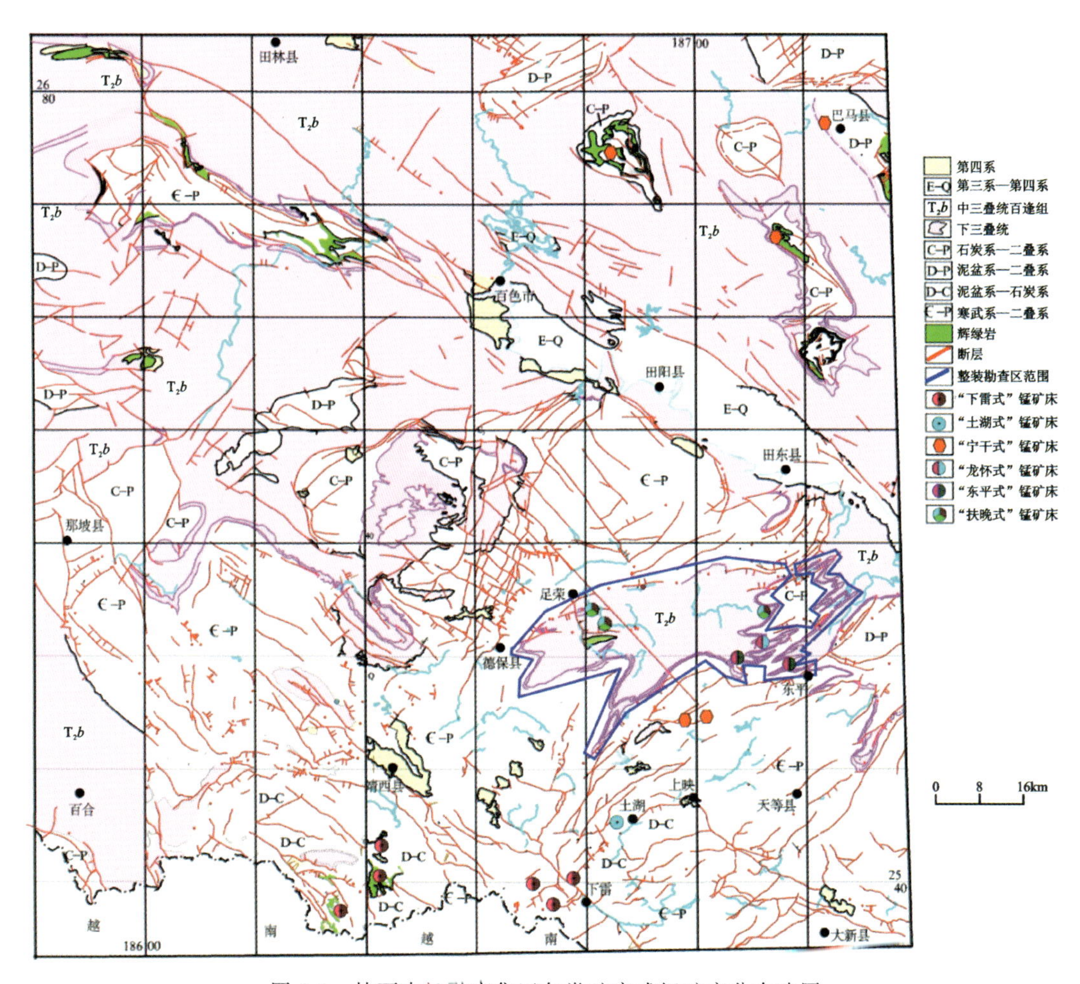

图 2-1　桂西南锰矿富集区各类矿床式锰矿床分布略图

一、“下雷式”锰矿床地质工作

“下雷式”锰矿床主要是指以上泥盆统五指山组(D_3w)为含锰岩系，以洋中脊喷流热水沉积为主，具有浅表锰帽型氧化锰矿，锰品位高，采用一般工业指标就能圈出工业矿体，深部主要为贫碳酸锰矿这类特征的锰矿床。

“下雷式”锰矿床主要分布于桂西南锰矿富集区的南西部，主要有下雷锰矿床、湖润锰矿床、龙邦锰矿床、菠萝岗锰矿床等，见图 2-2。根据其岩性等特征可细分为 4 段 18 层，夹 3 层碳酸锰矿层。

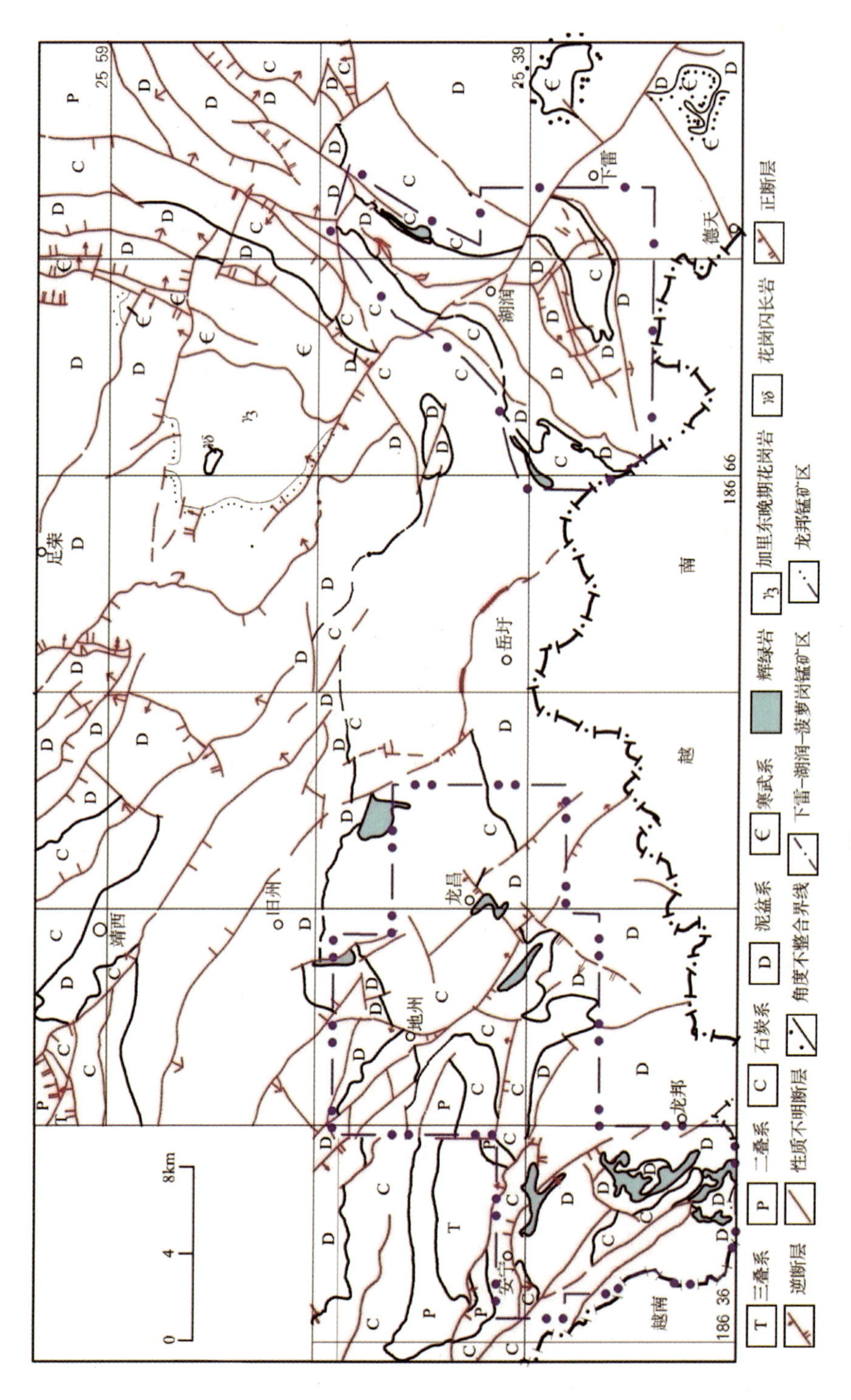

图2-2　“下雷式”锰矿床分布图

第一段(D_3w^1)根据岩石颜色的不同、构造及岩性的稍微差异又可分为6分层。

1分层:钙质泥岩,浅灰色、灰白色、深灰色、灰黑色、浅灰绿色,中厚层状构造夹薄层状、条带状构造,条带由浅灰色、灰白色与灰黑色、浅灰绿色钙质泥岩互层组成,泥质含量越高,条带颜色越深,条带宽一般为0.03~2.0cm。分层厚0~19.96m。

2分层:钙质泥岩夹泥灰岩,局部地段为泥质灰岩,灰绿色、浅灰绿色、灰色夹灰黑色,中厚层状构造夹薄层状构造,局部见到上部条带状构造,中部中层状、扁豆状构造。下部中厚层状构造夹薄层状构造,条带由灰绿色钙质泥岩与灰白色(局部与灰黑)钙质泥岩互层组成。分层厚0~39.0m。

3分层:钙质泥岩夹硅质岩、泥质灰岩,灰绿色夹紫红色、灰白色,中厚层状构造夹条带状构造;局部可见紫红色以薄层状构造为主,灰绿色以条带状构造为主,顶部中厚层状构造,中部条带状构造夹薄层状构造,下部中厚层状构造;条带由浅灰绿色钙质泥岩与灰白色(局部可见灰黑色)钙质泥岩、硅质岩互层组成,条带宽0.01~0.75cm。分层厚0~23.05m。

4分层:钙质泥岩,以紫红色、猪肝红色为主,偶夹灰绿色、浅灰绿色、灰白色,薄层状构造夹条带状构造,局部可见中厚层状;条带由紫红色、灰绿色、灰白色钙质泥岩互层组成,条带宽0.01~1.20cm。局部条带发生揉褶。分层厚0~24.0m。

5分层:钙质泥岩,灰绿色、浅灰绿色夹灰白色,局部夹紫红色、灰黑色,条带状构造夹薄层状构造,局部夹中厚层状构造;条带由灰绿色、浅灰绿色与灰白色钙质泥岩互层组成,条带宽0.07~2.10cm。分层厚6.80~17.80m。

6分层:钙质泥岩,局部夹泥灰岩,浅灰色、灰白色、灰黑色,条带状、薄层状夹中厚层状构造,条带由灰白色与灰黑色钙质泥岩互层组成,条带宽0.03~3.0cm。分层厚3.14~12.34m。

第一段经风化后,野外基本上不能类比原岩来分层。岩石岩性以泥岩为主,硅质泥岩为次,偶见泥质硅质岩;颜色比较杂,浅黄色、土黄色为主,灰白色、褐黄色、紫红色、浅红色常见,浅灰绿色、深灰色较少见;构造则以薄层状为主,偶见中厚层状构造。

第二段(D_3w^2)主要是根据岩石岩性的不同细分为9层,夹2层碳酸锰矿层。

7分层:含碳钙质硅质岩,深黑色、灰黑色,致密块状构造,局部可见条带状、网脉状构造。含碳一般1%~10%,局部达到10%~25%,污手,能见丝绢光泽,岩石硬度大。原岩风化后,碳、钙质流失,变成以浅黄色为主的硅质岩。分层厚度0.11~10.0m。

8分层:钙质硅质岩,灰色、浅灰色、灰黑色,薄层状、条带状构造,局部夹中厚层状构造。条带一般由灰黑色与灰色、浅灰色的钙质硅质岩组成,泥质含量高的条带的颜色相对要深。主要矿物成分为石英、方解石,次要矿物成分为绢云母、高岭石、白云石等。分层厚0~11.65m。

9分层:Ⅰ矿层,以灰绿色、浅灰绿色、浅肉红色为主,深灰色、灰色、浅棕红色、棕红色为次,局部见灰黑色、墨绿色、浅紫红色,以豆状、鲕状、条带状构造为主,薄层状、块状构造次之,偶见斑状、角砾状、结核状构造。豆(鲕)粒呈圆状、椭圆状、扁球状、水滴状及不规则状,大小一般为0.1~32mm,密度一般为5~12个/cm^2;条带由不同颜色的碳酸锰矿石单层互层组成。单层厚一般为0.5~30mm,矿层厚0.56~7.34m。

就构造而言,豆(鲕)状构造的矿石一般含锰9%~48%;条带状矿石含锰16%~50%,大多在25%以上;块状构造矿石含锰4%~40%,变化幅度大,大多在25%以下;薄层状矿石含锰一般7%～45%；结核状锰矿石含锰最高，一般为35%～50%，局部达到55%。就颜色而言，灰绿色矿石含锰12%～45%；棕红、紫红色矿石含锰一般为25%～50%，结核状锰矿石一般具有这类颜色；浅灰色、灰色矿石含锰一般为12%～28%，相对较低。

浅表氧化富集后可形成锰帽型的氧化锰矿床。氧化锰矿石呈黑色、钢灰色，次为褐黑色、灰黑色，以薄层状、块状构造为主，网脉状构造次之，偶见微层状构造。

10分层：夹一，钙质硅质岩，局部夹硅质岩、泥岩，偶见泥质灰岩。灰色、深灰色为主，灰白色、灰黑色、浅灰色为次，偶见灰绿色、紫红色，以薄层状构造为主，夹条带状、中厚层状、块状构造。分化后为浅黄色、土黄色为主的含锰硅质岩、硅质泥岩、硅质岩。分层厚5.65～20.88m。

11分层：Ⅱ矿层，浅灰绿色、肉红色、棕红色、灰色、深灰色，下部以灰绿色、绿色为主，中部则以肉红、棕红色为主，上部以灰、深灰色为主；以豆状、鲕状、薄层状构造为主，块状、条带状、结核状构造次之；豆(鲕)粒呈椭圆形、圆形，偶见长条形、水滴状，大小一般为0.1～20mm，密度一般为3～10个/km^2。豆(鲕)状构造一般分布于矿层的底部，中部较少，上部基本少见。分层厚0.56～9.89m。

12分层：夹二，钙质硅质岩，青灰色、灰绿色、灰黑色，薄层状、条带状构造。夹二的厚度大部分小于夹石剔除厚度0.30m，据统计，只有极少量钻孔见到夹二的厚度大于0.30m。分层厚度0～1.0m。

13分层：Ⅲ矿层，灰白色、灰色、深灰色、灰黑色，偶见黄绿色，条带状、薄层状构造，偶见纹层状构造；条带主要由不同颜色的碳酸锰矿单层互层组成，条带宽0.1～30.0mm；条带构造一般分布于矿层顶部，薄层状构造则主要分布于矿层底部。矿层厚为0.56～9.89m。

由于夹二厚度薄，经统计，98%以上的真厚度小于现行规范中规定的夹石剔除厚度，因此，无论是原生的碳酸锰矿，还是氧化富集后的氧化锰矿，都很难将Ⅱ、Ⅲ矿层分开，即Ⅱ+Ⅲ合并成一层矿。

Ⅱ+Ⅲ矿层就其构造而言，豆(鲕)状构造的矿石含锰6%～43%，大部分都在15%以上，半数达到25%以上；结核状构造矿石含锰35%～44%，是锰含量最高的一种矿石；块状构造矿石一般含锰10%～38%，是含锰较均匀的一种矿石；条带状构造矿石一般含锰8%～43%，条带宽度越小，含锰越高；薄层状构造矿石一般含锰4%～45%，含锰极不均匀。就颜色而言，黑色的矿石一般含锰18%～48%，70%的矿石含锰超过25%；肉红色矿石一般含锰10%～43%，矿石含锰较均匀；深灰色矿石一般含锰6%～34%，为含锰最低的一类矿石；浅绿色矿石含锰10%～53%，含锰极不均匀。

Ⅱ+Ⅲ矿层氧化富集后形成锰帽型的氧化锰矿层。氧化锰矿层以黑色、褐黑色为主，钢灰色、灰黑色为次，薄层状、网脉状构造为主，蜂窝状、块状构造为次。

14分层：钙质硅质岩，深灰色、灰黑色、灰白色，薄层状夹条带状构造。风化以后以硅质泥岩为主，岩层下部靠近Ⅱ+Ⅲ矿层则以含锰硅质岩为主。矿层厚度为0～4.09m。

15分层：含碳钙质硅质岩，深黑色、灰黑色，致密块状构造，偶见条带状、网脉状构造。网脉主要由方解石脉呈树枝状、细脉状、团块状组成，脉宽一般0.01～4.20cm。风化后碳、钙质流失，岩石变为以土黄色、浅黄色、黄褐色薄层状构造为主的硅质岩。分层厚0.16～5.10m。

第三段(D_3w^3)根据岩性不同可分为两个分层。

16分层：钙质硅质岩，夹钙质泥岩、硅质岩，灰白色、灰黑色、黑色，薄层状构造夹条带状、中厚层状构造。条带由灰白色、灰黑色、黑色钙质硅质岩与钙质泥岩互层组成，条带宽 0.1～2.80cm，含泥质越高，条带颜色越深。分层厚 27.82～57.04m。岩石风化后，变成以灰白色、灰色薄层状构造为主的硅质岩。

17 分层：含碳钙质硅质岩，深黑色夹灰黑、灰白、黑色，致密块状构造，夹薄层状、中厚层状构造，偶见网脉状构造。含碳 2%～8%。当岩层较破碎时，往往发育有呈树枝状、细脉状的方解石脉，脉宽一般为 0.02～2.43mm。分层厚 0.56～14.42m。岩石风化后，碳质全部流失，钙局部有残留，变成以浅黄色、灰白色、浅灰色薄层状构造为主的硅质岩。

本段局部夹有 0.1～0.40m 的含锰钙质硅质岩，一般含锰 2.50%～9.78%；氧化后含锰 5.43%～12.38%。由于厚度较小，极少能圈成锰矿体。

第四段(D_3w^4)岩层以三杂为特色：岩性杂、颜色杂、构造杂。厚度虽然较大，但无法进一步细分到分层。

18 分层：岩石颜色有深灰色、灰色、灰黑色、灰白色、浅灰色，夹黑色、土黄色。主要颜色常常组成条带，相间出现。泥质、灰质含量越高，岩石颜色越深；硅质含量越高，岩石颜色越浅。岩石构造以条带状、薄层状为主，夹块状、微层状、网脉状构造，靠近南部矿段的钻孔还见到中厚层状构造。岩性为泥灰岩、钙质泥岩、钙质硅质岩互层，夹硅质岩、硅质灰岩、硅质泥岩。

往南部岩石颜色越来越单调、越来越浅，以灰色调为主；往北部接近氧化带岩性变得相对单调，颜色还是较杂。条带主要是由灰黑色、黑色钙质泥岩、泥灰岩与灰色、灰白色、浅灰色钙质硅质岩互层组成。泥质含量高，条带宽度大，颜色深。往北部条带的颜色越来越浅，往南部条带状构造逐渐过渡到薄层状、中厚层状构造。网脉状构造则是由方解石沿裂隙面、层面充填、胶结形成树枝状、细脉状、团块状、不规则状。这类岩层往往较破碎。

本段岩石风化后变成泥岩、硅质泥岩，偶夹泥质灰岩、硅质岩，颜色还是较杂，但以浅黄色、土黄色、黄褐色、灰白色、灰褐色为主，偶夹粉红、浅紫红、浅灰绿色。构造以薄层状为主，靠近南部多见中厚层状，中、北部偶夹中厚层状构造。分层厚 3.39～80.60m。

(一)广西大新县下雷锰矿区地质工作

广西大新县下雷锰矿是 1958 年南宁专署地质局 903 队根据当地群众报矿检查时发现的。自此以后，在下雷锰矿区开展工作的前后有 4 个地勘单位。1962—1968 年，广西壮族自治区第二地质队对大新下雷锰矿区进行氧化锰矿勘探和碳酸锰矿普查，提交了《广西大新下雷锰矿区地质勘探报告》。1972—1983 年，第四地质队先后对大新下雷锰矿区进行了勘探和补勘。2011—2014 年中国冶金地质总局广西地质勘查院对大新下雷锰矿区北中部矿段开展勘探工作。

下雷锰矿区位于广西大新县城 280°，直距 50km，属大新县下雷镇和靖西县湖润镇管辖。矿区地理坐标为东经 106°40′—106°46′，北纬 22°54′—22°56′，面积为 32km²。

下雷锰矿区锰矿床受下雷向斜控制，向斜中各级次级褶皱十分发育(图 2-3)。通过后期勘查工作，将下雷向斜确定为平卧褶皱。平卧褶皱倒转翼被完全剥蚀掉，正常翼、转折端保存完好。正常翼倾向 19 线以东为 160°～195°，22～26 线 130°～215°，28 线以西 305°～344°，倾角为 0°～54.4°，平均为 18.63°；转折端位于矿区的南部，为南矿段锰矿床主体部分，锰矿层倾角陡，一般为 50°～88°，局部直立，甚至倒转。

断裂构造也十分发育，可分为 5 期 9 个组(图 2-3)。对成矿最有意义的断层为展布于矿区南部的 F_1 断层。F_1 断层为下雷-灵马同生走滑断裂带的一部分，是成矿物质锰的来源通道，其次级断层(主要是指位于南部地区)对锰矿层的破坏较大，展布于其他地区的大部分小断层倾向延深规模一般较小，对锰矿层没有太大的破坏作用。

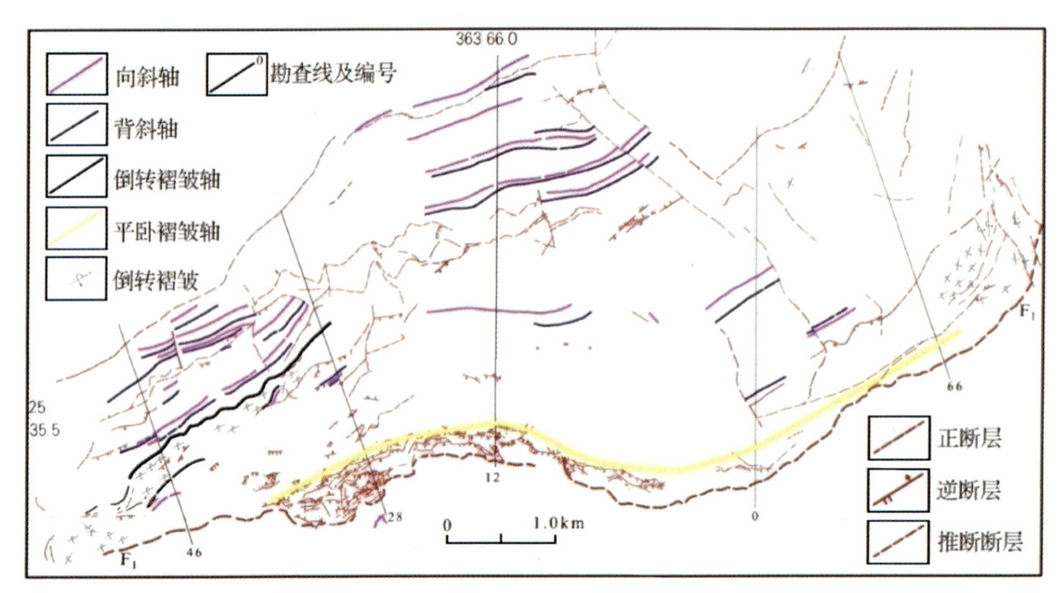

图 2-3　下雷锰矿区构造纲要图

各个时期的主要工作及取得的成果如下。

1. 南宁专署地质局 903 队勘查工作

1958 年 12 月至 1961 年 5 月，南宁专署地质局 903 队对矿区进行了普查评价，完成的主要实物工作量见表 2-1。1962 年初提交了《广西大新下雷锰矿区地质勘察报告书》，提交氧化锰矿石 C+D 级储量 904.05×10^4 t(其中 C 级储量 148.19×10^4 t)，估算碳酸锰矿地质储量 5283.27×10^4 t。

由于工作程度低，所提交的储量未被批准。

表 2-1　1958 年 12 月至 1961 年 5 月 903 队普查工作完成工作量表

序号	项目名称	单位	工作量
1	1∶5000 地质测量	km²	20.53
2	机械岩芯钻孔	孔	4
3	重坑	条	34
4	槽探	条	176
5	井探	个	8
6	选矿试验	个	7
7	基本分析	个	1030

续表 2-1

序号	项目名称	单位	工作量
8	组合分析	个	57
9	光谱分析	个	23
10	全分析	个	8
11	物性测定	个	625

2. 广西地质局 424 队勘查工作

1962 年 3 月至 1967 年 2 月，广西地质局 424 队（现为第二地质队）根据广西地质局的指示，对下雷锰矿区重新进行全面地质普查勘探工作。完成的主要实物工作量见表 2-2。

表 2-2 1962 年 3 月至 1967 年 2 月第二地质队普查勘查工作完成工作量表

序号	项目名称	单位	工作量
1	1∶5000 地质测量	km^2	27.35
2	1∶2000 地质测量	km^2	4.31
3	机械岩芯钻孔	m	26 756
4	封孔检查	m	198
5	重坑	m	6127
6	槽探	m^3	60 404
7	井探	m	5741
8	选矿试验	个	16
9	放电试验	个	134
10	锰矿基本分析	个	5189
11	磷矿基本分析	个	876
12	组合分析	个	151
13	物相分析	个	640
14	全分析	个	25
15	X 光分析	个	28
16	铀矿基本分析	个	149
17	物性测定	个	779
18	岩矿鉴定	块	1070
19	化石鉴定	件	23
20	γ 检查	点	15 678
21	1∶5000 水点调查	km^2	36

续表 2-2

序号	项目名称	单位	工作量
22	1∶1万矿区水文测量	km^2	32
23	单孔抽水试验	孔数/层数	7/12
24	竖井、暗井抽水试验	井数/层数	8/8
25	溢水试验	孔数/层数	7/9
26	注水试验	孔数/层数	14/27
27	止水试验	次/层	15/15
28	水点长期观测	点	18
29	水质基本分析	个	40
30	水质全分析	个	60
31	细菌分析	个	12
32	地下水长期观测(>1水文年)	点	20
33	地表水长期观测(>1水文年)	点	4

本次普查勘探工作对矿区南部氧化锰矿做了详细勘探,对深部碳酸锰矿做了初勘,对北部露头带及北部西段重新进行地质普查勘查时,采用槽探、井探加密控制到100~200m间距;对北部矿段西段15~46线用200m、400m、800m的不等线距,控制了稀疏的钻孔,孔距达200m;对北部矿段西段南缘30~36线,用山地工程和钻孔控制到200m×100m;估算 C_1+C_2 级氧化锰矿石储量 69.4×10^4t,C_1+C_2 级碳酸锰矿石储量 2680.66×10^4t,估算碳酸锰矿石地质储量 4028.05×10^4t。

1968年提交了《广西大新县下雷锰矿区地质勘探报告书》,1971年8月21日,广西地质局邀请设计、冶金、矿山等部门联合审查该报告,批准氧化锰矿石储量B+C级 821.61×10^4t,D级 124.02×10^4t,批准碳酸锰矿石储量B+C级 4146.36×10^4t,D级 2760.76×10^4t。

1972年9月至1973年5月,广西壮族自治区第二地质队二分队对下雷矿区向斜南翼2~7a线地段氧化锰矿用坑探进行补勘,后又于1976年3月至1976年11月,对西南部28~39线及南翼2~7a线340m标高以上进行以钻探为主的补勘,完成的主要实物工作量见表2-3。

表 2-3 1976 年第二地质队二分队补勘完成主要实物工作量表

序号	项目名称	单位	工作量
1	机械岩芯钻探	m	11 976
2	封孔检查	m	154
3	重坑	m	1317
4	槽探	m	3759
5	井探	m	946

续表 2-3

序号	项目名称	单位	工作量
6	采样钻	m	53
7	选矿试验	个	10
8	锰矿基本分析	个	1215
9	组合分析	个	169
10	物相分析	个	169
11	群孔抽水试验	组-层/孔数	1-3/5
12	止水分层测水位	次/层	3/3
13	水质全分析	个	2

1976 年 12 月提交《广西大新县下雷锰矿区补充地质勘探工作报告》。1978 年 3 月，广西壮族自治区地质局以桂地审字〔1978〕第 9 号文批准为勘探报告，批准锰矿石储量为：B+C+D 级氧化锰矿石 531.44×10^4t(其中新增 5.9×10^4t)，B+C 级碳酸锰矿石 706.67×10^4t(其中新增55.7×10^4t)。

3. 广西壮族自治区第四地质队勘查工作

1978 年广西地质局以桂地矿〔1978〕96 号文向广西壮族自治区第四地质队下达补充勘探任务，要求在下雷矿区向斜南翼 0～28 线加密勘探工程，为首期开采地段提交 10%～20%的 B 级储量。

1979 年广西壮族自治区地质局又以桂地矿〔1979〕26 号文向广西壮族自治区第四地质队具体规定在 0～8 线 230m 标高以上，8～24 线 200m 标高以上，24～37 线 350m 标高以上，按 100m×50m 网度控制 B 级储量；全区在 150m 标高以上按 200m×(100～200)m 网度求 C 级储量；在 150m 标高以下，按 400m×200m 网度控制 D 级储量。完成的主要实物工作量见表 2-4。

表 2-4　1985 年第四地质队勘探工作完成工作量表

序号	工作项目	单位	工作量
1	机械岩芯钻探	m	29 761
2	封孔检查	m	283
3	重坑	m	178
4	槽探	m	3891
5	井探	m	566
6	采样钻	m	765
7	选矿试验	个	6
8	锰矿基本分析	个	1033
9	磷矿基本分析	个	689

续表 2-4

序号	工作项目	单位	工作量
10	组合分析	个	349
11	物相分析	个	349
12	光谱分析	个	42
13	全分析	个	24
14	包体测温	个	6
15	X 光分析	个	1
16	硫同位素分析	个	24
17	物性测定	个	37
18	岩矿鉴定	块	270
19	化石鉴定	件	69
20	群孔抽水试验	组-层/孔数	1-1/16
21	水质全分析	个	1
22	水文物探(电法)测量	km^2	0.22

1985 年 6 月提交《广西大新县下雷锰矿区南部碳酸锰矿详细勘探地质报告》。1985 年 7 月，广西矿产储量委员会以桂审字〔1985〕第 4 号审批决议书批准为详细勘探地质报告，批准碳酸锰矿石储量 B+C+D 级 4957.73×10^4t，其中 B 级储量 648.11×10^4t，D 级储量 1897.29×10^4t。

1979 年 8 月至 1983 年 6 月期间，第四地质队在以往普查工作的基础上，对北、中部矿段进行详查工作，将 15 线以东划为Ⅰ勘查类型，以 400m×200m 工程网度求 C 级储量；西部地段的 $Z_{Ⅱ-4}$ 南、北分别定为Ⅱ、Ⅲ勘查类型，以 200m×200m 至 200m×100m 工程网度求 C 级储量；全矿区以 800m×400m 工程网度求 D 级储量。完成的主要实物工作量见表 2-5。

表 2-5 北、中部矿段详查工作完成工作量表

序号	工作项目	单位	工作量
1	机械岩芯钻探	m	24 602.28
2	重坑	m	1147.87
3	槽探	m	3468.57
4	浅井	m	275.22
5	取样钻	m	149.06
6	锰矿基本分析	个	1022
7	磷矿基本分析	个	12
8	组合分析	个	102
9	物相分析	个	202
10	化学全分析	个	9

续表 2-5

序号	工作项目	单位	工作量
11	岩矿鉴定	块	85
12	同位素 X 萤光分析	点	345
13	1∶5 万水点调查	km^2	36
14	1∶1 万水文地质测绘	km^2	32
15	水点长期观测	个	18
16	水质基本分析	项	40
17	水质全分析	项	63
18	细菌分析	项	12
19	地下水长期观测	个	20
20	地表水长期观测	个	4

广西壮族自治区第四地质队于 1984 年 5 月以桂四地审字〔1984〕第 1 号文批准 C+D 级储量 6543.83×10^4t，其中Ⅰ矿层 2150.41×10^4t，Ⅱ矿层 1339.40×10^4t，Ⅲ矿层 3054.02×10^4t。

上述各个时期的勘查工作在矿区内圈出Ⅰ、Ⅱ、Ⅲ3 层锰矿。Ⅰ、Ⅱ、Ⅲ锰矿层展布东西长 9km，南北宽 2～2.5km。矿体埋深 0～435m，矿层埋藏标高：西部 37 线为 605～466m，30 线为 520～240m，中部 15 线为 482～110m，东部 4 线为 410～－20m。全区矿层埋藏标高为西高东低，与矿区向斜构造向东倾伏相一致。

Ⅰ矿层走向延长约 15km，矿层的厚度在各地段有所不同，有一定的变化规律，南西翼最厚，多在 2m 左右，最大厚度在 13 线，以此为中心往各方向变薄。矿层厚为 0.5～3.23m，南部平均 1.77m，中北部平均为 1.34m。在矿区的南东地段 0～4 线及南、西部的 35～36 线，矿层厚度小于 1m，局部地段发生尖灭。

Ⅱ矿层走向延长约 13km，厚 0.6～5.05m，南部矿段 4～24 线浅部附近陡立和急陡倾斜矿层厚度较厚，多为 2.5～4.0m，其余地段厚度变薄，甚至与Ⅲ矿层合并而尖灭，平均为 2.49m。中北部平均为 1.46m。4～24 线南翼浅部矿层厚度均大于 2.5m。其中 5～9 线大多数工程矿层厚度大于 3.5m。由这一带向西、向北及向东，矿层厚度变薄。

Ⅲ矿层走向延长约 13km，厚 0.5～3.13m，南部平均为 1.77m。北中部平均为 1.10m，该层厚度最大的地带在南部矿段 1～26 线，一般厚 1.5m 左右，由这一带向北、向西及向东，矿层逐渐变薄。

各锰矿层产状均与围岩相一致，随围岩褶皱而褶皱，北翼矿层产状比较平缓，倾角一般约 25°，南翼矿层产状陡立或倒转，倾角一般在 70°以上。区内氧化带发育较好，氧化深度与矿层出露的地形地貌部位、赋矿山坡坡向与矿层产状的相互关系以及地下水水位高低等因素有关。各勘探线剖面矿层氧化界线均据控矿工程直接或间接圈定。据主线剖面统计，矿层一般氧化垂深为 10～165m，平均为 78m，氧化垂深最大为 31 线 165m，最小为 7 线 10m，32a 线 K723 处冲沟见碳酸锰矿直接出露地表。

氧化锰矿石的主要化学成分平均含量及杂质指标，按地段分，以南翼矿石质量最好，西北部次之，北翼最差，见表 2-6。

表 2-6　下雷锰矿区大新锰矿不同地段氧化锰矿石化学成分平均含量表

组分 地段	Mn (%)	Fe (%)	P (%)	SiO_2 (%)	Mn/Fe	P/Mn
南翼及西南部	32.73	9.65	0.159	23.52	3.39	0.0049
西北部	27.51	9.40	0.095	32.80	2.94	0.0035
北翼	25.85	10.09	0.110	31.74	2.56	0.0043

按单矿层统计结果为：Ⅰ矿层 Mn33.16%、Fe8.18%、P0.131%、SiO_2 22.30%、Mn/Fe 4.05、P/Mn0.0040；Ⅱ矿层 Mn33.25%、Fe9.47%、P0.176%、SiO_2 21.27%、Mn/Fe3.51、P/Mn0.0053；Ⅲ矿层 Mn28.51%、Fe10.60%、P0.164%、SiO_2 27.94%、Mn/Fe2.69、P/Mn 0.0058。各矿层相比以Ⅰ矿层矿石质量最好，Ⅱ矿层次之，Ⅲ矿层质量最差，详见表 2-7。

表 2-7　下雷锰矿区大新锰矿氧化锰矿石化学成分平均含量表

矿层	组分 地段　含量	Mn (%)	Fe (%)	P (%)	SiO_2 (%)	Mn/Fe	P/Mn
Ⅲ	0～8 线	31.41	11.87	0.210	21.38		
	8～24 线	28.05	10.58	0.167	28.03		
	24 线以西	26.85	9.22	0.136	32.06		
	平均	28.51	10.60	0.164	27.94	2.69	0.0058
Ⅱ	0～8 线	34.03	9.48	0.206	18.57		
	8～24 线	34.07	9.25	0.177	21.43		
	24 线以西	32.03	9.58	0.144	25.02		
	平均	33.25	9.47	0.176	21.70	3.51	0.0053
Ⅰ	0～8 线	33.83	7.86	0.150	18.56		
	8～24 线	35.15	8.53	0.164	19.84		
	24 线以西	32.65	8.26	0.116	24.44		
	平均	33.16	8.18	0.131	22.30	4.05	0.0040
Ⅰ+Ⅱ+Ⅲ	0～8 线	33.24	9.72	0.193	19.30		
	8～24 线	32.56	9.45	0.171	23.03		
	24 线以西	30.76	9.16	0.131	26.84		
	平均	31.92	9.40	0.159	23.61	3.40	0.0050

碳酸锰矿石各矿层的 Mn、Fe、P 含量比较稳定，其品位变化系数均在 33%以下。各矿层主要化学组分含量及其变化见表 2-8。

表 2-8　大新锰矿碳酸锰矿化学成分平均含量表

矿层	矿段	平均品位(%)							灼失量(%)	Mn/Fe	P/Mn
		Mn	Fe	P	SiO_2	CaO	MgO	Al_2O_3			
Ⅰ	北、中部	20.55	5.15	0.102	10.52	13.35	2.86	1.45	24.41	3.99	0.0050
Ⅱ		23.18	7.44	0.113	28.35	4.96	2.91	1.68	16.21	3.13	0.0049
Ⅲ		17.21	6.19	0.112	24.60	10.37	3.58	1.79	24.34	2.78	0.0065
平均		20.95	6.26	0.108	20.42	9.41	3.02	1.61	21.12	3.35	0.0052
Ⅰ	南部	22.80	5.31	0.109	20.59	11.25	3.01	1.35	23.42	4.30	0.0048
Ⅱ		22.96	6.67	0.116	25.38	6.44	2.71	1.81	20.03	2.77	0.0064
Ⅲ		18.25	6.53	0.124	23.62	10.37	3.38	1.60	25.63	2.79	0.0068
平均		21.56	6.19	0.116	23.32	9.13	3	1.60	22.74	3.48	0.0054
Ⅰ	全区	22.02	5.25	0.107	17.08	11.98	2.96	1.39	23.77	4.19	0.0048
Ⅱ		23.03	6.89	0.115	26.30	5.59	2.77	1.77	18.86	3.34	0.0050
Ⅲ		18.02	6.45	0.121	23.84	10.37	3.43	1.64	25.34	2.79	0.0067
平均		21.37	6.21	0.114	22.45	9.21	3.01	1.60	22.25	3.44	0.0053

上述各个工作时期估算的资源储量见表 2-9。

表 2-9　下雷锰矿区各个勘查时期估算资源/储量统计表

矿石类型	工作单位及时间	工作区范围	提交资源储量($\times10^4$t)				
			资源储量类别	新增资源储量	提级资源储量	减少资源储量	累计资源储量
氧化锰矿石	903 地质队 1958 年 12 月至 1961 年 5 月	全矿区	C_1	148.2			148.2
			C_1	755.9			755.9
			合计	904.1			904.1
	第二地质队 1962 年 3 月至 1967 年 2 月	全矿区	B	328.5			328.5
			C_1	493.1			493.1
			C_2	124.0			124.0
			合计	945.6			945.6
	第二地质队 1972 年 9 月至 1976 年 11 月		B	5.9	208.3		542.7
			C			178.1	315.0
			D			30.2	93.8
			合计	5.9	208.3	208.3	951.5
	第二地质队 1962 年 3 月至 1967 年 2 月		C_1	4146.4			4146.4
			C_2	2760.8			2760.8
			合计	6907.2			6907.2

续表 2-9

矿石类型	工作单位及时间	工作区范围	提交资源储量（×10⁴ t）				
			资源储量类别	新增资源储量	提级资源储量	减少资源储量	累计资源储量
碳酸锰矿石			B	55.7	352.2		407.9
			C_1			320.0	3826.4
			C_2			32.2	2728.6
			合计	55.7	352.2	353.2	6962.9
			B				
			C				
			D				
			合计	900.2			7863.1
			B				
			C	995.96			
			D	3400.87			
			合计	4396.83			12 259.93
氧化锰矿及碳酸锰矿石	第二及第四地质队 1962 年 3 月至 1983 年 6 月	全矿区	B				
			C				
			D				
			合计	13 211.43			13 211.43

4. 广西壮族自治区第四地质队详查工作

1987 年 3 月至 1990 年 7 月，广西壮族自治区第四地质队对广西靖西县新兴锰矿区开展详查工作。工作区范围为东经 106°36′01″—106°41′15″，北纬 22°53′16″—22°56′38″。新兴锰矿区位于下雷锰矿区西部，分为南、北两矿段。北矿段与下雷锰矿区 46 线以西部分重叠，“经查阅下雷锰矿区详查、勘探报告证实下雷锰矿勘查期间，遗漏了这块矿。另外，下雷锰矿第 46 线到南西端之间工程控制程度低，绝大部分未计算储量”（摘自《广西靖西县新兴锰矿区详查地质报告》，1990）；南矿段与下雷锰矿区长轴方向近于垂直，其中的锰矿层是下雷锰矿区锰矿层向南东延伸部分，见图 2-4。

本次详查工作完成的主要实物工作量有：1∶1 万地质测量 27km²，1∶2000 地形测量 5.14km²，1∶2000 地质测量 4.88km²，1∶1 万水文地质调查 30km²，钻探 5210.88m/47 孔，坑道 1102.20m，浅井 2954.35m，槽探 8550.87m³，基本分析样 957 个。

矿区内共有两层矿，编号与下雷锰矿区锰矿层编号一致，为Ⅰ、Ⅱ＋Ⅲ。受布逢倒转向斜、福利倒转向斜控制，产状与围岩一致，随褶皱变化而变化，走向由近南北转为北东东，倾角变化大，一般来说，岩层倒转部分倾角为 50°～65°或直立，向斜轴部产状平缓，倾角 5°～20°，见图 2-4。

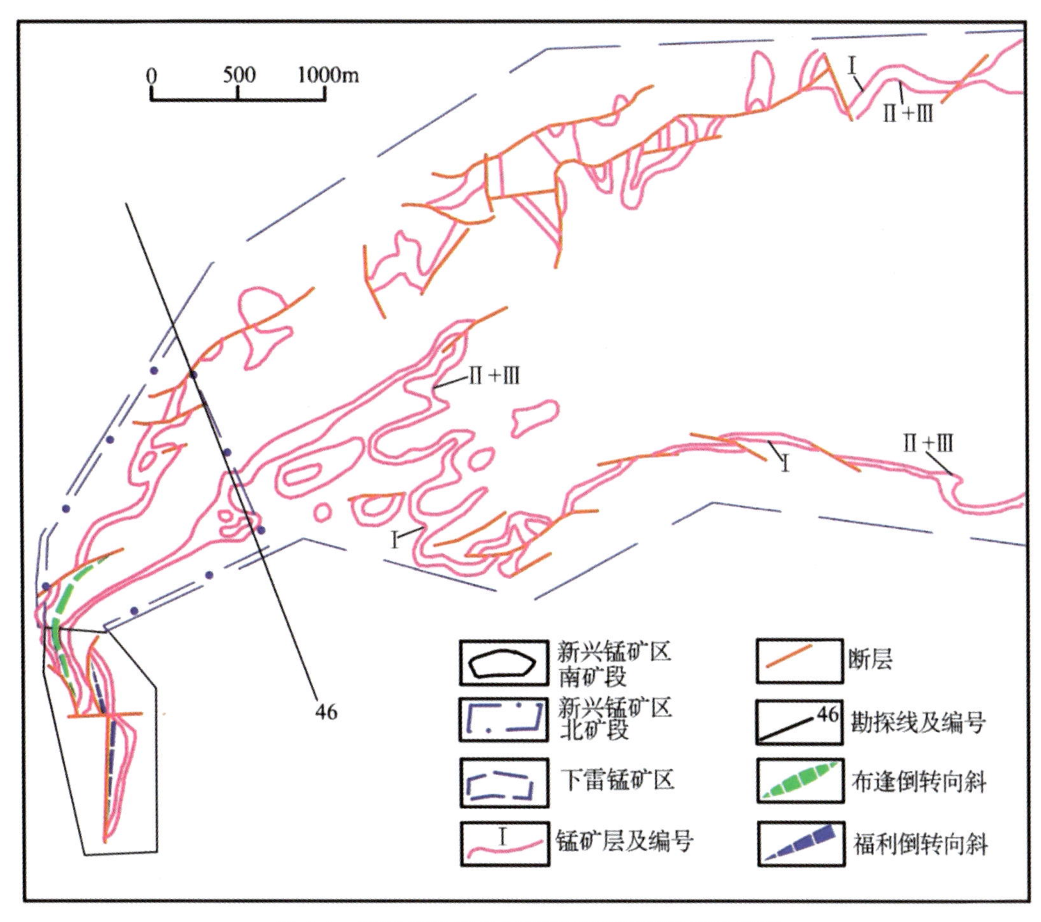

图 2-4　新兴锰矿区与下雷锰矿床空间位置示意图

Ⅰ矿层厚 0.50～3.01m，平均厚 1.08m，中部地段厚度较大，向北及北东方向变薄；矿石含量为 Mn18.34%～45.08%，平均 31.94%，TFe5.10%～14.80%，平均 9.40%，P0.032%～0.255%，平均 0.128%，$SiO_2$4.18%～51.63%，平均 25.92%，Mn/TFe3.34，P/Mn0.004。由南向北及北东方向锰品位有减小的趋势，属中磷中铁锰矿石。

Ⅱ＋Ⅲ矿层厚 0.50～1.83m，平均厚 0.87m，中部地段厚度较大，向北及北东方向变薄；矿石含量为 Mn18.30%～39.34%，平均 25.97%，TFe4.15%～17.70%，平均 8.92%，P0.021%～0.215%，平均 0.114%，$SiO_2$13.56%～56.19%，平均 37.09%，Mn/TFe2.91，P/Mn0.004。由南向北及北东方向锰品位有减小的趋势，属中磷高铁锰矿石。

5. 中国冶金地质总局广西地质勘查院勘查工作

2011 年 1 月至 2014 年 6 月，中信大锰矿业有限责任公司与中国冶金地质总局广西地质勘查院签订合同，对下雷锰矿区北中部矿段开展勘探工作。

勘探工作完成的各类主要实物工作量见表 2-10。

表 2-10　勘探工作完成实物工作量表

工作项目	单位	完成工作量		
		设计	实际完成	备注
1∶2000 地质填图	km^2	4.92	4.92	
1∶200 地质剖面图	km	3.00	2.82	
1∶1000 勘探线剖面地质测量	km	24	24	
槽探工程	m^3/个	2000	2942.58/40	
水文钻孔	m/个	1035/4	1121.50/4	
钻探工程	m/孔	22 000/98	21 158.79/99	
坑道	m		138.40/2	
刻槽采样	个	40	102	
岩芯采样	个	1210	917	
矿石大体重测定	个	6	3	
岩矿石可钻性、爆破性测定	个	9	9	
岩矿石块度、松散系数、安息角测定	个	9	9	
基本分析	件	1595	1019	
组合分析	件	69	66	
内检样	件	239	114	
外检样	件	239	59	
物相分析	件	10	12	
光谱分析	件	12	12	
矿石湿度、小体重测定	个	270	149	
岩矿鉴定	片	50	86	
GPS E 级网控制点	点	14	20	
工程点测量	点	302	313	
1∶2000 地形图测量	km^2	4.92	4.92	
采半工业选矿试验样	个	1	1	
1∶5 万区域水文地质测量	km^2	90.0	99.00	
1∶5000 矿区水文地质测量	km^2	35.0	33.543	
钻孔水工编录	m/孔	11 995/49	12 414.82/51	
抽、注水试验	孔/次	4/15	4/26	
涌水试验	孔/次	3～5/3～5	4/4	
注水试验	孔/次	2/4	3/3	
长期观测	点	18	18	
坑道编录	m	2000	988.4	

续表 2-10

工作项目	单位	完成工作量		
		设计	实际完成	备注
钻孔水文物探测井	m	1035	541.85	
水质分析	个	18	42	
细菌分析	个	10	14	微生物分析
物理力学样	块	360	186	
土工试验样	个		5	残坡积层

本次勘探工作是在1979—1983年第四地质队详查工作的基础上开展的，工作性质相当于生产勘探。详查工作采用边界品位Mn≥12%圈矿，部分钻探工程中的“夹二”就被定成夹层，未参与资源储量估算；本次勘探工作采用边界品位Mn≥10%，夹二含锰大于10%全部确定为锰矿层，参与锰矿层“单工程平均品位”计算、资源储量估算，并将Ⅱ、Ⅲ矿层统称为Ⅱ+Ⅲ矿层。

Ⅰ矿层展布于0～38线之间，走向延长2975～4102m，宽129.18～1672.75m，倾向延深0～30线为596.91～1810m，30～38线为175.36～344.60m，展布面积为2.76km²。氧化锰矿层厚度为0.50～1.25m，平均厚度为0.74m，厚度主要在0.50～1.0m，占统计样数的83.87%，1.0～1.50m的占统计样数的12.90%。

碳酸锰矿层厚度为0.51～5.88m，平均厚度为1.50m，厚度主要集中在0.50～2.0m，占统计样数的84.35%，厚度大于2.0m的占统计样数的15.65%；氧化锰矿石Mn品位为10.19%～43.78%，平均为27.53%，品位主要在20%～30%之间，占统计样数的63.33%；Mn≥30%占统计样数的30.0%；10%≤Mn<30%的占统计样数的70.0%(其中低品位矿占统计样数的3.33%)；碳酸锰矿石Mn品位为10.30%～30.16%，平均为18.85%，品位主要在10%～25%之间，占统计样数的93.47%，富锰矿只占统计样数的3.26%，贫锰矿占统计样数的93.47%(其中低品位矿占统计样数的13.82%)。

Ⅱ+Ⅲ矿层展布于0～44线之间，走向延长2955～4165m，宽192.07～1506.22m，倾向延深0～30线为570.20～1770.60m，30～38线为145.72～449.54m，展布面积为2.62km²；氧化锰矿层厚度为0.50～3.30m，平均厚度为1.23m，厚度主要在0.50～1.50m，占统计样数的71.43%，大于2.50m的占统计样数的10.20%，矿石Mn品位为10.26%～50.30%，平均为24.29%，锰品位主要集中在10%～30%之间，占统计样数的81.26%(其中低品位矿占统计样数的22.92%)；Mn≥30%占统计样数的18.75%；10%≤Mn<30%的占统计样数的81.26%。

碳酸锰矿层厚度为0.54～9.13m，平均厚度为2.40m，厚度在0.50m以上各区间没有一个厚度区间占明显的优势，只1.5～2.0m、2.0～2.5m、2.5～3.0m 3个区间稍占一点优势，占统计样数的17%～20%，超过15%，其他厚度区间均在10%上下，矿石Mn品位为11.36%～26.37%，平均为19.01%，锰品位主要集中在10%～25%之间，占统计样数的94.52%，Mn≥25%锰矿只占统计样数的2.74%；10%≤Mn<25%的锰矿占统计样数的91.95%(其中低品位矿占统计样数的10.27%)。

共探获(111b+122b+333)工业锰矿石资源储量为3372.94×10⁴t,其中探明的(可研)经济基础储量(111b)锰矿石量2104.49×10⁴t,占总资源储量的62.39%。控制的经济基础储量(122b)锰矿石量359.06×10⁴t,占总资源储量的10.65%;(333)锰矿石储量909.39×10⁴t,占总资源储量的26.96%。

(二)广西靖西县湖润锰矿区地质工作

湖润锰矿区位于广西靖西县城东南部,属靖西县湖润镇及岳圩乡管辖,南东与下雷锰矿区毗邻,东(扑隆矿段南东)为菠萝岗锰矿区。北东起自峒岜,南西延伸至中越边境线,地理坐标为东经106°36′48″—106°46′40″,北纬22°54′25″—23°02′12″,面积68km²。

湖润锰矿是1968年"大办钢铁"时群众发现的,以后相继有百色专署地质队、南宁专署地质局903地质队、桂西地质综合大队五分队、广西地质局424队、广西地质局426队、广西第四地质队、中南冶金地质勘探公司南宁地质调查所(中国冶金地质总局广西地质勘查院前身)在该区开展过普查、详查工作。

广西地质局424队于1963年派普查组开展地质工作,以600~800m、个别为400m间距进行地表揭露,1965年转交给426队继续工作。426队在此基础上,对矿区开展1∶1万地质简测,并根据地质构造及地理位置将矿区划分为扑隆、坡州、内伏、团屯、巡屯、茶屯6个矿段(图2-5)。

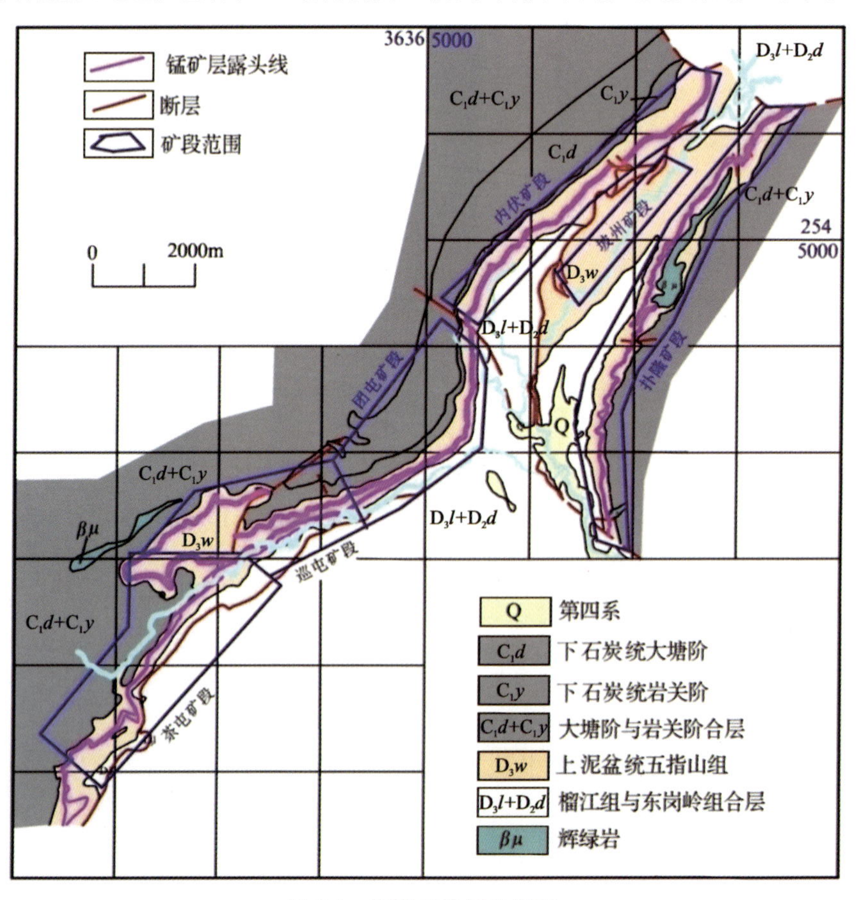

图2-5 湖润锰矿区地质图

1966年2月广西壮族自治区第三地质队提交了《广西靖西县湖润锰矿区普查报告》。工作区范围为东经106°36′48″—106°46′40″，北纬22°54′25″—23°02′12″，面积为60km²。矿区南东与下雷锰矿区毗邻，南西延伸至越南边境。

完成的主要实物工作量为：1∶1万地质测量60.18km²，探槽4727m³/122条，浅井298m/68个，平巷438m/11个，化学样427个，放电样2个。

在矿区内圈出Ⅰ、Ⅱ锰矿层，其中，Ⅱ锰矿层具有工业意义，Ⅰ锰矿层则偶有个别地段品位与厚度符合工业要求。

Ⅰ锰矿层厚0.20～1.0m，个别工程1.24m，矿石一般含锰15%～25%，个别工程达35%～40%，SiO_2含量超过35%以上。

Ⅱ锰矿层厚0.16～2.57m，矿石一般含锰25%～26%，个别达31.72%，TFe8%～12%，P0.08%～0.152%，$SiO_2$24.12%～33.10%。矿石工业类型主要是铁锰矿石，局部可达Ⅲ级富锰矿石，Mn/Fe比值一般在4以下。碳酸锰矿石含锰13.93%～24.93%，TFe6.01%～10.85%，P/Mn0.0113～0.005，$SiO_2$8.5%～32.96%，CaO2.72%～14.57%，MgO1.32%～3.28%，$Al_2O_3$0.61%～3.72%，厚0.50～2.46m，主要矿物有菱锰矿、钙菱锰矿和锰方解石等。

1972年1月，广西区革委会地质局以桂地审字(72)第11号文《"广西靖西县湖润锰矿区普查报告"审查意见书》批准该报告，批准C_2级锰矿石资源/储量140.44×10⁴t，"矿产资源储量表"外资源/储量35.01×10⁴t。

1. 扑隆矿段

1963年3月至1964年，424地质队、426地质队在开展湖润锰矿区普查工作时，对扑隆矿段开展过工作，圈出有工业意义的锰矿层走向总长7560m，矿层走向SW60°—SW30°—SW10°，矿层倾向南东东、东、北东东，倾角局部较缓，大多地段大于45°，出露标高北东高，向南西渐低，比高30～150m。矿层厚一般1.0～1.40m，最薄0.47m，最厚2.57m，从北东向南西变薄；矿石质量平均为Mn27.38%，TFe10.38%，P0.120%，$SiO_2$31.20%。

估算表内C_2级储量46.88×10⁴t，表外储量12.07×10⁴t。

1984年7月至1986年7月，广西壮族自治区第四地质队对矿段62～94线氧化锰矿开展储量升级工作，完成主要实物工作有坑道1274.3m、探槽2208.07m³，提交《广西靖西县湖润锰矿区扑隆矿段62～94线氧化锰矿储量提级报告》，该报告未经评审。

1990年3月至1993年12月，冶金部中南地质勘查局南宁地质调查所对扑隆矿段62～87线氧化锰矿开展详查工作，工作区范围为东经106°42′46″—106°44′12″，北纬22°56′44″—23°00′00″，完成的实物工作量见表2-11。提交《广西靖西县湖润锰矿区扑隆矿段62～87线锰矿详查报告》。

通过本次工作，圈出Ⅰ、Ⅱ+Ⅲ矿层，以Ⅱ+Ⅲ矿层为主要矿层。

Ⅰ矿层受单斜构造控制，走向北—南—NE30°—近南北，倾向南东—东，倾角30°～60°，厚度为0.10～0.50m，平均0.30m，氧化锰矿平均厚度为0.29m，碳酸锰矿平均厚度为0.36m；矿层厚度大于0.50m的只有4个探矿工程，氧化锰矿石品位为18.43%，碳酸锰矿石品位为

18.72%。由于厚度小,连续性差,矿石质量未达优、富,局部可圈矿体,工业利用意义不大。

表 2-11　扑隆矿段详查完成主要实物工作量表

序号	工作项目	单位	工作量
1	1∶5000 地质测量	km^2	5.30
2	1∶5000 地形测量	km^2	5.30
3	1∶2.5 万区域水文测绘	km^2	15.0
4	1∶5000 矿段水文地质测绘	km^2	5.30
5	槽探	m^3	5650.78
6	浅井	m	56.90
7	坑道	m	1040.60
8	旧坑清理	m	214.10
9	钻探	m	1789.06
10	化学采样	个	1237

Ⅱ+Ⅲ矿层受单斜构造控制,走向 NE30°~40°—近南北,局部呈波浪状、矿层重复出现,倾向南东—东,倾角 30°~60°,局部达 70°~80°;控制矿层走向延长为 5450m,矿层厚度为 0.50~2.80m,氧化锰矿石质量为 Mn18.82%~37.27%,TFe4.94%~15.73%,SiO_2 15.98%~51.11%,P0.044%~0.128%,碳酸锰矿石质量为 Mn18.21%~25.90%,TFe5.57%~11.18%,SiO_2 10.39%~33.25%,P0.086%~0.181%,CaO1.54%~11.48%,MgO1.69%~3.92%,Al_2O_3 0.95%~3.85%,Loss12.38%~30.35%。Ⅱ+Ⅲ矿层赋存标高为 52~526.74m。

共提交 C+D 级锰矿石资源量 323.97×10^4t,其中氧化锰矿石资源量 46.89×10^4t,碳酸锰矿石资源量 277.08×10^4t。该矿石量得到冶金工业部中南冶金地质勘探公司批准。

本次工作在Ⅰ矿层采了 2 个氧化锰矿的放电试验样,做了锰矿石放电性能研究工作。放电试验结果见表 2-12。

表 2-12　Ⅰ矿层氧化锰矿放电试验结果表

样品编号	样品名称	放电时间(min)	MnO_2(%)	TMn(%)	TFe(%)
FDTc1202(原)	氧化锰矿	402	58.76	39.58	6.50
FDTc1202(净)	氧化锰矿	535	67.04	44.63	5.24

表 2-12 显示,Ⅰ矿层氧化锰矿石放电性能较好,综合考虑放电时间、MnO_2、TFe 含量,原矿可达五级放电锰标准,净矿可达四级放电锰标准。

2. 坡州矿段

1963年3月至1964年，424地质队、426地质队在开展湖润锰矿区普查工作时，对坡州矿段开展过工作，圈出有工业意义的锰矿层3段，走向总长2510m，矿层走向SW50°—SW30°，倾角陡，且变化较大，倾向北西西—北西，局部倒转，倾向南东，矿层的平均倾角10°～52°，出露标高北东高、南西低，比高30～85m。矿层厚一般为0.80m，最薄0.37m，最厚1.36m，从北东向南西变薄；矿石质量平均为Mn25.47%，TFe10.25%，P0.138%，$SiO_2$33.46%。

估算表内C_2级储量14.60×10^4t，表外储量5.94×10^4t。

3. 内伏矿段

1963年3月至1964年，424地质队、426地质队在开展湖润锰矿区普查工作时，对内伏矿段开展过工作，圈出有工业意义的锰矿层4段，走向总长4990m，矿层倾向北西，倾角较陡，矿层的平均倾角11°～67°，出露标高北东高、南西低，比高0～270m。矿层厚一般为1.20m，最薄0.26m，最厚2.13m，中部较厚，向北东-南西延长变薄；矿石质量平均为Mn26.93%，TFe12.66%，P0.152%，$SiO_2$30.20%。

估算表内C_2级储量49.15×10^4t，表外储量4.96×10^4t。

1979年3月至1981年8月，广西壮族自治区第四地质队在内伏矿段开展碳酸锰矿普查，工作区范围为东经106°47′50″—106°50′30″，北纬22°54′25″—23°02′12″。

完成主要实物工作量为1∶1万地质修测6km^2，钻探5746.71m，浅井440.25m，坑道8.90m，探槽6188.10m，化学分析样160个，选矿试验样1个。

矿区内分布有Ⅰ、Ⅱ＋Ⅲ矿层，控制矿层走向延长5650m/18孔，最大倾向延深670m。矿层走向NE50°转为30°，倾向北西，倾角一般较陡，为45°～70°，局部出现直立、倒转；Ⅱ＋Ⅲ矿层厚0.54～1.70m，平均为1.07m，矿石品位为Mn14.52%～19.15%，平均为16.69%；Ⅰ矿层变化较大，18个孔有12个孔见到Ⅰ矿层，厚度为0.12～0.63m，平均为0.33m，锰品位为11.47%～21.69%，平均为16.44%，5个孔见到含锰灰岩或含锰硅质岩，只有2个孔见到工业矿体，厚度分别为0.53m、0.63m，锰品位分别为15.53%、16.70%。

1984年9月，广西壮族自治区第四地质队以桂四地审字〔1984〕第3号文《广西靖西县湖润锰矿区内伏矿段碳酸锰矿初步普查地质报告》审查意见书批准该普查报告，批准碳酸锰矿D级储量712.49×10^4t。

1987年12月，中南冶金地质勘探公司南宁冶金地质调查所提文《广西靖西县湖润锰矿区内伏矿段24～72线氧化锰矿详查地质报告》，工作区范围为东经106°41′23″—106°43′00″，北纬22°59′43″—23°00′51″。完成主要实物工作量见表2-13。

表2-13　内伏矿段详查工作完成主要实物工作量表

序号	工作项目	单位	工作量
1	1∶1万水文地质调查	km^2	15
2	槽探	m^3	5582.47
3	坑道	m	624.25

续表 2-13

序号	工作项目	单位	工作量
4	清理老窿	m	572.70
5	化学样品	个	240

报告中圈出Ⅰ、Ⅱ+Ⅲ矿层，以Ⅱ+Ⅲ矿层为主矿层。Ⅰ矿层厚度为 0.12～0.85m，平均为 0.39m，氧化锰矿石质量为 Mn13.52%～43.81%，TFe4.05%～24.35%，$SiO_2$9.10%～65.46%，P0.008%～0.212%，由于锰矿层厚度小、矿石品位未达优富，无工业利用意义。

控制Ⅱ+Ⅲ矿层走向延长为 2400m，矿层厚度为 0.51～2.75m，氧化锰矿石质量为 Mn16.0%～40.90%，TFe5.80%～30.57%，$SiO_2$6.68%～43.0%，P0.071%～0.571%，碳酸锰矿石质量为 Mn14.51%～28.75%，TFe7.10%～17.40%，$SiO_2$6.55%～44.48%，P0.154%～0.426%，CaO2.23%～12.07%，MgO0.42%～4.55%，$Al_2O_3$0.89%～3.70%，Loss9.55%～28.79%，Ⅱ+Ⅲ矿层存在部分碱性矿石，其质量分别为 Mn20.67%，TFe 8.90%，$SiO_2$8.55%，P0.163%，CaO11.17%，MgO4.34%，$Al_2O_3$1.39%，Loss28.0%，CaO+MgO /SiO_2+Al_2O_3为 1.56。Ⅱ+Ⅲ矿层赋存标高为 327～620m，矿层走向为 NE42°，倾向北西，倾角一般为 22°～88°，一般较陡，多在 45°以上。

本次工作对Ⅰ、Ⅱ+Ⅲ矿层氧化锰矿石均做了放电试验。试验证明，Ⅱ+Ⅲ矿层氧化锰矿石放电性能差，原矿不能作放电锰使用；Ⅰ矿层氧化锰矿石连续放电时间均大于 520min，性能良好，符合二级放电锰要求，原矿石即可作放电锰使用。

冶金工业部中南冶金地质勘探公司以(88)冶勘地字第 173 号文批准的 C+D 级氧化锰矿石资源量为 61.47×10^4t，D 级碳酸锰矿石资源量为 44.27×10^4t。

4. 团屯矿段

1963 年 3 月至 1964 年，424 地质队、426 地质队在开展湖润锰矿区普查工作时，对团屯矿段开展过工作。锰矿层展布于巡屯背斜北翼东端、茶屯-念团向斜以东地段。巡屯背斜北翼东端锰矿层走向总长 4800m，矿层走向南—SW40°—SW70°，矿层倾向西至北西，倾角 30°～50°，出露标高 305～410m，比高 150～300m。茶屯-念团向斜以东地段锰矿层走向总长 6400m，矿层倾向南东、北西，倾角 30°～60°，出露比高 5～75m。矿层厚一般为 0.50～0.70m，最薄 0.16m，最厚 1.00m，从北东向南西变厚；矿石质量平均为 Mn25.98%，TFe10.97%，P0.111%，$SiO_2$31.21%。

估算表内 C_2级储量 11.22×10^4t，表外储量 8.86×10^4t。

5. 巡屯矿段

1963 年 3 月至 1964 年，424 地质队、426 地质队在开展湖润锰矿区普查工作时，对巡屯矿段开展过工作，圈出有工业意义的锰矿层 2 段，走向总长 2200m，矿层倾向南南东至南东，倾角 30°～50°，出露标高北东高、南西低，比高 55～200m。矿层厚一般 0.80～1.90m，最薄 0.29m，最厚 2.82m，背斜南东翼薄，北西翼变厚，尤以北西翼中部向两侧变薄呈透镜状；矿石质量平均为 Mn31.72%，TFe9.04%，P0.089%，$SiO_2$24.14%。

1983 年 3 月至 1987 年 5 月，广西壮族自治区第四地质队提交《广西靖西县湖润锰矿区巡屯矿段碳酸锰矿详细普查报告》，工作区范围为东经 106°37′42″—106°40′16″，北纬 22°56′14″—22°57′01″，面积约 7.0km²。完成的主要实物工作量见表 2-14。

表 2-14　1987 年巡屯矿区碳酸锰矿详查完成工作量表

序号	工作项目	单位	工作量
1	1：2000 地质草测	km²	7.60
2	1：1 万地质草测	km²	60
3	1：1 万水文地质测绘	km²	10
4	钻探	m	8951.42
5	槽探	m³	9296.30
6	浅井	m	613.38
7	采样	个	332
8	岩矿鉴定样	块	188
9	古生物鉴定样	个	103
10	光谱分析样	个	105

锰矿层共有 3 层，编号为Ⅰ、Ⅱ、Ⅲ矿层，矿层走向延长 4000m，倾向延深最大为 830m，平均为 526m；Ⅰ矿层厚度为 0.52～1.76m，平均为 1.03m，氧化锰矿石质量为 Mn20.36%～42.85%，TFe5.28%～10.35%，P0.055%～0.168%，$SiO_2$7.86%～48.23%，碳酸锰矿石质量为 Mn13.47%～31.43%，TFe4.95%～7.35%，P0.075%～0.144%，$SiO_2$7.69%～23.58%；Ⅱ矿层厚度为 0.55～3.43m，平均为 1.26m，氧化锰矿石质量为 Mn20.61%～35.55%，TFe8.10%～12.90%，P0.063%～0.153%，$SiO_2$13.18%～47.97%，碳酸锰矿石质量为 Mn15.28%～26.29%，TFe4.37%～10.95%，P0.050%～0.199%，$SiO_2$11.41%～33.28%；Ⅲ矿层厚度为 0.62～1.53m，平均为 0.92m，氧化锰矿石质量为 Mn16.18%～40.55%，TFe3.07%～20.15%，P0.032%～0.260%，$SiO_2$9.46%～66.70%，碳酸锰矿石质量 Mn13.32%～27.17%，TFe3.50%～9.79%，P0.074%～0.187%，$SiO_2$13.77%～29.20%。

根据各矿层 $CaO+MgO/SiO_2+Al_2O_3$ 分析，Ⅰ矿层属碱性矿石，Ⅱ矿层属酸性矿石，Ⅲ矿层属自熔性矿石。

1987 年 12 月，广西地矿局以桂地矿审字〔1987〕第 12 号文批准为详细普查报告，批准资源量为：C+D 级碳酸锰矿石量 1152.80×10⁴t，氧化锰矿石量为 D 级 16.40×10⁴t。

6. 茶屯矿段

1963 年 3 月至 1964 年，424 地质队、426 地质队在开展湖润锰矿区普查工作时，对茶屯矿段开展过工作，圈出有工业意义的锰矿层 5 段，走向总长 4400m，矿层走向 SW40°左右，倾向北西，倾角陡，平均倾角 34°～62°，出露标高自北东向西南渐高，比高 80～120m。矿层厚一般 0.50～0.80m，最薄 0.17m，最厚 1.05m，中段较薄，向北东、南西延长较厚；矿石质量平均为 Mn26.96%，TFe8.31%，P0.082%，$SiO_2$33.10%。

估算表内 C_2 级储量 18.50×10^4t,表外储量 3.19×10^4t。

1984—1986 年,广西壮族自治区第四地质队承包靖西县锰矿的扑隆矿段 62～94 线氧化锰矿储量升级项目,提交 C 级表内氧化锰矿 20.5×10^4t。

1988 年 8 月至 1992 年 11 月,中南冶金地质勘探公司南宁冶金地质调查所提交《广西靖西县湖润锰矿区茶屯矿段详查报告》,工作区范围为东经 106°36′43″—106°39′24″,北纬 22°53′34″—22°56′52″。完成主要实物工作量见表 2-15。

表 2-15 茶屯矿段详查完成主要实物工作量表

序号	工作项目	单位	工作量
1	1∶5000 地质填图	km^2	9.50
2	1∶2.5 万区域水文地质测绘	km^2	60
3	1∶5000 矿段水文地质测绘	km^2	9.50
4	槽探	m^3	5056.91
5	坑道	m	1509.8
6	旧坑清理	m	1078.30
7	钻探	m	8901.13
8	化学采样	个	1569

矿层内圈出Ⅰ、Ⅱ+Ⅲ矿层。Ⅰ矿层厚度为 0.14～0.81m,平均为 0.33m,氧化锰矿石品位为 Mn13.16%～13.70%,碳酸锰矿石品位为 Mn10.64%～15.66%,由于其厚度小、品位低,未达优富,局部能圈工业矿体,工业意义不大。

Ⅱ+Ⅲ矿层走向延为 5347m,厚度为 0.23～1.63m,平均为 0.78m,厚度主要在 0.50～1.20m之间;氧化锰矿石质量为 Mn10.08%～44.26%,TFe1.70%～20.50%,P0.020%～0.399%,$SiO_2$20.87%～82.35%,碳酸锰矿石质量为 Mn10.02%～33.30%,TFe2.45%～12.55%,$SiO_2$9.56%～67.36%,P 0.028%～0.253%,CaO 0.42%～15.72%,MgO 0.07%～3.98%,$Al_2O_3$0.40%～10.30%,Loss6.13%～28.38%。

共提交 C+D 级氧化锰矿石资源量 74.22×10^4t,碳酸锰矿石资源量 771.92×10^4t。该矿石量得到冶金工业部中南冶金地质勘探公司批准。

1999—2002 年,中国冶金地质总局中南地质勘查院在桂西南开展“广西桂西南优质锰矿评价”时对下雷锰矿床、湖润锰矿区内是否存在优质(富)锰矿开展调查、研究工作。完成的主要实物工作量见表 2-16。

表 2-16 桂西南大调查项目完成主要实物工作量表

序号	项目	单位	完成工作量
1	钻探	m	1439.52
2	坑道	m	96.5
3	槽探	m^3	970

续表 2-16

序号	项目	单位	完成工作量
4	1∶5 万地质修测	km^2	18
5	1∶1000 实测地质剖面	m	5 条
6	采样	件	97
7	岩矿标本	块	23

提交的资源量成果见表 2-17。该报告由冶金地质总局组织专家评审通过，中国地质调查局于 2005 年 4 月 12 日以中地调(冶)评字〔2005〕01 号文出具评审意见书，批准提交的资源量。

表 2-17　桂西南评价项目估算资源量成果表

评价区名称	矿石类型	资源量类别	真厚度(m)	资源量($\times 10^4$ t)	矿石品位(%)			SiO_2	CaO	MgO	Al_2O_3	Loss	Mn/TFe	P/Mn
					Mn	TFe	P							
下雷-湖润	优质富氧化锰矿	333	1.00	78.99	37.06	8.13	0.153	15.92					4.56	0.004
		334_1	1.15	78.27	38.98	7.07	0.123	15.22					5.51	0.003
		$333+334_1$	1.07	157.26	38.02	7.61	0.138	15.57					5.00	0.004
	贫氧化锰矿	334_1	0.60	16.94	28.57	10.05	0.087	29.80					2.84	0.003
	计	$333+334_1$	1.02	174.20	37.10	7.85	0.133	16.95					4.73	0.004
	优质富碳酸锰矿	334_1	0.67	147.20	25.69									
	贫碳酸锰矿	333	0.52	7.88	18.71	5.60	0.122	19.60	2.72	1.62	3.16	15.18	3.34	0.006
		334_1	0.52	130.32	18.71	5.60	0.122	19.60	2.72	1.62	3.16	15.18	3.34	0.006
		$333+334_1$	0.52	138.20	18.71	5.60	0.122	19.60	2.72	1.62	3.16	15.18	3.34	0.006
	计	$333+334_1$	0.60	285.40	22.31									
	总计	$333+334_1$	0.76	459.60	27.20									

2014 年 5 月 18 日至 2015 年 2 月 5 日，广西壮族自治区地质调查院开展“广西靖西县湖润锰矿区接替资源勘查”项目，在扑隆 1 矿段、扑隆 2 矿段、坡洲矿段、内伏矿段深部开展普查工作。完成主要实物工作量见表 2-18。

表 2-18　湖润锰矿区接替资源勘查项目完成主要实物工作量统计表

工作项目	计量单位	2014 年度设计工作量	完成工作量	完成比例(%)
1∶1000 地质剖面测量	km	6.17	6.2	100.5
1∶1 万地质修测	km^2	5.55	5.55	100

续表 2-18

工作项目	计量单位	2014 年度设计工作量	完成工作量	完成比例(%)
坑道编录	m	10 000	9111.6	91.12
钻探	m	7600	8431.64	110.9
岩芯样	样	168	190	113.1
刻槽样	样	500	223	44.6
小体重样	件	240	129	53.8
薄片	片	80	54	67.5
光片	片	80	39	48.8

在扑隆 2 矿段控制Ⅱ＋Ⅲ矿层走向延长 4300m，最大倾向延深 520m，矿层厚 0.39～2.22m，平均厚度 1.78m；锰品位 12.31%～20.98%，平均 17.02%。Ⅰ矿层厚 0.16～0.78m，平均厚度 0.39m，含锰 4.78%～15.82%，仅 ZK7904 孔与 ZK7106 孔可圈定矿体，厚度、锰品位分别为 0.62m、15.82%，0.78m、14.18%。矿层倾向由南东东转为近南北，倾角 30°～60°。

在扑隆 1 矿段控制Ⅱ＋Ⅲ矿层走向延长 1800m，最大倾向延深 400m，矿层厚度 0.90～1.74m，平均厚 1.13m；锰品位为 16.93%～22.36%，平均为 19.61%。Ⅰ矿层厚 0.32～0.58m，含锰 5.50%～21.54%，仅 ZK7902 孔可圈定矿体，厚度、品位分别为 0.58m、21.54%。矿层倾向南东东，倾角较稳定，一般为 30°～55°。

在内伏矿段控制Ⅱ＋Ⅲ矿层长 3000m，最大倾向延深 400m，厚度为 0.23～2.11m，平均厚度 1.16m；锰品位为 10.27%～21.30%，平均 16.52%。Ⅰ矿层厚 0.30～0.50m，锰品位 16.00%。内伏矿段中矿层倾向北西，北段近地表及浅部矿层倾角较陡，局部反倾，往深部倾角变缓，南段倾向较平缓。

在坡洲矿段控制Ⅱ＋Ⅲ矿层走向延长 1600m，最大倾向延深 200m，厚 0.67～0.97m，平均厚度 0.82m；锰品位为 15.48%～16.74%，平均 16.23%。Ⅰ矿层厚 0.63～0.88m，平均厚度 0.755m，锰品位为 12.93%～16.55%，平均 14.81%。矿层在地表倾向北东，深部反倾，倾向北西。

共估算新增海相沉积型贫锰矿石(332＋333)资源量 1170.669×10^4t，新增低品位锰矿石(332＋333)资源量约 43.392×10^4t，具体见表 2-19。

表 2-19　湖润锰矿区接替资源勘查项目估算资源/储量汇总表

矿段	矿层	矿石类型	矿石品级	资源/储量类别	矿石体重(t/m3)	平均 Mn 品位(%)	矿石量(×10^4t)
扑隆 1	Ⅰ矿层	碳酸锰矿石	贫锰矿石	333	3.167	21.54	1.7657
	Ⅱ＋Ⅲ矿层	碳酸锰矿石	贫锰矿石	122b	3.167	19.22	111.112
		碳酸锰矿石	贫锰矿石	333	3.167	19.69	117.3347

续表 2-19

矿段	矿层	矿石类型	矿石品级	资源/储量类别	矿石体重（t/m3）	平均 Mn 品位（%）	矿石量（$\times 10^4$t）
扑隆 2	Ⅰ矿层	碳酸锰矿石	贫锰矿石	333	3.095	15.82	5.7121
		碳酸锰矿石	低品位矿	333	3.095	14.38	8.8116
	Ⅱ＋Ⅲ矿层	碳酸锰矿石	低品位矿	122b	3.104	14.30	5.1731
		碳酸锰矿石		332＋333	3.104	14.50	23.0845
		碳酸锰矿石	贫锰矿石	122b	3.104	15.45	2.8648
		碳酸锰矿石		332＋333	3.104	18.42	516.083
内伏	Ⅰ矿层	碳酸锰矿石	贫锰矿石	333	3.093	21.34	38.1241
	Ⅱ＋Ⅲ矿层	碳酸锰矿石	贫锰矿石	122b	3.129	16.16	33.6635
		碳酸锰矿石	贫锰矿石	332＋333	3.129	16.54	354.6191
		碳酸锰矿石	低品位矿	333	3.129	12.44	11.4958
坡洲	Ⅰ矿层	碳酸锰矿石	贫锰矿石	333	3.275	15.34	13.5283
	Ⅱ＋Ⅲ矿层	碳酸锰矿石	贫锰矿石	333	3.205	16.08	123.5017
合计	Ⅰ＋Ⅱ＋Ⅲ矿层	碳酸锰矿石	贫锰矿石	332＋333			1170.6687
		碳酸锰矿石	低品位矿	332＋333			43.3919
		碳酸锰矿石	贫锰矿石	122b			147.6403
		碳酸锰矿石	低品位矿	122b			5.1731

（三）广西大新县菠萝岗锰矿区地质工作

菠萝岗锰矿区位于下雷锰矿区的东北部，与之毗邻，同受上映-下雷倒转向斜控制。由于受探矿权范围的限制，矿区的主要勘查工作对象是展布于上映-下雷倒转向斜西南翼、相当于下雷锰矿床南部矿段陡倾斜的那部分锰矿层。

1999—2003 年，中国冶金地质勘查工程总局中南地质勘查院在桂西南优质锰矿评价的工作中，对该矿区开展过地质预查，施工了 2 条探槽，编录了 2 个剥土，施工了 3 个钻探工程（只有 1 个钻孔见矿）。

在矿区内只控制到Ⅱ＋Ⅲ矿层，共圈出 5 个锰矿体。矿体呈层状产出，走向北东-南西，倾向 90°～165°，倾角 45°～80°。矿体走向延长 560～2500m，倾向延深为 400m。矿体厚度为 0.52～1.47m，平均厚为 0.85m，氧化锰矿石质量为 Mn36.18%～38.08%，平均为 36.92%，TFe6.30%～8.36%，P0.107%～0.165%，SiO_2 13.0%～15.95%；碳酸锰矿石质量为 Mn 18.71%，TFe5.60%，P0.122%，SiO_2 19.60%，CaO2.72%，MgO1.62%，Al_2O_3 3.16%，Loss15.18%；共估算锰矿石（334_1）资源量为 241.51$\times 10^4$t，其中氧化锰矿石量为 103.31$\times 10^4$t，碳酸锰矿石量为 138.20$\times 10^4$t。

2009—2010 年中国冶金地质总局中南局南宁地质调查所提交《广西大新县菠萝岗矿区锰

矿详查地质报告》，工作区地理坐标为东经 106°43′15″—106°44′45″，北纬 22°56′15″—22°58′15″，面积为 5.17km²。完成的主要实物工作量见表 2-20。

表 2-20 菠萝岗锰矿详查工作完成主要实物工作量表

项目	单位	完成实物工作量
1∶2000 地形测量	km²	4.00
1∶1000 剖面测量	km	10
1∶2000 地质填图	km²	4.55
1∶2000 水文地质填图	km²	4.55
1∶2.5 万区域水工环地质调查	km²	72
槽探	m³	3800
坑道	m	1204.20
地质孔	m	656.04
水文地质孔	m	128
基本分析样	个	100
小体重及湿度测试	个	60
物理力学测试	组	6
光谱分析	个	2
物相分析	个	8
组合分析	个	2
水质全分析	个	5
水质细菌分析	个	4
岩矿鉴定	个	30

本次详查工作共圈出 3 个锰矿体，编号为①②③。①号矿体：矿体沿走向展布长 1120m。矿体走向北东，倾向为 104°～155°，深部倾向有所波动，局部呈假倒转的形态产出。矿体倾角较陡，30°～80°，平均大于 60°。②号矿体：沿走向展布长 810m。矿体倾向 255°～340°，倾角 33°～77°。③号矿体：沿走向展布长 600m。矿体倾向 90°～116°，倾角 33°～54°。

矿体其他地质特征见表 2-21。

表 2-21 菠萝岗锰矿区矿体特征一览表

地质特征		矿体号		
		①	②	③
厚度(m)	极值	0.51～1.60	0.49～0.70	0.80～1.41
	平均	0.78	0.58	1.30

续表 2-21

地质特征		矿体号		
		①	②	③
Mn(%)	极值	12.27～41.15	18.30～36.21	22.48～28.45
	平均	26.37	24.09	22.71
TFe(%)	极值	5.14～13.65	4.43～13.64	4.74～11.73
	平均	7.71	9.42	6.57
P(%)	极值	0.083～0.331	0.040～0.119	0.092～0.221
	平均	0.177	0.113	0.128
SiO_2(%)	极值	6.61～35.47	22.04～39.65	25.59～49.83
	平均	13.86	27.68	36.08
Mn/TFe	平均	3.42	2.56	3.33
P/Mn	平均	0.007	0.005	0.006

2011 年 2 月 8 日广西储伟资源咨询有限责任公司以桂储伟审〔2011〕12 号文批准该报告，广西国土资源厅 2011 年 3 月 11 日以桂资储备案〔2011〕20 号对该报告提交的资源储量进行了备案，备案的资源储量见表 2-22。

表 2-22　菠萝岗锰矿区批准资源储量表

矿层编号	矿石类型	资源储量类别及编码	矿石量($\times10^4$t)	平均品位(%)			
				Mn	TFe	P	SiO_2
Ⅱ+Ⅲ	氧化锰矿石	332	18.35	26.78	8.82	0.154	27.15
		333	11.83				
		332+333	30.18				
	碳酸锰矿贫锰矿石	332	18.67	19.22	6.40	0.121	26.10
		333	22.84				
		332+333	41.51				
	低品位碳酸锰矿石	332	2.88	12.88	6.50	0.127	27.60
		333	14.25				
		332+333	17.13				
	合计	332	39.90	20.57	7.24	0.134	26.74
		333	48.92				
		332+333	88.82				

（四）龙邦锰矿区

位于下雷锰矿床的正西部约 36km，含锰岩系同属于上泥盆统五指山组，总体上可以分为 3 个矿段（区），分别是龙邦矿段（区）、龙昌矿段（区）、地州矿段（区），见图 2-6。

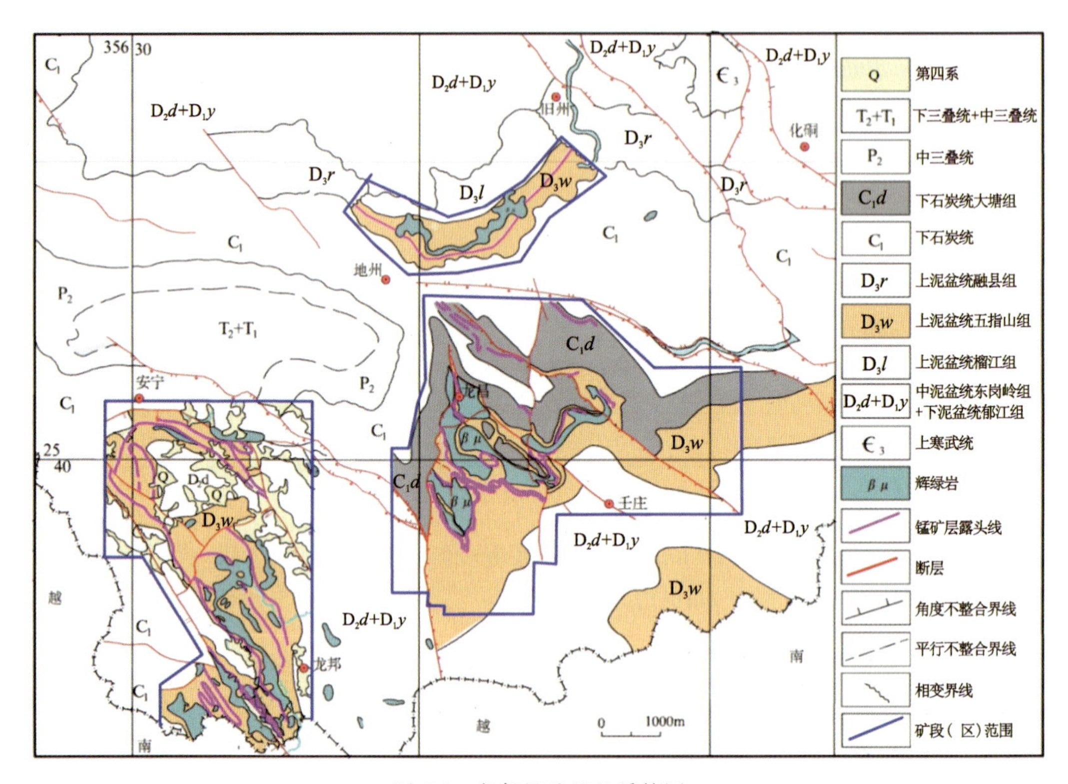

图 2-6　龙邦锰矿区地质简图

1. 龙邦矿段（区）

（1）1960 年，桂西地质队对该区进行过矿点检查；1964 年，424 队对该区进行过地质踏勘工作；1965 年，广西地质局第三地质队对该区做过地质调查评价工作，对该区的地层、构造及矿床地质特征进行了初步的了解和研究。

（2）2002 年 2 月至 2007 年 12 月，中国冶金地质总局中南地质勘查院南宁分院利用中央财政资金开展矿产资源补偿费项目，项目名称为“广西靖西县岜爱山矿区优质锰矿普查”，工作区范围为东经 106°15′00″—106°19′15″；北纬 22°52′15″—22°58′45″，面积约 45.47km²。完成的主要实物工作量见表 2-23。

表 2-23　龙邦锰矿区资源补偿费项目完成主要实物工作量统计表

序号	项目	总工作量		
		计划	完成	完成比例（%）
1	1：5000 地质简测（km²）	30	30	100

续表 2-23

序号	项目	总工作量		
		计划	完成	完成比例(%)
2	1∶1000 实测地质剖面(km)	15	14.96	99.7
3	槽探(m^3)	6100	6247.99	102
4	浅井(m)	900	988.9	110
5	坑道(m)	1250	1245.0	99.6
6	钻探(m)	2500	2611.37	104.4
7	刻槽采样(个)		581	
8	岩矿鉴定(块)		61	
9	物相分析样(个)		5	
10	光谱全分析样(个)		3(副样组合)	
11	组合分析样(个)		4(副样组合)	
12	放电试验样(个)		22	
13	小体重样(个)		92	
14	湿度样(个)		74	

普查区内只见到Ⅰ矿层,Ⅱ+Ⅲ矿层未见出露。Ⅰ矿层的厚度较薄,一般0.30～0.45m,矿石品位优富。依据《铁、锰铬矿地质勘查规范》(DZ/T 0200—2002)附录E中表E.6、表E.7所列指标,圈矿指标见表2-24、表2-25。

表 2-24 龙邦锰矿普查项目圈矿指标表(1)

工业分类	品级	自然类型	Mn(%)	Mn/Fe	P/Mn	Loss(%)
优质锰矿石		氧化锰矿石	≥18	≥6	≤0.003	
		碳酸锰矿石	≥15	≥6	≤0.003	≥20
优质富锰矿石	Ⅰ	氧化锰矿石	≥35	≥6	≤0.003	
		碳酸锰矿石	≥28	≥6	≤0.003	≥20
	Ⅱ	氧化锰矿石	≥30	≥4	≤0.005	
		碳酸锰矿石	≥25	≥4	≤0.005	≥20
矿床开采技术指标:优质锰矿、优质富锰矿矿层最低可采厚度标准为0.3m						

表 2-25 龙邦锰矿普查项目圈矿指标表(2)

自然类型	工业分类	品级	Mn(%)		Mn/TFe	每1%锰允许含磷量(%)	SiO_2(%)
			边界品位	单工程平均品位			
氧化锰矿石	富锰矿石	Ⅰ		40	≥6	≤0.004	≤15
		Ⅱ		35	≥4	≤0.005	≤25
		Ⅲ		30	≥3	≤0.006	≤35

根据表2-24、表2-25中的指标及锰矿层的连续性和空间分布情况，在普查区内圈出10个锰矿体，按由西往东、由南往北依次编号为①②③④⑤⑥⑦⑧⑨⑩号矿体，其中①②③⑦⑧号为矿区主要矿体。

①号矿体：位于矿区西南部，紧靠中越边境。受6个次级倒转的背、向斜控制，呈紧密的"蛇行"状展布。有24个探矿工程控制该矿体，矿层平均厚度为0.38m。矿体之北东、南西两侧均出露有辉绿岩，辉绿岩的长轴方向与矿体走向一致，其侵入时产生大量热液，对锰矿体的叠加富集具有很好的促进作用。

②号矿体：展布于矿区东南部，为单一的线状展布。共有29个探矿工程控制。矿体平均厚为0.35m。优质氧化锰矿石占68%，优质富氧化锰矿石占32%。

③号矿体：展布于矿区东南，北西段为单斜产出，东南段呈一向斜构造。因受辉绿岩侵入和构造的影响，致使矿层于近地表缺失而不连续，次级褶曲发育，偶见倒转，局部见矿层强烈扭曲变形。共有54个探矿工程控制，矿层平均厚度为0.47m。优质氧化锰矿石占50%，优质富氧化锰矿石占30%，碳酸锰矿石占20%。

碳酸锰矿石锰品位19.33%～25.45%，平均22.97%；平均Mn/Fe4.86，P/Mn0.004。

④号矿体：位于矿区中部，紧邻③号矿体北西段东北侧，与其互为背斜关系。该背斜因受到辉绿岩侵入影响变形为北西段狭窄、南东段开阔的喇叭状。矿体厚0.32～0.46m；矿石质量好，全部为优质锰矿石。

⑤号矿体：位于矿区东南部。矿体平均厚度为0.42m。东南段全部为优质锰矿；西北段则矿化较差，达不到圈定工业矿体的要求。

⑥号矿体：产出于矿区中部，共有4个工程控制矿体。矿层厚为0.31～0.39m，平均厚度为0.34m。矿体西北被断层所切，东南端没入辉绿岩。

⑦号矿体：位于矿区东南部。共有11个探矿工程控制矿体。矿体倾向中段局部产生倒转；矿层平均厚度为0.36m。

⑧号矿体：位于矿区西北部，共施工有44个探矿工程对其进行揭露和控制。矿体局部由于受到辉绿岩的侵蚀，未能控制到矿体。矿层平均厚度为0.40m。优质氧化锰矿石占30%，优质富氧化锰矿石占70%。

⑨号矿体：位于矿区东北部，其北端被辉岩阻截。共有3个浅井和1个坑道对矿体进行控制。矿层厚一般为0.26～0.39m，平均厚为0.35m。

⑩号矿体：位于矿区西北部，受2个次级背、向斜构造控制。有6个探槽和浅井对矿体进行揭露控制。矿层厚一般为0.24～0.38m，平均厚为0.35m。

矿体其他各类特征见表2-26。

表 2-26　龙邦锰矿区普查项目矿体特征一览表

矿体编号		①	②	③	④	⑤	⑥	⑦	⑧	⑨	⑩
矿体规模(m)	走向延长	6780	5700	7510	880	2120	1360	4420	14 640	1540	2180
	控制斜深	30	75	340				60	185	75	
矿体产状	走向	北西-南东	北西-南东	北西-南东	北西-南东	北西-南东	北西-南东	北西-南东	北西-南东	北西-南东	南北
	倾向	北东或南西	北东或南西	北东或南西	北东	南西	南西	南西	北东或南西、北西西	北东或南西	东或西
	倾角	27°～78°	25°～85°	30°～84°	52°～75°	32°～75°	36°～54°	27°～55°	23°～88°	52°～69°	37°～76°
控制到的氧化垂深(m)		30	50	295				40	40	50	
Mn(%)	极值	19.36～48.92	30.20～53.48	19.89～47.92	49.89～51.38	15.63～44.52	36.19～47.61	27.81～48.13	17.71～52.34	27.11～36.58	18.49～46.38
	平均	37.59	38.79	38.27	50.77	41.02	40.21	42.47	37.30	32.29	40.85
Fe(%)	极值	5.20～26.20	4.75～9.10	2.93～9.70	6.30～7.95	4.43～15.15	7.15～9.35	5.67～17.57	3.70～10.33	7.33～15.17	6.40～19.74
	平均	7.98	6.26	6.53	6.99	5.90	8.33	8.14	7.00	7.68	7.32
P(%)	极值	0.025～0.216	0.011～0.138	0.019～0.240	0.039～0.059	0.028～0.106	0.060～0.097	0.053～0.104	0.011～0.144	0.069～0.117	0.062～0.123
	平均	0.091	0.093	0.100	0.050	0.077	0.086	0.091	0.078	0.090	0.069
SiO_2(%)	极值	11.52～55.30	3.89～38.43	5.50～32.60	3.06～8.16	7.96～32.55	4.51～16.62	3.35～18.67	5.46～45.58	8.33～28.34	11.42～32.59
	平均	22.34	16.44	15.10	5.64	17.07	11.45	8.14	17.25	17.83	16.61
Mn/Fe	极值	0.83～8.01	4.02～9.81	4.03～9.90	1.35～8.16	1.02～8.73	4.27～5.54	1.59～6.20	1.49～7.56	1.79～4.37	1.92～7.25
	平均	4.71	6.19	5.86	7.27	6.95	4.83	5.22	5.33	4.20	5.58
P/Mn	极值	0.001～0.005	0.001～0.005	0.001～0.006	0.001～0.005	0.001～0.005	0.002～0.003	0.002～0.004	0.001～0.006	0.002～0.003	0.001～0.005
	平均	0.002	0.002	0.003	0.001	0.002	0.002	0.002	0.002	0.003	0.002

普查工作共估算锰矿石(333+334)资源量为 1220.38×10^4t。其中优质富氧化锰矿石资源量为 1154.56×10^4t,占总资源量的 94.6%;优质富氧化锰矿石资源量中,Ⅰ级优质富锰矿石资源量为 508.00×10^4t,所占比例为 44.0%;Ⅱ级优质富锰矿石资源量为 646.55×10^4t,所占比例为 56.0%。碳酸锰矿石资源量为 65.82×10^4t,占总资源量的 5.4%。碳酸锰矿石资源量中,属于Ⅱ级优质富锰矿石资源量为 39.18×10^4t,所占比例为 59.5%;贫锰矿石资源量为 26.64×10^4t,所占比例为 40.5%。

(2)2005 年 4 月至 2006 年 12 月,中国冶金地质勘查工程总局中南局南宁地质调查所委托广西大新县新振锰品有限责任公司在本区南部开展详查工作,工作区范围为东经 106°16′45″—106°19′15″,北纬 22°52′15″—22°55′25″,面积约 8km^2。完成主要实物工作量见表 2-27。

表 2-27　龙邦矿段详查工作完成主要实物工作量统计表

序号	项目	单位	工作量	备注
1	1∶2000 地形测绘	km^2	7	
2	1∶2.5 万区域地表水文地质测量	km^2	45	
3	1∶5000 矿段地表水文地质测量	km^2	12	
4	1∶2000 地质简测	km^2	7.0	
5	1∶500 实测地质剖面	km	6.5	
6	槽探	m^3	3158.4	
7	浅井	m	237.6	
8	坑道	m	583.3	
9	钻探	m	1641.91	
10	刻槽采样	个	110	
11	岩矿鉴定	块	20	
12	物相分析样	个	5	
13	光谱全分析样	个	3	
14	组合分析样	个	4	
15	放电试验样	个	22	
16	小体重样	个	59	
17	大体重样	个	2	
18	实验室流程选矿试验报告	份	1	

详查工作是在普查工作的基础上进行的,主要是对南部地区②③号矿体地表、深部进行加密工作。施工的钻探工程部分控制到氧化锰矿、部分控制到碳酸锰矿。

碳酸锰矿层平均厚度 0.60m,主要化学成分平均含量为:Mn21.00%,TFe5.21%,P0.114%,$SiO_2$15.73%,CaO18.77%,MgO1.29%,$Al_2O_3$1.10%,Loss24.06%,Mn/Fe4.03,P/Mn0.005,CaO+MgO/ SiO_2+ $Al_2O_3$1.19,近于碱性矿石标准。

详查工作提交《广西靖西县龙邦矿区南矿段锰矿详查报告》,共估算锰矿(332+333)资源量为 260.55×10^4t。其中优质富氧化锰矿石量 236.55×10^4t，占总矿石量的 90.79%，属于Ⅰ级富锰矿石量为 102.86×10^4t，所占比例为 43.49%，属于Ⅱ级富锰矿石量为 133.68×10^4t，所占比例为 56.51%；碳酸锰矿石量 24.01×10^4t，占总资源量的 9.21%，属于Ⅱ级富锰矿石量为 3.08×10^4t，所占碳酸锰矿石量比例为 12.83%；贫锰矿石量为 20.92×10^4t，所占碳酸锰矿石量比例为 87.17%。

2. 龙昌矿段(区)

(1)2003—2008 年，中国冶金地质总局中南地质勘查院南宁分院利用中央财政资金开展资源补偿费项目，项目名称为“广西靖西县龙昌矿区优质锰矿普查”，工作区范围为东经 106°21′15″—106°28′15″，北纬 22°54′45″—23°00′00″，面积 56.13km^2，完成的主要实物工作量见表 1-28。

表 1-28 龙昌普查工作完成主要实物工作量表

序号	项目	单位	完成工作量
1	1∶1000 实测剖面	km	9.00
2	1∶1 万地质简测	km^2	57
3	槽探	m^3	5888.67
4	浅井	m	236.10
5	坑道	m	117.10
6	民采坑	m	67.40
7	钻探	m	3740.85
8	基本分析	件	400
9	内外样	件	78
10	小体重样	个	45
11	岩矿样	个	38

普查工作根据矿区内锰矿层的连续性和空间分布情况，在上泥盆统五指山组中Ⅰ矿层圈定矿体 8 个，Ⅱ+Ⅲ矿层圈定矿体 7 个，在下石炭统大塘组中圈定矿体 1 个。

Ⅰ-①号矿体：展布于矿段(区)的西南角，呈单斜鱼钩状。矿体走向北西，倾向 40°～135°，倾角 31°～65°，平均 48°。矿体厚 0.41～0.75m。Ⅱ级优质富氧化锰矿矿石质量为：Mn34.44%～40.42%，TFe4.80%～7.04%，P0.024%～0.084%，$SiO_2$13.33%～23.82%；Ⅱ级优质富碳酸锰矿矿石质量为：Mn32.24%，TFe4.99%，P0.120%，$SiO_2$24.08%，CaO9.82%，MgO1.46%，$Al_2O_3$2.34%，Loss25.08%，Mn/TFe6.46，P/Mn0.004；贫氧化锰矿矿石质量为：Mn31.63%，TFe17.61%，P0.212%，$SiO_2$11.37%，Mn/TFe1.73，P/Mn0.006；碱性贫碳酸锰矿矿石质量为：Mn14.09%，TFe2.56%，P0.118%，$SiO_2$12.51%，CaO29.13%，MgO1.16%，$Al_2O_3$1.17%，Loss30.69%，CaO +MgO /SiO_2+$Al_2O_3$2.21。

Ⅱ+Ⅲ-①号矿体：展布于矿区的西南角，呈单斜鱼钩状。矿体走向北西，倾向 35°～125°，倾角 38°～65°，平均 54°。控制矿体倾向延深 120～182m。Ⅲ级富氧化锰矿矿石质量为：

Mn37.11%,TFe11.67%,P0.107%,$SiO_2$10.21%,Mn/TFe3.18,P/Mn0.003;贫氧化锰矿矿石质量为:Mn21.30%,TFe7.28%,P0.050%,$SiO_2$32.91%,Mn/TFe2.93,P/Mn0.002。深部锰品位较低,不能圈为工业矿体。

Ⅰ-②号矿体:展布于矿区的中部,呈单斜叶边状。矿体走向北西转近南北向,倾向188°~285°,倾角22°~65°,平均46.5°。矿体厚0.32~0.72m。Ⅱ级优质富氧化锰矿石质量为:Mn37.90%,TFe6.95%,P0.081%,$SiO_2$14.06%,Mn/TFe5.45,P/Mn0.002;优质氧化锰矿石质量为:Mn29.61%,TFe4.15%,P0.051%,$SiO_2$33.67%,Mn/TFe7.13,P/Mn0.002;贫氧化锰矿石质量为:Mn33.59%,TFe12.22%,P0.058%,$SiO_2$15.35%,Mn/TFe2.75,P/Mn0.002;贫碳酸锰矿石质量为:Mn14.33%,TFe4.20%,P0.052%,$SiO_2$58.45%,CaO10.34%,MgO2.77%,$Al_2O_3$1.00%,Loss19.17%,Mn/TFe3.41,P/Mn0.004。

Ⅰ-③号矿体:位于矿区的西北部,呈单斜线状。矿体走向北西,倾向230°,倾角26°。矿石为贫氧化锰矿。

Ⅱ+Ⅲ-②矿体:展布于矿区的西南角,呈单斜线状。矿体走向近南北,倾向290°,倾角75°。矿石为Ⅱ级优质富氧化锰矿。

Ⅱ+Ⅲ-③号矿体:展布于矿区的中部,呈单斜叶边状。矿体走向北西,倾向165°~300°,倾角30°~72°。矿体厚0.38~0.87m。Ⅱ级优质富氧化锰矿矿石质量为:Mn36.45%,TFe7.48%,P0.121%,$SiO_2$18.22%,Mn/TFe4.87,P/Mn0.003;Ⅲ级富氧化锰矿石质量为:Mn31.02%,TFe7.78%,P0.112%,$SiO_2$28.61%,Mn/TFe3.98,P/Mn0.004。贫氧化锰矿石质量为:Mn28.02%,TFe12.25%,P0.114%,$SiO_2$23.75%,Mn/TFe2.29,P/Mn0.004。

Ⅱ+Ⅲ-④号矿体:位于矿区的西北部,呈单斜线状。矿体走向北西,倾向220°~225°,倾角29°~35°。矿体厚0.64~0.68m。矿石为贫氧化锰矿。

Ⅰ-④号矿体:展布于矿区的西南部,呈单斜蝙蝠状。矿体走向近南北至北西向,倾向22°~85°,倾角25°~85°,平均50°。控制倾向延深51~178m。矿体厚0.35~0.55m。氧化锰矿石全为Ⅱ级优质富锰矿石,碳酸锰矿石质量均达不到工业要求。

Ⅱ+Ⅲ-⑤号矿体:展布于矿区的西南部,呈单斜蝙蝠状。矿体走向近南北至北西向,倾向15°~50°,倾角23°~66°,平均52°。矿体厚0.41~0.75m。Ⅱ级优质富氧化锰矿石质量为:Mn36.78%,TFe8.38%,P0.024%,$SiO_2$14.38%,Mn/TFe4.39,P/Mn0.001;Ⅲ级富氧化锰矿石质量为:Mn35.17%,TFe10.21%,P0.073%,$SiO_2$19.37%,Mn/TFe3.44,P/Mn0.002;贫氧化锰矿石质量为:Mn27.05%,TFe10.55%,P0.112%,$SiO_2$27.58%,Mn/TFe2.61,P/Mn0.004;贫碳酸锰矿石质量为:Mn14.33%,TFe4.20%,P0.052%,$SiO_2$58.45%,CaO10.34%,MgO2.77%,$Al_2O_3$1.00%,Loss19.17%,Mn/TFe3.41,P/Mn0.004。

Ⅰ-⑤号矿体:展布于矿区的中东部,呈单斜线状。矿体走向北西,倾向232°~284°,倾角20°~56°,平均34°。矿体厚0.31~0.78m。矿石全为Ⅱ级优质富氧化锰矿。

Ⅱ+Ⅲ-⑥号矿体:展布在矿区的中西部,呈椭圆状。矿体走向以北西向为主,倾向南西、北东,倾角38°~43°,平均41°。矿体厚0.60~0.78m。矿石全为贫氧化锰矿石。

Ⅰ-⑥号矿体:展布在矿区的东北角,呈单斜线状。矿体走向北西,倾向110°,倾角65°。矿体厚0.53m。矿石全为贫氧化锰矿。

Ⅱ+Ⅲ-⑦号矿体:展布在矿区的东北角,呈单斜线状。矿体走向北西,倾向62°~108°,倾角36°~38°,平均34°。矿体厚0.80~1.08m。矿石全为贫氧化锰矿。

Ⅰ-⑦号矿体：展布在矿区的西北角，呈单斜舒缓“S”形。矿体走向北西转北北东、北西西向，倾向 20°～90°，倾角 10°～64°，平均 42°。矿体厚 0.34～0.80m。Ⅱ级优质富氧化锰矿石质量为：Mn40.89%，TFe7.67%，P0.077%，$SiO_2$15.28%，Mn/TFe5.33，P/Mn0.002；贫碳酸锰矿石质量为：Mn14.99%，TFe5.12%，P0.086%，$SiO_2$47.56%，CaO8.95%，MgO2.04%，$Al_2O_3$0.82%，Loss12.00%，Mn/TFe2.92，P/Mn0.005。

Ⅰ-⑧号矿体：展布在矿区的西北角，呈单斜线状。矿体走向北西，倾向 240°～206°，倾角 43°～69°，平均 56°。矿体厚 0.35～0.54m。矿石全为Ⅱ级优质富氧化锰矿。

Ⅳ-①号矿体：展布在矿区的中北部，呈单斜线状。矿体走向北西，倾向 40°～72°，倾角 16°～17°，平均 25°。矿体厚 0.50～0.70m。矿石全为贫氧化锰矿。

矿体其他特征见表 2-29。

表 2-29　龙昌锰矿区普查项目矿体地质特征表

矿层号	矿体号	长度(m)	矿体厚度(m)	控制延深(m)	品位(%)				Mn/TFe	P/Mn	控制工程数(个)	资源量($\times10^4$t)
					Mn	TFe	P	SiO_2				
Ⅰ	Ⅰ-①	2775	0.62	217	29.87	6.20	0.107	18.87	4.81	0.004	8	95.16
	Ⅰ-②	3552	0.51	150	32.74	6.91	0.071	23.22	4.73	0.002	10	57.83
	Ⅰ-③	400	0.64		24.74	8.23	0.076	30.56	3.01	0.003	1	25.73
	Ⅰ-④	5776	0.44	178	41.21	7.27	0.044	11.88	5.66	0.001	18	62.65
	Ⅰ-⑤	1010	0.64		39.49	7.49	0.083	17.37	5.27	0.002	3	42.32
	Ⅰ-⑥	400	0.53		27.40	14.36	0.344	21.60	1.91	0.003	1	5.18
	Ⅰ-⑦	1917	0.62	89	28.88	6.23	0.080	30.72	4.64	0.003	7	34.45
	Ⅰ-⑧	340	0.52		36.77	7.48	0.109	19.95	4.91	0.003	3	2.55
	合计	16 570	0.56		32.55	6.87	0.088	20.63	4.74	0.003	47	325.87
Ⅱ+Ⅲ	Ⅱ+Ⅲ-①	2200	0.65	182	27.22	8.98	0.073	23.94	3.03	0.003	5	83.13
	Ⅱ+Ⅲ-②	800	0.61		41.96	8.85	0.085	17.64	4.74	0.002	1	11.82
	Ⅱ+Ⅲ-③	1528	0.63	84	30.94	10.86	0.117	22.00	2.85	0.004	7	55.97
	Ⅱ+Ⅲ-④	392	0.66		23.28	20.65	0.236	17.86	1.13	0.010	2	14.85
	Ⅱ+Ⅲ-⑤	4191	0.60	190	30.07	9.95	0.078	22.89	3.02	0.003	11	58.45
	Ⅱ+Ⅲ-⑥	1600	0.74		28.65	16.83	0.101	18.66	1.70	0.004	3	46.03
	Ⅱ+Ⅲ-⑦	800	1.08		22.43	8.60	0.090	42.36	2.61	0.004	2	24.81
	合计	10 791	0.68		28.70	11.31	0.097	23.53	2.54	0.003	31	295.06
C_1d	Ⅳ-①	496	0.61	102	24.24	3.26	0.077	49.25	5.79	0.002	3	3.78

普查工作提交《广西靖西县龙昌锰矿区优质锰矿普查报告》，共估算锰矿石(333+334)资源量 596.05×10^4t。其中氧化锰矿石资源量为 568.71×10^4t，碳酸锰矿石资源量为 27.27×

10^4t。中国冶金地质总局受中国地质调查局委托组织专家对该报告进行了评审，于2009年3月25日以冶金地质资评〔2009〕15号文出具《矿产资源补偿费矿产勘查项目成果报告评审意见书》，并于2009年9月10日以冶金地质地〔2009〕244号文出具《关于〈广西靖西县龙昌矿区优质锰矿普查报告〉的批复》。

(2)2010年7月至2014年6月，中国冶金地质总局中南局南宁地质勘查院利用自有资金对龙昌矿段开展详查工作。工作区范围为东经106°21′15″—106°28′15″，北纬22°54′45″—23°00′00″，面积为56.13km²。完成主要实物工作量见表2-30。

表2-30　龙昌详查项目完成主要实物工作量表

序号	项目	单位	详查阶段	备注
1	1∶2000地形测绘	km^2	3	
2	1∶2.5万区域地表水文地质测量	km^2	100	
3	1∶5000矿区地表水文地质测量	km^2	40	
4	1∶1万地质简测	km^2		
5	1∶2000地质简测	km^2	3	
6	1∶1000实测地质剖面	km	16	
7	槽探	m^3	846.91	
8	浅井	m	552.5	
9	坑道	m	140.9	
10	钻探	m	1416.79	
11	化学采样	个	207	
12	岩矿鉴定	块	15	
13	物相分析样	个	7	
14	组合分析样	个	4	
15	小体重样	个	37	
16	大体重样	个	3	
17	岩石可钻性、爆破性试验	次	6	
18	安息角测定	次	2	
19	松散系数	次	2	
20	块度测定样	个	2	
21	岩矿石物理力学试验	组	6	

详查工作是在普查工作的基础上开展的，主要是对展布于矿区南部的Ⅰ-①、Ⅱ+Ⅲ-①、Ⅰ-②、Ⅱ+Ⅲ-②、Ⅱ+Ⅲ-③、Ⅱ+Ⅲ-⑤等矿体地表、深部进行加密工作。施工的钻探工程部

分控制氧化锰矿、部分控制碳酸锰矿。

碳酸锰矿层平均厚度 0.30～1.10m，主要化学成份平均含量为：Mn17.53%～22.43%，TFe2.76%～9.31%，P0.038%～0.079%，SiO_2 19.78%～25.42%，CaO11.81%～18.62%，MgO1.34%～3.94%；Al_2O_3 1.87%～3.99%，Loss20.35%～23.65%，Mn/Fe4.88～6.56，P/Mn0.002～0.003，CaO+MgO/ SiO_2+ Al_2O_3 0.72，为酸性矿石。

3. 地州矿段（区）

2010 年 7 月至 2012 年 6 月，中国冶金地质总局中南局南宁地质调查所利用自有资金对地州矿段开展详查工作，项目名称为"广西靖西县那敏矿区锰矿详查"，工作区范围为东经 106°18′12″—106°28′12″，北纬 22°59′59″—23°02′44″，面积为 39.12km^2。完成的主要实物工作量见表 2-31。

表 2-31　那敏矿段详查工作完成主要实物工作量统计表

序号	项目	单位	工作量	备注
1	1∶2000 地形测绘	km^2	4.3	
2	1∶2.5 万区域地表水文地质测量	km^2	100	
3	1∶5000 矿区地表水文地质测量	km^2	40	
4	1∶2000 地质简测	km^2	4.3	
5	1∶1000 实测地质剖面	km	10	
6	槽探	m^3	3733.18	
7	浅井	m	135.3	
8	坑道	m	121.1	
9	钻探	m	1688.15	
10	化学采样	个	170	

控制Ⅰ矿层的走向延伸约 3.64km，矿层厚度一般 0.30～0.50m，最厚为 0.96m，平均0.42m；氧化锰矿石品位为 Mn26.28%～52.63%，平均 39.27%，碳酸锰矿石品位为 Mn14.12%～30.85%，平均 20.02%；铁、磷含量相对较低，绝大部分矿石属优质富锰矿石。

控制Ⅱ+Ⅲ矿层的走向延伸约 1.81km，矿层厚度一般 0.60～0.80m，最厚达到 1.20m，平均 0.72m；锰矿石品位为 Mn21.37%～38.78%，平均 30.83%，部分矿石属优质富锰矿石。

在Ⅰ矿层中共圈出 3 个矿体，编号为Ⅰ-①、Ⅰ-②、Ⅰ-③，Ⅱ+Ⅲ矿层中圈出 1 个矿体，编号为Ⅱ+Ⅲ-①号。各矿体特征简述如下。

Ⅰ-①号矿体：走向由北西转近东西，倾向南西或南，一般为 150°～225°，倾角一般为 32°～69°，平均 49°。共有 16 个探矿工程控制，沿走向延长为 1.79km，沿倾向斜深 50～160m。矿层厚 0.30～0.80m，平均 0.43m。氧化锰矿石质量为 Mn26.28%～43.71%，平均 35.22%，Mn/Fe 平均为 3.55；P/Mn 平均为 0.004。碳酸锰矿石质量平均为 Mn30.85%，Mn/Fe 平均为 4.67；P/Mn 平均为 0.003。矿石绝大部分为中铁低磷优质富锰矿石。

Ⅰ-②号矿体：总体走向北东-南西，倾向南东，一般为 125°～160°，倾角一般为 15°～72°，平均36°。共有15个探矿工程控制，沿走向延长为1.81km，沿倾向斜深50～276m。矿层厚0.30～0.50m，平均0.42m。氧化锰矿石质量为Mn31.54%～52.63%，平均为41.80%，Mn/Fe平均为6.59，P/Mn平均为0.002。碳酸锰矿石质量为Mn15.89%～18.91%，平均为18.07%，Mn/Fe平均为4.96；P/Mn平均为0.002。矿石绝大部分为中铁低磷优质富锰矿石。

Ⅰ-③号矿体：总体走向北东-南西，倾向南东，矿层倾向135°，倾角40°。共有3个探矿工程控制，沿走向延长为0.15km，沿倾向斜深50m。矿层厚0.30m，矿石质量为Mn31.32%，Mn/Fe平均为4.29，P/Mn平均为0.003。属中铁低磷Ⅱ级优质富锰矿石。

Ⅱ＋Ⅲ-①号矿体：走向由北西转近东西；倾向南西或南，一般为190°～225°，倾角为19°～67°，平均46°。有19个探矿工程控制，沿走向延长为1.81km，沿倾向斜深50～115m。矿层厚0.50～1.20m，平均0.72m；矿石质量为Mn21.37%～35.82%，平均30.83%。Mn/Fe平均为3.10，P/Mn平均为0.003。大部分属贫锰矿石。

共估算锰矿(332＋333)资源总量为86.22×10^4t，其中：氧化锰矿石量为75.96×10^4t，占总资源量的88.10%，属于Ⅱ级富氧化锰矿石量为42.95×10^4t，占氧化锰矿资源量的56.54%，属于贫氧化锰矿石量为33.01×10^4t，占氧化锰矿资源量的43.46%；碳酸锰矿石量为10.26×10^4t，占总资源量的11.90%，全部为优质碳酸锰矿石。

(五)“下雷式”锰矿石质量

1. 矿石质量

(1)矿石颜色。

氧化锰矿石颜色Ⅰ矿层颜色为黑色、钢灰色、褐黑色、灰黑色、土黄色、紫红色、青灰色。Ⅱ＋Ⅲ矿层颜色为黑色、褐黑色、灰黑色、钢灰色、灰色、土黄色。

碳酸锰矿石颜色Ⅰ矿层颜色为灰绿色、灰色、浅灰色、浅肉红色、深灰色、棕红色、灰黑色，偶见墨绿色、灰黑色、紫红色、玫瑰红色。Ⅱ＋Ⅲ矿层颜色以灰黑色、肉红色、猪肝色、棕红色为主，灰绿色、深灰色、灰色为次，偶见墨绿色、灰白色。

(2)矿石构造。

氧化锰矿石Ⅰ矿层构造为薄层状构造、块状构造、网脉状构造，偶见微层状、条带状构造。Ⅱ＋Ⅲ矿层构造为薄层状构造、网脉状构造、块状构造、蜂窝状构造，偶见粉状构造。

碳酸锰矿石构造Ⅰ矿层、Ⅱ＋Ⅲ矿层构造大同小异，主要有豆(鲕)状构造、条带状构造、块状构造、薄层状构造，偶见结核状构造、角砾状构造。不同构造在矿段不同地段的分布稍有差异。主要构造特征如下：

豆(鲕)状构造：豆(鲕)粒主要是在致密状的矿石中分布有颜色各异的豆粒、鲕粒，如照片2-1。豆(鲕)粒的成分各有差异，与基质有相同，也有不同；豆(鲕)粒大小不等，一般0.1～12mm，最大为32mm，密度一般为5～12个/cm^2，颜色主要有玫瑰色、墨绿色、紫红色、浅黄色、青灰色，少量灰黑色、黑褐色。豆、鲕粒形状主要有圆形、椭圆形、长条形，少量贝壳状、锥状、水滴状、不规则状。与基质界线一般清楚，少量呈过渡关系；部分豆、鲕粒顺层分布，大多数分布混乱，少数连接成串珠状。大多数豆、鲕粒成分以碳酸锰矿物为主，混杂有其他矿物成分。豆、鲕粒大多未见有岩屑中心(小的豆、鲕粒更是如此),少量能见颜色明显不同的岩屑中心,岩屑大多偏向于一端;由不同矿物集合体组成的豆、鲕粒大多具环状构造,这类豆、鲕粒一般均较大。由单矿物或2~3种矿物组成的豆、鲕粒一般不具环状构造,这类豆、鲕粒一般均较小,它们的矿物成分分别为碳酸锰矿、锰铁叶蛇纹石、蔷薇辉石、石英、赤铁矿等。由单矿物组成的豆、鲕粒一般少见。

由蔷薇辉石为主要矿物成分的豆、鲕粒中常分布有锰帘石、锰铁叶蛇纹石及阳起石;由锰铁叶蛇纹石为主的豆、鲕粒中常见粒状的石榴石及蔷薇辉石、钠长石等分布。

条带状构造:条带一般是由不同颜色、不同矿物成分的碳酸锰矿石单层相间组成。条带宽0.1~10mm,条带大多与层理一致,断续分布,也有与层面略成斜交的条带,部分条带呈弯曲状、波浪状;条带状构造常与豆、鲕状构造及薄层状构造共存。

照片 2-1　豆(鲕)状构造碳酸锰矿石

结核状构造:结核主要呈不规则状,以棕红色、棕黄色、肉红色为主,偶尔见灰黑色,结核大小不等,一般1~5cm,作无定向杂乱分布;结核矿物成分常见有硅酸锰、氧化锰矿物;是含锰量最高的一类碳酸锰矿石,含锰最高可达55%;基质由细、微粒碳酸锰矿物组成,见照片2-2。

照片 2-2　结核状、块状构造碳酸锰矿石

块状构造:由一种或是多种矿物均匀混杂组成的致密状矿石,也是一类较常见的矿石。

薄层状构造:薄层一般是由不同颜色、不同矿物成分的碳酸锰矿石单层互层或相间而成,宽一般1.0~4.5cm,见照片2-3。薄层状构造往往与豆、鲕状构造、条带状构造、结核状构造共存,特别是大的锰结核更是如此;层面往往不平直,被溶蚀而变得弯曲。

照片2-3　薄层状、条带状构造碳酸锰矿石

网脉状构造:矿层中的网脉主要是由石英脉组成,偶见有方解石脉;脉宽0.08~7.45mm。大多呈不规则状,少数呈树枝状、网状、脉状;大多与层面斜交,或与层面垂直,少数顺层展布;从坑道中观察,网脉一般只在矿层中发育,而不进入围岩中。

角砾状构造:主要是由断层或是层间滑动使碳酸锰矿石发生破碎胶结而成的,见照片2-4。角砾大小一般为0.1~10mm,最大可见25mm,呈棱角状、次棱角状、次圆状,含量为35%~56%,成分差别较大,主要是碳酸锰矿石角砾,其次是石英、方解石角砾,偶见钙质硅质岩角砾。角砾一般排列杂乱,局部可见角砾长轴方向与层面一致。胶结物主要有锰质、硅质、泥质、钙质等。具角砾状构造的矿石一般较破碎,含锰高低主要与角砾、胶结物的成分有关,大多含锰较低,一般在10%左右,局部可见含锰达35%~50%。

照片2-4　角砾状构造碳酸锰矿石

(3)矿石结构。Ⅰ矿层、Ⅱ+Ⅲ矿层碳酸锰矿石的主要结构稍有不同,Ⅰ矿层主要以微晶、细小他形粒状结构为主,偶见胶状结构,Ⅱ+Ⅲ矿层则以微晶、纤维状变晶、显微鳞片状结构为主,局部见生物结构。不同结构在矿段不同地段的分布各有差异。现将主要结构介绍如下。

微晶状结构:主要由0.01～0.8mm锰方解石、钙菱锰矿、菱锰矿、方解石、石英呈浑圆状、不规则状、大小混杂无定向、不均匀嵌布;或富石英的薄层状和富锰方解石及方解石微层,薄层和微层相间排布;或富(含)锰方解石及钙菱锰矿微层及薄层和富绿泥石及水云母的微层相间排布。

显微鳞片状结构、显微鳞片泥质结构:由0.01～0.06mm的绿泥石、白云母、水云母、高岭石等鳞片组成,排列方向大多与层面一致,呈条带状、微层状分布于碳酸锰矿物间;或组成富绿泥石、水云母的微层相间排布;或零星、弥漫在(含)锰方解石、钙菱锰矿、方解石、石英、透闪石等矿物粒间;赤铁矿呈显微鳞片相对聚集成微层浸染状分布于方解石粒间。

纤维状变晶结构:纤维状透闪石星散状分布在(含)锰方解石粒间;或与绢云母、水云母、高岭石、磁铁矿组成薄层状;或与(含)锰方解石、钙菱锰矿、方解石、石英、绿泥石等矿物混杂分布;少量纤维状的方解石呈不甚规则的浑圆状、拉长状,大小在0.1～3.60mm之间,组成生物碎屑呈粗细混杂略具定向排列;纤维状阳起石与钙菱锰矿、菱锰矿、方解石、石英等矿物不甚均匀混杂分布,或分布于上述矿物粒间;纤维状阳起石与绿泥石富集成微纹层状排布。

生物碎屑结构:生物碎屑主要由海百合、海绵骨针、介形虫等碎片组成,为显微粒状方解石或方解石与很少量显微粒状的石英取代而成;少数生物碎屑由单个粗大的方解石或纤维状的方解石组成,呈不甚规则的浑圆状、拉长状,大小在0.1～3.6mm之间,粗细混杂,略具定向排列。

半自形及他形细微粒状结构:黄铁矿粒度多小于0.20mm,呈细微半自形及自形立方体、五角十二面体与他形粒状的白铁矿、毒砂、黄铜矿单独或相互嵌布在一起星散状分布于石英、(含)锰方解石及钙菱锰矿物粒间,或沿矿石裂隙、微裂隙分布;或与质点状、微纹状的碳质相对聚集成微层排布。

2. 矿石的矿物成分

(1)矿物种类:据镜下观察、物相分析等综合研究查定,矿石主要为碳酸锰矿物,占锰矿物总量的99.23%,硅酸锰矿物只占少量,约占锰矿物总量的0.69%,氧化锰矿物也只占少量,约占锰矿物总量的0.08%。

(2)矿石矿物:Ⅰ矿层、Ⅱ+Ⅲ矿层的各类矿石矿物出现的频率有所不同。Ⅰ矿层主要矿石矿物为锰方解石、钙菱锰矿,次为蔷薇辉石;Ⅱ+Ⅲ矿层矿石矿物主要为锰方解石及钙菱锰矿,少量的菱锰矿、蔷薇辉石。主要的矿石矿物特征如下。

锰方解石:矿物中的锰含量在2%～12%之间。矿物呈白色、粉红色、灰色—灰黑色,多数矿物呈菱面体半自形晶—他形晶,常常呈集合体块状。粒度在0.1～0.4mm之间。分布于菱锰矿粒间或成浑圆状、不规则状、团块状、条带状、细脉状以及豆状、鲕状大小混杂无定向排列;或是粒间镶嵌分布;或呈富锰方解石的微层、薄层和微层相间排布。

菱锰矿:矿物中的锰含量约44%,矿物多数呈菱面体或不规则粒状,偶呈鲕粒状,集合体为致密块状,呈浅褐黄色、粉红色、灰色、灰白色、灰黑色,少量呈褐黄色、褐黑色,硬度3.5～

4.5,密度 3.6～3.7g/cm^3。性脆。菱锰矿多数呈不规则粒状分散或呈脉状嵌布于微细粒伊利石中,与伊利石呈混杂交生的形态,或呈富钙菱锰矿的微层、薄层排布;或富集成钙菱锰矿呈薄层和微层相间排布;或呈微细粒集合体块状,在菱锰矿中常常不均匀地分散嵌布黄铁矿、黄铜矿等硫化矿,有时可见方解石呈脉状穿插其中。菱锰矿粒度在 0.005～0.15mm 之间。

钙菱锰矿:钙菱锰矿是属于 $CaCO_3$-$MnCO_3$ 连续系列上的含钙较高的锰矿物,与菱锰矿常呈类质同象,两者较难区分。钙菱锰矿一般呈浅灰色,微带褐色,多呈隐晶质产出,呈他形粒状、柱状、微粒、微细结构,粒度一般为 0.001～0.01mm,易成集合体嵌布。

蔷薇辉石:矿物中的锰含量约 33%,矿物颜色褐红色、肉红色、蔷薇色、灰色—褐灰色,硬度 5.5～6.5,密度 3.4～3.7g/cm^3。矿物呈柱状与方解石、绢云母一起聚集成浑圆形的斑点分布或呈不规则粒状,集合体呈束状,或呈半自形的柱粒状相对聚集成薄层状分布,或呈柱粒状与显微鳞片状的蒙脱石、纤维状的透闪石、细小他形粒状的石英极不均匀地混杂嵌布在一起;局部可见多条蔷薇辉石、蔷薇辉石-方解石微脉穿插,矿石可见被菱锰矿交代的现象,而且交代关系较复杂,要达到充分解离较为困难。粒度一般在 0.05～0.45mm 之间。

锰铁叶蛇纹石:墨绿色、橄榄绿色、黄绿色,显微叶片状、鳞片状,在豆(鲕)粒、条带及基质中均有分布,也有呈细脉状或与含锰硅酸盐混杂产出。

(3)脉石矿物:Ⅰ矿层、Ⅱ+Ⅲ矿层的各类脉石矿物出现的频率有所不同。Ⅰ矿层主要脉石矿物为石英、黄铁矿、方解石、高岭石,次为水云母、褐铁矿、黄铜矿、白铁矿、绿泥石、透闪石,少量碳质、蒙脱石、磁黄铁矿、辉铜矿;Ⅱ+Ⅲ矿层脉石矿物主要为石英、方解石、黄铁矿、高岭石、水云母,次为绿泥石、碳质、黄铜矿、褐铁矿、绢云母、阳起石、白铁矿,少量的有透闪石、方铅矿、毒砂、白钛石、长石等。主要的脉石矿物特征如下。

石英:粒度大小为 0.01～0.03mm。呈显微粒状,不均匀混杂并各自相对聚集成微层、薄层排布;或交代(含)锰方解石分布;或呈粒屑不均匀分布于矿石中;或不均匀混杂形成富石英的微层,薄层与微层相间排布;常见 1 条至数条石英微脉穿插矿石分布。

方解石:矿物呈白色、灰白—灰黑色,晶体多数呈菱面体、尖菱面体,方解石常常呈脉状穿插于矿石中,有时呈细分散粒状嵌布于菱锰矿、伊利石中,有时呈集合体团块,或呈显微粒状不均匀混杂并各自相对聚集成微层、薄层排布;或交代(含)锰方解石分布;或组成砂屑、粉屑、微量生物碎屑,呈浑圆状、不规则状大小混杂无定向排布;局部可见 1 条至数条方解石微脉穿插矿石分布。方解石的粒度最大 1.4mm,最小为 0.005mm,一般在 0.1～0.6mm 之间。

高岭石:呈显微鳞片状与绢云母、水云母及很少量的透闪石、磁铁矿组成微层;或星散状分布于(含)锰方解石粒间;或呈隐晶质尖状,零星、不均匀分布,弥漫于方解石、(含)锰方解石及钙菱锰矿、石英、蔷薇辉石等矿物粒间及粒中。

水云母:呈显微鳞片状与(含)锰方解石、绢云母,少量石英组成的生物碎屑、高岭石,极少量的菱铁矿、透闪石、磁铁矿组成微层;或呈星散状分布于(含)锰方解石粒间;或组成富绿泥石、水云母的微层相间排布;或零星弥漫在(含)锰方解石及钙菱锰矿、方解石、石英、透闪石粒间。

绿泥石:呈显微鳞片状星散分布于(含)锰方解石粒间;或与(含)锰方解石、方解石、石英、蔷薇辉石、绢云母呈不均匀镶嵌分布;或与(含)锰方解石、钙菱锰矿、石英、方解石组成富绿泥石、水云母的微层相间排布;或呈零星状分布于矿石中;或不均匀混杂排布,局部与石英富集成微纹层排布。

透闪石：呈纤维状与方解石、白云石、绢云母、高岭石不均匀分布于(含)锰方解石、钙菱锰矿、石英、蔷薇辉石等矿物粒间；或与绢云母、水云母、高岭石组成薄层状；或与(含)锰方解石、钙菱锰矿、石英、方解石、绿泥石呈不均匀混杂分布；或与显微鳞片状蒙脱石、柱粒状蔷薇辉石、细小他形粒状石英呈极不均匀混杂嵌布在一起。

黄铁矿：粒度小于0.40mm。呈细微半自形及自形的立方体、五角十二面体、显微粒状，多聚集成微层状、细小团块状、星散状分布于石英、锰方解石及钙菱锰矿、蔷薇辉石粒间；或呈细微、显微粒状星散分布在矿石中，或沿矿石的微裂隙分布；或呈质点状相对聚集成微层、微纹层状排布。

黄铜矿：粒度小于0.12mm。呈显微粒状零星分布于(含)锰方解石、钙菱锰矿粒间；或呈细微粒状、细微他形粒状，独自或相互嵌布在一起星散分布于矿石或沿微裂隙分布。

褐铁矿：呈隐晶质状，相对聚集成微层分布在方解石、石英、(含)锰方解石粒间；或呈细微粒状，星散分布在矿石中；或呈隐晶质零星渲染(含)锰方解石。

伊利石：呈微细粒的鳞片状，偶见呈鲕粒状，白色，有的被铁染呈黄绿色，或夹带碳质呈灰黑色。伊利石主要作为矿石的基质，一般呈集合体块状，常见菱锰矿、黄铁矿、方解石分散嵌布其中，亦常见石英呈脉状穿插其中。伊利石的粒度一般在0.005～0.015mm之间。

3. 矿体围岩及夹石

(1)顶板。“下雷式”锰矿床的顶板均为上泥盆统五指山组第三段(D_3w^3)。下雷锰矿区、湖润锰矿区、菠萝岗锰矿区锰矿层的顶板岩性以钙质硅质岩、硅质岩为主，夹钙质泥岩、泥灰岩，偶见含锰含碳硅质岩；龙邦锰矿区锰矿层顶板岩性主要为灰质硅质泥岩、碳质泥岩、硅质条带灰岩、泥质灰岩。顶板含锰大部分小于5%，一般含锰为0.35%～7.58%，平均2.64%。顶板岩石的主要矿物组分及其大致含量为石英(20%～80%)、方解石(10%～25%)、绢云母(1%～12%)及少量黄铁矿、碳质、锰矿物等。

(2)夹层。夹层的主要岩性为上泥盆统五指山组第二段(D_3w^2)的钙质硅质岩，局部夹少量的泥岩、泥质灰岩和硅质岩；岩石呈灰色、深灰色、灰白色，细粒、隐晶质结构，薄层状、中厚层状构造，岩性坚硬，稳固性好。主要矿物成分为石英、蛋白石、绢云母，少量的钙质、碳质、锰矿物等。岩石含锰普遍较低，一般为0.18%～4.05%，夹层厚一般为2.30～22.41m。

(3)底板。Ⅰ矿层的直接底板岩性为上泥盆统五指山组第二段(D_3w^2)底部，下雷锰矿区、湖润锰矿区、菠萝岗锰矿区锰矿层的底板岩性主要为钙质硅质岩、含碳钙质硅质岩、硅质岩，夹泥岩、泥质钙质硅质岩，局部见含锰硅质岩；龙邦锰矿区锰矿层底板岩性主要为条带状硅质灰岩、泥质条带灰岩、钙质硅质岩、含锰硅质岩。厚为0.11～21.65m，底板岩性含锰普遍较低，含锰以低于3%为主，一般含锰0.24%～8.93%。

(4)矿层内部的夹石、脉石。锰矿层中的夹石比较少见，微层状、条带状矿石中偶见钙质泥岩、钙质泥质硅质岩与碳酸锰矿单层呈互层，厚度很薄，一般0.01～0.23mm。主要在Ⅲ矿层顶部、条带状构造的矿石中常见。

锰矿层中的脉石较常见，主要由石英脉组成，少部分能见方解石脉。石英脉呈白色、乳白色、浅黄色，呈脉状、透镜状、树枝状、不规则状，脉宽一般为0.08～7.45mm；脉体多数与锰矿层层面垂直，少数斜交，平行者极少见；脉石一般仅产于矿层中，不穿过夹层、顶、底板。

4. 矿石的类型

"下雷式"锰矿床矿石自然类型主要有氧化锰矿石、碳酸锰矿石两类，局部含有硅酸盐矿物蔷薇辉石、锰铁叶蛇纹石。

矿石工业类型比较复杂。下雷锰矿区、湖润锰矿区、菠萝岗锰矿区氧化锰矿石工业类型主要有贫锰矿、富锰矿两类，以贫锰矿石为主，局部夹有优质富锰矿，碳酸锰矿石工业类型主要为贫锰矿，单工程，或局部能圈出富锰矿；龙邦锰矿区氧化锰矿Ⅰ矿层则主要为优质锰矿、优质富锰矿石，Ⅱ＋Ⅲ矿层则主要为贫锰矿，Ⅰ矿层、Ⅱ＋Ⅲ矿层碳酸锰矿则主要为贫锰矿，Ⅱ＋Ⅲ矿层局部为含锰硅质岩。

5. 矿石伴生有益有害组分

"下雷式"锰矿床碳酸锰矿石中的伴生组分均达不到综合回收利用的标准；氧化锰矿石中钴(Co)元素在湖润锰矿区内伏矿段、茶屯矿段、扑隆矿段均有富集，达到综合回收标准，一般含量为Co 0.011%～0.021%，钴的存在形式有二种：一是辉砷钴矿、硫钴镍矿、辉砷镍钴矿，另一种以钴土形式分散在富锰矿物集合体中；钪(Sc_2O_3)元素在湖润锰矿区茶屯矿段、扑隆矿段均有富集，达到综合回收标准，Sc_2O_3一般含量为(1.5～17.6)$\times10^{-6}$。

(六)"下雷式"锰矿石利用情况

1. 氧化锰矿石选冶技术性能研究

(1)矿石矿物组成研究。试验样品锰矿石除少部分呈土状外，大部分呈块状，其中块状样品多呈(灰)黑色、褐黑色、红灰色、深灰色，土状样品呈灰黑色。经对选取的岩矿鉴定样品进行磨片鉴定、油浸片鉴定、X衍射分析等工作后，认为试验样品中的锰矿物有硬锰矿、软锰矿、褐锰矿、黑锰矿、锰方解石，其余矿物主要有石英、方解石、绢云母、高岭石，还有很少量的褐铁矿、磁铁矿、菱铁矿、电气石、锆石、金红石及白钛石、玉髓等矿物，见表2-32。

表2-32　氧化锰选矿试验样原矿矿物成分表

矿物成分	含量(%)	矿物成分	含量(%)
硬锰矿	15	石英	18
软锰矿	5	方解石	22
褐锰矿	9	绢云母	15
黑锰矿	3	高岭石	2
锰方解石	4	电气石	<1
褐铁矿	3	锆石	<1
复水锰矿(偏锰酸)	2	金红石及白钛石	<1
磁铁矿	1	玉髓	<1
菱铁矿	<1	赤铁矿	<1

(2)矿石化学组分研究。原矿 ICP 半定量分析:对原矿样品进行 ICP 半定量分析,结果见表 2-33。

表 2-33 氧化锰选矿试验混合样 ICP 半定量分析结果

项目	Al_2O_3	TiO_2	Fe_2O_3	P	Co	As	Ba	Be	CaO
含量(%)	2.6	0.1	6.4	0.04	0.01	0.01	<0.1	0.01	10
项目	Cr	Sb	Cu	Pb	MgO	Mn	Mo	Ni	Li
含量(%)	<0.01	<0.01	0.01	0.02	0.8	14	<0.01	0.01	<0.01
项目	S	SiO_2	Sn	Sr	Zn	ZrO_2	V_2O_5		
含量(%)	0.09	23	<0.01	0.06	0.01	0.01	<0.01		

原矿化学多项分析:对原矿样品进行化学多项分析,结果见表 2-34。

表 2-34 氧化锰选矿试验混合样化学多项分析结果

项目	Mn	Fe	SiO_2	Al_2O_3	CaO	MgO	P
含量(%)	23.02	4.62	29.35	3.02	11.87	0.90	0.062

由化学分析结果可知,矿石试验正样中锰的品位为 36.75%,与矿区氧化锰的平均品位 38.77%接近,略低于矿区的平均品位,考虑未来矿山开采贫化因素,按 40%贫化率配制选矿试验样品,所配制的试验样品的 Mn 分析品位为 23.02%,该品位与拟定的选矿试验样品的 Mn 入选品位(23.0%)一致。因此,矿石试验混合样已能代表矿区的矿石性质,也即所配的矿石试验混合样具有代表性,可作为选矿试验样品。

原矿筛分分析:为了解锰矿物的解离状况,根据原矿性质及试验要求,对－10mm 和－2.0mm原矿分别进行了筛分分级,对各粒级产品中锰含量进行化学分析,并计算各粒级产品中锰的分布率。原矿筛分分析结果见表 2-35、表 2-36。

表 2-35 －10mm 原矿筛分分析结果

粒度(mm)	产率(%)	Mn(%)	Mn 分布率(%)
－10～＋5	27.64	22.50	30.40
－5～＋2	25.80	21.90	27.62
－2～＋0.5	21.00	20.65	21.20
－0.5～＋0.15	10.35	19.70	9.97
－0.15	15.21	14.55	10.81
小计	100.00		100.00

表 2-36　－2mm 原矿筛分分析结果

粒度(mm)	产率(%)	Mn(%)	Mn 分布率(%)
－2～＋1	22.38	22.32	21.93
－1～＋0.5	18.38	24.24	19.56
－0.5～＋0.15	26.65	27.01	31.60
－0.15～＋0.074	8.50	24.56	9.17
－0.074	24.09	16.77	17.74
小计	100.00		100.00

原矿筛分分析结果表明，不论是－10mm 粒级筛析，还是－2mm 粒级筛析，主要组分锰在每个粒级品位比较接近，而且细粒级产品中锰的分布率也较大，即使是－10mm 粒级产品，其－0.5mm 粒级锰的分布率也达 20.78%。从矿物组成研究可知，细粒级产品中锰应以软锰矿为主，而且矿物嵌布粒度较细，一般工艺矿物学粒度小于 0.01mm。因此，通过简单的洗矿分级难以获得较合格的锰精矿产品，而且必须在细粒度条件下分选，才能在保证高品位锰精矿的前提下，获得较高锰回收率的选矿指标。

(3)实验室选矿流程试验研究。根据锰矿物的密度及比磁化系数与脉石矿物的差异，选矿试验对氧化锰矿石实验室流程选矿分别采用重选及磁选法进行选矿试验研究。试验结果表明，摇床及跳汰两种设备的重选试验，在较粗粒度条件下，采用重选方法对矿石中锰矿物进行富集回收，效果并不理想。而采用磁选方法对矿石中锰矿物进行富集回收效果显著，可实现预期的锰精矿选矿指标。磁选试验选矿流程为：根据矿石中锰矿物的比磁化系数与脉石矿物的比磁化系数存在的差异，进行磁选试验。试验过程中分别考察主要因素——磁场强度、入选粒度对锰矿物选矿效果的影响。

入选粒度及磁选方式探索试验：在相同磁场强度条件下，根据试验设备要求，并考虑今后矿山生产实际，尽可能提高入选粒度，故进行了两种磁选方式的入选粒度的探索试验。首先进行分级后干式-湿式联合磁选试验，即将原矿分级成－2.0～＋0.5mm 和－0.5mm 两个粒级，分别进行干-湿式磁选分离试验；其次则选择－2.0mm 粒度直接进行干式磁选分离试验。试验流程如图 2-7、图 2-8 所示，试验结果见表 2-37。

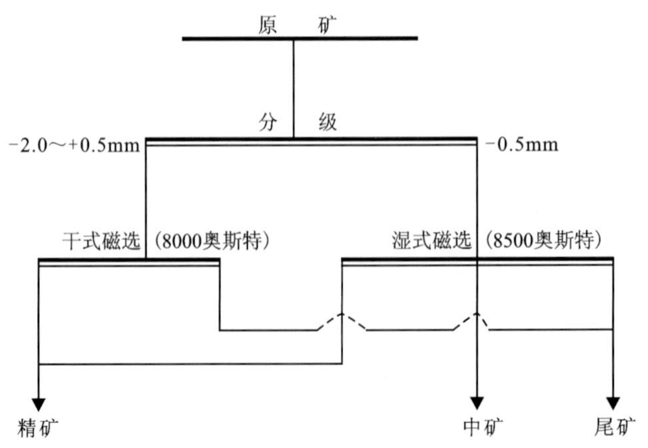

图 2-7　入选粒度及磁选方式试验流程

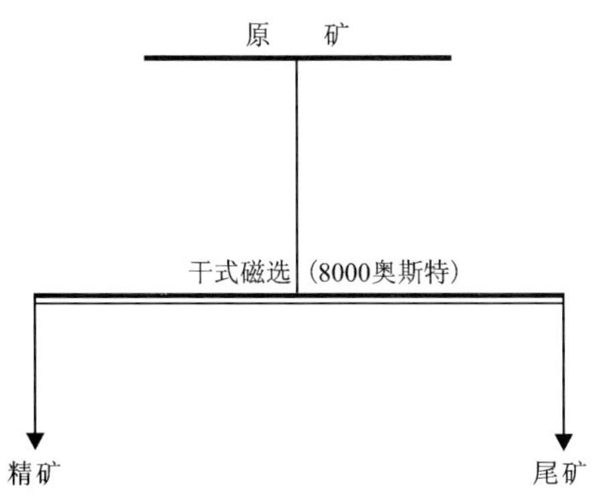

图 2-8　入选粒度及磁选方案试验流程

表 2-37　入选粒度及磁选方式探索试验结果

<table>
<tr><th>磁选</th><th>产品名称</th><th>产率(%)</th><th>Mn(%)</th><th colspan="3">Mn 回收率(%)</th></tr>
<tr><td rowspan="4">干-湿式磁选</td><td>精矿</td><td>50.96</td><td>38.83</td><td colspan="3">86.97</td></tr>
<tr><td>中矿</td><td>1.70</td><td>23.96</td><td colspan="3">1.79</td></tr>
<tr><td>尾矿</td><td>47.34</td><td>22.75</td><td colspan="3">11.24</td></tr>
<tr><td>合计</td><td>100.00</td><td>23.02</td><td colspan="3">100.00</td></tr>
<tr><td colspan="3" rowspan="3">干式磁选</td><td>精矿</td><td>79.45</td><td>28.35</td><td>97.45</td></tr>
<tr><td>尾矿</td><td>20.55</td><td>2.87</td><td>2.55</td></tr>
<tr><td>合计</td><td>100.00</td><td>23.11</td><td>100.00</td></tr>
</table>

从表 2-37 对比探索试验结果可知，原矿直接进行干式磁选，因精矿夹带细泥，最终影响了产品质量。而对原矿进行分级后，再分别进行干-湿式联合磁选分离，试验获得的精矿产品指标较好。因此，确定采用干-湿式联合磁选方案进行磁场强度条件试验。

磁场强度试验：将原矿分级成－2.0～＋0.5 mm、－0.5mm 两个粒级，其中，－2.0～＋0.5mm粒级产品进行干式磁选的磁场强度条件的分离试验；－0.5mm 粒级产品进行湿式磁选的磁场强度条件的分离试验。磁场强度条件试验流程如图 2-9 所示，试验结果见表 2-38、表 2-39。

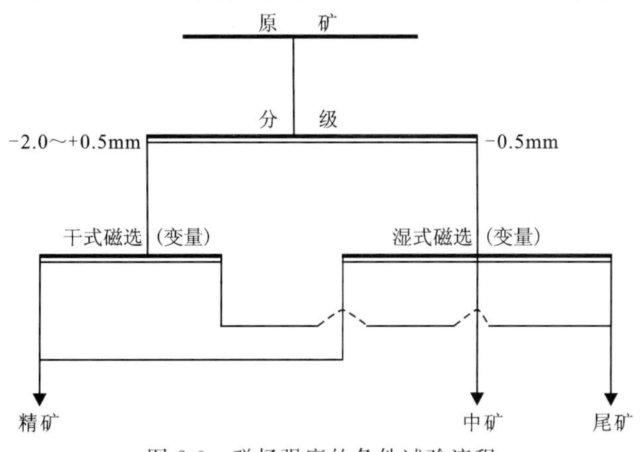

图 2-9　磁场强度的条件试验流程

表 2-38　干式磁选的磁场强度条件试验

磁场强度	产品名称	作业产率(%)	Mn(%)	Mn 作业回收率(%)
3500 奥斯特	精矿	28.80	45.65	39.72
	尾矿	71.20	14.95	60.28
	合计	100.00	23.79	100.00
5000 奥斯特	精矿	51.05	41.93	90.37
	尾矿	48.95	4.66	9.63
	合计	100.00	23.69	100.00
7000 奥斯特	精矿	55.93	39.35	93.07
	尾矿	44.07	3.72	6.93
	合计	100.00	23.65	100.00
9000 奥斯特	精矿	60.94	37.94	97.18
	尾矿	39.06	1.72	2.82
	合计	100.00	23.79	100.00

从表 2-38 试验结果可以看出，在其他条件不变的情况下，磁场强度越高，精矿中锰品位越低，回收率越高。综合考虑上述试验结果，确定干式磁选的磁场强度为 5000 奥斯特时较为适宜。

表 2-39　－0.5mm 粒级湿式磁选的磁场强度条件试验结果

磁场强度	产品名称	作业产率(%)	Mn(%)	Mn 作业回收率(%)
6500 奥斯特	精矿	41.74	38.68	72.87
	中矿	3.80	28.91	4.96
6500 奥斯特	尾矿	54.46	9.02	22.17
	合计	100.00	22.15	100.00
7500 奥斯特	精矿	45.36	38.96	80.17
	中矿	3.16	27.93	4.00
	尾矿	51.48	6.78	15.83
	合计	100.00	22.05	100.00
9500 奥斯特	精矿	45.97	38.19	80.35
	中矿	3.41	23.96	3.73
	尾矿	50.62	6.87	15.92
	合计	100.00	22.75	100.00

从表 2-39 试验结果可知，采用湿式磁选对细粒级的锰矿物进行回收，试验所获得的选矿指标较理想。降低磁场强度时，锰精矿锰品位变化不明显，而回收率有所变化，也即当磁场强度降至 7500 奥斯特以下时，回收率降低较多。因此－0.5mm 粒级湿式磁选的条件选择磁场

强度为7500奥斯特时较适宜。

最终选矿流程验证试验：通过选矿方案探索及详细条件试验，获得各影响因素的最佳条件，确定干-湿式联合磁选流程为本次的最终选矿试验流程，并进行了最佳条件的验证试验。验证试验流程如图2-10所示，试验结果见表2-40。

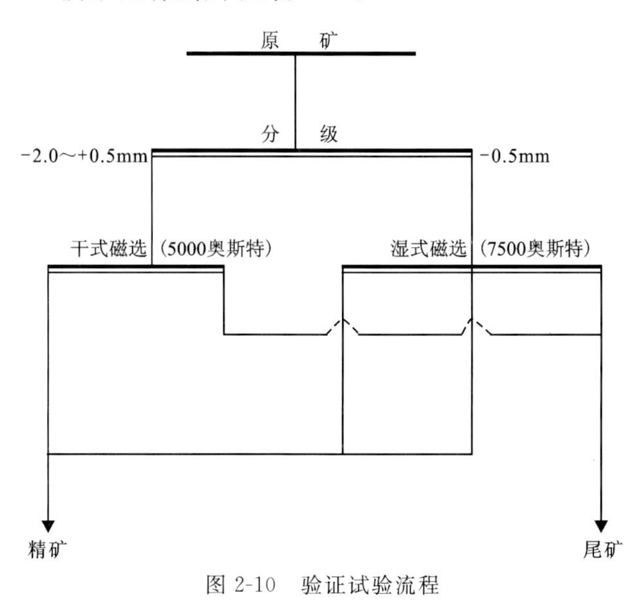

图2-10　验证试验流程

表2-40　最终选矿流程验证试验指标

粒级(mm)	产品名称	产率(%)	品位(%)		回收率(%)	
			Mn	Fe	Mn	Fe
−2.0～+0.5	精矿1	26.01	41.40	6.24	47.34	32.54
	尾矿1	23.21	5.04	3.03	5.14	14.10
−0.5	精矿2	20.47	39.76	7.18	35.78	29.47
	中矿2	2.59	29.68	6.73	3.38	3.49
	尾矿2	27.72	6.86	3.67	8.36	20.4
	合计	100.00	22.75	4.99	100.00	100.00
最终选矿产品	总精矿	49.07	40.10	6.66	86.50	65.50
	总尾矿	50.93	6.03	3.38	13.50	34.50
	合计	100.00	22.75	4.99	100.00	100.00

最终选矿流程验证试验结果表明，采用干-湿式联合磁选流程对氧化锰矿石中主要组分锰进行回收，可有效地回收氧化锰矿中有用的锰矿物。试验所获得的锰精矿锰品位高达40.10%，锰精矿产率49.07%，锰回收率达86.50%，说明所采用选矿流程对细粒级锰矿物的回收效果较好。精矿中Mn/Fe>6，精矿产品的选矿指标理想，试验结果重现性好，结果稳定，表明所确定的选矿工艺流程是可行的。

选矿精矿产品考查：氧化锰矿实验室流程选矿试验所获得的最终选矿精矿产品为锰精矿，锰精矿产品的化学多项分析见表 2-41。

表 2-41　锰精矿产品化学多项分析结果

项目	分析结果(%)				Mn/Fe	P/Mn
	Mn	Fe	SiO_2	P		
含量	40.10	6.66	11.12	0.088	6.02	0.002

从锰精矿产品化学多项分析结果可知，锰精矿产品中锰品位高达 40%以上，Mn/Fe>6，P/Mn<0.002，锰精矿产品中有害杂质含量均低于目前市场对原料的技术要求，质量达到冶金用氧化锰Ⅱ级以上标准。

实验室流程试验研究推荐的选矿工艺流程：根据矿石工艺矿物学特性、实验室流程选矿试验要求并参考该类型锰矿山生产实践，针对矿石中矿物嵌布粒度细、部分软锰矿等锰矿物易过粉碎情况，采用干-湿式磁选选矿流程方案对氧化锰矿进行实验室流程选矿试验研究，能有效地回收该锰矿中目的组分锰，试验获得的选矿技术指标较理想，在满足精矿中锰品位 40%时，回收率高达 86%以上，所获得的最终锰精矿产品质量达到冶金用氧化锰Ⅱ级以上标准。技术上采用目前国内较先进的磁选设备进行试验研究，该生产型磁选设备应用广，选别指标稳定，故所采用的选矿工艺流程在技术上是可行的；对选矿工艺流程进行环境保护、技术经济的初步评价也表明，生产工艺为单一的磁选工艺，选矿过程不添加任何药剂，生产成本低，经济效益显著，故该工艺经济合理、对环境也不造成污染。

实验室流程选矿试验研究最终推荐“原矿破碎—(干-湿式联合)磁选—锰精矿产品”为“下雷式”锰矿氧化矿选矿工艺流程。试验研究确定的最佳工艺技术参数：入选粒度−2.0mm，干式磁选的磁场强度 5000 奥斯特，湿式磁选的磁场强度 7500 奥斯特；干、湿式磁选的分级粒度为 0.5mm。试验研究获得的最终选矿精矿产品技术指标：锰精矿产率 49.07%，精矿中锰品位 40.10%、回收率 86.50%。选矿工艺流程如图 2-11 所示，推荐的选矿工艺流程的锰精矿产品技术指标见表 2-42。

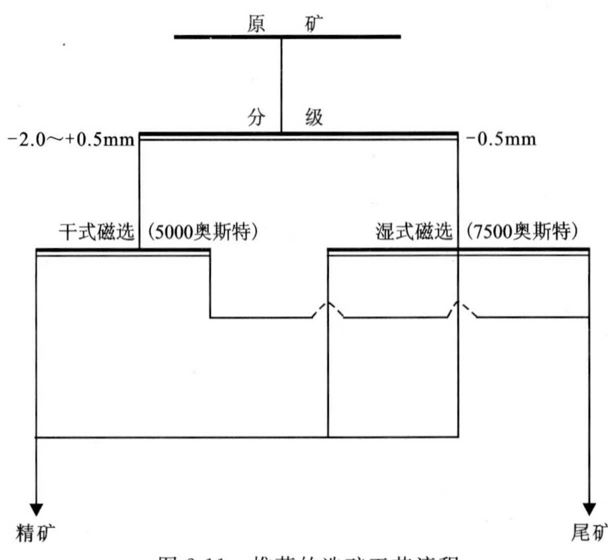

图 2-11　推荐的选矿工艺流程

表 2-42 推荐的工艺流程的锰精矿产品技术指标

产品名称	产率(%)	品位(%)		回收率(%)	
		Mn	Fe	Mn	Fe
精矿	49.07	40.10	6.66	86.50	65.50

(4)氧化锰矿石工业利用评价。"下雷式"锰矿床是广西乃至全国重要的锰矿开采类型,其利用价值高。氧化锰矿石实验室流程选矿试验表明,氧化锰矿石可选性能良好,当原矿锰品位22.75%时,实验室流程选矿试验研究所获得的最终锰精矿产品指标:产率49.07%,锰品位40.10%,锰回收率为86.50%,精矿产品质量达到冶金用氧化锰Ⅱ级以上标准,且因选矿流程简单环保,技术经济可行,矿床开发效益显著。

(5)下雷锰矿区大新锰矿生产指标。氧化锰矿矿石选冶指标及产品指标见表2-43、表2-44、表2-45。

表 2-43 2012年大新锰矿选厂生产氧化锰矿各类产品指标表

年份	产品名称	产率(%)	Mn品位(%)	回收率(%)
2012	化工锰砂	3.24	33.60	3.71
	冶金块矿	75.86	28.57	73.96
	摇床粉矿	6.39	31.36	6.83
	废砂	1.89	22.08	1.43
	尾矿	12.62	14.40	6.20
	原矿	100	27.00	100

表 2-44 2013年大新锰矿选厂生产氧化锰矿各类产品指标表

年份	产品名称	产率(%)	Mn品位(%)	回收率(%)
2013	冶金块矿	89.20	28.65	94.22
	摇床粉矿	1.02	28.03	1.05
	尾矿	9.78	13.10	4.72
	原矿	100	27.12	100

表 2-45 2014年大新锰矿选厂生产氧化锰矿各类产品指标表

年份	产品名称	产率(%)	Mn品位(%)	回收率(%)
2014	化工锰砂	1.08	40.27	1.67
	冶金块矿	66.00	28.50	72.55
	摇床粉矿	12.31	30.80	14.63
	废砂	0.2	14.78	0.12
	尾矿	20.41	14.02	11.04
	原矿	100	25.93	100

从表2-43、表2-44、表2-45中可看出，通过“原矿破碎—(干-湿式联合)磁选—锰精矿产品”的选矿工艺所得到的氧化锰精矿品位与大新锰矿实际生产所得的化工锰砂的锰品位接近。

2. 贫碳酸锰矿石选冶技术性能研究

1982年广西壮族自治区第四地质队提交的《广西大新县下雷锰矿区南部碳酸锰详细勘探地质报告》中对贫碳酸锰石(Mn≥15%)的选冶技术性能进行了研究。

(1)采样分类、方法和样品代表性。每个样品在一个工程中采取，共采样13个，有关情况见表2-46。

表2-46 单地点采取选矿试验样采样情况表

岩(矿)层层位	样号	采样地点(勘探线/工程)	锰品位(%)	Mn/TFe	P/Mn	$MnCO_3$中Mn/TMn	采样年份	备注
Ⅲ	15	7/ⅢT3	22.29	3.62	0.0064		1964	
Ⅲ+夹二	27	14a/ⅢT78	16.99	2.52	0.0067	0.99	1966	矿层1.24m加夹二0.48m
Ⅱ	12～14	7/ⅢT3	25.91	3.24	0.0057	0.71	1964	
Ⅱ+夹一	23	13a/ⅢT63	22.88	3.27	0.0052	0.80	1965	矿层3.66m加夹一0.48m
Ⅱ+夹一	25	30/ⅢT39	23.21	3.68	0.0047	0.62	1966	矿层1.78m加夹一0.20m
Ⅱ上	6	7/ⅢT3	30.66	4.00	0.0043		1960	
Ⅱ下	6	7/ⅢT3	22.97	3.15	0.0044	0.34	1960	
Ⅰ	11	7/ⅢT3	27.45	4.18	0.0049	0.71	1964	
Ⅰ上	7	7/ⅢT3	23.25	44	0.0040		1960	
Ⅲ+夹二+顶板	31	7/ⅢT3	19.05				1975	Ⅲ矿层占80%，夹二占20%
Ⅱ+夹一+顶板	32	7/ⅢT3	20.18				1975	Ⅱ矿层占80%，夹二占20%
Ⅰ+夹一+底板	33	7/ⅢT3	20.98				1975	Ⅰ矿层占80%，夹二占20%
Ⅰ～Ⅲ+顶板+底板	35	7/ⅢT3	18.41				1975	Ⅰ+Ⅱ+Ⅲ+夹二占80%，夹一+顶、底板占20%

从矿物组分含量来看，7号样的含锰矿物占矿物总量的69%，27号样的含锰矿物占矿物总量的65%，略低于矿段相应部位的平均值，说明样品具有代表性。

从矿石的结构、构造来看，7号样及27号样均以微粒结构为主，微—细粒结构为次；7号样以块状构造为主，豆状、鲕状、结核状、条带状构造次之；27号样以块状、薄层条带状构造为主，豆状、鲕状、斑点状构造次之。因此，上述两个样品具有代表性。

综上所述，单地点采样的样品仅7号及27号两个样品尚具代表性，其他样品作参考用。

(2)多点组合采样。样品由两个以上工程的矿层、夹层、围岩按一定的重量比例组合而成。采样方法：坑道工程中用刻槽法，钻孔矿芯和岩芯用劈切法，共采15个样。有关情况见表2-47。

表2-47　多地点组合选矿试验样采样情况表

样号	矿(层)层位	采样地点	锰品位(%)	Mn/TFe	P/Mn	$MnCO_3$中Mn/TMn	采样年份	备注
混合样	Ⅰ-Ⅲ	7/шT3、10/шT59、13a/шT63、10/шT59	22.06	3.56	0.0053	0.82	1966	Ⅰ+Ⅱ+Ⅲ矿层占87%±，夹一+夹二占13%±
24	Ⅰ	13a/шT63、10/шT39	21.37	4.36	0.0055		1965	
28	Ⅰ	11～36线21个钻孔	17.41	3.57	0.0055	0.91	1966	
34	Ⅰ-Ⅲ+顶、底板	31线以西30个钻孔	17.62	3.11	0.0054		1975	原矿占80%，围岩占20%
36	Ⅰ-Ⅲ+顶、底板	同上钻孔+шT3	18.17	2.97			1975	原矿占80%，围岩占20%
37	Ⅲ+夹二+顶板	29～34线13个钻孔	15.92	2.70			1977	Ⅲ+夹二占90%，顶板占10%
38	Ⅱ+夹二+夹一	29～35a线15个钻孔	17.14	3.22			1977	Ⅱ矿层占80%，夹一占10%，夹二占10%
39	Ⅰ+夹一+底板	29～35a线17个钻孔	16.53	3.79			1977	Ⅰ矿层占80%，夹一占10%，底板占10%
40	Ⅰ-Ⅲ+顶板+底板	29～35a线18个钻孔	15.82	3.14			1977	Ⅰ+Ⅱ+Ⅲ+夹二占80%，夹一占10%，顶板占6%，底板占4%
41	Ⅲ+夹二+顶板	0～34线83个钻孔115个见矿层次					1981	Ⅲ矿层占70%，夹二占15%，顶板占15%
42	Ⅱ+夹一+夹二	0～34线80个钻孔109个见矿层次					1981	Ⅱ矿层占82%，夹二占10.8%，夹一占7.2%
43	Ⅰ+夹一+底板	1a～34线66个钻孔85个见矿层次					1981	Ⅰ矿层占77%，夹一占13.8%，底板占9.2%
44	Ⅱ+Ⅲ+顶板+夹二+底板						1981	
45	Ⅰ-Ⅲ+顶板+底板	0～34线86个钻孔122个见矿层次					1981	Ⅰ+Ⅱ+Ⅲ矿层占80%，夹二占7.2%，夹一占7.2%，顶、底板各占5.6%
46	Ⅲ+夹二	0～28线10个钻孔10个见矿层次	17.51	2.85	0.0053		1982	Ⅲ矿层占75.2%，夹二占24.8%

从化学分析含量来看，上述15个样品的含锰量都很接近或略低于矿区范围内相应层位的锰平均值，其他组分也与相应数值较相似。

由于绝大多数样品的每个样都采自分布较均匀的10～86个钻孔(10～122见矿层次)。这么多地点的样品组合成的试验样，必然最有效地保证它的矿物组合、结构、构造具有足够的代表性(代表相应的矿段或地段特定的矿石品级)。至于24号样和1966年采的混合样,由较少地点样品组合而成,但是其菱锰矿加钙菱锰矿的总量均是44%,锰方解石的含量均为7%,蔷薇辉石含量为2%~3%,因而其矿物组合与相应层位的平均值较相似。这两个样的矿石结构均以微粒为主,微细粒或显微鳞片次之。在构造方面24号样以块状、结核状为主,条带、豆状、鲕状次之;混合样以块状、豆状、鲕状为主,条带、结核状次之。

综上所述,多地点组合采样的样品代表性是很好的。

(3)试验分类、方法和试验结果。为寻找对“下雷式”碳酸锰矿石的有效选矿加工方法,使暂定表内矿石能满足工业利用,并提高Ⅰ、Ⅱ、Ⅲ级锰矿石的经济效益,现将有一定选矿效果的几种方法叙述如下。

原矿破碎湿式强磁选:将原矿破碎至5mm以下,用直径270mm湿式辊式强磁选机作一次粗选、一次扫选,即得含锰稍高的精矿。选矿磁场的强度9000~12 000奥斯特。根据试验成果,80%的样品精矿含锰提高4.89%~8.01%,锰回收率84.85%~92.04%,Mn/TFe提高0.24~1.12,故对已被贫化的矿石来说,这种选矿处理是有效的,试验数据见表2-48。但是从各试验样品所取的矿层本身含锰量来看,所选出的精矿除33号样锰含量提高3.54%、34号样锰含量提高3.10%外,其余样品精矿锰含量的提高均小于2%。

表2-48　碳酸锰矿石原矿破碎湿式强磁选试验成果表

样号	矿(岩)层层位	Mn(%)			Mn/TFe			锰回收率(%)	
		原矿	精矿	尾矿	原矿	精矿	尾矿	精矿	尾矿
31	Ⅲ+夹二+顶板	19.05	21.10	16.11	2.62	2.71	2.49	65.30	34.70
32	Ⅱ+夹一+夹二	20.18	22.83	8.34	2.49	2.59	1.68	92.47	7.53
33	Ⅰ+夹一+底板	20.98	28.99	6.45	5.44	6.56	2.26	89.09	10.91
34	Ⅰ-Ⅲ+顶板+底板	17.62	23.62	7.27	3.11	3.83	1.51	84.85	15.15
35	Ⅰ-Ⅲ+顶板+底板	18.41	23.30	6.62	2.96	2.20	1.84	89.46	10.54
36	Ⅰ-Ⅲ+顶板+底板	18.17	23.68	6.93	2.97	3.45	1.52	87.45	12.55
37	Ⅲ+夹二+顶板	15.92	21.03	6.01	2.70	3.03	1.55	87.19	12.81
38	Ⅱ+夹二+夹一	17.14	23.18	6.01	3.22	3.53	2.00	87.69	12.31
39	Ⅰ+夹一+底板	16.83	22.88	4.15	3.79	4.22	1.74	92.04	7.96
40	Ⅰ-Ⅲ+顶板+底板	15.82	22.49	4.39	3.14	3.53	1.58	89.76	10.24

所以,原矿破碎湿式强磁选对因开采混入了夹层和顶、底板的矿石来说,基本上可消除贫化因素,并且可顺便把矿层内部的夹石、脉石等除去从而略为提高矿石含锰量。这种效果对Ⅰ矿层来说更明显。

H_2SO_4汲取-NH_4OH或Na_2CO_3净化沉淀:在试样细磨后加入H_2SO_4使锰和铁成为硫酸盐转入溶液,然后在滤液中加入适量NH_4OH使铁沉淀,得到净化的锰质溶液,最后以NH_4OH或Na_2CO_3使锰呈氧化物沉淀而得锰精矿。

用此方法对Ⅰ矿层磁选尾矿、Ⅱ矿层加夹一、Ⅲ矿层等的矿石分别加工试验,可获得含锰62.20%~65.83%的锰精矿,锰回收率86.49%~96.94%,效果很好,见表2-49。

表 2-49　碳酸锰矿石 H_2SO_4 汲取 NH_4OH 或 Na_2CO_3 净化沉淀成果表

样号	矿(岩)层层位	Mn(%)		Mn/TFe		P/Mn		锰回收率(%)
		原矿	精矿	原矿	精矿	原矿	精矿	
15	Ⅲ	22.29	62.73	3.62	39.45	0.0064	0.0000	96.65
23	Ⅱ	21.51	65.83	3.50	14.62	0.0055	0.0000	86.49
24(磁选尾矿)	Ⅰ	15.53	62.20	2.80	15.43		0.0001	96.94

CaS_2O_3 浸取 CaO 净化沉淀试验：该方法是以 CaS_2O_3 试液加入细磨的试样使锰、铁均进入溶液中，过滤后加入适量石灰令铁等杂质沉淀除去，然后以石灰水使全部锰成为 $MnO(OH)_2$ 沉淀，再烘干焙烧得锰精矿。

用此方法对Ⅲ矿层加夹二的样品(样品 27)试验，由 Mn17.13%、TFe6.98%、P0.113%的原矿，加工成 Mn56.10%、Mn/TFe215.76、P/Mn0.0001 的精矿，锰回收率 73.71%，效果很好。

(4)矿石工业利用性能评价。前述选矿试验证实“下雷式”碳酸锰矿石属于难选矿石类型。其原因在于矿石中的含锰矿物和脉石矿物呈微粒、微细粒状且相互均匀紧密嵌布；铁、磷组分大部分以类质同象、细分散状或非晶质微晶赋存在含锰矿物中。

(5)下雷矿区大新锰矿 2012—2014 年生产指标。下雷矿区大新锰矿 2012—2014 年碳酸锰矿石选冶指标及产品见表 2-50、表 2-51、表 2-52。

表 2-50　2012 年大新锰矿选厂生产碳酸锰矿各类产品指标表

年份	产品名称	产率(%)	品位(%)	回收率(%)
2012	锰精矿	81.16	19.08	91.65
	尾矿	16.18	5.52	5.29
	原矿	100	16.89	100

表 2-51　2013 年大新锰矿选厂生产碳酸锰矿各类产品指标表

年份	产品名称	产率(%)	品位(%)	回收率(%)
2013	锰精矿	81.41	19.06	93.14
	尾矿	16.96	5.66	5.76
	原矿	100	16.66	100

表 2-52　2014 年大新锰矿选厂生产碳酸锰矿各类产品指标表

年份	产品名称	产率(%)	品位(%)	回收率(%)
2014	锰精矿	78.85	18.31	90.29
	尾矿	19.73	7.20	8.89
	原矿	100	15.99	100

从表 2-50、表 2-51、表 2-52 中看出，上述选矿试验结果与下雷矿区大新锰矿的 3 年生产指标较接近，试验效果是好的。

(6)矿石利用方案、流程。从已经取得的碳酸锰矿石加工技术试验成果看，各矿层应分层开采。对Ⅰ、Ⅱ矿层中原矿品级属于Ⅰ、Ⅱ、Ⅲ级品储量块段采出的矿石，可采用原矿—破碎至小于5mm—湿式强磁选—精矿这种方法加工。对于Ⅰ、Ⅱ矿层原矿属于暂定表内储量块段和Ⅲ矿层采出的矿石，推荐采用的流程如图2-12所示。

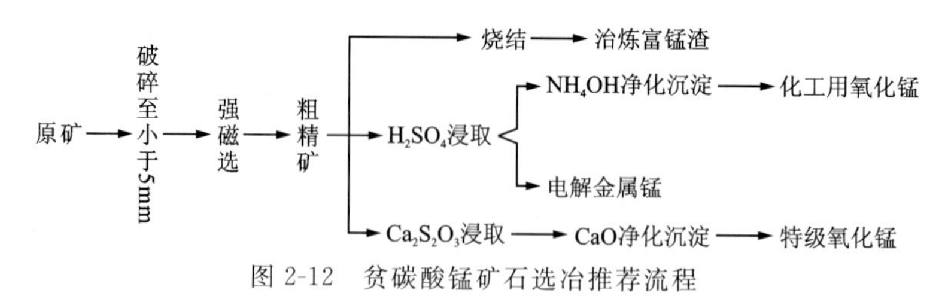

图2-12　贫碳酸锰矿石选冶推荐流程

3. 低品位碳酸锰矿石选冶技术性能研究

低品位锰矿石是指$10\% \leqslant Mn < 15\%$的那部分碳酸锰矿石。样品是在矿段北部CM15a1坑道里采得的半工业试验样品，平均(入选)品位为13.95%。

(1)试验样的制备。选矿小型试验试样加工流程见图2-13。矿样经破碎、筛分、混匀、缩分，获得试验样、原矿分析样及备样。

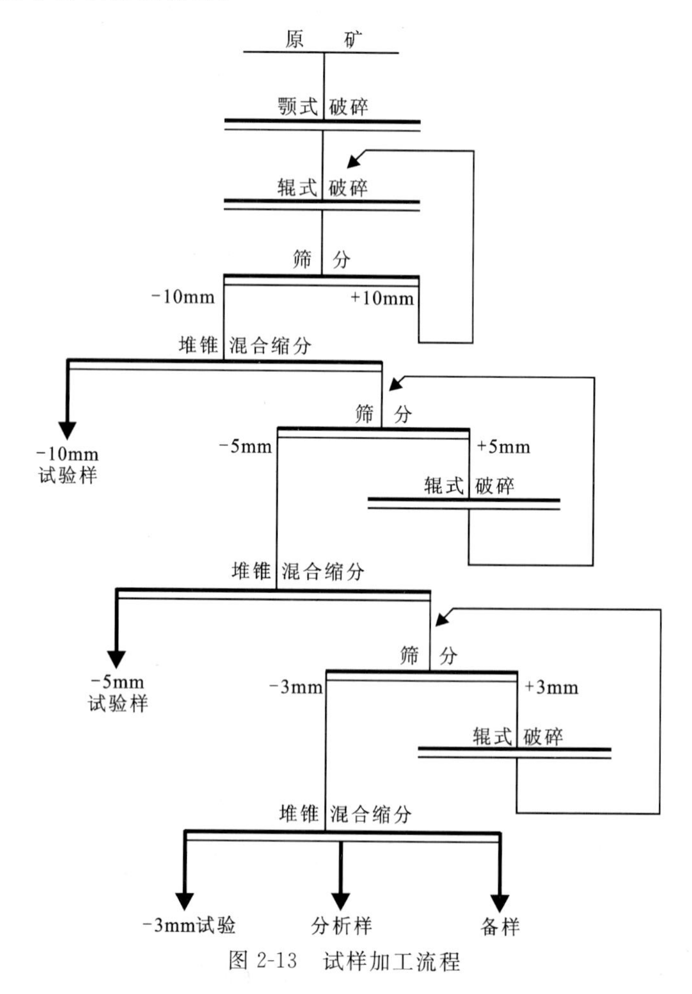

图2-13　试样加工流程

（2）原矿性质研究。原矿化学分析：原矿光谱半定量分析结果见表2-53，原矿多元素化学分析结果见表2-54，原矿锰物相分析结果见表2-55。

表2-53　原矿光谱半定量化学分析结果

成分	CaO	SiO_2	Mn	Fe_2O_3	MgO	SO_3
含量（%）	19.5	23.0	14.1	9.0	5.5	4.3
成分	Al_2O_3	P_2O_5	Ni	K_2O	Na_2O	Ti
含量（%）	0.64	0.4	0.2	0.2	0.2	0.1
成分	Zn	As	Cl	Cu	Zr	
含量（%）	0.05	0.05	0.04	0.01	<0.01	

表2-54　原矿多元素化学分析结果

成分	Mn	Fe	SiO_2	MgO	CaO	Al_2O_3	S	P	Co	Ni
含量（%）	14.34	5.81	21.12	3.23	16.98	0.34	0.71	0.105	0.0064	0.17

表2-55　原矿锰物相分析结果

锰相	碳酸盐中Mn	氧化锰中Mn	硅酸盐中Mn	TMn
含量（%）	13.72	0.33	0.12	14.17
分布率（%）	96.82	2.32	0.86	100.00

从表2-54结果看，原矿Mn品位14.34%，含硫较低（0.71%），含铁5.81%、含磷相对略高（0.105%），主要脉石成分为SiO_2、CaO、MgO等。Al_2O_3含量较低（0.34%），CaO品位较高（16.98%），反映出大量碳酸盐脉石矿物的存在；很低的Al_2O_3/SiO_2说明矿石中仅含极少量的黏土矿物，而含有较多石英质脉石。

从表2-55锰物相分析结果可以看出，原矿中锰主要分布在含锰碳酸盐矿物中，分布率高达96.82%，仅有极少量分布在含锰的氧化物及硅酸盐中。

原矿矿物组成及含量：经显微镜下对样品及光片鉴定，查明原矿的矿物主要有锰方解石、钙菱锰矿、菱锰矿，其次为蔷薇辉石、黄铁矿、微量黄铜矿、闪锌矿。脉石矿物主要为石英、方解石、绿泥石、伊利石，其次为高岭石、阳起石、透闪石等。主要矿物及含量测定结果见表2-56。

表2-56　原矿的矿物组成及含量测定结果

矿物名称	锰方解石	（钙）菱锰矿	蔷薇辉石	黄铁矿	绿泥石
含量（%）	12	24	11	5	5
矿物名称	方解石	石英、长石	伊利石	阳起石	其他
含量（%）	17	18	7	0.5	0.5

注：其他中包括黄铜矿、透闪石、高岭石、红帘石、蛇纹石等微量矿物。

(3)影响选矿的矿物学因素。锰的赋存形式的影响：锰的赋存形式比较复杂，矿石中的锰主要赋存于菱锰矿、钙菱锰矿中，占矿物总量的24%，其次赋存于锰方解石(占12%)、蔷薇辉石(占11%)中，如果把蔷薇辉石也作为选矿回收的对象，则应回收的含锰矿物占矿物总量的47%。

矿物的结构、粒度对锰矿物回收的影响：该矿杂质矿物主要为方解石、石英、长石、伊利石，少量绿泥石。矿石中的伊利石及部分方解石呈微粒状与菱锰矿、钙菱锰矿混杂交生，基本上不能单体解离，对选别不利。石英、长石及部分方解石呈较粗的不规则粒状，构成脉状、集合体块状，因此，大多数石英、长石、方解石较容易在破碎及磨矿过程中与锰矿物解离。其次，矿石中金属硫化物以黄铁矿居多，其次为黄铜矿，金属硫化物常呈浸染状产出，选矿中必要时可以采用脱硫工艺降低锰精矿中含硫。

(4)选矿小型试验研究。试验方案探索：由矿物组成可知，矿石需要回收的有用矿物为碳酸盐锰矿物，其他有价矿物含量低，无回收价值。根据碳酸锰常规选矿工艺，针对该矿石性质特点进行了浮选、重选和磁选工艺流程探索试验。

浮选探索试验：浮选试验磨矿细度为－0.074mm，占70.23%，采用碳酸钠调节矿浆pH值，水玻璃作为脉石抑制剂，油酸作为碳酸锰矿物捕收剂进行浮选探索试验。试验流程如图2-14所示，试验结果列于表2-57，从试验结果看，浮选效果不理想，精矿Mn品位15.97%，仅比原矿提高1.48%，Mn回收率也仅有68.74%。

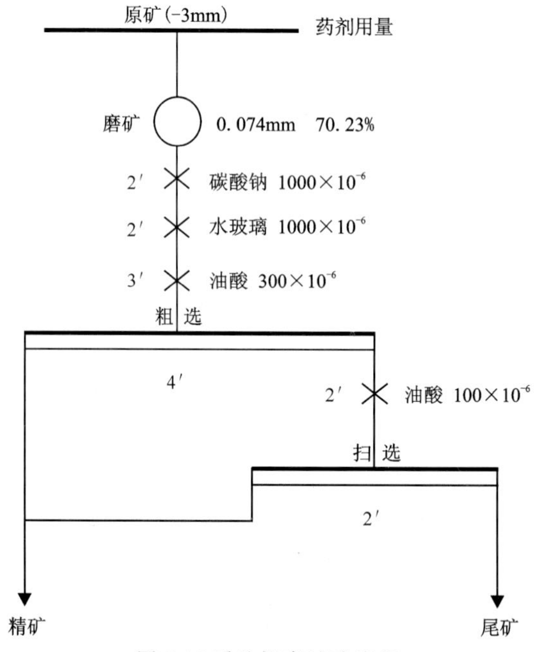

图2-14 浮选探索试验流程

表2-57　浮选探索试验结果

产品名称	产率(%)	Mn品位(%)	Mn回收率(%)
精矿	62.37	15.97	68.74
尾矿	37.63	12.06	31.26
合计	100.00	14.49	100.00

摇床重选探索试验：将原矿分别磨到－1.0mm和－0.5mm进行摇床重选试验。试验流程如图2-15所示，试验结果见表2-58，从试验结果看，摇床精矿Mn品位提高幅度不大，Mn回收率低，且中矿和尾矿Mn品位高，摇床试验效果不理想。其原因主要为碳酸锰矿物与脉石矿物密度差较小。

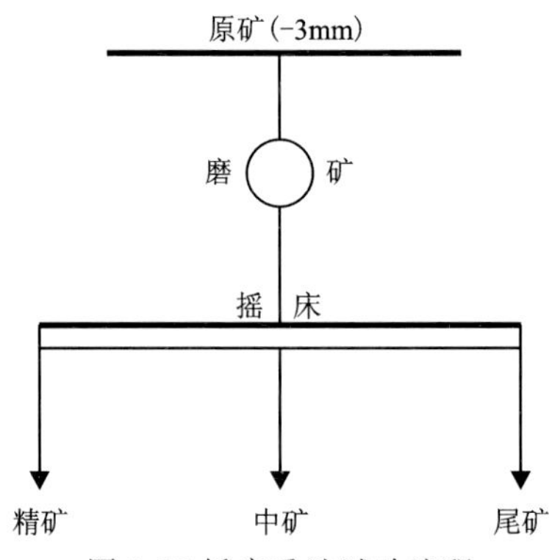

图2-15 摇床重选试验流程

表2-58　摇床重选试验结果

入选粒度(mm)	产品名称	产率(%)	Mn品位(%)	Mn回收率(%)
－1.0	精矿	39.10	15.64	41.71
	中矿	22.38	14.64	25.40
	尾矿	38.52	12.52	32.89
	合计	100.00	14.66	100.00
－0.5	精矿	29.43	16.65	34.28
	中矿	28.58	13.54	27.07
	尾矿	41.99	13.16	38.65
	合计	100.00	14.30	100.00

磁选探索试验：将原矿破碎至－10mm，进行干式强磁选试验，粗选磁场强度0.4T，扫选磁场强度0.8T。试验流程如图2-16所示，试验结果见表2-59，从试验结果看，精矿Mn品位达到了试验要求，回收率也较高；中矿Mn品位稍低，尾矿偏高，其原因主要为入选粒度较粗，部分矿物未得到充分解离。

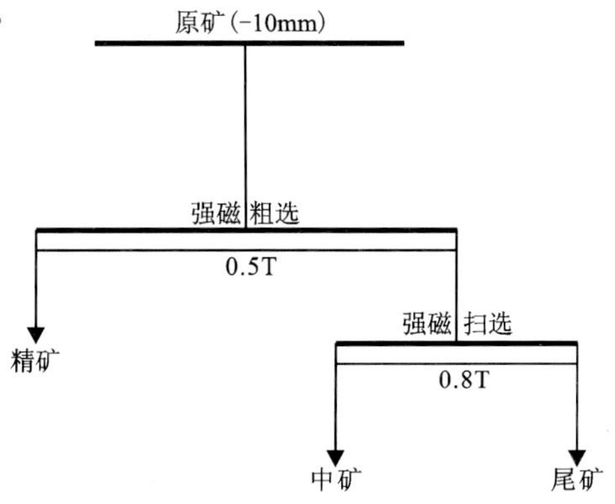

图2-16　强磁选试验流程

表 2-59　强磁选试验结果

产品名称	产率(%)	Mn 品位(%)	Mn 回收率(%)
精矿	40.36	18.90	53.07
中矿	40.62	13.59	38.41
尾矿	19.02	6.44	8.52
合计	100.0	14.37	100.00

通过浮选、重选、磁选试验结果对比，磁选试验获得的指标明显优于浮选和重选。因此，选择磁选工艺流程进行更深入的条件试验。

磁选试验：根据探索试验以及条件试验研究结果，借鉴类似矿石选别常规采用分级磁选的实践经验，并经探索试验考察，最终采用“原矿－10～＋3mm 粗粒强磁选，粗粒磁选尾矿再碎至－3mm 与－3mm 原矿合并，再经强磁选（一粗一扫）选别”。最终试验流程如图 2-17 所示，试验结果见表 2-60。

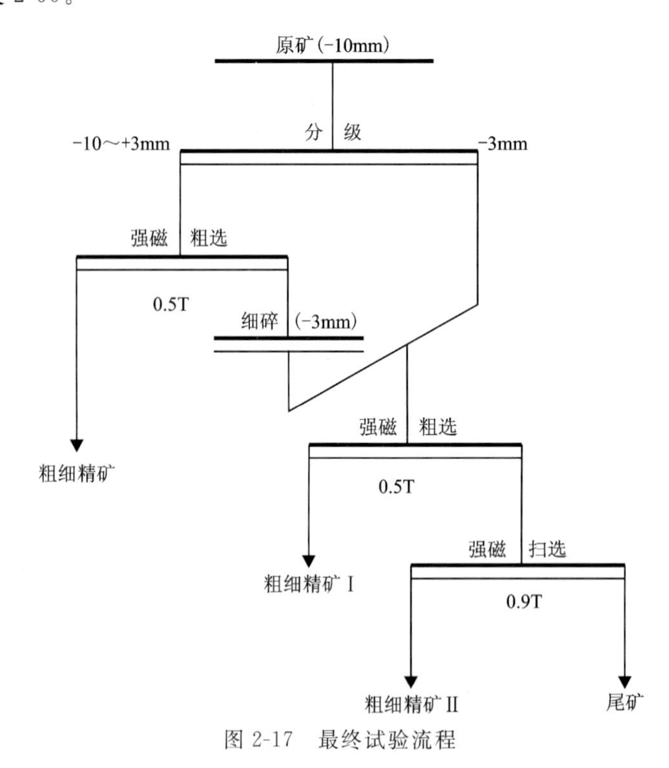

图 2-17　最终试验流程

表 2-60　最终试验指标

产品名称	产率(%)		Mn 品位(%)		Mn 回收率(%)	
	个别	累计	个别	累计	个别	累计
粗粒精矿	30.14	30.14	18.57	18.57	39.20	39.20
细粒精矿 I	33.67	63.81	17.85	18.19	42.10	81.30

续表 2-60

产品名称	产率(%)		Mn 品位(%)		Mn 回收率(%)	
	个别	累计	个别	累计	个别	累计
细粒精矿Ⅱ	11.43	84.24	14.24	17.59	11.40	92.70
尾矿	24.76	100.00	4.21	14.28	7.30	100.00
合计	100.00		14.28		100.00	

最终试验获得的指标：粗粒精矿产率 30.14%，Mn 品位 18.57%，Mn 回收率 39.20%；细粒精矿Ⅰ产率 33.67%，Mn 品位 17.85%，Mn 回收率 42.10%；细粒精矿Ⅱ产率 11.43%，Mn 品位 14.24%，Mn 回收率 11.40%；锰精矿合计(粗粒精矿＋细粒精矿Ⅰ＋细粒精矿Ⅱ)产率 84.24%，Mn 品位 17.59%，Mn 回收率 92.70%。

精矿产品考查：锰精矿多元素化学分析结果见表 2-61；尾矿产品考查：尾矿多元素化学分析结果见表 2-62。

表 2-61　锰精矿多元素化学分析结果

成分	Mn	Fe	S	P	CaO
含量(%)	17.59	6.12	0.35	0.078	19.20
成分	MgO	Al_2O_3	SiO_2	Co	Ni
含量(%)	3.74	0.38	9.15	0.0079	0.22

表 2-62　尾矿多元素化学分析结果

成分	Mn	Fe	S	Ni
含量(%)	4.21	3.65	1.32	0.11
成分	SiO_2	CaO	MgO	
含量(%)	58.23	12.23	2.93	

为查明锰损失于尾矿的原因，对尾矿磨片后使用显微镜观察发现含锰矿物粒度较细，主要穿插、交代于脉石中，难以解离。

(5)选矿工业试验。工业试验概述：为了验证小型试验采用的工艺流程及获得的选矿指标的可靠性，降低开发投资和生产风险，以小型试验成果为依据，对大新锰矿北中部矿段碳酸锰矿石进行了工业试验。

工业试验采集Ⅰ层矿全巷样和Ⅱ＋Ⅲ层全巷样，按质量比 1∶1 配矿作为工业试验原矿。工业试验规模 600t/d，工业试验主要设备见表 2-63。

表 2-63　工业试验主要设备

作业名称	设备名称	型号规格	数量	处理能力(t/h)	生产厂家
粗碎	颚式破碎机	C80	1	130	美卓
中碎	标准圆锥破碎机	GP100s	1	120～130	美卓
细碎	短头圆锥破碎机	HP200	1	90～120	美卓
干式筛分	圆振动筛	LF2160D	1	100～120	山特维克
粗粒级磁选	干式永磁磁选机	YHXTG-4012	4	10～25	柳州远健
细粒级磁选	干式永磁磁选机	YZCTG-4012	6	6～15	柳州远健

工业试验流程：根据小型试验研究结果，工业试验流程为原矿送入破碎系统经过一段粗碎和二段中碎后经双层干式筛分系统进行筛分分级，双层筛上层＋10mm 产品经过第三段细碎后返回双层筛，形成三段一闭路破碎筛分系统，保证入选粒度－10mm；双层筛中间层－10～＋3mm 产品进入粗粒级干式磁选系统进行磁选得到粗粒精矿，中矿再进行第三段细碎返回双层筛；双层筛底层－3mm 产品进入细粒级干式磁选系统进行磁选（一粗一扫）得到细粒精矿和尾矿。工业试验流程如图 2-18 所示。

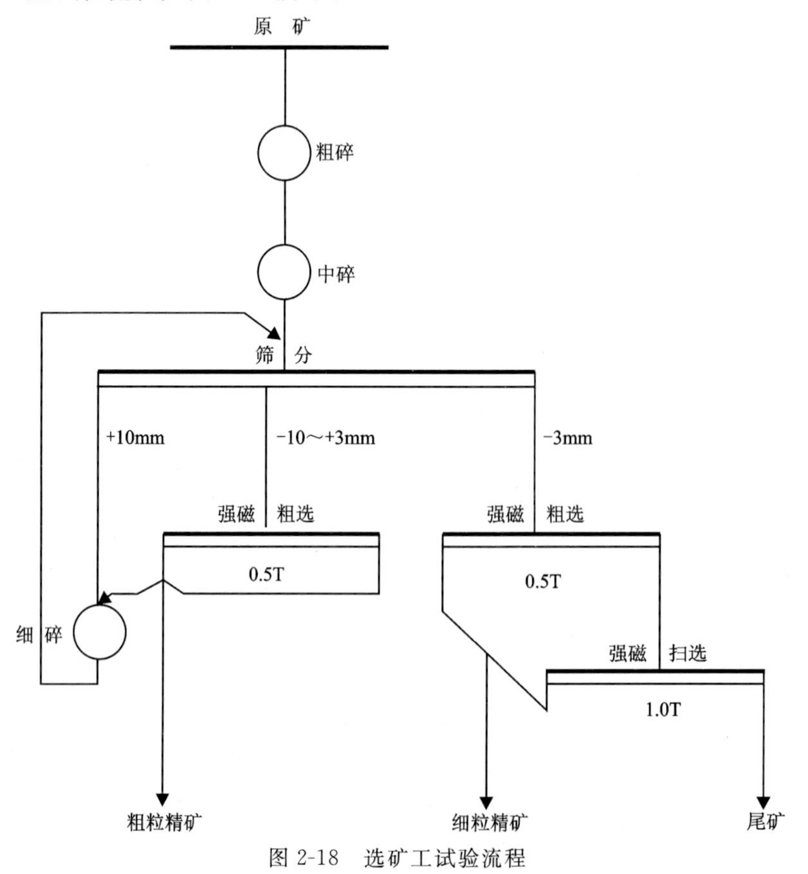

图 2-18　选矿工试验流程

工业试验指标：工业试验经调试后，正式试验从2014年4月7日头班开始至2014年4月13日中班止，共连续运转7天(20个班)。累计处理原矿4080.7t。工业试验指标见表2-64。从表2-64的合计数据来看，工业试验指标与小型试验指标相近，说明采用该选矿工艺流程处理大新锰矿北中部矿段碳酸锰矿石是合理可行的。

表2-64　选矿工业试验结果

时间	班次	原矿		粗粒精矿	细粒精矿	综合精矿（粗粒精矿＋细粒精矿）			尾矿		
		处理量(t)	锰品位(%)	锰品位(%)	锰品位(%)	产率(%)	锰品位(%)	锰回收率(%)	产率(%)	锰品位(%)	锰回收率(%)
4月7日	头班	210.0	11.89	16.25	15.30	68.95	15.87	92.04	31.05	3.05	7.96
	白班	198.5	15.03	21.06	15.60	74.69	18.88	93.80	25.31	3.68	6.20
	中班	204.3	16.78	19.77	17.25	86.38	18.76	96.58	13.62	4.21	3.42
4月8日	头班	196.8	14.09	18.53	16.24	74.58	17.61	93.24	25.42	3.75	6.76
	白班	210.4	14.27	18.54	15.98	77.28	17.52	94.86	22.72	3.23	5.14
	中班	201.0	13.65	19.16	15.98	71.17	17.89	93.26	28.83	3.19	6.74
4月9日	头班	205.6	13.82	18.83	14.69	76.39	17.17	94.93	23.61	2.97	5.07
	白班	198.7	14.39	19.41	16.34	74.10	18.18	93.63	25.90	3.54	6.37
	中班	214.0	16.18	18.83	16.48	87.36	17.89	96.59	12.64	4.36	3.41
4月10日	头班	199.6	13.39	18.10	16.79	70.24	17.58	92.20	29.76	3.51	7.80
	白班	203.0	14.32	19.49	16.26	72.92	18.20	92.66	27.08	3.88	7.34
	中班	206.1	12.37	17.79	13.97	70.39	16.26	92.53	29.61	3.12	7.47
4月11日	头班	210.0	12.86	19.95	14.95	65.77	17.95	91.80	34.23	3.08	8.20
	白班										
	中班	207.1	14.57	18.66	15.27	79.81	17.30	94.79	20.19	3.76	5.21
4月12日	头班	196.9	15.65	18.32	15.89	87.16	17.35	96.62	12.84	4.12	3.38
	白班	205.1	14.10	18.74	16.86	73.57	17.99	93.85	26.43	3.28	6.15
	中班	203.0	12.49	17.38	13.78	73.07	15.94	93.25	26.93	3.13	6.75
4月13日	头班	200.5	11.33	17.86	14.53	60.25	16.53	87.90	39.75	3.45	12.10
	白班	196.5	15.02	17.96	16.64	82.47	17.43	95.72	17.53	3.67	4.28
	中班	213.6	12.96	17.98	15.78	69.38	17.10	91.54	30.62	3.58	8.46
合计		4080.7	13.95	18.64	15.77	74.79	17.49	93.77	25.21	3.45	6.23

(6)生产工艺流程推荐。根据上述工业试验结果推荐的生产工艺流程如图2-19所示。

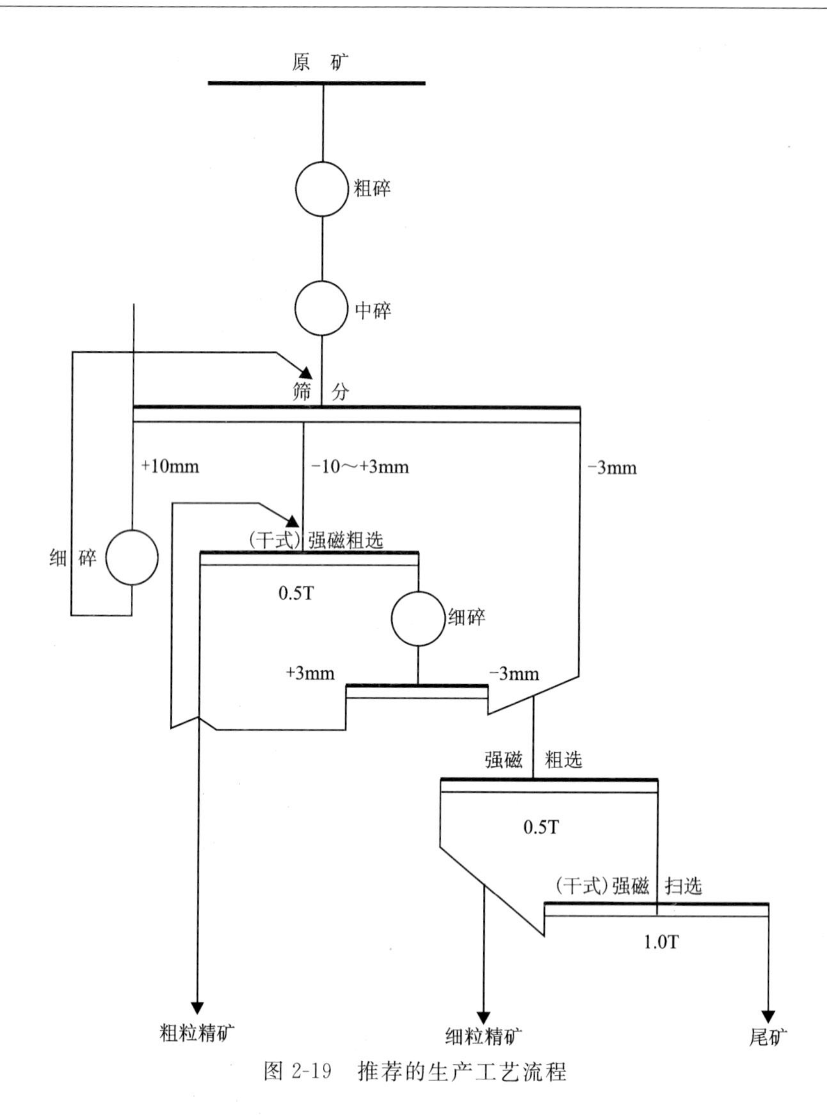

图 2-19　推荐的生产工艺流程

(7)矿石工业利用性能评价。原矿性质研究表明:大新锰矿北中部矿段碳酸锰矿石原矿Mn品位14.34%,锰主要分布在含锰碳酸盐矿物中,分布率高达96.82%。原矿的矿物主要有锰方解石、钙菱锰矿、菱锰矿,其次为蔷薇辉石、黄铁矿,脉石矿物主要为石英、方解石、绿泥石、伊利石。

选矿小型试验采用"原矿－10～＋3mm粗粒强磁选,粗粒磁选尾矿再碎至－3mm与－3mm原矿合并,再经强磁选(一粗一扫)"的工艺流程,获得的试验最终指标为:锰精矿产率84.24%,Mn品位17.59%,Mn回收率92.70%。

选矿工业试验在中信大锰大新锰矿分公司选矿厂进行,试验规模600t/d,工业试验连续运转7天,获得的工业试验指标为:锰精矿产率74.79%,Mn品位17.49%,Mn回收率93.77%。与小型试验指标相近,说明采用该选矿工艺流程处理该碳酸锰矿石是合理可行的。

(8)矿石选冶需要说明的问题。"下雷式"碳酸锰矿经采矿贫化后的锰矿石品位达到15%以上的锰矿石可直接电解、酸浸等,不需选矿。只有经采矿贫化后的锰矿石品位达不到15%的那部分锰矿石才需要选矿。

2012—2014 年下雷锰矿床矿山生产指标与上述低品位锰矿石选冶所获最终产品指标接近，说明低品位锰矿石选冶技术可用。

二、"土湖式"锰矿床地质工作

"土湖式"锰矿床主要是指以上泥盆统榴江组（D_3l）、五指山组（D_3w）为含锰岩系，以海底热液沉积为主，深部榴江组锰矿石一般为低品位碳酸锰矿（一般工业指标），五指山组锰矿石一般为贫碳酸锰矿（一般工业指标），而浅表锰帽型氧化锰矿锰品位较高、采用一般工业指标能圈出工业矿体。

（一）含锰岩系特征

"土湖式"锰矿床含锰岩系上泥盆统榴江组可分 2 个亚组 19 分层，第一亚组分上、中、下 3 段，锰矿层主要产于中段；第二亚组分 3 分层，不含矿。

（1）榴江组第一亚组下段分 6 分层（1～6 分层），总厚度大于 175.73m。

1 分层：上部灰—深灰色薄层条带状硅质灰岩与钙质硅质岩互层；中部深灰—灰黑色薄层状钙质硅质岩夹少量硅质灰岩，微层理发育，含碳及星点状黄铁矿；下部深灰色薄层状钙质硅质岩夹微至细粒中厚状灰岩，含腕足类、海百合茎及苔藓虫等生物碎屑。风化后，上部褐黄色薄层状泥岩与灰白色薄层状硅质岩互层；中部为灰白色薄层石英硅质岩夹黄褐色薄层泥岩，厚度不全，大于 135.37m。

2 分层：上部灰色薄层状钙质硅质岩夹灰—深灰色薄至中厚层状含锰生物碎屑硅质灰岩；中部深灰色薄层条带状钙质硅质岩；下部灰黑色薄层状钙质硅质岩夹薄层状硅质灰岩，薄层条带状泥岩及含锰硅质灰岩，含碳和少量生物碎屑及星点状黄铁矿。风化后，上部为灰白色薄层状硅质岩夹薄至中厚层状含锰泥岩；中部为灰白色条带状硅质岩；下部为灰白色、黄白色薄层硅质岩夹黄褐色薄层状泥岩及厚 5～8cm 的叶片状氧化锰矿。厚 29.57m。

3 分层：灰色薄至中厚层状，以薄层为主，条纹状含锰硅质灰岩与深灰色薄层状钙质硅质岩互层。风化后，为黑褐色薄至中厚层状，以薄层状为主的条纹状含锰泥岩及黑色土状含锰泥岩与肉红色、黄白色薄层条带状石英硅质岩互层。厚 1.67m。

4 分层：深灰色薄层状钙质硅质岩与灰色薄层条带状硅质泥灰岩互层。风化后，为灰白色硅质岩与黄褐色泥岩互层。厚 1.71m。

5 分层：灰—深灰色薄层至中厚层条纹状含锰硅质灰岩，灰色含锰含生物碎屑硅质灰岩与薄层状钙质硅质岩互层。风化后，为黑褐色叶片状贫氧化锰矿层、灰黑色薄至中厚状、土状含锰泥岩与黄白色、灰白色薄层状硅质岩互层。厚 5.26m。

6 分层：深灰色薄层状钙质硅质岩与灰色薄层状硅质泥灰岩互层，中夹 2～3 小层深灰色薄层条纹状含锰硅质灰岩。风化后，为黄白色、灰白色薄层状石英硅质岩与褐黄色薄层状泥岩互层，中夹 2～3 小层黑褐色叶片状氧化锰矿层。厚 2.15m。

(2)榴江组第二亚组中段分5分层(7～11分层)。

7分层:为Ⅰ矿层,深灰色薄层条纹状含锰硅质灰岩、含锰生物碎屑硅质灰岩与灰色薄层钙质硅质岩互层,层间夹微层状钙质泥岩,局部夹低品位碳酸锰矿。风化后,为黑褐色、棕褐色皱纸状氧化锰矿层与灰褐色、灰白色石英硅质岩互层。氧化锰矿层由2～9个小层组成,层厚10cm左右,个别达20～30cm。其中石英硅质岩及少量黄色泥岩呈夹层产出,由1～8个小层组成,层厚一般3～5cm,个别达到17cm。

8分层:为夹一,深灰色薄层状钙质硅质岩与薄层状钙质泥岩互层。风化后,为灰色薄层硅质岩与黄褐色薄层泥岩互层,风化深则以泥岩为主,夹硅质岩。厚0.24～1.0m。

9分层:为Ⅱ矿层,灰—深灰色薄至中厚层状具微层理低品位碳酸锰矿,局部为含锰硅质灰岩,含锰生物碎屑硅质灰岩与灰色薄层硅质岩互层。风化后,为褐黑色叶片状氧化锰矿层与灰色薄层石英硅质岩互层。氧化锰矿层由2～33个小层组成,上部层厚5～50cm,个别达80cm;下部层厚5～30cm。硅质岩夹层由1～32个小层组成,上部层厚3～10cm,下部厚1～5cm,其中夹1～2层厚约为10cm的黄色泥岩和1层厚约20cm的土状含锰泥岩。

10分层:为夹二,浅灰—灰色薄层至中厚层状钙质硅质岩夹1层具微层理的灰色薄层状含锰灰岩。风化后,上部为浅灰—灰色条带状石英硅质岩,层厚5～25cm;中部为褐黑色叶片状氧化锰矿层,层厚5～15cm;下部为石英硅质岩,层厚3～10cm。厚0.18～0.64m。

11分层:为Ⅲ矿层,灰—深灰色薄至中厚层状,具微层理低品位碳酸锰矿,局部为含锰硅质灰岩及含锰生物碎屑硅质灰岩夹灰色薄层钙质硅质岩及薄层硅质泥灰岩。风化后,为黑褐色叶片状氧化锰矿层、土状锰矿层与灰白色薄层石英硅质岩互层。氧化锰矿层由3～24个小层组成,上部层厚3～15cm,下部层厚5～40cm。夹层由2～23个小层组成,硅质岩夹层厚一般2～6cm,其中常夹1层10cm厚的黄色泥岩,底部夹1层约20cm厚的土状含锰泥岩。

(3)榴江组第一亚组上段分5分层(12～16分层),总厚191.37m。

第12分层:上部为深灰色薄层状钙质硅质岩与灰色薄层条纹状硅质泥灰岩互层,中部为浅灰—灰色薄层含生物碎屑硅质灰岩与条纹状含锰钙质硅质岩互层;下部之顶部有1层20～40cm含锰生物碎屑硅质灰岩,其下为钙质硅质岩与深灰色薄层条纹状含锰灰岩互层。风化后,上部为灰白色、黄白色石英硅质岩与褐黄色泥岩互层。前者单层厚2～5cm,微粒结构,后者单层厚0.5～2cm,微层理较发育,层中见竹节石等生物碎屑;中部灰黑色薄层状含锰硅质岩与黑褐色薄层土状含锰泥岩互层;下部之顶部为一层厚20～30cm的褐黑色土状含锰泥岩,其下为灰白色、黄白色薄层硅质岩与灰黑色2～5cm厚的叶片状氧化锰矿互层,底部为1层深灰色5～10cm厚的条纹状含锰硅质岩与Ⅲ矿层接触。

13分层:上部为浅灰—灰色薄层含锰生物碎屑硅质灰岩与灰色条纹状钙质硅质岩互层,前者单层厚5～15cm,以10cm左右居多,后者3～8cm;中部和下部为灰—浅灰色中厚层状含锰生物碎屑硅质灰岩夹深灰色条纹状泥质灰岩,前者单层厚30～80cm,常见钙质硅质岩团块及条带,后者单层厚10～20cm。风化后,上部为褐黑色薄层含锰泥岩夹褐黄色薄层条带状硅质泥岩互层;中、下部为中厚层状、局部厚层状黑褐色土状含锰泥岩夹褐黄色薄层条带状硅质泥岩。前者常见灰白色、肉红色硅质团块,后者风化深时,呈褐黄色硅质泥岩。厚12.6～15.9m。

14分层：深灰色薄层条带状钙质硅质岩夹薄层条纹状硅质灰岩及2～5层含锰硅质灰岩。风化后，上部为褐黄色、灰白色薄层条带状石英硅质岩；下部为灰白色薄层状硅质岩与褐黄色泥岩互层，并夹2～5层黑褐色土状含锰泥岩。厚4.92m。

15分层：灰色薄至中厚层状含锰硅质灰岩夹深灰色薄层状钙质泥岩及钙质硅质岩；风化后，为暗褐色薄至中厚层状含锰泥岩夹黄褐色薄层状泥岩及3～5条灰白色、黄白色硅质岩条带。风化深时均为黄褐色泥岩夹硅质岩条带。厚3.95～5.76m。

16分层：上部深灰色薄层条带状钙质硅质岩，单层厚3cm左右；下部为薄层状深灰色条纹状含锰硅质灰岩，灰色含锰含生物碎屑硅质灰岩与深灰色薄层状钙质硅质岩互层。风化后，上部为灰白色硅质岩，单层厚3cm，局部层间夹少量微层状灰紫色泥岩，厚1.70m左右；下部为叶片状氧化锰矿，土状含锰泥岩与硅质岩互层，前者呈褐黑色，层厚3～11cm，后者为灰白色、灰黄色，单层厚5～8cm，厚0.80m左右。本层厚度稳定，为与D_3l_2分界标志层。

(4)第二亚组分3分层(17～19分层)，总厚191.37m。

17分层：灰绿—肉红色薄层条带状灰岩，似扁豆状灰岩夹瘤状灰岩。前者条带宽0.2～1cm，条带多呈波浪状，舒缓弯曲，构成条带状构造、似扁豆状构造，后者层理不清，由(1～5)cm×(3～8)cm的瘤状体构成。风化后，为紫红色薄层条纹状泥岩夹层理不清的砖红色泥岩。厚57.15m。

18分层：中厚层含泥质条带灰岩，呈浅灰色、灰白带肉红色。不等粒结构，单层厚20～40cm，层间含少量灰绿色、紫红色泥质条带，条带宽0.2～0.3cm，疏密不均，呈缝合线构造。厚58.99m。

19分层：厚层细粒灰岩，呈浅灰色、深灰色，厚层块状，由于颜色的深浅不同而构成似角砾状、花斑状构造，单层厚40～80cm。靠上部夹中厚层状含泥质条带灰岩。厚75.23m。

"土湖式"锰矿床含锰岩系上泥盆统五指山组岩性与"下雷式"锰矿床的含锰岩系岩性相近。含锰岩系第一段6个分层均能见到，薄层、条带状深灰色、灰白色、灰绿色、紫红色互层产出的彩色岩系发育完善，第二段只见到Ⅰ矿层，厚度变薄，第三段厚度变小，第四段基本上不发育。

(二)主要地质勘查工作

土湖锰矿区先后有广西壮族自治区第四地质队、中国冶金地质总局广西地质勘查院等单位开展过地质勘查工作，工作程度有普查、勘探等。各时期工作区相对位置见图2-20。

1. 前期工作

1956年，中南地质局416队对矿区进行踏勘。尔后，广西地质局426队于1965年开展了1∶5万填图找矿，1975年7～9月第四地质队普查磷矿时，一并对土湖锰矿进行了初步普查，提交了《广西大新土湖锰矿区初步普查地质报告》，认为该区为贫氧化锰矿石，有一定远景，可进一步工作。

从1974年开始，大新县民矿管理站对本矿区进行土法开采，附近社队也组织力量进行季节性开采,均为采富弃贫,截至1979年底,共采出Mn品位为28%~30%的氧化锰矿石86 000多吨。由于未建选厂,矿石品级无法提高,于1980年转入时采时停状态,后到下雷锰矿采掘部分含锰40%左右的富氧化锰矿石,进行配矿来提高品级。

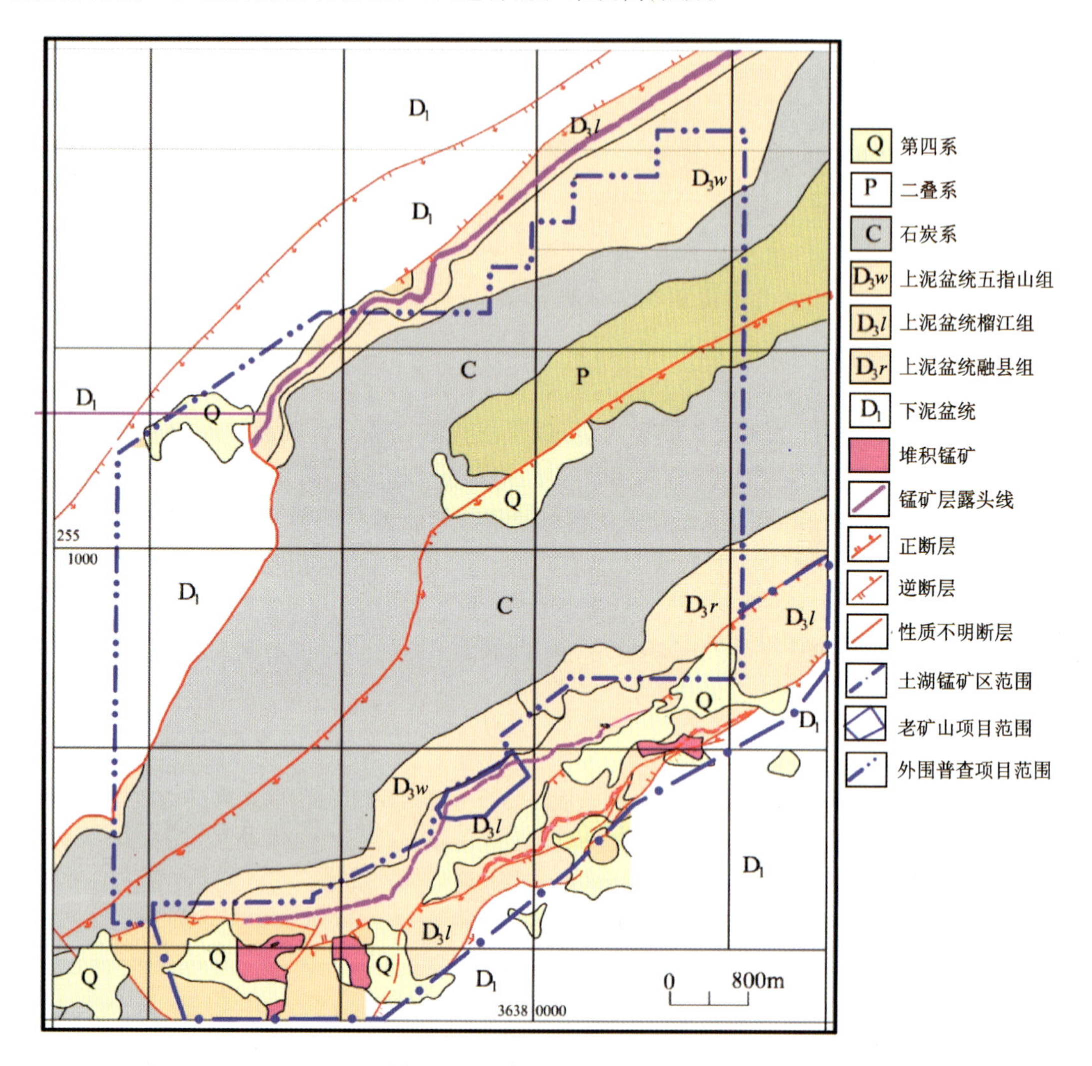

图 2-20　土湖锰矿区地质简图

2. 广西壮族自治区第四地质队初勘工作

1979—1983年广西壮族自治区第四地质队在土湖锰矿区开展初步勘探,工作区范围为东经106°47′50″—106°50′30″,北纬23°01′00″—23°02′30″。完成主要实物工作量见表2-65。

表 2-65　土湖锰矿区初步勘探完成主要实物工作量表

序号	工作项目	单位	实物工作量
1	1∶2000 地质测量	km^2	4.71
2	机械岩芯钻探	m	2091.35

续表 2-65

序号	工作项目	单位	实物工作量
3	槽探及剥土	m^3	1522.72
4	浅井	m	1903.95
5	竖井	m	922.21
6	窿道及石门	m	150.95
7	基本分析	个	700
8	岩矿鉴定	块	175
9	1∶5万水文地质调查	km^2	44.88

通过本次工作，共圈出Ⅰ、Ⅱ、Ⅲ三层锰矿层，由于Ⅱ、Ⅲ矿层之间的夹层一般小于夹石剔除厚度，故合并为Ⅱ+Ⅲ矿层。氧化锰矿层的产状与地层产状一致，走向北东，倾向北西，局部倒转。矿层走向延长约为4000m，倾向斜深100～300余米。矿层出露标高为440～638m，总体趋势是西高东低。矿层倾角缓倾斜部分东部平缓，向西渐陡，一般10°～33°，倒转陡倾斜倾角一般为65°～75°。

Ⅰ矿层厚度为0.20～1.96m，矿石质量为Mn10%～27.98%，平均17.76%，自东向西略有增高；TFe6%～11%，平均7.90%，西部含量较高，向东部逐渐降低；P平均0.121%，含量比较稳定。由于局部矿层厚度小于最低可采厚度、部分锰矿石品位低于最低工业品位（Mn≥15%），故Ⅰ矿层的工业意义不大。

Ⅱ+Ⅲ矿层厚度为1.07～8.38m，平均为5.25m，总体东厚西薄。锰矿石质量为Mn15.40%～23.92%，平均18.28%，西部品位高，往东部品位逐渐降低；TFe4%～10%，平均6.85%，自东向西稍有升高；P0.007%～0.010%，平均0.082%，由东至西有升高的趋势；SiO_2 35%～60%，平均48.04%，西部含量较低，往东部有升高的趋势。

在Ⅰ矿层中圈出2个锰矿体，编号为④号矿体、⑤号矿体，Ⅱ+Ⅲ矿层中圈出3个锰矿体，编号为①号矿体、②号矿体、③号矿体。

①号矿体：展布于矿区的西部，西段走向近东西向，往东转为北东向，倾角25°～50°，在倾向上呈波状向北和北西倾斜，地表部分倒转，向下又转为陡倾角向北西倾斜。矿体厚度为1.07～6.48m，平均为4.15m，Mn品位为16.77%～24.04%，平均为20.31%。总体趋势为西部品位高而厚度小，东边品位低而厚度大。

②号矿体：展布于矿区的中东部，走向北东东，地表部分向北北西倾斜，倾角20°，向下倒转为向南南东倾斜，倾角60°～70°。矿体走向延长1280m，倾向延深为68～338m。矿体厚度为3.56～7.51m，平均为6.08m，Mn品位为15.26%～19.96%，平均为17.53%。总体趋势为品位西边高，往东逐渐降低，厚度是中间大，往两边变小。

③号矿体：展布于矿区的东部，倾向北西，倾角16°～35°，为一南西缓、北东陡的扭曲状。矿体平均厚2.25m，平均品位Mn为15.79%。

④号矿体：展布于矿区的中西部，产状与①号矿体一致。矿体走向延长720m，厚度为

0.50～1.39m，平均为0.80m，Mn品位为15.70%～27.44%，平均为20.06%。总体变化趋势为南西部矿层又薄又贫，北东部相对较厚较富。

⑤号矿体：展布于矿区的中东部，与②号矿体一致，产状也相似。矿体走向延长为1060m，宽33～338m。厚度为0.53～1.96m，平均为0.86m，Mn品位为15.16%～19.81%，平均为16.62%。总体趋势是厚度变化不大，品位中间稍高，往两边略低。

1983年11月提交《广西大新县土湖锰矿区初步勘探地质报告》，1983年12月由广西地质局报告审查组评审通过，并以桂地审字〔1983〕第21号文批准为初步勘探地质报告，批准氧化锰矿石储量：B级45.68×10^4t，C级228.75×10^4t，D级164.87×10^4t，提交B+C+D级氧化锰矿石储量439.3×10^4t。地质储量152.65×10^4t。

3. 广西壮族自治区第四地质队普查工作

2004年4月至2005年1月，广西壮族自治区第四地质队利用自治区地质勘查专项经费开展新湖矿区锰矿普查工作，工作区范围：东经106°46′45″—106°51′00″，北纬22°59′45″—23°02′30″，勘查区面积7.33km²。完成的主要工作量为1∶1万地质草测12km²，1∶5000地质简测6.5km²，探槽1521.75m³，浅井632.40m，竖井190.40m，钻探181.25m，坑道139.50m，基本分析样221个。

(1)层状氧化锰矿。矿区矿层呈层状、似层状产出，产状与地层产状一致，随褶皱而起伏，走向北东(60°)，倾向北西，局部倒转，倾角变化较大(5°～81°)，一般为10°～45°。每个矿层又可分为3个矿体，编号为①号矿体、②号矿体、③号矿体。矿体赋存标高一般470～510m，最低465m，赋存最高标高达635m。矿层沿走向长度累计3200m，其中①号矿体长570m，②号矿体长850m，③号矿体长1780m；沿倾向氧化斜长一般50～100m，最大160m。矿层埋藏较浅，埋深一般为0～19.7m，全矿区平均为8.58m，其中：①号矿体埋深为6.10～17.35m，平均为12.71m；②号矿体埋深为0～19.70m，平均为7.59m；③号矿体埋深为0.50～17.30m，平均为5.43m。

Ⅰ矿层：厚度为0.55～1.45m，平均0.85m，Mn品位10.12%～23.75%，平均15.88%。圈出3个矿体，编号为Ⅰ-①、Ⅰ-②、Ⅰ-③。

Ⅰ-①号矿体厚0.71～1.09m，平均0.91m，矿石质量为Mn10.12%～18.43%，平均14.17%，TFe3.05%～8.0%，平均为5.98%，P0.049%～0.131%，平均为0.083%，SiO_2 51.30%～71.09%，平均为58.10%，Mn/TFe1.43～3.32，平均为2.53，P/Mn0.004～0.106，平均为0.0061。

Ⅰ-②号矿体厚0.55～1.12m，平均为0.78m，矿石质量为Mn13.30%～19.94%，平均为17.03%；TFe3.95%～8.30%，平均为6.74%，P0.069%～0.163%，平均为0.100%，SiO_2 32.63%～54.67%，平均为44.94%，Mn/TFe1.73～3.62，平均为2.51，P/Mn0.0035～0.0082，平均0.0059。

Ⅰ-③号矿体厚0.58～1.45m，平均0.84m，矿石质量为Mn11.85%～23.75%，平均为16.45%。TFe4.40%～6.75%，平均为5.39%，P0.035%～0.085%，平均为0.050%，SiO_2 42.96%～64.71%，平均为55.39%，Mn/TFe2.26～5.22，平均3.18，P/Mn0.0017～0.0056，

平均为0.0033。

Ⅰ矿层矿石类型为中—高磷中—高铁贫氧化锰矿石，部分为低磷中—高铁贫氧化锰矿石。

Ⅱ矿层：为矿区主要矿层，厚度为1.14～6.18m，平均为3.94m，Mn品位10.02%～24.16%，平均为16.98%。圈出3个矿体，编号为Ⅱ-①、Ⅱ-②、Ⅱ-③。

Ⅱ-①矿体矿层厚1.14～6.18m，平均为4.51m。矿石质量为Mn10.02%～18.62%，平均为15.34%；TFe4.80%～6.22%，平均为5.69%，P0.034%～0.106%，平均为0.067%，$SiO_2$49.95%～63.63%，平均为54.80%，Mn/TFe2.09～3.35，平均为2.68，P/Mn0.0021～0.0063，平均为0.0044。

Ⅱ-②号矿体厚1.63～3.35m，平均为2.63m，矿石质量为Mn12.26%～24.16%，平均为18.25%；TFe3.97%～12.92%，平均为8.74%，P0.062%～0.150%，平均为0.112%，$SiO_2$26.62%～51.20%，平均为40.20%，Mn/TFe1.43～3.47，平均为2.08，P/Mn0.0033～0.0115，平均为0.0062。

Ⅱ-③号矿体厚3.67～5.81m，平均为4.56m，矿石质量为Mn12.06%～20.67%，平均为17.28%。TFe4.51%～7.28%，平均为5.67%，P0.029%～0.058%，平均为0.045%，$SiO_2$44.74%～64.06%，平均为52.00%，Mn/TFe2.30～4.53，平均为3.11，P/Mn0.0014～0.0042，平均为0.0028。

Ⅱ矿层矿石类型主要为中—高磷中—高铁贫氧化锰矿石，部分为低磷中—高铁贫氧化锰矿石。

(2)堆积氧化锰矿。堆积锰矿体赋存于第四系残坡积层，产于层状氧化锰矿床附近的岩溶洼地或缓丘中。矿体总体展布与层状氧化锰矿层大体相同，呈北东-南西向，已发现有7个矿体。单矿体面积10 500～198 800m^2不等，总面积0.5506km^2，剖面上呈似层状、透镜状产出，产状受地形所制约，倾向、倾角大致与坡向、坡角一致，总体上为缓倾斜。③号矿体、⑤号矿体和⑥号矿体为主矿体。

③号矿体：主要分布在灰岩洼地及缓坡上。矿体平面形态呈不规则状，剖面呈似层状、透镜状。矿体赋存标高437～554m，长400～655m，宽125～340m，圈定面积198 800m^2。矿体埋深0.30～7.60m，平均3.06m。矿体厚度2.83～21.10m，平均11.74m，含矿率19.55%～15.16%，平均17.22%。矿石质量为Mn17.78%～21.91%，平均20.16%；TFe10.24%～18.16%，平均12.86%；P0.056%～0.395%，平均0.281%；$SiO_2$14.92%～30.41%，平均25.19%。Mn/TFe平均1.62，P/Mn平均0.0112。

⑤号矿体：矿体平面形态呈不规则弯月状。矿体赋存标高454～497m，长约490m，宽185～350m，面积129 300m^2。矿体埋藏较浅，盖层厚为1.30～1.90m，平均1.55m。矿体厚度0.60～3.80m，平均2.57m，含矿率13.83%～17.77%，平均16.01%。矿石质量为Mn10.50%～20.12%，平均13.97%；TFe7.20%～10.02%，平均8.34%；P0.080%～0.271%，平均0.161%；$SiO_2$36.35%～58.53%，平均49.82%。Mn/TFe平均1.64；P/Mn平均0.0131。

⑥号矿体：见于榴江组岩石风化后形成的第四系残坡积层中，呈近东西向展布的不规则哑铃状，长约650m，宽70～210m，面积90 600m^2。矿体赋存标高483～504m，矿体埋深1.10～

8.10m,平均 4.97m。矿体厚度 0.70～1.05m,平均 0.85m,含矿率 15.17%～28.29%,平均 21.41%。矿石质量为 Mn12.58%～32.44%,平均 21.97%;TFe13.85%～27.28%,平均 19.67%;P0.184%～0.274%,平均 0.229%;$SiO_2$8.51%～21.13%,平均 13.77%。Mn/TFe 平均 1.27,P/Mn 平均 0.0124。

2005 年 8 月,南宁储伟资源咨询有限责任公司以桂储伟审〔2005〕62 号文《广西大新县新湖矿区锰矿普查地质报告》评审意见书批准该报告,批准层状氧化锰矿湿矿石(332+333)资源量为 44.21×10^4t,堆积氧化锰矿矿石资源量原矿为 279.12×10^4t,净矿 50.10×10^4t,含矿率为 17.95%。

4. 中国冶金地质总局广西地质勘查院勘查工作

2014 年 4 月至 2015 年 12 月,中国冶金地质总局广西地质勘查院申请中央财政资金开展老矿山接替资源勘查工作,工作区范围为东经 106°49′10″—106°49′43″,北纬 23°01′44″—23°02′07″,面积 0.2871km²(土湖锰矿采矿权面积)。完成的主要实物工作见表 2-66。

本次工作在Ⅰ、Ⅱ、Ⅲ矿层深部共圈定了 3 个矿体,编号分别为Ⅰ-①、Ⅱ-①、Ⅲ-①。矿体赋矿岩性为上泥盆统榴江组第二段中的钙质硅质岩、硅质泥岩等。

Ⅰ-①号矿体有 8 个工程控制。矿体呈层状产出,整体走向 55°,总体倾向北西,倾角 60°～80°,局部倒转。矿体往深部产状由陡变缓,平均倾角只有 14°,已趋于水平。矿体其他特征见表 2-67、表 2-68。

Ⅱ-①号矿体有 13 个工程控制。矿体厚度为 0.52～8.19m。矿体呈层状产出,整体走向 55°,总体倾向北西,倾角 60°～80°,局部倒转。矿体往深部产状由陡变缓,局部平均倾角只有 14°,已趋于水平。矿体其他特征见表 2-67、表 2-68。

表 2-66 土湖锰矿区接替资源勘查项目完成主要实物工作量统计表

工作项目	单位	设计工作量			完成工作量	完成比例(%)
		企业匹配	中央财政	总工作量		
1∶1000 实测地质剖面	km	0	6	6	6	100.00
1∶2000 地质修测	km²	0	0.30	0.30	0.30	100.00
槽探	m³	0	1500	1500	1492.33	99.49
钻探	m	2800	2700	5500	2634.90	47.91
化学样	个	200	100	300	275	91.67

Ⅲ-①号矿体有 8 个地表工程控制,控制倾向延深 128～380m,厚度为 0.52～0.66m。矿体呈层状产出,整体走向 55°,总体倾向北西,倾角 60°～80°,局部倒转。矿体往深部产状由陡变缓,局部平均倾角只有 14°,已趋于水平。矿体其他特征见表 2-67、表 2-68。

表 2-67 老矿山项目各矿体地质特征一览表

矿体号	矿石类型	展布位置	控制工程数	平均厚度(m)	走向延长(m)	控制斜深(m)	备注
Ⅰ-①	氧化锰矿+碳酸锰低品位矿	0～6 线	6 个探槽、2 个钻孔	0.95	976	380	
Ⅱ-①	氧化锰矿+碳酸锰低品位矿	0～10 线	6 个探槽、7 个钻孔	3.99	976	722	
Ⅲ-①	氧化锰矿+碳酸锰低品位矿	0～6 线	6 个探槽、2 个钻孔	0.59	976	380	

表 2-68 老矿山项目各矿体矿石质量统计表

矿石品位 \ 矿体编号		Ⅰ-①	Ⅱ-①	Ⅲ-①
Mn(%)	极值	22.05～34.46	10.20～37.10	
	平均	24.37	25.03	
Fe(%)	极值	4.10～11.52	2.58～12.75	
	平均	8.16	6.50	
P(%)	极值	0.099～0.210	0.026～0.250	
	平均	0.156	0.103	
SiO_2(%)	极值	22.22～47.28	15.86～74.36	
	平均	34.37	34.15	
Mn/Fe	极值	2.23～5.47	1.38～12.58	
	平均	2.99	3.85	
P/Mn	极值	0.004～0.009	0.001～0.011	
	平均	0.006	0.004	

Ⅱ、Ⅲ矿层之间的夹二厚度一般小于夹石剔除厚度，常将Ⅱ、Ⅲ矿层合并为Ⅱ+Ⅲ矿层，因此，表 2-68 中将Ⅱ-①、Ⅲ-①矿体的矿石质量特征合并。老矿山项目估算锰矿石资源量见表 2-69。

表 2-69　土湖锰矿区老矿山项目估算资源量总表

矿体号	矿石类型	资源类别	真厚度（m）	矿石量（$\times10^4$t）	矿石品位(%)								Mn/Fe	P/Mn	备注
					Mn	TFe	P	SiO_2	CaO	MgO	Al_2O_3	Loss			
Ⅰ-①	氧化锰矿（采矿权内）	333	1.03	0.85	24.03	8.23	0.158	34.45					2.92	0.007	采矿权内
	氧化锰矿（预留范围内）	333	1.04	8.95	24.37	8.16	0.156	34.37					2.99	0.006	
	碳酸锰低品位矿		0.58	22.15	11.04	4.02	0.051	27.49	19.81	2.97	1.88	25.55	2.75	0.005	
Ⅱ-①	氧化锰矿（采矿权内）	333	7.76	5.98	4.98	6.77	0.099	33.93					3.69	0.004	采矿权内（Ⅱ+Ⅲ）
	氧化锰矿（预留范围内）	333	7.47	52.70	25.03	6.50	0.103	34.15					3.85	0.004	Ⅱ+Ⅲ
	碳酸锰低品位矿		1.51	228.45	11.19	3.45	0.066	23.99	21.19	2.91	2.19	26.68	3.24	0.006	
Ⅲ-①	碳酸锰低品位矿		0.59	21.62	10.63	2.75	0.049	30.52	19.94	2.13	1.94	24.27	3.86	0.005	
合计（氧化锰矿）	氧化锰矿（采矿权内）	333	4.39	6.82	24.87	6.94	0.106	33.99					3.58	0.004	
	氧化锰矿（预留范围内）	333	4.25	61.65	24.95	6.70	0.109	34.17					3.72	0.004	
	合计			68.47											
合计（碳酸锰矿）	碳酸锰低品位矿		0.89	272.22	11.03	3.42	0.059	26.18	20.61	2.75	2.07	25.91	3.22	0.005	

5. 中国冶金地质总局广西地质勘查院普查工作

2015年5月至2017年6月，中国冶金地质总局广西地质勘查院利用广西壮族自治区地质勘查专项资金对土湖锰矿区外围深部碳酸锰矿开展普查工作，工作区范围为东经106°47′00″—106°51′15″，北纬23°01′00″—23°05′45″，面积约33.62km^2。完成主要实物工作量见表2-70。

表2-70　土湖外围普查工作完成主要实物工作量统计表

工作项目	单位	设计总工作量	累计完成工作量	完成比例(%)	备注
1∶2000实测地质剖面	km	12	12	100	
1∶1万地质草测	km^2	33.62	33.62	100	
槽探	m^3	500	500	100	
钻探	m	3500	3214.16	91.83	
基本分析样	个	250	96	38.4	
岩矿鉴定	片	30	31	103	
矿石小体重及湿度样	个	30	12	40	
物相分析	个	10	8	80	
光谱分析	个	5	5	100	
组合分析	个	5	5	100	

勘查区内共圈定了5个锰矿体，其中，上泥盆统榴江组第二段中圈了4个矿体，分别是①②③④号矿体；上泥盆统五指山组第二段中圈了1个矿体，为⑤号矿体。

①号矿体：产于Ⅱ矿层中，赋存于上泥盆统榴江组第二段钙质硅质岩、硅质泥岩中，展布于4～12号勘探线之间。有3个钻孔工程控制，控制走向延长为1150m，倾向延深为560m，见矿标高为0～－166.19m。矿体呈层状产出，整体走向55°，总体倾向北西，倾角43°，矿体继续往深部延伸，逐渐趋于水平。

氧化锰矿厚度为0.73m，矿石质量为：Mn18.75%，TFe15.62%，P0.408%，$SiO_2$1.18%，Mn/Fe1.20，P/Mn0.022。碳酸锰矿体厚度为3.35m，矿石质量为Mn11.54%，TFe4.39%，P0.074%，$SiO_2$23.32%，CaO20.41%，MgO2.72%，$Al_2O_3$2.97%，Loss26.48%，Mn/Fe2.63，P/Mn0.006。

③号矿体：产于Ⅲ矿层中，赋存于上泥盆统榴江组第二段钙质硅质岩、硅质泥岩中，展布于4～12号勘探线之间。有2个工程控制，控制走向延长为1150m，倾向延深为560m。矿体呈层状产出，整体走向55°，总体倾向北西。

氧化锰矿体厚度为1.23m，矿石质量为：Mn21.32%，TFe5.01%，P0.191%，SiO_2 0.92%，Mn/Fe4.26，P/Mn0.009；碳酸锰矿体厚度为0.66m，矿石质量为：Mn10.83%，

TFe3.74%，P0.052%，$SiO_2$28.68%，CaO20.62%，MgO2.24%，$Al_2O_3$2.16%，Loss25.37%，Mn/Fe3.95，P/Mn0.005。

②号和④号矿体：分别对应的是Ⅱ矿层和Ⅲ矿层，分布于19号勘探线附近，均由一个工程控制。②号矿体厚度为2.62m，碳酸锰矿石质量为：Mn12.90%，TFe9.48%，P0.160%，$SiO_2$47.38%，CaO3.61%，MgO0.41%，$Al_2O_3$3.66%，Loss10.61%，Mn/Fe1.36，P/Mn0.012；④号矿体厚度为0.54m，碳酸锰矿石质量为：Mn13.45%，TFe7.45%，P0.150%，$SiO_2$22.88%，CaO13.81%，MgO2.84%，$Al_2O_3$3.77%，Loss22.83%，Mn/Fe1.81，P/Mn0.011。

⑤号矿体：为Ⅰ矿层中圈定的矿体。赋矿岩性为上泥盆统五指山组第二段钙质硅质岩、硅质泥岩，分布于4～12号勘探线之间。有2个钻孔工程控制，控制矿体走向延长为1150m，倾向延深为200m。矿体呈层状产出，整体走向55°，总体倾向北西，矿体继续往深部延伸，产状较缓。

矿体厚度为0.51～2.16m，平均厚度为1.33m，碳酸锰矿石质量为：Mn15.80%，TFe5.03%，P0.092%，$SiO_2$14.17%，CaO19.62%，MgO2.60%，$Al_2O_3$2.65%，Loss26.34%，Mn/Fe3.14，P/Mn0.006。

在上泥盆统榴江组、五指山组中同时见到锰矿层（图2-21），这在桂西南锰矿富集区是首次发现。在整个下雷-上映向斜中均有五指山组、榴江组展布，若是两组地层均含矿，以向斜长度42km、宽度约4.5km、锰矿层最低可采厚度0.50m，平均小体重值为3.0t/m^3进行概算，整个下雷-上映向斜中的锰矿石量可至少新增(3～4)×10^8t。土湖外围普查项目估算锰矿石(333)资源量见表2-71。

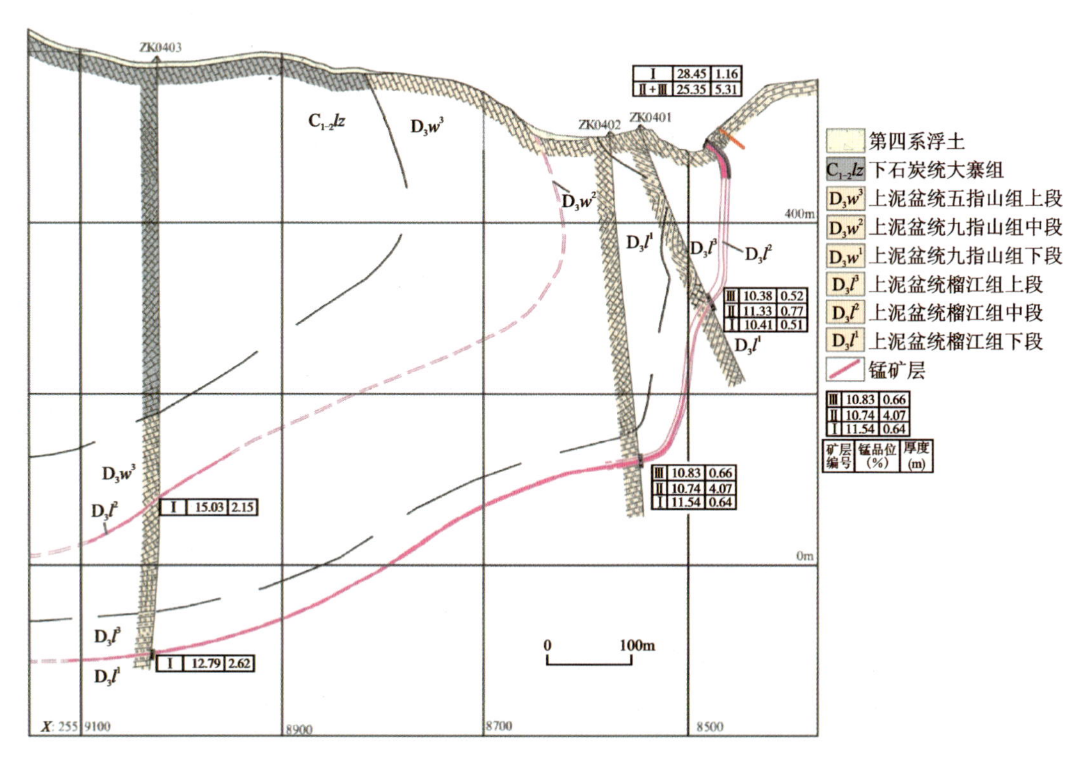

图2-21　榴江组、五指山组中锰矿层位置剖面示意图

表 2-71　土湖锰矿区外围普查项目估算资源量总表

矿体号	矿石类型	资源类别	真厚度(m)	矿石量($\times 10^4$t)	矿石品位(%)								Mn/Fe	P/Mn	备注
					Mn	TFe	P	SiO_2	CaO	MgO	Al_2O_3	Loss			
①	低品位碳酸锰矿	333	3.35	415.68	11.54	4.39	0.074	23.32	20.40	2.72	2.97	26.48	2.63	0.006	
②	低品位碳酸锰矿	333	2.62	70.26	12.90	9.48	0.160	47.38	3.61	0.41	3.66	10.61	1.36	0.012	
③	低品位碳酸锰矿	333	0.66	24.58	10.83	2.74	0.052	28.68	20.62	2.24	2.16	25.37	3.95	0.005	
④	低品位碳酸锰矿	333	0.54	15.38	13.45	7.45	0.150	22.88	13.81	2.84	3.77	22.83	1.81	0.011	
合计		333	1.79	525.90	12.25	6.69	0.115	32.97	13.10	1.80	3.31	19.79	1.83	0.009	
①	氧化锰矿	333	0.73	12.64	18.75	15.62	0.408	1.18					1.20	0.022	
③	氧化锰矿	333	1.23	16.59	21.32	5.01	0.191	0.92					4.26	0.009	
合计		333	0.98	29.23	20.36	8.96	0.272	1.02					2.27	0.013	
⑤	碳酸锰矿	333	1.33	106.11	15.80	5.03	0.092	14.17	19.62	2.60	2.65	26.34	3.14	0.006	
合计		333	1.33	106.11	15.80	5.03	0.092	14.17	19.62	2.60	2.65	26.34	3.14	0.006	
总计	低品位碳酸锰矿＋氧化锰矿＋碳酸锰矿	333		661.24											

（三）"土湖式"锰矿石质量

1. 矿石颜色

氧化锰矿石一般为黑色、灰黑—暗黑色；碳酸锰矿石一般为灰色、深灰色。

2. 矿石结构

（1）氧化锰矿石结构以隐晶质结构、显微粒状结构为主，微晶结构、泥质结构、显微鳞片泥质结构次之。

显微微粒结构：主要由小于 0.01mm 的石英紧密结合组成。

隐晶质及泥质结构：由多水高岭石及高岭石所构成。

显微鳞片泥质结构：由水云母集合体构成。

（2）碳酸锰矿结构以隐晶质结构、微晶结构为主，粒屑结构、显微鳞片泥质结构次之。

3. 矿石构造

（1）氧化锰矿构造以微层状、浸染状、构造为主，土状、网格状、薄层状构造次之。

微层状构造：不同矿物组合构成不同的微层，常见有水锰矿-斜方锰矿与石英相间平行分布。微层宽度不同，有的属于条纹。

浸染状构造：锰矿物呈微—细粒不均匀地分布或聚焦成团粒状。

土状构造：不纯硬锰矿呈微粒状或质点状与黏土矿物混合组成。

网格状构造：水锰矿和斜方锰矿沿着不规则裂隙呈网格状分布于围岩中。

薄层状构造：由多水高岭石和水云母、石英等组成的泥岩中，矿物略具半定向分布，形成薄层状构造。

（2）碳酸锰矿构造以微层状构造为主，微—薄层状构造次之。

微层状构造：不同矿物组合构成不同的微层，常见有锰方解石与石英相间平行分布。微层宽度不同。

薄层状构造：一般是由不同颜色、不同矿物成分的碳酸锰矿石单层与含锰钙质硅质岩互层或相间而成，单层宽度 0.1～3cm，矿物略具半定向分布，形成薄层状构造。

4. 矿石矿物成分

（1）氧化锰矿石矿物成分以硬锰矿、水锰矿、软锰矿为主；脉石矿物主要为石英、方解石，次为黏土矿物、褐铁矿、黄铁矿、赤铁矿等。

硬锰矿（4%～60%）：粒径 0.001～0.18mm。呈显微粒状、隐晶质状，多聚集成细小或细微的菱形矿物假晶、不规则状集合体，个别还呈小球状生物碎屑的形态，不均匀地分布于主要由矿石矿物组成的矿石中，其中较多的硬锰矿还相对聚集形成微条纹分布。

软锰矿（1%～5%）：细微粒状（粒径 0.01～0.32mm），不均匀零星分布于硬锰矿粒间或嵌布于褐锰矿粒间或边缘或呈微脉零星分布。

褐铁矿（1%～14%）：细微粒状（粒径 0.005～0.2mm），多聚集成细小或细微的菱形矿物假晶、不规则状集合体，不均匀地与硬锰矿集合体连生或嵌生在一起，部分微渲染脉石矿物。

黄铁矿：呈细微的他形、半自形粒状或草莓粒状（部分黄铁矿已不同程度地被褐铁矿取代），零星且不均匀地分布于脉石矿物粒间。

赤铁矿：零星分布于褐铁矿集合体中。

石英：粒径 0.002～0.25mm，呈他形微晶状、不规则状细小集合体零散不规则嵌布于褐锰矿粒间。

方解石：粒径 0.002～0.45mm，呈他形—半自形微细粒，不规则状、微纹状零星分布。

黏土矿物：尘状、显微鳞片状不均匀分布，有时具铁质浸染。

(2)碳酸锰矿石主要矿物成分以锰方解石为主等；脉石矿物主要为方解石，次为石英、绢云母、高岭石、绿泥石、白云母、褐铁矿、黄铁矿等，少量电气石、白云石、碳质等。

锰方解石、方解石呈显微他形粒状（粒度在 0.004～0.4mm 之间，其中绝大部分在 0.004～0.03mm 之间），绢云母、绿泥石呈显微鳞片状，高岭石呈显微鳞片状或隐晶质尖状，它们不均匀地嵌布在一起，形成富锰方解石、方解石或富绢云母、绿泥石、高岭石的微层理，其中锰方解石和方解石的微层理占大多数。

在锰方解石、方解石的微层理中，绢云母、高岭石、绿泥石也有一定的含量，另外，部分锰方解石、方解石还构成细小的生物碎屑、粉屑、砂屑不均匀地分布。

石英呈细微他形粒状，不透明矿物呈细微质点状、细小粒状、碳质呈微纹状，不均匀地分布于岩石中。

白云石呈半自形粒状，不均匀地分布于方解石、锰方解石的微层理中。

5. 矿体围岩、夹层及夹石

(1)上泥盆统榴江组中氧化锰矿体围岩、夹层。

顶板：岩性为深灰色薄层状钙质硅质岩与灰色薄层条纹状硅质泥灰岩、浅灰—灰色薄层含生物碎屑硅质灰岩与条纹状含锰钙质硅质岩、钙质硅质岩与深灰色薄层条纹状含锰灰岩互层。风化后，为灰白色、黄白色石英硅质岩与褐黄色泥岩，灰黑色薄层状含锰硅质岩与黑褐色薄层土状含锰泥岩，灰白色、黄白色薄层硅质岩与灰黑色 2～5cm 厚的叶片状氧化锰矿互层，底部为 1 层深灰色 5～10cm 厚的条纹状含锰硅质岩与Ⅲ矿层接触。岩性相对松软，主要矿物成分为石英，次为黏土矿物。平均含锰为 5.47%。

夹一：为Ⅰ矿层与Ⅱ＋Ⅲ矿层之间夹层，深灰色薄层状钙质硅质岩与薄层状钙质泥岩互层。风化后，为灰色薄层硅质岩与黄褐色薄层泥岩互层，风化深则以泥岩为主，夹硅质岩。厚 0.24～1.0m。

夹二：为Ⅱ矿层与Ⅲ矿层之间夹层。岩性为浅灰—灰色薄层至中厚层状钙质硅质岩夹 1 层具微层理的灰色薄层状含锰灰岩。风化后，上部为浅灰—灰色条带状石英硅质岩，层厚 5～25cm；中部为褐黑色叶片状氧化锰矿层，层厚 5～15cm；下部为石英硅质岩，层厚 3～10cm。厚 0.18～0.64m。

底板：岩性为深灰色薄层状钙质硅质岩与灰色薄层状硅质泥灰岩互层，夹深灰色薄层条纹状含锰硅质灰岩。风化后，为黄白色、灰白色薄层状石英硅质岩与褐黄色薄层状泥岩互层，中夹 2～3 小层黑褐色叶片状氧化锰矿层。厚 2.15m。岩石相对松软。平均含锰为 6.80%。

(2)上泥盆统榴江组中碳酸锰矿体围岩、夹层。

顶板：岩性为钙质硅质岩、钙质泥岩、硅质条带灰岩、泥质灰岩。顶板围岩岩石一般呈灰色、深灰色，具隐晶—微晶结构，薄层状构造，主要成分为石英（20%～80%）、方解石（20%～35%），次为黏土矿物（2%～5%）等。岩性坚硬。

夹层：碳酸锰矿体的夹一、夹二的岩性基本相同，均为深灰色薄层状钙质硅质岩与薄层状钙质泥岩互层。厚度稍有不同，夹一厚一般为0.84～3.23m，夹二厚一般为2.34～6.71m。

顶板：岩性为钙质硅质岩、硅质条带灰岩、钙质泥岩、泥质灰岩。岩石一般呈灰色、深灰色，具隐晶—微晶结构，薄层状构造，主要成分为石英（20%～50%）、方解石（30%～65%），次为黏土矿物（1%～5%）等。岩性坚硬。

（3）上泥盆统五指山组中锰矿体围岩、夹层及夹石。

顶板：为钙质硅质岩、含碳钙质硅质岩，岩性较单一，厚0.16～9.19m；间接顶板为上泥盆统五指山组第三段，岩性也较单一，以钙质硅质岩为主，偶夹钙质泥岩、泥灰岩；含锰普遍较低。直接顶板岩石的主要矿物组分及其大致含量为石英（20%～80%）、方解石（10%～25%）、绢云母（1%～12%）及少量黄铁矿、碳质、锰矿物等。

夹二：主要岩性为上泥盆统五指山组第二段钙质硅质岩，局部含锰一般为7.36%～9.46%。主要矿物成分为石英、蛋白石、云母、锰矿物及少量的泥质、碳质等。

夹一：主要岩性为上泥盆统五指山组第二段的钙质硅质岩，局部夹少量的泥岩、泥质灰岩和硅质岩；岩石呈灰色、深灰色、灰白色，细粒、隐晶质结构，薄层状、中厚层状构造，主要矿物成分为石英、蛋白石、绢云母，少量的钙质、碳质、锰矿物等。岩性坚硬，稳固性好。

底板：直接底板岩性为上泥盆统五指山组第二段底部钙质硅质岩、含碳钙质硅质岩。间接底板为上泥盆统五指山组第一段钙质泥岩、泥灰岩夹硅质泥岩、硅质灰岩。底板岩性含锰普遍较低。直接底板岩石主要矿物成分为石英，次为黏土矿物及少量的钙质、碳质、锰矿物等。

（4）夹石。一般均较薄，厚度小于夹石剔除厚度，常呈薄层状、微层状或团块状，与锰矿单层呈互层产出。氧化锰矿层中的夹石一般为泥岩，少量硅质泥岩，易与锰矿石分离；碳酸锰矿石中的夹石一般为硅质灰岩、硅质泥岩，不易与锰矿石分离。

氧化锰矿层、碳酸锰矿层均发育有少量的石英细脉。碳酸锰矿层中还有方解石细脉穿插，脉体厚小于10cm，一般为0.5～5cm，呈白色、乳白色、淡黄色。石英脉主要成分为石英，次为黏土质和方解石。石英脉只产在矿层中，不切入围岩，且多与矿层走向垂直或斜交，平行者少见，偶见分叉复合。

6. 矿石类型

矿石自然类型：上泥盆统榴江组有氧化锰矿和碳酸锰矿两种类型，上泥盆统五指山组中有碳酸锰矿一种类型。

矿石工业类型：氧化锰矿有贫氧化锰矿石一种类型。碳酸锰矿有低品位碳酸锰矿石和贫碳酸锰矿石两种类型。

7. 矿石中伴生组分

氧化锰矿、碳酸锰矿矿石中伴生组分的含量均达不到现行规范《铁、锰、铬矿地质勘查规范》（DZ/T 0200—2002）中综合回收的指标要求，均无综合回收价值。

（四）"土湖式"锰矿石的利用情况

1. 氧化锰矿石选冶性能

土湖锰矿区系贫氧化锰矿石，且铁、磷含量偏高，为了提高锰品位，提高锰铁比，降低磷锰比，达到冶金用锰的要求，1982 年广西壮族自治区第四地质队在提交《广西大新县土湖锰矿区初步勘探地质报告》时先后采集可选性试验样品和工业选矿试验样品，由广西八一锰矿、广西龙头锰矿、广西地质局中心实验室进行试验。

1）可选性初步试验，分以下几个步骤。

（1）样品采集。

地表采坑试验样：沿矿体走向、倾向，每 300～500m 间距"之"字形布置采样点 10 个，在各采样点沿露头揭露矿层，用 15cm×10cm 规格刻槽取样，刻取矿层及部分顶、底板，然后由各点样品组合而成，较好地代表了矿区地表矿石类型。

深部试验样：试验样品是在工作进行一个阶段后，选择矿石类型和品位能基本代表矿区的 4 线 PD_4 号窿道中，取化学样之后，用 25cm×20cm 规格，在化学样分析样基础上刻槽采样。

（2）地表样原矿物质成分分析结果见表 2-72；深部试验样原矿物质成分分析结果见表 2-73。

表 2-72　地表样原矿物质成分分析结果表

名称	Mn	TFe	P	SiO_2	Al_2O_3	CaO	MgO	S	Loss
含量(%)	17.60	5.85	0.061	51.50	3.11	0.35	0.29	0.012	9.03

表 2-73　深部试验样原矿物质成分分析结果表

名称	Mn	TFe	P	SiO_2	Al_2O_3	CaO	MgO	S	Ni	Co
含量(%)	19.14	5.92	0.080	50.89	4.66	0.45	0.42	0.015	0.030	0.014

（3）试验结果。

地表米坑试验样：经过简单的洗矿作业，再经过强磁选即可获得冶金二级精矿，其最终产品多元素分析结果见表 2-74。

表 2-74　地表试验样最终产品多元素分析结果表

产品＼名称	Mn	TFe	P	SiO_2	Al_2O_3	CaO	MgO	S	Loss
二级锰	35.77	6.50	0.069	19.50	3.80	0.43	0.34	0.019	14.08
四级锰	26.26	7.20	0.077	36.00	3.23	0.38	0.32	0.027	10.96
尾矿	5.93	2.70	0.029	73.75	1.26			0.020	3.28

原矿经洗矿后，排除－0.15mm粒级，可将原矿Mn品位从17.60%提到23.63%，再经强磁选将可获得产率为56.09%、Mn品位为35.77%的二级锰精矿和产率为3.72%、Mn品位为26.26%的四级锰精矿，可列为易洗易选锰矿石。最终产品P/Mn比分别为0.0019和0.0029，锰铁比也达到5.5和3.6。可作为冶炼碳素锰铁或硅锰合金之用。选冶指标见表2-75。

表2-75　地表试验样最终产品技术经济指标分析表

名称		产率(%)	品位(%)			回收率(%)	Mn/TFe	P/Mn	备注
			Mn	TFe	SiO_2				
洗矿	净矿	72.35	23.63	5.23	45.74	97.08	4.52		矿泥指所有－0.15mm级别的产物
	矿泥	27.65	1.86	7.23	51.42	2.92			
	原矿	100.00	17.60	5.79	50.47	100.00	3.03	0.003 49	
选矿	二级锰	56.09	35.77	6.50	19.50	84.91	5.50	0.0019	
	四级锰	3.72	26.26	7.20	36.00	4.13	3.60	0.0029	
	尾矿	40.19	6.44			19.96			
	净矿	100.00	23.63			100.00			

深部选矿试验样：在广西八一锰矿对地表采坑试验选矿基础上，对深部选矿试验样，进行探索试验时，经过一些调整，采取洗矿—分级—磁选选别流程，最终得到一级和四级两种精矿，其指标见表2-76、表2-77。

表2-76　深部试验样最终产品多元素分析结果表

产品＼名称	Mn	TFe	P	SiO_2	Al_2O_3	CaO	MgO	S	Ni	Co
一级锰	40.23	6.90	0.085	11.87	4.52	1.06	1.24	0.007	0.026	0.022
四级锰	28.83	7.95	0.100	29.06	5.46	0.56	1.07	0.011	0.025	0.021

表2-77　深部试验样最终产品技术经济指标分析表

产品名称		产率(%)	品位(%)				Mn/TFe	P/Mn	回收率(%)
			Mn	TFe	SiO_2	P			
锰精矿	一级锰	29.92	40.23	6.90	11.37	0.085	5.83	0.0021	62.51
	四级锰	14.27	28.83	7.95	29.06	0.100	3.63	0.0035	21.59
合计		44.19	36.56	7.23	17.42	0.090	5.06	0.0024	84.10
总尾矿		55.81	5.45						15.90
原矿		100.00	19.20						100.00

2)工业选矿试验。该选矿样品是在4线PD_3号窿道中，深部选矿试验样的对壁，用50cm×40cm的大规格刻槽样，系统在Ⅱ＋Ⅲ矿层及部分矿层顶板刻取混合组成。原矿含锰

16.40%,经筛分为0～7mm和大于7mm两部分。其中0～7mm部分,经简单洗矿后,可将原矿品位从19.70%提高到27.21%;大于7mm部分进行破碎到0～7mm,原矿含锰8.80%,再经过粗选和扫选进行回收锰,主要结论如下。

(1)土湖氧化锰矿石,经洗矿脱泥后,用SHC-1800型工业生产型湿式强磁机进行一次粗选,一次扫选。原矿0～7mm部分可由原矿含锰为27.21%,得到含锰为35.93%、回收率为97.27%的二级锰精矿;原矿0～10mm部分可由原矿含锰为23.68%,得到含锰为34.69%、回收率为90.38%的锰精矿。原矿大于7mm部分破碎到0～7mm进行选别结果,可由原矿含锰为8.80%,得到含锰为27.20%、回收率为79.61%的四级锰精矿。上述三部分矿样选别后,最终尾矿含锰量分别为2.8%、6.0%、2.43%。

经过比较采用SHC-1800型湿式强磁选机时可得最合理的入选粒度,为0～7mm。

(2)从原矿性质及试验结果看,土湖氧化锰矿属易选的矿石。根据试验结果,提出可供选择的两个建议工艺流程。究竟采用何种流程方案,要通过设计建厂时技术经济指标的对比后确定。

(3)SHC-1800型湿式强磁选机,对土湖氧化锰矿石,当入选粒度为0～7mm时,最适宜的处理量为:粗选6～7t/台时,扫选4t/台时。如采用一次选别的磁选流程则以4t/台时为宜。

2. 碳酸锰矿石选冶性能

(1)矿石有用组分研究。土湖锰矿区内碳酸锰低品位矿石的化学成分为:Mn10.08%～13.74%,平均11.03%;TFe2.20%～4.62%,平均3.42%;P0.037%～0.150%,平均0.059%;$SiO_2$14.12%～38.82%,平均26.18%;CaO15.22%～25.57%,平均20.61%;MgO1.99%～3.90%,平均2.75%;$Al_2O_3$1.46%～2.60%,平均2.07%;Loss18.85%～30.82%,平均25.91%;Mn/TFe2.30～5.35,平均3.22,P/Mn0.004～0.014,平均0.005。钙、镁含量总体较高,杂质元素硫、磷含量较少。通过半定量分析、化学全分析等,表明矿石中可用的有价元素主要为锰,其他没有回收利用价值,详见表2-78、表2-79。

表2-78　碳酸锰矿半定量分析结果登记表

样品编号	分析结果(%)								
	CaCO	MnO_2	SiO_2	Fe_2O_3	Al_2O_3	MgO	K_2O	SO_3	Ba
CFX1	39.810	23.583	22.277	7.523	2.650	2.530	0.773	0.399	0.100
CFX2	42.116	22.445	21.244	7.305	2.729	2.417	0.611	0.500	0.100
CFX3	38.199	22.747	28.431	5.037	2.047	1.888	0.669	0.600	0.100
样品编号	分析结果(%)								
	P_2O_5	Ti	Sr	Ce	Zr	Rb	I	Zn	
CFX1	0.100	0.088	0.068	0.022	0.011	<0.01			
CFX2	0.200	0.090	0.068		0.011		0.087		
CFX3	0.100	0.070	0.068					0.010	

表 2-79　碳酸锰矿化学全分析结果登记表

样品编号	分析结果(%)								
	Al_2O_3	CaO	Fe_2O_3	K_2O	MgO	SiO_2	TiO_2	SO_3	Mn
HQ1	2.28	21.36	5.52	0.90	3.04	24.14	0.10	0.56	10.70
HQ2	2.32	23.05	5.15	0.85	3.22	20.66	0.14	0.81	11.26
HQ3	1.94	20.64	3.76	0.86	2.16	29.79	0.12	1.09	10.70

样品编号	分析结果(%)							
	Zr	I	Zn	Rb	Sr	Ba	Ce	P_2O_5
HQ1	46.50	1.39	54.70	35.90	394	871	25.10	0.12
HQ2	46.50	1.17	48.40	25.80	375	563	30.90	0.14
HQ3	43.90	1.22	57.10	25.10	392	548	27.90	0.13

(2)矿石矿物的赋存状态研究。为了查明土湖锰矿区内深部锰矿石的赋存状态，进行了物相分析测试，见表 2-80。通过分析得知，土湖锰矿区内深部锰矿石主要成分为菱锰矿，其含量占总量百分比的 90.89%～99.55%，因此，该矿的主要矿物是碳酸锰。

表 2-80　物相分析结果登记表

样品编号	样品名称	分析结果(%)								
		含 Mn 总量	菱锰矿中的 Mn		水锰、褐锰矿中的 Mn		软锰矿中的 Mn		硅锰矿中的 Mn	
			含 Mn 量	总百分比	含 Mn 量	总百分比	含 Mn 量	总百分比	含 Mn 量	总百分比
ZK0801-W2	碳酸锰矿	10.92	10.48	95.97	0.027	0.25	0.058	0.53	0.11	1.01
ZK0801-W3	碳酸锰矿	14.39	13.58	94.37	0.031	0.22	0.068	0.47	0.047	0.33
ZK0401-W1	碳酸锰矿	13.84	13.42	96.97	0.038	0.27	0.062	0.45	0.11	0.79
ZK0402-W1	碳酸锰矿	10.93	10.27	93.96	0.041	0.38	0.046	0.42	0.12	1.10
ZK0402-W2	碳酸锰矿	11.00	10.28	93.45	0.048	0.44	0.058	0.53	0.089	0.81
ZK0402-W3	碳酸锰矿	15.42	15.34	99.48	0.033	0.21	0.056	0.36	0.052	0.34
ZK1002-W1	碳酸锰矿	13.61	13.44	98.75	0.037	0.27	0.089	0.65	0.054	0.40
ZK1002-W2	碳酸锰矿	11.84	11.54	97.47	0.041	0.35	0.058	0.49	0.051	0.43
ZK0001-W1	碳酸锰矿	11.97	11.58	96.74	0.046	0.38	0.054	0.45	0.082	0.69
ZK0001-W2	碳酸锰矿	13.26	13.20	99.55	0.031	0.23	0.036	0.27	0.22	1.66
B6	锰矿	9.22	8.38	90.89	0.540	5.86	0.290	3.15		
ZK0801-W1	碳酸锰矿	10.30	10.08	97.86	0.028	0.27	0.002	0.02		

(3)碳酸锰矿石选冶性能研究。1970 年 3 月至 1982 年 5 月，广西壮族自治区第四地质队

在土湖锰矿区开展普查到勘探工作，但其主要对象为氧化锰矿，对碳酸锰矿虽进行了初步了解，但认为矿石品位低，工业意义不大，未开展矿石选冶研究；近年来，对矿区内的碳酸锰矿及其质量特征有了初步了解，但工作程度相对较低（只是普查），未作矿石选冶方面的研究；土湖锰矿于 1984 年开始建矿山，并断续开采，开采的对象也是浅表的氧化锰矿，对深部碳酸锰矿一直未开展勘查工作，对碳酸锰矿石选冶性能也未开展研究。

目前对土湖锰矿区低品位碳酸锰矿石的选冶性能研究还是类比下雷锰矿区低品位碳酸锰矿石的选冶性能研究成果。因此，土湖锰矿区低品位碳酸锰矿石的选冶性能研究还有待加强。

三、“东平式”锰矿床地质工作

“东平式”锰矿床主要是指以下三叠统北泗组（T_1b）为含锰岩系，以海底热液沉积为主，具有浅表锰帽型氧化锰矿锰品位较高、采用一般工业指标就能圈出工业矿体，深部一般为低品位（一般工业指标）碳酸锰矿这类特征的锰矿床。

“东平式”锰矿床展布于桂西南锰矿富集区东南部、整装勘查区的东南角。在整个桂西南锰矿富集区“东平式”锰矿床主要集中于东平锰矿区 12 矿段内，其他地段难以见到。各个时期的地质工作如下。

（1）1957—1958 年，广西地质局东平锰矿地质队在对天等东平锰矿区进行普查工作基础上开展勘探工作，但只提交了中间性勘探报告；1979 年 1 月至 1981 年 9 月，广西冶金地质勘探公司 273 队在中间性勘探的基础上，对氧化锰矿重新进行勘探工作，历时两年零九个月，1982 年 12 月提交《广西天等县东平氧化锰矿床地质勘探报告书》。两次勘探工作完成的主要实物工作量如表 2-81 所示。

表 2-81　勘探工作完成的主要实物工作量表

勘查单位 / 项目	东平锰矿地质队		冶金地质勘探公司 273 队	
	单位	完成工作量	单位	完成工作量
1∶5 万地质测量	km^2	142	km^2	256
1∶1 万地形地质测量	km^2	58.1	km^2	56
1∶2000 地形地质测量	km^2	1.35	km^2	32.3
1∶1 万水文测量			km^2	57
槽探	m^3	14 805	m^3	49 133.7
斜井	m	4100	m	7265.15
平坑			m	46 952.45
岩芯钻探	m	4869	m	17 266.65
采样	个	5434	个	10 606

273 队在东平锰矿区勘探工作过程中将矿区从东往西划分为冬裕、咸柳、驮仁东、那造、驮仁西、顶花岭、渌利、迪诺、驮琶、乌鼠山、洞蒙及平尧 12 个矿段，工作对象主要为浅表的氧化锰矿，对深部贫碳酸锰矿只做了了解。

东平锰矿区含锰岩系已控制长约 47km，赋存有Ⅰ、Ⅱ、Ⅲ、Ⅳ、Ⅴ、Ⅵ、Ⅶ、Ⅷ、Ⅸ、Ⅹ 10 个锰矿层，其中Ⅰ、Ⅱ、Ⅲ、Ⅳ为主矿层，分别延长 44.4km、45.4km、21.9km 和 47.2km。

Ⅰ、Ⅱ、Ⅲ、Ⅳ矿层呈层状产出，氧化锰矿层特征为：Ⅰ矿层厚 0.63～2.16m，平均 1.45m，矿石质量为 Mn11.87%～18.24%，TFe4.96%～7.17%，P0.060%～0.131%，SiO_2 38.20%～47.12%；Ⅱ矿层厚 1.90～6.10m，平均 3.36m，矿石质量为 Mn13.22%～19.54%，TFe 4.07%～6.22%，P0.048%～0.120%，SiO_2 36.33%～46.83%；Ⅲ矿层厚 0.78～3.97m，平均 2.19m，矿石质量为 Mn12.63%～20.58%，TFe 3.76%～5.35%，P0.031%～0.096%，SiO_2 37.90%～48.50%；Ⅳ矿层厚 2.32～6.11m，平均 3.07m，矿石质量为 Mn12.94%～21.20%，TFe4.71%～11.88%，P0.065%～0.263%，SiO_2 28.74%～42.05%。

1985 年 1 月，广西壮族自治区矿产资源储量委员会以桂储字〔1985〕第 01 号文《广西天等县东平氧化锰矿床地质勘探报告》审批决议书批准了该报告。广西区矿产资源委员会批准的资源储量见表 2-82。

表 2-82　天等县东平氧化锰矿床净矿石表内储量总表

储量级别 / 矿石类型		B	C	B+C	D	B+C+D
层状矿	锰矿石（$\times10^4$t）	188.18	323.62	511.80	480.46	992.26
	铁锰矿石（$\times10^4$t）	74.92	237.87	312.79	254.05	566.84
	小计（$\times10^4$t）	263.10	561.49	824.59	734.51	1559.10
堆积矿（$\times10^4$t）			3.64	3.64	59.60	63.24
合计（$\times10^4$t）		263.10	265.13	828.23	794.11	1622.34
备注		包括原东平地质队提交的 C_1 级 48.6$\times10^4$t、C_2 级 465.6$\times10^4$t 在内				

(2)2010 年 8 月至 2012 年 2 月，中国冶金地质总局中南局南宁地质调查所使用中信大锰矿业有限责任公司勘查资金在洞蒙、渌利、驮仁东、驮仁西矿段开展详查工作，项目名称为“广西天等县天等锰矿采矿权平面范围内碳酸锰矿详查”，工作区范围为东经 107°06′40″—107°12′00″，北纬 23°17′00″—23°18′15″，面积 4.5958km^2。完成主要实物工作量见表 2-83。

表 2-83　天等锰矿四矿段详查项目完成主要实物工作量表

项目名称	单位	完成主要实物工作量
1∶2.5 万区域水文地质测绘	km^2	108
1∶5000 矿区水工环地质调查	km^2	16
槽探	m^3	923.59
地质孔	m	7653.02
水文地质孔	m	1126.54

续表 2-83

项目名称	单位	完成主要实物工作量
水文孔	m	294.20
基本分析样	项	2291
小体重及湿度测试	个	247
钻孔抽水试验	孔/段	5/12
钻孔注水试验	段次	5
试坑渗水试验	点	8

(3)2012 年 6 月至 2014 年 3 月，中国冶金地质总局广西地质勘查院利用广西壮族自治区财政专项资金开展碳酸锰矿普查工作，项目名称为“广西天等县东平锰矿区外围普查”。工作区范围为东经 107°07′53″—107°11′22″，北纬 23°17′17″—23°18′56″，面积 9.86km²。完成的主要实物工作量见表 2-84。

表 2-84　东平锰矿外围普查项目完成主要实物工作量表

项目	单位	设计工作量			完成工作量			完成百分比(%)
		2012 年度	2014 年度	合计	2012 年度	2014 年度	合计	
1∶1000 实测地质剖面	m	5	2	7	7.21	2.88	10.09	144
1∶1 万地质修测	km²	7	4.06	11.06	7	4.40	11.4	103
槽探	m³	1700	1000	2700	0	1098.25	1098.25	41
地质孔	m	2820	5640	8460	2918.85	5487.49	8406.34	99
基本分析样	项/个	/250	2500/500	2750	2340/415	3953/655	6293/1070	216
内样分析	项/个	250/	250/	500	344/43	560/70	817/113	163
外样分析	项/个	116/	125/	241	160/20	280/35	440/55	183
小体重及湿度测试	个	30	40	70	45	53	98	140
光、薄片	片	15	40	55	14	40	54	98
物相样	个	0		0	6	0	6	100
光谱样	个	0		0	8	0	8	100
工程点测量	个	11	16	27	12	19	31	114.81
控制点测量	个	5	5	10	5	5	10	100

普查共探获新增碳酸锰矿石(333+334)资源量 12 525.99×10⁴t，其中预测的碳酸锰工业矿石(334)资源量 212.08×10⁴t，占总资源量的 1.69%；推断的碳酸锰低品位矿石(333)资源量 3156.66×10⁴t，占总资源量的 25.20%；预测的碳酸锰低品位矿石(334)资源量 9157.25×

10^4t，占总资源量的 73.11%。

(4)2013 年 8 月至 2015 年 9 月，中国冶金地质总局广西地质勘查院使用中央财政资金在洞蒙、渌利、驮仁东、驮仁西矿段开展老矿山接替资源勘查项目，项目名称为"广西天等县天等锰矿接替资源勘查"，工作区范围为东经 107°06′40″—107°12′00″，北纬 23°17′00″—23°18′15″，面积 4.5958km^2。完成的主要实物工作量见表 2-85。

表 2-85　天等锰矿老矿山项目完成的主要实物工作量表

工作项目	计量单位	设计工作量			完成实物工作量					
		合计	矿山配套	财政投入	矿山配套		财政投入		合计	
					工作量	比例	工作量	比例	工作量	比例
1∶1000 地质剖面测量	km	20	3.6	16.4	20	100	0	0.00	20	100.00
1∶2000 地质草测	km^2	8	0	8	0	0.00	6	75.00	6	75.00
钻探(变更后)	m	8250	5220	3030	1993.20	38.18	3126.68	103.19	5119.88	62.06
坑道(变更后)	m	204.2	204.2	0	204.2	100.00	0	0.00	204.2	100.00
槽探	m^3	3000	1500	1500	2118.91	141.26	1070.22	71.35	3189.15	106.30
基本分析样	个	1440	1000	440	330.00	33.00	464.00	105.45	794.00	55.14
物相分析	样	24	14	10	24	171.43	0	0.00	24	100.00
化学全分析	样	24	24	0	23	95.83	0	0.00	23	95.83
光谱分析	样	25	20	5	23	115.00	0	0.00	23	92.00
小体重及湿度测试样	样	200	150	50	18	12.00	33	66.00	51	25.50
光片鉴定	片	35	15	20	17	113.33	0	0.00	17	48.57
薄片鉴定	片	20	10	10	17	170.00	0	0.00	17	85.00
选矿试验	个	1	1	0	1	100.00	0	0.00	1	100.00
岩芯保管	m	6783	4408	2375	1993.20	45.22	3126.68	131.65	5119.88	75.48

本次工作共探获新增锰矿石资源量 4621.25×10^4t，其中推断的碳酸锰贫锰(333)矿石量内蕴经济资源量 157.56×10^4t；地质控制程度为推断的碳酸锰低品位矿石资源量 4463.69×10^4t。

(5)2014 年 12 月至 2016 年 3 月，中国冶金地质总局广西地质勘查院利用广西壮族自治区财政专项资金开展碳酸锰矿普查工作，项目名称为"广西天等县东平锰矿区冬裕—咸柳矿段碳酸锰普查"。工作区范围为东经 107°10′52″—107°14′18″，北纬 23°16′28″—23°18′26″，面积约 4.28km^2。完成的主要实物工作量见表 2-86。

表 2-86 冬裕—咸柳矿段普查项目完成主要实物工作量统计表

项目	单位	设计工作量	工作量完成情况		备注
			完成工作量	完成率(%)	
1∶1000 勘探线剖面测量	km	2	2	100	
1∶1000 实测地质剖面	km	0	2.22	222	
1∶1 万地质修测	km^2	4.28	5.5	129	
地质孔	m	3360.58	3337.82	99.31	
槽探	m^3	1000	1008.99	100.9	
基本分析样	个	225	229	102	
小体重及湿度测试	个	20	20	100	
内检样	项/个		280/35		
外检样	项/个		219/30		
物相样	个	10	10	100	
光谱样	个	10	10	100	
化学全分析样	个	10	10	100	
光片鉴定	片	20	19	95	
薄片鉴定	片	30	25	83.33	

普查工作共估算碳酸锰矿石(333+334)资源量 507.88×10^4t,其中推断的(333)内蕴经济资源量 203.17×10^4t,占总资源量的 40.00%。

(6)2015 年 3 月至 2017 年 1 月,中国冶金地质总局广西地质勘查院利用广西壮族自治区财政专项资金开展碳酸锰矿普查工作,项目名称为“广西天等县东平锰矿区平尧矿段碳酸锰普查”。工作区范围为东经 107°00′27″—107°02′27″,北纬 23°17′30″—23°18′15″,勘查面积约 3.0km^2。完成的主要实物工作量见表 2-87。

表 2-87 平尧矿段普查项目完成主要实物工作量表

工作内容	单位	批复工作量	累计完成工作量	累计完成率(%)	备注
1∶2000 地质简测	km^2	3	3	100	
1∶1000 实测地质剖面	km	3	3	100	
1∶1000 勘探线剖面测量	km	9	9	100	
槽探	m^3	1000	1352.1	135	
钻探	m	6700	6859.67	102	
化学样	个	100	702	208	
岩矿鉴定	片	40	48	120	

续表 2-87

工作内容	单位	批复工作量	累计完成工作量	累计完成率(%)	备注
矿石小体重及湿度样	个	40	40	100	
物相分析	个	15	15	100	
光谱分析	个	10	10	100	
组合分析	个	10	10	100	

普查工作共探获碳酸锰矿石(333)资源量 2088.93×10^4 t,其中低品位碳酸锰矿石 1928.24×10^4 t,贫碳酸锰矿石 160.69×10^4 t。

(7)2016 年 3 月至 2017 年 5 月,中国冶金地质总局广西地质勘查院利用广西壮族自治区财政专项资金开展碳酸锰矿普查工作,项目名称为“广西天等县东平锰矿区那造矿段碳酸锰普查”。工作区范围为东经 107°09′30″—107°11′48″,北纬 23°17′49″—23°19′31″,面积 4.96km²。完成的主要实物工作量见表 2-88。

表 2-88　那造矿段普查项目完成主要实物工作量表

项目	单位	设计工作量	完成总工作量	完成比例(%)
1∶1000 实测地质剖面	km	4.00	4.35	108
1∶1 万地质简测	km²	2	3	150
1∶1000 勘查线剖面测量	km	4	4.3	107
地质孔	m	3120	3288.57	105.4
槽探	m³	1000	1014.82	101.4
化学采样	个	350	387	81.1
小体重及湿度测试	个	30	31	103
物相样	个	10	10	100
光谱半定量分析样	个	5	5	100
组合分析样	个	5	5	100
岩矿鉴定	片	20	24	120

普查工作共探获新增低品位碳酸锰矿石(333)资源量 480.97×10^4 t。

四、“龙怀式”锰矿床地质工作

“龙怀式”锰矿床主要是指以下三叠统北泗组(T_1b)为含锰岩系,具有浅表锰帽型氧化锰矿锰品位低、需采用含矿率(一般为≥35%)才能圈出工业矿体,深部一般为含锰泥岩、含锰硅质泥岩、含锰硅质岩这类特征的锰矿床。

锰矿层一般由薄层状及页片状锰矿单层与薄层状、微层状泥岩互层组成，锰矿单层厚度多数在1～5cm，部分大于10cm，泥岩单层厚度略大于锰矿层厚度，一般1.5～5.5cm，且大部分呈白色粉末状。

各个主矿层的构造野外观察略有不同：Ⅰ矿层多由微层状、薄片状锰矿单层与泥岩互层组成，绝大部分地段锰矿淋滤胶结成块状、团块状、网格状，泥岩厚度变成零；Ⅱ矿层多由条带状、鳞片层锰矿单层与泥岩互层组成，Ⅲ矿层上、下部则由条带状锰矿单层与薄层状泥岩互层，中部结构则与Ⅰ矿层极类似。

各个时期的地质勘查工作如下。

(1)1979—1981年，广西273地质队对东平矿区进行补勘，在龙怀矿区做了1∶1万地质测量25.60km²，并在江城矿段六瓦、班劳等地施工探槽7条，计724.80m³，采样37个。

(2)1990—1991年，冶金部中南地质勘查局南宁地质调查所在龙怀锰矿区开展氧化锰矿概查，提交《广西田东县龙怀锰矿区概查地质报告》。完成主要实物工作量为概查区面积59km²；剥土及探槽2750m³；浅井101.80m；采样260个；洗样260个；小体重54个；岩矿标本54个。

(3)1992—1998年，冶金部中南地质勘查局南宁地质调查所对田东龙怀锰矿区及外围东平式锰矿进行普查，于1999年11月提交《广西田东县龙怀锰矿区外围普查地质报告》，完成主要实物工作量见表2-89。

表2-89 龙怀锰矿区外围普查工作历年完成主要实物工作量表

工作项目	单位	1992年	1993年	1994年	1995年	1996年	1997年	1998年	累计
1∶1万地质修测	km²		60	12			82	18	172
1∶5万地质修测	km²						44		44
槽探工程	m³	6331.72	6684.79	7174.16	1469.15	2316.50	1035.56	5573.80	30 585.68
浅井工程	m	376.30	335.10	510.90	29.70	189.10		300.60	1741.7
坑道工程	m	301.25	624.50	978.80					1904.55
刻槽采样	个	686	503	734	35	58	9	195	2220
岩矿鉴定样	片	167	71	44	5		30	10	327
小体重样	个	62	60	86					208

区内氧化锰矿层均赋存于下三叠统北泗组地层中，全区工程控制锰矿体走向延长累计为114 100m，其中Ⅰ矿层长33 320m、Ⅱ矿层长54 230m、Ⅲ矿层长26 550m。矿层延深32.50～112.00m，一般40～80m，平均71m。矿层厚0.5～5.83m，一般0.50～1.60m，平均1.25m。矿石Mn品位14.19%～47.11%，平均27.24%。探获C+D级氧化锰净矿储量796.76×10^4t。

(4)1995—1997年，冶金部中南地质勘查局南宁地质调查所(广西地质勘查院前身)在龙怀锰矿区那社矿段进行详查工作，于1997年提交《广西田东县龙怀锰矿区那社矿段氧化锰矿详查地质报告》。本次详查工作完成的主要实物工作量见表2-90。

表 2-90 那社矿段详查主要实物工作量表

工作项目	完成工作量	工作项目	完成工作量
1∶5000 地质修测	10.81km²	1∶2000 实测地质剖面	1800m
坑道	1209.1m	浅井	303.6m
槽探	6053.6m³	刻槽样	302 个
岩矿样	37 块	小体重样	57 个
大体重样	4 个	其他样	43 个
1∶1 万水文地质简测	72km²	1∶5000 水文地质简测	12km²

矿段内,含锰岩系走向延长达 10km,展布面积达 3km²。经详查,控制工业矿层总长达 11 412m。其中Ⅱ矿层长 8450m,Ⅰ矿层长 2442m,Ⅲ矿层长 520m。矿层倾角一般在 30°~50°之间,个别地段达 60°~65°。

矿体厚因矿层不同而稍有不同。Ⅰ矿层厚 0.50~2.82m,平均 1.12m,最厚 3.67m;Ⅱ矿层厚 0.50~2.60m,平均 0.94m,最厚 2.60m;Ⅲ矿层厚 0.60~1.00m,平均 0.80m,最厚 1.04m。锰矿原矿锰品位为 10.0%~36.88%,锰矿净矿锰品位为 15.09%~44.63%。

1998 年 10 月广西矿产资源委员会批准的资源储量见表 2-91。

表 2-91 那社矿段详查探获的储量表

矿石类型	资源储量(×10⁴t)				备注
	C 级	D 级	E 级	C+D+E 级	
氧化锰富矿	20.03	47.05	4.20	71.28	本储量包括 1996 年 3 月南宁地质调查所在本矿段 88~128 线探明的 28.27×10⁴t 净矿石储量
氧化锰贫矿	0.68	13.21	1.50	15.39	
合计	20.71	60.26	5.70	86.67	

(5)1998 年 10 月至 1999 年 7 月,冶金部中南地质勘查局南宁地质调查所对龙怀锰矿区龙怀矿段进行详查,于 1999 年 10 月提交《广西田东县龙怀锰矿区龙怀矿段氧化锰矿详查地质报告》。详查工作完成主要工作量见表 2-92。

表 2-92 龙怀矿段详查工作完成实物工作量表

序号	工作项目	单位	完成工作量
1	1∶5000 地质简测	km²	18
2	1∶1 万水文地质填图	km²	20
3	坑道水文地质调查	m	310
4	泉水点调查	个	35
5	坑道工程	m	343.10
6	浅井工程	m	220.10
7	槽探工程	m³	3885.15

续表 2-92

序号	工作项目	单位	完成工作量
8	刻槽采样	个	385
9	淘洗精矿样	个	350

详查区内，含锰岩系走向延长达 7.75km，展布面积约 2.20km²。经详查，实际控制工业氧化锰矿层走向延长累计达 17.13km。其中Ⅱ矿层长 7.48km，Ⅰ矿层长 5.10km，Ⅲ矿层长 4.55km。矿层倾角一般在 40°～60°之间，部分地段达 65°～78°。

锰矿层的厚度因矿层不同而稍有不同。Ⅰ矿层厚 0.50～2.00m，平均 1.07m，最厚 2.30m；Ⅱ矿层厚 0.53～2.40m，平均厚 1.31m；Ⅲ矿层厚 0.52～1.80m，平均厚 1.07m，最厚 4.75m。氧化锰矿石原矿 Mn 品位一般在 10.0%～23.0%，最高可达 26.21%，净矿 Mn 品位为 15.75%～40.84%。

2000 年 4 月广西矿产资源委员会批准的氧化锰矿净矿石量为：①富矿，C 级[(332)资源量]7.8×10⁴t，D 级[(333)资源量]16.1×10⁴t，E 级[(333)资源量]4.6×10⁴t；②贫矿，C 级[(332)资源量]15.7×10⁴t，D 级[(333)资源量]39.0×10⁴t，E 级[(333)资源量]11.3×10⁴t。提交 C+D+E 级氧化锰净矿石储量 94.4847×10⁴t。

(6)2000 年 3 月至 2000 年 10 月，冶金部中南地质勘查局南宁地质调查所对龙怀锰矿区江城矿段进行详查，于 2000 年 12 月提交《广西田东县龙怀锰矿区江城矿段氧化锰矿详查地质报告》。详查工作完成的主要实物工作量见表 2-93。

表 2-93　江城矿段详查工作完成实物工作量表

序号	工作项目	单位	完成工作量
1	1∶5000 地质简测	km²	3.5
2	1∶1 万水文地质填图	km²	55
3	坑道水文地质调查	m	310
4	泉水点调查	个	35
5	坑道工程	m	433.75
6	浅井工程	m	113.60
7	槽探工程	m³	1998.54
8	刻槽采样	个	245
9	淘洗精矿样	个	240

详查区内，含锰岩系走向延长达 14.5km，展布面积约 55.0km²。经详查，实际控制工业氧化锰矿层走向延长累计达 36.50km。其中Ⅱ矿层长 13.45km，Ⅰ矿层长 13.45km，Ⅲ矿层长 9.60km。矿层倾角一般在 30°～55°之间，部分地段达 65°～87°。

锰矿层的厚度因矿层不同而稍有不同。Ⅰ矿层厚 0.50～4.56m，平均厚 1.47m；Ⅱ矿层厚 0.50～5.11m，平均厚 1.55m；Ⅲ矿层厚 0.50～3.15m，平均厚 1.36m。氧化锰矿石原矿 Mn 品位一般在 10.0%～28.08%，净矿 Mn 品位为 12.09%～42.88%。

2001年12月广西矿产资源委员会批准的氧化锰矿矿石量见表2-94。

表2-94 江城矿段详查探获的资源储量表

矿层编号	矿石类型	矿石品级	资源储量编码	矿石量($\times10^4$t)		含矿率(%)	净矿品位(%)
				原矿	净矿		
Ⅰ+Ⅱ+Ⅲ	氧化锰矿石	富矿Ⅲ级	122b	27.6	14.0	50.69	
			333	106.6	54.7	51.31	
				134.2	68.7	51.18	32.47
		贫矿	122b	68.7	36.5	53.47	
			333	595.9	295.5	49.63	
				664.6	332.0	50.05	24.14
		富矿+贫矿	122b	96.3	50.5	52.70	
			333	702.5	350.2	49.89	
				798.8	400.7	50.24	25.57

(7)2004年5月至2004年9月，南宁三叠地质资源开发有限责任公司受广西南宁浩元铭锰业有限责任公司委托开展普查地质工作，项目名称为“广西田东县六林锰矿区六幕矿段地质普查”。工作区范围为东经107°09′00″—107°15′00″，北纬23°20′00″—23°24′30″，面积为74.18km²。完成的主要实物工作量见表2-95。

表2-95 六林锰矿区六幕矿段普查项目完成主要实物工作量表

工程项目	累计工作量
1∶1万地质填图	12.5km²
1∶1000实测地质剖面	1097m
槽探	1086.5m³
坑道	30m
浅井	27.4m
刻槽采样	68个
化学分析	440个元素

经普查工作，实际控制Ⅰ矿层走向延长1.90km，矿层厚0.50～0.62m，平均厚0.57m，矿石净矿平均品位为18.63%，净矿平均含矿率为46.39%；Ⅱ矿层走向延长1.1km，厚0.5～1.3m，平均厚1.07m，矿石净矿平均品位为22.64%，净矿含矿率平均为44.3%。

矿段内原矿锰品位较低，一般在10.0%～22.56%之间，净矿锰品位大部分在16.22%～27.99%，平均21.61%，质量含矿率一般在18.5%～65.8%之间，平均为44.8%。矿层倾角一般在21°～56°之间，平均矿层倾角为41°。氧化带发育程度较差，倾向延深一般在40～90m，平均斜深81m。

本次普查共探获氧化锰原矿(333)资源量47.39×10⁴t，净矿石资源量21.11×10⁴t，矿床平均净矿锰品位为21.64%，平均净矿含矿率为44.91%。

(8)2005年2月至2005年9月，南宁三叠地质资源开发有限责任公司受南宁恒雷商贸有限责任公司委托开展普查地质工作，项目名称为"广西田东县江城那赖锰矿地质普查"。工作区范围为东经107°01′00″—107°04′00″，北纬23°17′45″—23°20′00″，面积为13.39km²。完成主要实物工作量见表2-96。

表2-96　那赖锰矿区普查项目完成主要实物工作量表

序号	工程名称	设计工作量	实际完成工作量	完成百分比(%)	备注
1	1∶5000地质填图	13.36m²	13.36m²	100	
2	探槽+剥土	1000m³	825.70m³	82.6	
3	沿脉坑道	100m	96.30m	96.3	
4	化学采样	50个	47个	94.0	
5	小体重采样	20个	17个	85.0	
6	岩矿鉴定		3件		
7	光谱全分析		1件		

普查工作在矿区内共圈出3个锰矿体，矿体编号为①号、②号和③号，各矿体特征分述如下。

①号矿体：呈东西走向分布于驮安—那鲁一带，走向长约900m。矿体向北倾伏，平均倾角为36°。矿体厚度为0.51～1.09m，平均厚度为0.81m；含矿率为50.50%～91.67%，平均67.20%；净矿矿石质量为Mn18.85%～23.27%，平均为20.58%；TFe8.58%～11.60%，平均为10.12%；P0.132%～0.182%，平均为0.109%；SiO_2 33.85%～42.80%，平均为37.27%。Mn/TFe为2.03，P/Mn为0.008，矿石属高磷高铁贫氧化锰。

②号矿体：呈南东-北西走向分布于六正东南一带，走向长约300m。矿体向南西倾伏，平均倾角为41°。矿体厚度为0.76～0.82m，平均厚度为0.79m，含矿率为64.56%～100%，平均含矿率为82.95%，净矿矿石质量为Mn18.99%～29.69%，平均为24.54%，Mn/TFe为3.22，P/Mn为0.004，矿石属中磷中铁贫氧化锰。

③号矿体：呈南西-北东走向分布于六正北东一带，走向长约700m。矿体向北西倾伏，平均倾角为44°。矿体厚度为0.90～1.20m，平均厚度为1.05m；含矿率为54.61%～79.79%，平均含矿率为64.31%；净矿矿石质量为Mn20.64%～24.55%，平均为22.53%；Mn/TFe为2.11，P/Mn为0.006，矿石属高磷高铁贫氧化锰。

本次普查工作共估算氧化锰矿(332+333)资源量原矿为33.69×10⁴t(干矿)，净矿石量23.35×10⁴t；矿床净矿平均Mn品位为22.11%，平均厚度1.22m，平均含矿率68.51%。

五、"宁干式"锰矿床地质工作

"宁干式"锰矿床主要是指以下石炭统大塘组(C_1d)为含锰岩系，具有浅表氧化锰矿充分氧化后锰品位高、含铁低、矿石质量一般较富，深部一般为含锰灰岩、含锰硅质灰岩、含锰硅质泥灰岩、局部为含锰灰岩矿这类特征的锰矿床。

“宁干式”锰矿床主要分布于桂西南锰矿富集区天等县（天等县城以西）、巴马县境内，如图2-22所示。由于其氧化带发育较差（一般倾向延深只有30～50m），原生含锰层常常露出地表，使氧化矿在地表不连续，矿层厚度也较薄（一般小于1m），矿体、资源量规模均较小，因此，对“宁干式”锰矿床的勘查工作一直未取得突破，特别是对含锰岩系深部的含矿性了解不够。

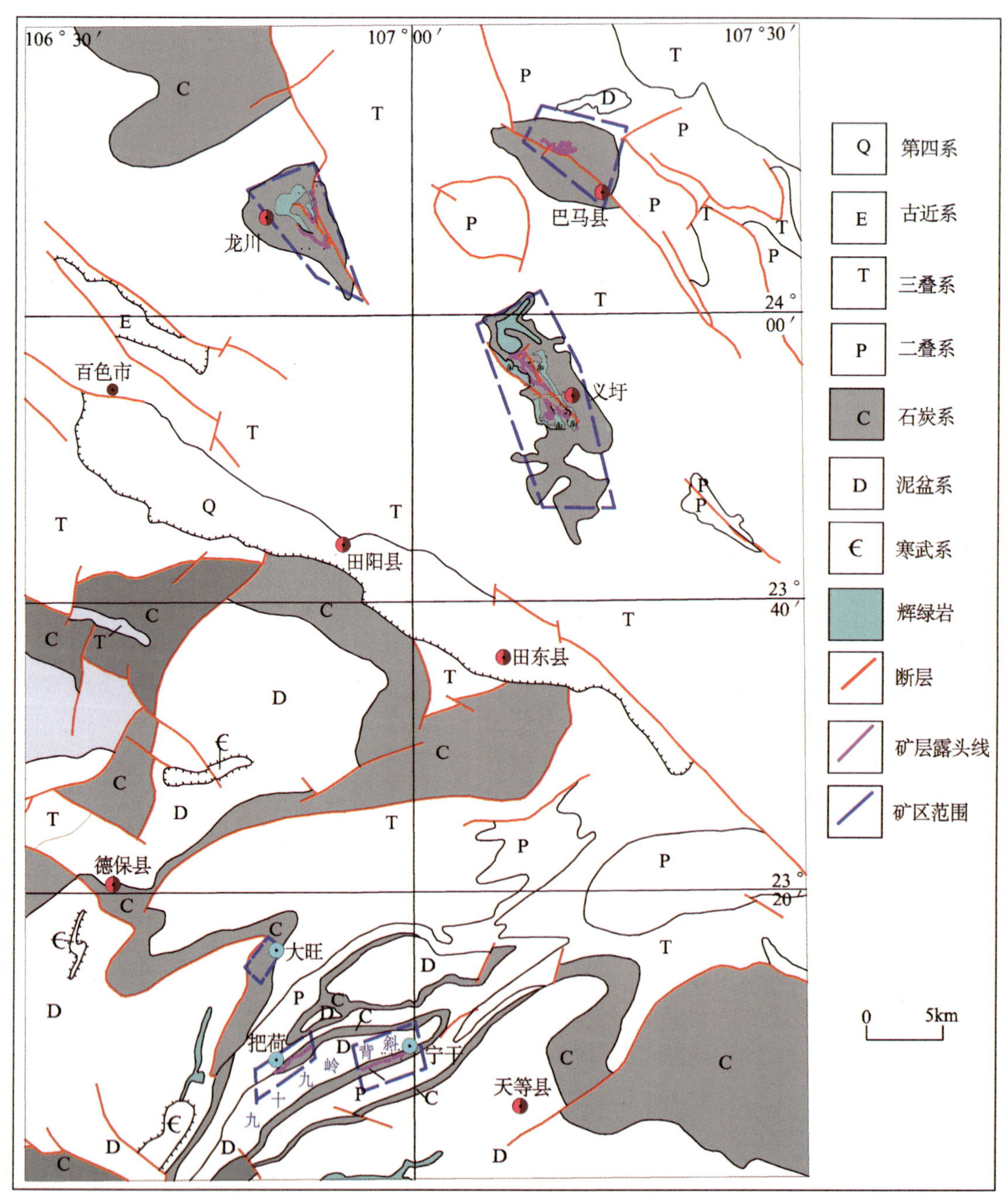

图2-22 “宁干式”锰矿床分布略图

（一）含锰岩系特征

含锰岩系下石炭统大塘组，按其岩性不同可分为7分层，其特征简述如下。

1分层：薄层状硅质岩或泥质硅质岩，硅质泥岩。单层厚为3～10cm，含锰较低，一般含Mn均小于4.5%。

2分层：Ⅲ矿层，厚一般为0.40～0.80m，平均0.60m，厚度变化稳定。

3分层：夹二，厚度一般为5～10m，最大26m，均由薄层状、微层状硅质岩、硅质泥岩或泥灰岩组成。岩层单层厚0.30～10cm，局部大于10cm。

4分层：Ⅱ矿层，厚0.5～1.25m，平均0.85m，矿石以粉矿为主，局部为块状矿石。

5分层：夹一，厚度变化较大，0.5～10m不等，最大47m，主要由硅质页岩、硅质岩组成。

6分层：Ⅰ矿层，一般厚度为0.5～1.10m，平均0.70m，矿石以粉矿为主，块矿极少。

7分层：薄层硅质岩、泥质硅质岩为主，局部为含锰硅质灰岩或泥灰岩，单层厚2～8cm，一般含Mn均小于10%。

（二）各个时期开展的地质工作

1)1988—1990年，冶金部中南地质勘查局南宁地质调查所对桂西南锰矿调研和岩相古地理调查时，发现桂西南石炭系中有含锰层存在，但出露的矿点较分散，矿石呈粉末状，部分达不到工业品位或可采厚度，未进行深入调查。

2)1994年3月至1995年12月，广西地质矿产局地球物理勘察院在田东县义圩锰矿区开展地质普查工作。工作区范围为东经107°08′14″—107°13′00″，北纬23°52′37″—23°58′30″，面积$15km^2$。

完成的主要实物工作量为1∶5000地质测量$15km^2$，槽探$2755.50m^3$，浅井234.20m，竖井55.10m，平硐130.00m，钻探150.44m/2个。钻孔均未见矿。

矿区内产出Ⅰ、Ⅱ、Ⅲ矿层，沿走向连续性较差，一般延长数十米至百米左右，个别地段为“瘤状”或透镜状，沿倾向延深一般数米至数十米，个别地段大于百米。各矿层特征见表2-97，分述如下。

Ⅰ矿层：厚0.65～0.77m，平均厚0.71m，Mn平均品位为14.51%，共圈$Ⅰ_1$号矿体。

Ⅱ矿层：厚0.77～3.42m，平均厚1.59m，Mn平均品位为21.85%，共圈$Ⅱ_1$号矿体、$Ⅱ_2$号矿体、$Ⅱ_3$号矿体、$Ⅱ_4$号矿体、$Ⅱ_5$号矿体。

Ⅲ矿层：厚0.78～2.45m，平均厚1.23m，Mn平均品位为20.04%，共圈$Ⅲ_1$号矿体、$Ⅲ_2$号矿体、$Ⅲ_3$号矿体、$Ⅲ_4$号矿体、$Ⅲ_5$号矿体、$Ⅲ_6$号矿体、$Ⅲ_7$号矿体、$Ⅲ_8$号矿体。

共估算D+E级氧化锰矿石量为12.43×10^4t，矿床平均锰品位为20.30%。其中E级矿石量6.99×10^4t，单工程Mn≥18%、平均品位为20.91%的E级锰矿石量3.03×10^4t，单工程12%≤Mn<18%、平均品位为15.67%的E级锰矿石量3.96×10^4t。1997年4月地矿部广西地质矿产勘查开发局以地桂矿审〔1997〕02号文《〈广西壮族自治区田东县义圩矿区锰矿普查报告〉审批意见书》批准该储量。

表 2-97　田东县义圩锰矿区矿体特征一览表

矿层号	矿体编号	规模(m)			矿体形状	矿体产状
		平均厚度	走向延长	平均斜深		
Ⅲ	$Ⅲ_1$	0.97	75	25	透镜状	21°∠38°
	$Ⅲ_2$	1.94	150	32.5	透镜状	240°∠35°
	$Ⅲ_3$	0.79	100	50	透镜状	40°∠75°
	$Ⅲ_4$	1	100	25	透镜状	200°∠60°
	$Ⅲ_5$	0.78	100	25	透镜状	220°∠35°
	$Ⅲ_6$	0.94	100	45	透镜状	295°∠20°
	$Ⅲ_7$	0.99	285	25	似层状	260°∠45°
	$Ⅲ_8$	1.14	100	50	透镜状	200°∠36°
Ⅱ	$Ⅱ_1$	2.65	175	50	似层状	320°∠30°
	$Ⅱ_2$	0.77	100	25	透镜状	22°∠35°
	$Ⅱ_3$	1.77	100	25	透镜状	200°∠36°
	$Ⅱ_4$	0.86	100	50	透镜状	40°∠75°
	$Ⅱ_5$	0.85	75	25	透镜状	40°∠45°
Ⅰ	$Ⅰ_1$	0.71	100	96	透镜状	295°∠20°

3)1996 年，广西壮族自治区第四地质队在大旺地区发现石炭纪大塘组地层中产有达工业指标的锰矿，并对该矿区进行了普查找矿，求得 D+E 级储量约 60×10^4t。

4)1997 年 3 月至 1999 年 11 月，广西壮族自治区第四地质队在大旺矿区开展普查工作。工作区范围为东经 106°46′43″—106°50′13″，北纬 23°15′06″—23°17′51″，面积约 20.0km^2。

完成主要实物工作量有：1∶1 万地质草测 12.8km^2，槽探 7782.94m^3，浅井 145.05m，坑探 103.65m，化学样品 93 个，岩矿鉴定 21 个。

矿区内锰矿层由氧化锰矿石与夹层互层组成，矿与非矿比例为 4∶1～3∶1，为单一矿层，呈似层状、透镜状产出，受龙光背斜控制；矿层产状与围岩一致，走向北东-南西，倾向：北西翼 300°～330°，南东翼 120°～150°；倾角：北西翼 10°～40°，南东翼 40°～60°，局部较陡为 78°。

矿层厚度 0.68～4.08m，平均厚 1.43m，矿石质量特征 Mn20.68%～34.70%，平均 26.39%；TFe1.30%～8.44%，平均 5.35%；P0.029%～1.830%，平均 0.368%；$SiO_2$30.72%～49.77%，平均 41.12%；Mn/TFe2.74～26.69，平均 7.52；P/Mn0.0008～0.0864，平均 0.0164。属高磷低铁贫锰矿石。

共圈出 3 个小矿体，编号为①②③，其特征为：①号矿体走向延长 1.80km，平均厚 1.67m；②号矿体走向延长 0.90km，平均厚 1.00m；③号矿体走向延长 0.40km，平均厚 1.10m。

2000 年 1 月广西地质矿产勘查开发局以地桂矿审〔2000〕3 号文《广西德保县大旺矿区锰矿普查报告》审批意见书批准该报告。批准 E 级锰矿石量 34.44×10^4t，矿床平均 Mn 品位为 26.39%。

5)1997 年 7 月,冶金部中南地质勘查局南宁地质调查所对那利锰矿区石炭系中锰矿进行了全面踏勘,并选择有利地段布置了槽探工程予以控制,提交了普查找矿地质设计。

6)1998—2000 年,冶金部中南地质勘查局南宁地质调查所利用矿产资源补偿费对天等县宁干乡、上映乡九十九岭背斜展布区开展普查工作,项目名称为“田东—天等一带氧化富锰矿地质普查”。完成主要实物工作量如表 2-98。

工作区内出露 3 层锰矿,编号为Ⅰ、Ⅱ、Ⅲ,展布于九十九岭背斜南翼。通过普查工作在 3 层矿中圈出 13 个锰矿体。1~7 号矿体产于Ⅰ矿层中,8~11 号矿体产于Ⅱ矿层中,12~13 号矿体产于Ⅲ矿层中。

1 号矿体:分布于矿区北东部,走向延长 1900m,矿体厚 0.50~0.85m,平均 0.69m,矿石均为粉矿,矿体倾向 108°~168°,局部倒转倾向 305°~360°,倾角 25°~67°,平均倾角为 52.5°。

2 号矿体:走向延长 400m,厚 0.50m,矿体倾向 179°,倾角 44°。

3 号矿体:走向延长 1200m,厚 0.61~0.73m,平均 0.66m,矿体倾向 125°~152°,倾角 35°~46°,平均倾角为 40.6°。

表 2-98　田东-天等富锰矿普查项目完成主要实物工作量表

序号	工作项目	单位	工作量
1	1∶1 万地质修测	km^2	57
2	槽探	m^3	7895.5
3	浅井	m	571
4	坑道	m	1011
5	化学样品	个	250
6	小体重	个	20
7	岩矿标本	块	10
8	组合样	个	5
9	化学全分析样	个	4

4 号矿体:走向延长 1350m,矿体厚 0.51~1.23m,平均 0.68m,矿体倾向 108°~165°,倾角 28°~50°,平均倾角为 37.9°。

5 号矿体:走向延长 2300m,厚 0.50~1.10m,平均 0.74m,矿体倾向 130°~210°,倾角 26°~48°,平均倾角为 38.9°。

6 号矿体:走向延长 7400m,厚 0.51~0.78m,平均 0.62m,矿体倾向 143°~190°,倾角 30°~45°。

7 号矿体:走向延长 400m,矿体厚 0.55m,矿体倾向 150°,倾角 36°。

8 号矿体:走向延长 1200m,厚 0.50~0.63m,平均 0.55m。矿体倾向 108°~168°,倾角 35°~67°。

9 号矿体:走向延长 250m,厚 0.52m,矿体倾向 125°,倾角 46°。

10 号矿体:走向延长 250m,厚 0.50m,矿体倾向 130°,倾角 35°。

11 号矿体:走向延长 150m,厚 0.63~0.65m,平均 0.64m。矿体倾向 120°~165°,倾角 45°~50°。

12 号矿体:走向延长 500m,厚 0.50～0.53m,平均 0.52m,矿体倾向 110°～165°,倾角 28°～50°,平均 38.2°。

13 号矿体:走向延长 400m,厚 0.65～0.67m。矿体倾向为 138°～145°,倾角 35°～39°。

矿石化学质量为 Mn18%～41%,平均 32.8%;Fe0.80%～10.87%,平均 4.90%;P 0.023%～0.568%;平均 0.159%;SiO_2 12.26%～73.62%,平均 31.57%。Mn/Fe6.7,P/Mn 0.0048,属低铁中磷富锰矿石。

普查工作共估算氧化锰矿石(333+334)资源量 258.54×10^4t,伴生有益元素金属(334)资源量:钴 3382.85t、镍 7352.81t、银 17.95t。

7)1999 年 9 月至 2003 年 1 月,中国冶金地质勘查工程总局中南地质勘查院利用中央财政资金在桂西南地区开展国土资源大调查项目时对天等县宁干乡、上映乡九十九岭背斜开展过地质工作,共圈出 6 个锰矿体。各矿体特征见表 2-99,分述如下。

①号矿体:展布于九十九岭背斜北翼西端,产状与围岩一致,倾向西北,倾角 30°。

②号矿体:展布于九十九岭背斜北翼西端,倾向西北,倾角 15°～65°,平均 33°。

③号矿体:展布于九十九岭背斜北翼中部,倾向西北,倾角 46°。

④号矿体:展布于九十九岭背斜北翼中部,倾向西北,倾角 53°。

⑤号矿体:展布于九十九岭背斜北翼中部,倾向西北,倾角 42°。

⑥号矿体:展布于九十九岭背斜北翼中部,倾向西北,倾角 40°。

表 2-99　九十九岭背斜北翼矿体特征一览表

矿体号	控制长度(m)	矿体厚度(m)		控制垂深(m)	品位(%)				Mn/Fe	P/Mn	资源量(×10^4t)
		极值	平均		Mn	Fe	P	SiO_2			
①	600	0.80	0.80	60	37.82	5.65	0.144	21.08	6.70	0.003	15.61
②	2690	0.55～1.88	1.02	60	28.36	4.47	0.275	32.41	6.34	0.010	74.90
③	525	0.55	0.55	60	35.06	5.45	0.103	24.00	6.34	0.003	8.24
④	600	0.50	0.50	60	40.54	7.90	0.100	9.60	5.13	0.002	11.76
⑤	600	0.50	0.50	60	26.85	10.83	0.97	18.70	2.48	0.004	7.22
⑥	600	0.48	0.48	60	46.03	6.00	0.079	10.10	7.67	0.002	7.70

8)2001 年 9 月至 2002 年 6 月,广西壮族自治区第四地质队在巴马县良庭锰矿区利用广西国土资源厅地质勘查专项经费开展地质普查工作。工作区范围为东经 107°15′00″—107°18′45″,北纬 24°07′15″—24°09′30″,面积 24km^2。

完成的主要实物工作量为 1∶1 万地质草测 24km^2,槽探 5200m^3,浅井 158m,竖井 194m,坑探 128m,钻探 128.3m/1 个。钻孔未见矿。

矿区内产出Ⅰ、Ⅱ、Ⅲ、Ⅳ矿层,共圈出矿体 10 个。其中Ⅰ矿层中圈Ⅰ-1 号矿体,Ⅱ矿层中圈Ⅱ-1 号矿体,Ⅲ矿层中圈Ⅲ-1 号矿体、Ⅲ-2 号矿体、Ⅲ-3 号矿体、Ⅲ-4 号矿体,Ⅳ矿层中圈Ⅳ-1 号矿体、Ⅳ-2 号矿体、Ⅳ-3 号矿体、Ⅳ-4 号矿体。主矿体特征如下。

Ⅰ-1 号矿体:有 6 个工程控制,控制走向长度约 200m。矿体产于一次级背斜中,呈似层状、透镜状产出，局部出现分叉复合现象。矿体产状：北西翼 295°～300°∠30°～48°，南东翼 142°∠12°。矿体厚度 0.26～1.53m，平均 0.66m。矿石质量：Mn16.39%～46.88%，平均 34.42%；TFe2.13%～6.55%，平均 3.98%；P0.069%～0.300%，平均 0.182%；SiO_2 7.20%～53.80%，平均 24.88%；Mn/TFe3.30%～22.01，平均 10.91；P/Mn0.001～0.008，平均 0.006。

Ⅱ-1 号矿体：有 10 个工程控制，走向控制长度约 1.1km，沿倾向控制最大宽度达 0.8km。矿体产于一次级复式褶皱中，由南至北依次表现为向斜—背斜—向斜褶皱，矿体呈似层状、透镜状产出。矿体产状总体较平缓，倾角 15°～35°，仅于南侧较陡，倾角 60°～70°。矿体厚度 0.30～0.77m，平均 0.58m。矿石质量：Mn10.72%～42.81%，平均 30.19%；TFe0.30%～2.0%，平均 0.95%；P0.070%～0.329%，平均 0.196%；SiO_2 10.37%～76.49%，平均 36.19%；Mn/TFe12.34～142.70，平均 49.83；P/Mn0.004～0.010，平均 0.006。

Ⅲ-2 号矿体：由 4 个工程控制，走向控制长度约 400m。矿体产于一次级背斜中，呈似层状、透镜状或团窝状产出。矿体产状：北西翼 295°～355°∠15°～54°，南翼 195°∠50°。矿体厚度 0.55～1.16m，平均 0.85m。矿石质量：Mn10.39%～21.28%，平均 16.95%；TFe1.56%～3.65%，平均 2.01%；P0.047%～0.159%，平均 0.097%；SiO_2 51.80%～73.97%，平均 61.22%；Mn/TFe4.96～12.52，平均 9.03；P/Mn0.004～0.007，平均 0.005。

Ⅳ-3 号矿体：由 4 个工程控制，控制长度约 700m。矿体呈似层状、透镜状局部团窝状产出。矿体倾向北东或南东东，倾角较缓，16°～38°。矿体厚度 0.5～0.75m，平均 0.63m。矿石质量：Mn12.88%～34.71%，平均 25.83%；TFe0.25%～12.72%，平均 2.98%；P0.105%～2.270%，平均 0.790%；$SiO_2$5.97%～68.90%，平均 37.68%；Mn/TFe10.12～138.84，平均 58.75；P/Mn0.005～0.077，平均 0.028。

Ⅲ-1 号矿体、Ⅲ-3 号矿体由 1 个工程控制，Ⅲ-4 号矿体、Ⅳ-1 号矿体、Ⅳ-2 号矿体、Ⅳ-4 号矿体由 2 个工程控制，规模均较小。

本次普查工作共估算氧化锰矿石(333＋334)资源量共 90.64×10^4 t，估算低品位氧化锰矿石(333＋334)资源量 12.87×10^4 t。

9)2001 年 1 月至 2004 年 9 月，南宁三叠地质资源开发有限责任公司利用自有资金在九十九岭背斜北翼开展普查地质工作，项目名称为“广西天等县把荷锰矿补充普查”。工作区范围为东经 106°49′00″—106°51′00″，北纬 23°07′15″—23°09′15″，面积为 7.84km^2。完成主要实物工作量见表 2-100。

表 2-100　把荷锰矿区补充普查完成主要实物工作量表

序号	工作项目	单位	实物工作量
1	1∶1 万地质修测	km^2	8
2	槽探	m^3	98.2
3	浅井	m	87.6
4	坑道	m	149
5	钻探	m	301.91
6	化学采样	个	229
7	岩矿标本	块	6

普查工作共圈出2个锰矿体，编号为Ⅰ、①。矿体特征如下。

Ⅰ号矿体：控制走向延长400m，沿倾向延深为160m。矿体厚0.88～8.85m，平均厚度2.79m。矿石Mn品位：18.11%～48.72%，平均Mn品位28.02%。矿体呈层状、似层状产出，产状与围岩一致，倾向西北，倾角15°～30°。Mn/TFe8.94，P/Mn0.009，属低铁高磷贫锰矿石。

①矿体：产于断层构造破碎带中，控制长约400m，宽30～50m，氧化深度87～100m，矿体厚度为2.60m，矿石Mn品位：12.43%～53.11%，平均Mn品位30.38%，矿体平均含矿率为16.20%；Mn/TFe7.48，P/Mn0.016，属低铁高磷贫锰矿石。

共估算推测的氧化锰矿石(334)资源量为19.14×10^4t。

10)2005年10月至2006年01月，中国冶金地质总局中南局南宁地质调查所利用自有资金在九十九岭背斜南翼开展详查地质工作，项目名称为“广西天等县那利(宁干)锰矿详查”。工作区范围为东经106°57′45″—106°59′45″，北纬23°07′45″—23°09′00″，勘查面积$4.34km^2$。详查工作完成的主要实物工作量见表2-101。

表2-101 那利详查区详查工作完成主要实物工作量表

序号	工作项目	单位	工作量	备注
1	1∶1万地质简测	km^2	36	
2	1∶2000地质填图	km^2	4	
3	槽探工程	m^3	1370.66	含剥土工程
4	浅井工程	m	80	
5	坑道工程	m	462.5	
6	1∶1000实测剖面	km/条	5.2/1	
7	基本分析样	个	93	
8	岩矿鉴定	片	6	

工作区内产有Ⅱ、Ⅲ两层氧化锰矿，以Ⅱ矿层规模较大，分布较连续，Ⅲ矿层呈断续分布，规模较小。在Ⅱ矿层圈出2个锰矿体，编号为①②，Ⅲ矿层圈出1个锰矿体，编号为③。矿体特征如下。

①号矿体：有16个工程控矿，矿体走向延长3600m，厚0.50～1.11m，平均0.67m，矿体倾向108°～210°，一般为130°～170°，局部有揉皱现象，矿体倾角26°～70°，平均38.23°。

②号矿体：有1个工程(YM12902)控制，矿体走向延长400m，矿体厚0.50～0.59m，平均0.55m。矿体南东翼产状为：倾向330°，倾角36°。

③号矿体：有2个工程控制。矿体走向延长约350m，厚0.51～0.54m，平均0.53m；矿体走向北东，倾向138°～145°，倾角35°～39°，平均37°。

主要化学成分含量：Mn16.98%～44.68%，平均32.92%；TFe5.63%～10.87%，平均6.38%；P0.042%～0.148%，平均0.113%；$SiO_2$21.98%～53.87%，平均26.16%；Mn/Fe平均为5.16，P/Mn平均为0.0034，属中铁中磷中硅富锰矿石。

11)2007年11月，南宁储伟资源咨询有限责任公司以桂储伟审〔2007〕86号文批准的氧化锰矿矿石量见表2-102。

表 2-102　那利锰矿区批准资源量总表

矿层号	矿体号	资源储量类别	矿石工业类型	资源量(t)	Mn品位(%)
Ⅱ	Ⅱ-①	332+333	富矿+贫矿	14 930	31.56
	Ⅱ-②	333	氧化锰富矿	38 261	32.22
	Ⅱ-③	333	氧化锰富矿	24 107	33.40
Ⅲ	Ⅲ-④	333	氧化锰贫矿	18 769	22.59
Ⅱ+Ⅲ	总计	332+333	富矿+贫矿	230 437	31.13

12)2003年8月至2005年4月，中国冶金地质勘查工程总局中南地质勘查院利用中央财政资金开展国土资源大调查项目，项目名称为“广西桂西南百色龙川-燕垌优质锰矿富集区预查”。工作区范围为东经106°48′—107°15′，北纬23°52′—24°10′，面积约680km²。完成主要实物工作量见表2-103。

表 2-103　龙川-燕垌锰矿预查项目完成主要实物工作量表

项目	计划工作量	2003年完成量	2004年完成量	完成总量	百分比(%)
1∶1万地质简测(km²)	65	26.5	41.5	68	104.6
1∶1000实测地质剖面(km)	21	6.497	7.772	14.269	67.95
槽探工程(m³)	7000	2577.1	3896.1	6473.2	92.47
浅井(m)	150	6.5	37.5	44	29.33
坑道(m)	900	408.5	454.1	862.6	95.84
清理老窿(m)		379.5	307.1	686.6	
化学采样(个)	400	123	321	444	111
标本(块)		24	21	45	

通过预查工作，将工作区分为3个锰矿富集区，分别为龙川锰矿富集区、义圩锰矿富集区、巴马锰矿富集区，如图2-23所示。

(1)龙川锰矿富集区：矿层在平面上呈双“V”字形展布，出露总长约为13km。普遍出露Ⅰ、Ⅱ、Ⅲ矿层，控制矿层总长为32.80km，其中Ⅰ矿层总长13km，Ⅱ矿层总长12km，Ⅲ矿层总长6.8km。圈定矿体共8个，其中Ⅰ、Ⅱ矿层3个矿体，Ⅲ矿层2个矿体。各矿体特征分述如下。

Ⅰ-1号矿体：展布于龙川背斜两翼，呈“U”字形展布。矿体在西翼走向近北西向，倾向南西，倾角为18°～54°，平均倾角为30°；矿体在东翼走向近东南向，倾向北东东方向，倾角18°～61°，平均倾角39°。

Ⅰ-2号矿体：展布于龙川背斜中部，矿体北西端倾向北东，平均倾角31°，中部凸起，矿体东南端倾向北西，平均倾角41°。

Ⅰ-3号矿体：展布于龙川背斜东翼，矿体走向南北，倾向东，倾角25°～37°，平均倾角43°。

Ⅱ-1号矿体：展布于龙川背斜两翼，在西翼走向近北西向，倾向南西，倾角为18°～54°，平

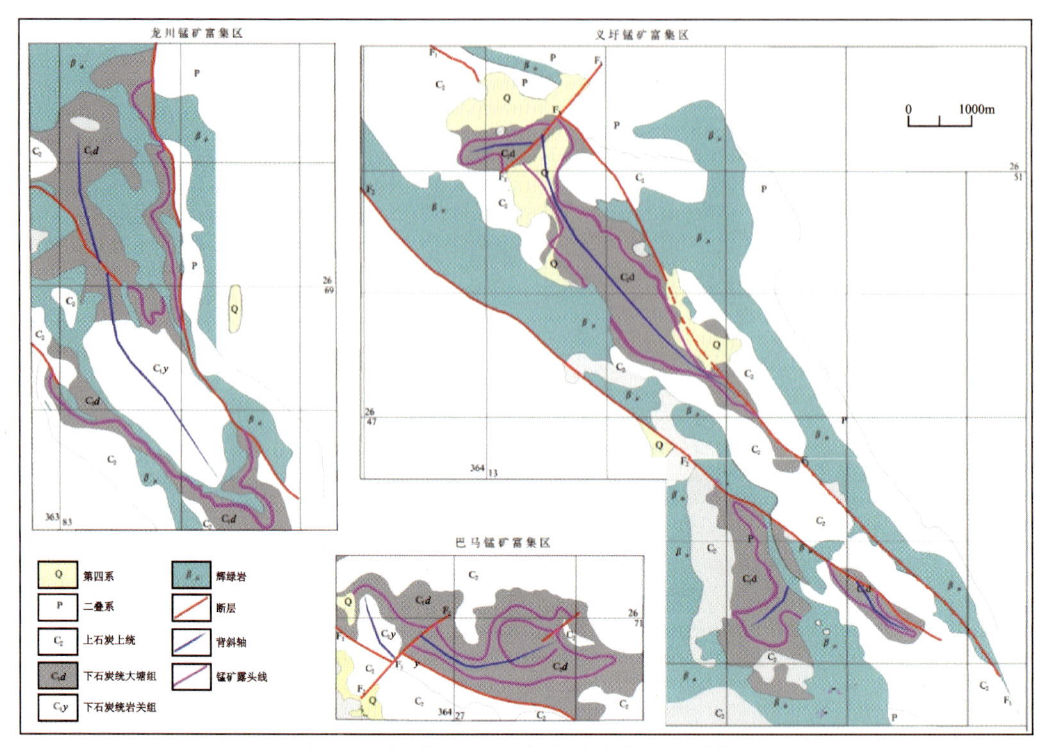

图 2-23　龙川、巴马、义圩锰矿富集区地质简图

均倾角 30°，在东翼走向近东南向，倾向偏东方向，倾角 21°～67°，平均倾角 39°。

Ⅱ-2 号矿体：展布于龙川背斜中部，矿体北西端倾向北东，平均倾角 31°，中部凸起，矿体东南端倾向北西，平均倾角 44°。

Ⅱ-3 号矿体：展布于龙川背斜东翼，矿体走向南北，倾向东，倾角 40°～51°，平均倾角 44°。

Ⅲ-1 号矿体：展布于龙川背斜两翼，矿体在西翼走向近北西向，倾向南西，倾角为 18°～54°，平均倾角 30°；矿体在东翼走向近东南向，倾向偏东方向，倾角为 25°～45°。

Ⅲ-2 号矿体：展布于龙川背斜中部，矿体北西端倾向北东，倾角约 31°，中部凸起，矿体东南端倾向北西，倾角约 37°。

其他特征见表 2-104。

(2)义圩锰矿富集区。

Ⅰ-1 号矿体：展布于义圩背斜西翼，矿体走向近北西向，矿体倾向南西，倾角 35°～79°，平均倾角 57°。

Ⅰ-2 号矿体：展布于义圩背斜东翼，矿体走向北西向，倾向 235°，倾角 38°。

Ⅰ-3 号矿体：展布于义圩背斜东翼，矿体走向北西向，倾向 28°～60°，平均倾向 39°；倾角 50°～74°，平均倾角 64°。

Ⅰ-4 号矿体：展布于义圩背斜南部，矿层在平面上呈“烟斗”状产出，矿层走向变化较大，由北西向转为南北向又转为北东向，矿层倾角 38°～52°，平均倾角 44°。

Ⅱ-1 号矿体：在平面上呈“S”形产出，矿体走向近东西向，倾向 328°～340°，平均倾向 330°；倾角 38°～66°，平均倾角 53°。

Ⅱ-2 号矿体：展布于义圩背斜西翼，矿体走向近北西向，倾向 232°～250°，平均倾向 236°；

倾角 32°～61°，平均倾角 48°。

Ⅱ-3 号矿体：展布于义圩背斜西翼，矿体走向近北西向，倾向 45°～221°，平均倾向 104°；倾角 42°～81°，平均倾角 66°。

Ⅱ-4 号矿体：展布于义圩背斜东翼，矿体走向近北西向，倾向 28°～257°，平均倾向 108°；倾角 42°～70°，平均倾角 55°。

Ⅱ-5 号矿体：展布于义圩背斜南部，矿层在平面上呈"烟斗"状产出，矿层走向由北西向转为南北向又转为北东向，矿层倾角 34°～71°，平均倾角 48°。

Ⅱ-6 号矿体：展布于义圩背斜南东部，矿体走向近北西向，倾向 50°～350°，平均倾向 185°；倾角 30°～72°，平均倾角 46°。

Ⅲ-1 号矿体：展布于义圩背斜东翼，矿体走向北西向，倾向 60°，倾角 52°～70°，平均倾角 61°。

其他特征见表 2-104。

(3)巴马锰矿富集区。

Ⅰ-1 号矿体：展布于巴马背斜北翼，矿体倾向 60°～310°，倾角 24°～30°，平均倾角 29°。

Ⅰ-2 号矿体：展布于巴马背斜中部的小向斜中，在平面图上呈椭圆形产出，矿体倾向 38°～345°，倾角 17°～38°，平均倾角 29°。

Ⅰ-3 号矿体：展布于巴马背斜南翼，矿体倾向 0°～202°，倾角 31°～85°，平均倾角 44°。

Ⅰ-4 号矿体：展布于巴马背斜南翼，矿体倾向 195°～224°，倾角 31°～47°，平均倾角 39°。

其他特征见表 2-104。

3 个锰矿富集区共估算推断的内蕴(333)经济资源量＋(334_1)预测资源量 541.56×10^4t，其中优质氧化锰＋富氧化锰为 175.07×10^4t，占总资源量的 32.33%，具体见表 2-105。

(三)"宁干式"锰矿石质量特征及利用情况概述

1. 矿石质量特征

(1)矿石颜色：以棕黑、灰黑、钢灰色为主。Ⅰ矿层矿石间夹有浅黄、灰白色；Ⅱ矿层矿石偶见灰白色，Ⅲ矿层矿石局部为土黄色。

(2)矿石结构、构造：氧化锰矿石的结构以隐晶质结构、微晶针状结构为主，偶见胶状结构；矿石的构造多为粉状、烟灰状构造、块状、薄层状构造，次为角砾状构造，偶见蜂窝状、豆状构造和葡萄状、肾状构造。其中Ⅰ、Ⅱ矿层以块状、条带状、肾状构造为主，锰矿次生氧后淋滤富集较好，因而锰品位较高，Ⅲ矿层主要为粉状构造。

显微隐晶结构：矿物粒径＜0.01mm，呈他形粒状集合体产出。

微晶针状结构：矿物粒径＜0.01mm，主要为软锰矿呈微晶针状集合体，浸染分布于硅质矿物及黏土矿物中。

粉状构造：为区内主要的矿石构造，主要由微晶状他形锰矿集合体组成。

块状构造：为区内最主要矿石构造，主要分布于Ⅱ矿层，其他矿层较少见。

薄层状构造：为区内次要矿石构造，主要由 1～20cm 的锰矿薄层与含锰硅质泥岩、硅质岩互层组成。

角砾状构造：为区内矿石的次要构造，以构造破碎成因为主。

表 2-104　龙川、巴马、义圩锰矿富集区锰矿体特征一览表

矿层号	矿体(块段)编号	控制长度(m)	矿体厚度(m)		控制延深(m)	品位(%)				Mn/TFe	P/Mn	控制工程个数	备注
			极值	平均		Mn	Fe	P	SiO_2				
Ⅰ	Ⅰ-1	6000	0.50～0.78	0.64	斜深 100	37.75	2.39	0.239	24.01	15.77	0.006	8	龙川锰矿富集区
	Ⅰ-2	900	0.35	0.35		40.73	4.14	0.143	17.79	9.83	0.004	2	
	Ⅰ-3	1300	0.34～0.60	0.44		40.88	2.61	0.246	23.36	15.66	0.006	3	
Ⅱ	Ⅱ-1	3800	0.42～0.75	0.50		38.99	3.75	0.207	24.89	10.39	0.005	8	
	Ⅱ-2	800	0.50～0.62	0.55		44.68	6.86	0.174	13.59	6.52	0.004	2	
	Ⅱ-3	400	0.65	0.65		53.38	1.30	0.130	8.34	41.06	0.002	1	
	小计	5000	0.42～0.75	0.53		42.56	4.03	0.187	19.76	10.57	0.004	11	
Ⅲ	Ⅲ-1	1600	0.30～0.68	0.56		34.97	6.12	0.222	23.91	5.72	0.006	4	
	Ⅲ-2	800	0.53～0.87	0.74		45.15	2.68	0.446	10.54	16.83	0.010	3	
Ⅰ	Ⅰ-1	3000	0.35～0.76	0.56	斜深 80	39.49	1.62	0.214	28.21	24.33	0.005	6	义圩锰矿富集区
	Ⅰ-2	800	0.68	0.68		35.11	1.69	0.244	34.49	20.78	0.007	1	
	Ⅰ-3	800	0.50～0.57	0.54		29.90	4.34	0.315	35.90	6.89	0.011	2	
	Ⅰ-4	2100	0.31～0.70	0.55		40.45	0.77	0.201	23.85	52.20	0.005	5	
Ⅱ	Ⅱ-1	1700	0.40～0.81	0.61		26.37	3.57	0.210	35.58	7.39	0.008	6	
	Ⅱ-2	2400	0.32～0.57	0.53		35.53	3.08	0.412	31.86	11.55	0.012	4	
	Ⅱ-3	1900	0.33～0.80	0.65		29.04	2.42	0.252	41.78	12.01	0.009	7	
	Ⅱ-4	3600	0.50～0.80	0.60		34.03	5.27	0.356	28.39	6.46	0.010	7	
	Ⅱ-5	2900	0.32～0.68	0.52		35.73	2.45	0.252	29.12	14.56	0.007	6	
	Ⅱ-6	2400	0.30～0.59	0.51		34.52	1.74	0.194	27.84	19.80	0.006	7	
Ⅲ	Ⅲ-1	1500	0.52～0.85	0.69		32.25	5.98	0.334	30.72	5.39	0.010	2	
Ⅰ	Ⅰ-1	3500	0.31～0.56	0.48	斜深 60	37.39	2.34	0.169	23.45	15.96	0.005	5	巴马锰矿富集区
	Ⅰ-2	2300	0.51～0.67	0.56		36.82	1.77	0.943	20.79	20.80	0.026	4	
	Ⅰ-3	4700	0.35～0.58	0.48		33.88	2.56	0.264	26.46	13.26	0.008	9	
	Ⅰ-4	1600	0.33～0.61	0.51		24.36	7.14	0.585	36.22	3.41	0.024	2	

表 2-105　龙川、义圩、巴马锰矿富集区资源量估算总表

富集区名称	矿石类型	资源量类别	真厚度（m）	资源量（$\times10^4$t）	矿石品位(%) Mn	TFe	P	SiO_2	Mn/TFe	P/Mn	备注
龙川优质锰矿区	优质富氧化锰矿	333	0.60	2.72	40.64	4.28	0.179	17.72	9.50	0.004	
	优质富氧化锰矿	334_1	0.51	94.92	41.78	3.88	0.154	15.81	10.78	0.004	
	富氧化锰矿		0.57	24.25	42.15	2.72	0.248	20.60	15.49	0.006	
	贫氧化锰矿		0.65	90.62	37.86	3.18	0.327	26.39	11.91	0.009	
	合计		0.58	212.51	40.15	3.45	0.238	20.87	11.65	0.006	
义圩优质锰矿区	贫氧化锰矿	333	0.59	13.63	38.05	2.67	0.306	27.16	14.27	0.008	
	优质富氧化锰矿	334_1	0.50	32.63	38.79	1.07	0.170	27.18	36.40	0.004	
	优质氧化锰矿		0.43	14.43	26.93	0.52	0.083	42.51	51.79	0.003	
	富氧化锰矿		0.64	18.54	30.69	4.22	0.178	20.70	7.28	0.006	
	贫氧化锰矿		0.60	181.71	32.96	3.58	0.309	32.54	9.20	0.009	
	合计		0.58	247.31	33.21	3.12	0.268	31.53	10.65	0.008	
巴马优质锰矿区	优质富氧化锰矿	334_1	0.42	30.37	37.57	2.81	0.152	22.15	13.39	0.004	
	富氧化锰矿		0.52	2.61	44.46	0.12	0.269	9.5	370.50	0.006	
	贫氧化锰矿		0.55	48.75	30.87	3.31	0.583	29.60	9.32	0.019	
	合计		0.50	81.73	33.80	3.02	0.413	26.19	11.18	0.012	
累计	优质富氧化锰矿	333+334_1	0.49	160.64	40.38	3.10	0.157	19.32	13.02	0.004	
	优质氧化锰矿	334_1	0.43	14.43	26.93	0.52	0.083	42.51	51.79	0.003	
	富氧化锰矿	333+334_1	0.59	45.40	37.61	3.18	0.221	20.00	11.82	0.006	
	贫氧化锰矿	333+334_1	0.61	321.08	34.03	3.43	0.356	30.36	9.93	0.010	
	累计	333+334_1	0.57	541.56	36.02	3.23	0.278	26.54	11.14	0.008	

2. 矿石矿物成分

氧化锰矿矿石矿物主要为软锰矿和硬锰矿，次为恩苏塔矿。脉石矿物为硅质、黏土矿物等。

软锰矿：是锰的主要工业矿物，含量1%～54%，呈黑—灰黑色，隐晶状集合体，粒状结构，粒径<0.01mm，呈浸染状分布，常混杂有石英、高岭土、云母及褐铁矿等，有时交代硬锰矿呈脉状分布。

硬锰矿：是锰的主要工业矿物，含量15%～95%，黑—棕黑色，隐晶—微晶粒状集合体及细针状集合体，粒状结构，粒径<0.01mm，常呈层状、团块状、同心层状及脉状分布。

恩苏塔矿：是锰的次要工业矿物，含量2%～10%，粒径<0.11mm，多呈脉状，有时为粒状集合体，常与硬锰矿伴生。

石英：有早期石英和晚期石英两种。早期石英粒径<0.01mm，含量4%～18%，呈隐晶状集合体、斑块状或浸染状分布；晚期次生石英粒径0.1～0.3mm，含量2%～8%，呈脉状分布。

高岭土：是氧化锰矿的主要脉石矿物，粒径<0.01mm，呈隐晶状、鳞片状分散于锰矿物中，有时呈团块状分布，含量6%～49%。

3. 矿体围岩、夹层及夹石特征

(1)顶板：为薄层状硅质岩或泥质硅质岩、硅质泥岩，局部为硅质灰岩或泥灰岩。单层厚度为3～10cm，含锰量较低，一般均小于4.5%。

(2)底板：为薄层硅质岩或泥质硅质岩，局部为含锰硅质泥岩，其单层厚0.5～4cm，另含锰泥岩，其单层厚0.8～5cm。底板围岩也已有不同程度的风化，其含锰较低，一般在4.5%以下，与矿层界线清楚。

(3)夹层：有两层。Ⅰ矿层与Ⅱ矿层之间的夹层编号为夹一，Ⅱ矿层与Ⅲ矿层之间的夹层编号为夹二。

夹一：一般厚为0.4～21.0m，平均4.9～7.34m，主要为硅质岩夹泥岩、含锰泥岩，灰褐、黄黑色，薄层—页理状构造，含锰为0.32%～14.00%，平均5.34%～6.46%，夹层与矿体界线清楚。

夹二：厚度变化较大，一般为0.5～35m，平均5.5～10.8m，最大厚65m，主要为硅质岩夹泥岩、含锰泥岩，灰褐、黄黑色，薄层—页理状构造，含锰为0.22%～9.01%，平均1.07%～5.06%，夹层与矿体界线清楚。

(4)夹石，一般为石英细脉和方解石细脉。厚度均较小，一般为1～10cm，均小于夹石的最小剔除厚度。

4. 矿石类型

矿石自然类型：如前所述，由于"宁干式"锰矿床普遍工作程度低，对含锰岩系深部的含矿性未开展工作。因此，矿石自然类型只有氧化锰矿石一种。

矿石工业类型：一般有贫锰矿石、富锰矿石两种，在龙川锰矿富集区、巴马锰矿富集区、义圩锰矿富集区中还能圈出优质富锰矿、优质锰矿体。锰矿石的最大特点就是低铁，Mn/TFe一般为7.28～51.79。

5. 矿石伴生有益有害组分

根据化学全分析、组合分析结果，"宁干式"锰矿床中的钴、镍、银等伴生有益元素含量较高，Co0.06%～0.36%，Ni0.12%～0.40%，Ag(2.0～10.0)$\times10^{-6}$。根据《铁、锰、铬矿地质勘查规范》(DZ/T 0200—2002)中E.8表中的指标，均可综合回收利用。

如在良庭锰矿普查区内Ⅰ-1、Ⅱ-1、Ⅳ-3号矿体的Zn0.466%～0.89%，Ag(20.0～32.4)$\times10^{-6}$，Co0.025%～0.048%、Ni 0.344%～0.491%。

6. 矿石利用概况

“宁干式”氧化锰矿石主要为粉矿(约占66%)，次为块矿(约占34%)，每种矿石均可直接做冶金锰利用。由于“宁干式”锰矿的工作程度均较低，对矿石选冶性能的研究基本未开展，但民采所采用的一些简单的选冶方式也可提高矿石质量，现摘录如下。

(1)块状矿石：将采出的块状矿石经简单的人工手选，除去部分硅质岩碎块后，矿石锰品位一般能提高3%～5%，而SiO_2却可以降低8%～10%，使氧化锰矿石质量有较大的提高。

(2)粉状矿石：一般都是先剥开矿层的围岩，用随身带有的编织袋装矿石，一边剥围岩，一边装矿石，然后用网眼直径为5mm的铁筛进行筛选。粉状矿石通过筛选后，各种组分提高的绝对值为：Mn5.37%～7.35%，平均6.05%；TFe0.73%～1.35%，平均0.30%；P0.017%～0.050%，平均0.028%；$SiO_2$9.23%～13.00%，平均11.98%。

六、“扶晚式”锰矿床地质工作

“扶晚式”锰矿床主要是指以下三叠统北泗组(T_1b)为含锰岩系，具有浅表氧化锰矿石品位低、需采用含矿率(一般≤20%)才能圈矿体，深部需根据投资方或是矿业权人推荐的指标才能圈出锰矿体这类特征的锰矿床。

“扶晚式”锰矿床的锰矿层一般由薄层状及页片状锰矿单层与薄层状、微层状泥岩互层组成，锰矿单层厚度多数在0.3～1.5cm，泥岩单层厚度常大于锰矿单层厚度，一般1～6cm，且大部分呈白色粉末状、团块状，见照片2-5。

照片2-5 “扶晚式”锰矿含锰岩系照片

“扶晚式”锰矿床目前主要分布于德保县、田东县境内，见图 2-24。在东平锰矿区深部及其周边地区也有类似锰矿石分布，但由于这些地区都是用财政资金开展的地质勘查工作，一律要求采用一般工业指标（边界品位≥10%）圈锰矿体，因此，对这部分锰矿石未估算资源量，对其分布特征了解不够。各个时期的勘查地质工作如下。

（1）1979 年，广西壮族自治区 273 队对足荣扶晚-果福矿区进行过地质普查，估算地质储量 114.4×10^4t。

（2）1985 年，广西壮族自治区地球物理探矿队对扶晚矿区进行初步普查，估算锰矿地质储量 79.43×10^4t。

（3）1986 年 4～12 月，广西壮族自治区地球物理探矿队对足荣扶晚-果福矿区进行详查。

（4）1989 年 3 月至 1992 年 9 月，广西壮族自治区地球物理探矿队对孟棉、领屯、果福东、陇汤等矿段开展普查，重点对孟棉矿段开展详查工作。工作区范围为东经 106°36′42″—106°46′10″，北纬 23°20′50″—23°32′35″，面积约 16.0km²。

完成主要实物工作量为：1∶5000 地形测量 16.5km²，1∶5000 地质测量 16km²，槽探 36 153.04m³，浅井 373m，竖井 265m，钻探 3748.20m，化学样品 3197 个，岩矿鉴定 260 个，光谱分析样 109 个。

采用的圈矿指标是勘查单位通过矿石可选性试验结果、类比东平锰矿区工业指标（锰边界品位≥8%，工业品位 12%），广西地矿局地质矿产处以桂地矿（90）便字第 09 号文批复下达确定的，具体如下。

边界品位：Mn≥10%，工业品位：Mn≥14%，最小可采厚度：0.50m，夹石剔除厚度：0.30m。矿区内共分布有Ⅰ、Ⅱ、Ⅲ、Ⅳ、Ⅴ、Ⅵ矿层。

Ⅰ矿层：以微层状氧化锰矿为主。矿层厚度 0.56～3.77m，Mn 品位 14.03%～18.38%，延深 16～37.5m，共圈矿体 21 个（其中工业矿体 7 个，表外矿体 14 个）。所圈矿体特征见表 2-106。

表 2-106 足荣详查锰矿区表内Ⅰ矿层矿体特征一览表

矿层号	矿层编号	规模(m)			矿体产状	矿体产状(°)
		平均厚度	走向延长	平均斜深		
Ⅰ	$Ⅰ_1$	1.47	78	37.5	似层状	120∠30
	$Ⅰ_2$	2.51	100	16	似层状	225∠24
	$Ⅰ_3$	1.81	190	18	似层状	225∠29
	$Ⅰ_4$	1.50	144	25	似层状	225∠29
	$Ⅰ_5$	2.20	99	25	似层状	246∠80
	$Ⅰ_6$	1.05	49	25	透镜状	80∠46
	$Ⅰ_7$	1.30	108	57	层状	240∠28

Ⅱ矿层：以条带状氧化锰矿为主，夹团块状、微层状及网脉状氧化锰矿。矿层厚度 0.50～3.88m，Mn 品位 14.05%～19.28%，延深 13.3～35m，共圈矿体 38 个（其中工业矿体 14 个，表外矿体 24 个）。所圈矿体特征见表 2-107。

Ⅲ矿层：以条带状氧化锰矿为主夹微层状及团块状氧化锰矿。厚度 0.71～6.39m，Mn 品位 14.04%～20.09%，累计延长 7029m，延深 25～200m，共圈矿体 67 个（其中工业矿体 36 个，

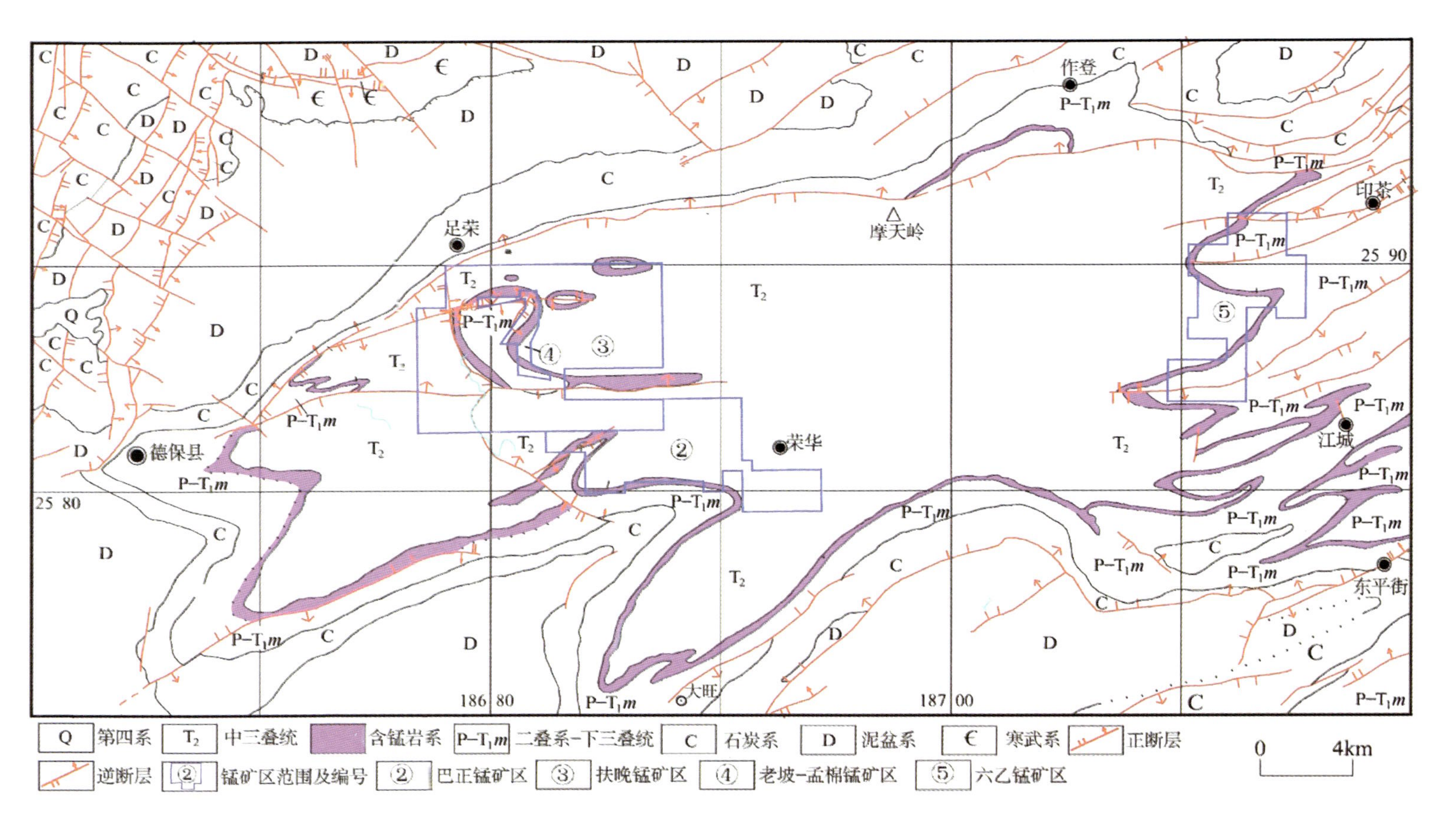

图2-24　“扶晚式”锰矿床分布范围图

表外矿体 31 个)，Ⅲ$_{6}$、Ⅲ$_{11}$、Ⅲ$_{24}$、Ⅲ$_{28}$矿体规模最大。所圈矿体见表 2-108。

Ⅳ矿层：以块状、团块状氧化锰矿为主，夹网脉状、斑块状及条带状氧化锰矿。矿层厚度 0.71～8.95m，Mn 品位 14.04%～21.07%，累计延长 8012m，延深 25～200m，共圈矿体 51 个(其中工业矿体 30 个，表外矿体 21 个)，Ⅳ$_{5}$、Ⅳ$_{10}$、Ⅳ$_{24}$、Ⅳ$_{25}$矿体规模最大。所圈矿体见表 2-109。

Ⅴ矿层：以网脉状、花斑状氧化锰矿为主，局部块状氧化锰矿。矿层厚度 0.60～2.48m，Mn 品位 14.0%～22.17%，共圈矿体 16 个(其中工业矿体 5 个，表外矿体 11 个)。所圈矿体见表 2-110。

Ⅵ矿层：条带状氧化锰矿为主夹网脉状氧化锰矿。该矿层极不稳定，为薄而贫的透镜状矿层。

(5)广西壮族自治区地球物理探矿队于 1993 年 10 月提交《广西德保县足荣锰矿区详查地质报告》(图 2-24)。共估算 C+D 级氧化锰矿石资源量 412.86×10^{4} t，矿床平均 Mn 品位为 15.89%；另计算氧化锰矿石表外储量 163.41×10^{4} t。

表 2-107 足荣详查锰矿区表内Ⅱ矿层矿体特征一览表

矿层号	矿层编号	规模(m)			矿体产状	矿体产状(°)
		平均厚度	走向延长	平均斜深		
Ⅱ	Ⅱ$_{1}$	3.61	173	35	层状	115∠23
	Ⅱ$_{2}$	0.5	100	16	似层状	225∠24
	Ⅱ$_{3}$	1.46	141	25	层状	225∠39
	Ⅱ$_{4}$	1.62	100	25	层状	233∠74
	Ⅱ$_{5}$	1.89	146	25	层状	80∠41
	Ⅱ$_{6}$	1.34	50	13.3	似层状	255∠70
	Ⅱ$_{7}$	0.55	50	25	似层状	25∠23
	Ⅱ$_{8}$	0.96	92	25	似层状	25∠11
	Ⅱ$_{9}$	1.38	98	25	似层状	50∠8
	Ⅱ$_{10}$	0.54	158	25	层状	50∠5
	Ⅱ$_{11}$	1.83	183	25	层状	60∠41
	Ⅱ$_{12}$	1.36	50	38	似层状	60∠9
	Ⅱ$_{13}$	0.88	72	30	似层状	90∠3
	Ⅱ$_{14}$	0.93	228	79	层状	240∠25

表 2-108 足荣详查锰矿区表内Ⅲ矿层矿体特征一览表

矿层号	矿层编号	规模(m)			矿体产状	矿体产状(°)
		平均厚度	走向延长	平均斜深		
Ⅲ	Ⅲ$_{1}$	2.33	288	42.6	层状	290∠42
	Ⅲ$_{2}$	0.56	140	25	层状	250∠10
	Ⅲ$_{3}$	2.66	104	25	层状	88∠16

续表 2-108

矿层号	矿层编号	规模(m)			矿体产状	矿体产状(°)
		平均厚度	走向延长	平均斜深		
Ⅲ	Ⅲ$_{4}$	2.31	92	25	似层状	265∠36
	Ⅲ$_{5}$	3.37	72	25	似层状	247∠51
	Ⅲ$_{6}$	4.33	290	25	层状	135∠33
	Ⅲ$_{7}$	2.8	94	27	似层状	133∠39
	Ⅲ$_{8}$	2.3	106	43.8	层状	113∠45
	Ⅲ$_{9}$	2.64	64	17.5	似层状	212∠29
	Ⅲ$_{10}$	3.21	50	17.5	似层状	215∠24
	Ⅲ$_{11}$	3.31	220	79.2	层状	235∠25
	Ⅲ$_{12}$	4.09	90	22.5	似层状	260∠26
	Ⅲ$_{13}$	2.93	114	40.8	层状	220∠71
	Ⅲ$_{14}$	1.46	100	12.5	层状	193∠58
	Ⅲ$_{15}$	1.48	44	13.8	透镜状	185∠72
	Ⅲ$_{16}$	2.22	362	25	层状	70∠47
	Ⅲ$_{17}$	2.52	142	25	层状	220∠54
	Ⅲ$_{18}$	1.93	38	25	透镜状	75∠65
	Ⅲ$_{19}$	3.69	36	25	透镜状	240∠73
	Ⅲ$_{20}$	0.86	73	40	似层状	25∠23
	Ⅲ$_{21}$	1.73	118	65	层状	25∠23
	Ⅲ$_{22}$	0.82	60	36	似层状	25∠23
	Ⅲ$_{23}$	0.81	104	25	层状	50∠8
	Ⅲ$_{24}$	2.03	756	79	层状	50∠12
	Ⅲ$_{25}$	2.36	70	30	似层状	75∠9
	Ⅲ$_{26}$	1.97	520	44	层状	240∠9
	Ⅲ$_{27}$	3.24	90	45	似层状	40∠45
	Ⅲ$_{28}$	2.25	1162	75	层状	90∠14
	Ⅲ$_{29}$	4.17	94	57	似层状	120∠5
	Ⅲ$_{30}$	1.19	490	45	层状	100∠13
	Ⅲ$_{31}$	1.97	216	48	层状	100∠12
	Ⅲ$_{32}$	0.93	194	28	层状	135∠15
	Ⅲ$_{33}$	2.06	104	25	层状	40∠20
	Ⅲ$_{34}$	1.09	102	40	层状	55∠15
	Ⅲ$_{35}$	2.34	366	59	层状	240∠25
	Ⅲ$_{36}$	0.98	110	25	层状	175∠27

表 2-109　足荣详查锰矿区表内Ⅳ矿层矿体特征一览表

矿层号	矿层编号	规模(m)			矿体产状	矿体产状(°)
		平均厚度	走向延长	平均斜深		
Ⅳ	$Ⅳ_1$	1.61	278	41.4	层状	280∠38
	$Ⅳ_2$	2.28	146	25	层状	240∠30
	$Ⅳ_3$	2.6	100	25	层状	95∠25
	$Ⅳ_4$	2.57	90	25	似层状	275∠52
	$Ⅳ_5$	6.04	338	28.6	层状	130∠36
	$Ⅳ_6$	4.14	188	15	层状	135∠37
	$Ⅳ_7$	2.73	174	31.9	层状	130∠17
	$Ⅳ_8$	5.23	74	17.5	似层状	202∠29
	$Ⅳ_9$	3.38	130	17.5	层状	227∠25
	$Ⅳ_{10}$	4.79	504	73.1	层状	240∠32
	$Ⅳ_{11}$	3.39	90	12.5	似层状	270∠21
	$Ⅳ_{12}$	2.99	45	35.5	透镜状	235∠74
	$Ⅳ_{13}$	3.67	240	43.4	层状	225∠61
	$Ⅳ_{14}$	3.91	190	25	层状	215∠61
	$Ⅳ_{15}$	3.68	56	16	似层状	171∠81
	$Ⅳ_{16}$	4.56	176	22.8	层状	65∠48
	$Ⅳ_{17}$	1.48	48	25	透镜状	80∠40
	$Ⅳ_{18}$	1.38	84	25	似层状	262∠62
	$Ⅳ_{19}$	5.49	144	25	层状	232∠66
	$Ⅳ_{20}$	1.49	176	54	层状	25∠23
	$Ⅳ_{21}$	2.41	390	58	层状	25∠16
	$Ⅳ_{22}$	1.62	300	84	层状	25∠11
	$Ⅳ_{23}$	2.05	640	33	层状	60∠16
	$Ⅳ_{24}$	4.02	728	56	层状	85∠14
	$Ⅳ_{25}$	3.26	1464	81	层状	83∠15
	$Ⅳ_{26}$	0.55	63	25	似层状	120∠15
	$Ⅳ_{27}$	1.83	580	53	层状	100∠16
	$Ⅳ_{28}$	2.71	272	28	层状	100∠11
	$Ⅳ_{29}$	0.77	68	39	似层状	240∠25
	$Ⅳ_{30}$	1.67	236	97	层状	240∠25

表 2-110　足荣详查锰矿区表内Ⅴ矿层矿体特征一览表

矿层号	矿层编号	规模(m)			矿体产状	矿体产状(°)
		平均厚度	走向延长	平均斜深		
Ⅴ	V_1	0.94	90	25	似层状	275∠45
	V_2	0.6	77	25	似层状	253∠36
	V_3	1.2	100	34	层状	242∠73
	V_4	2.07	66	25	似层状	76∠65
	V_5	0.89	68	25	似层状	202∠51

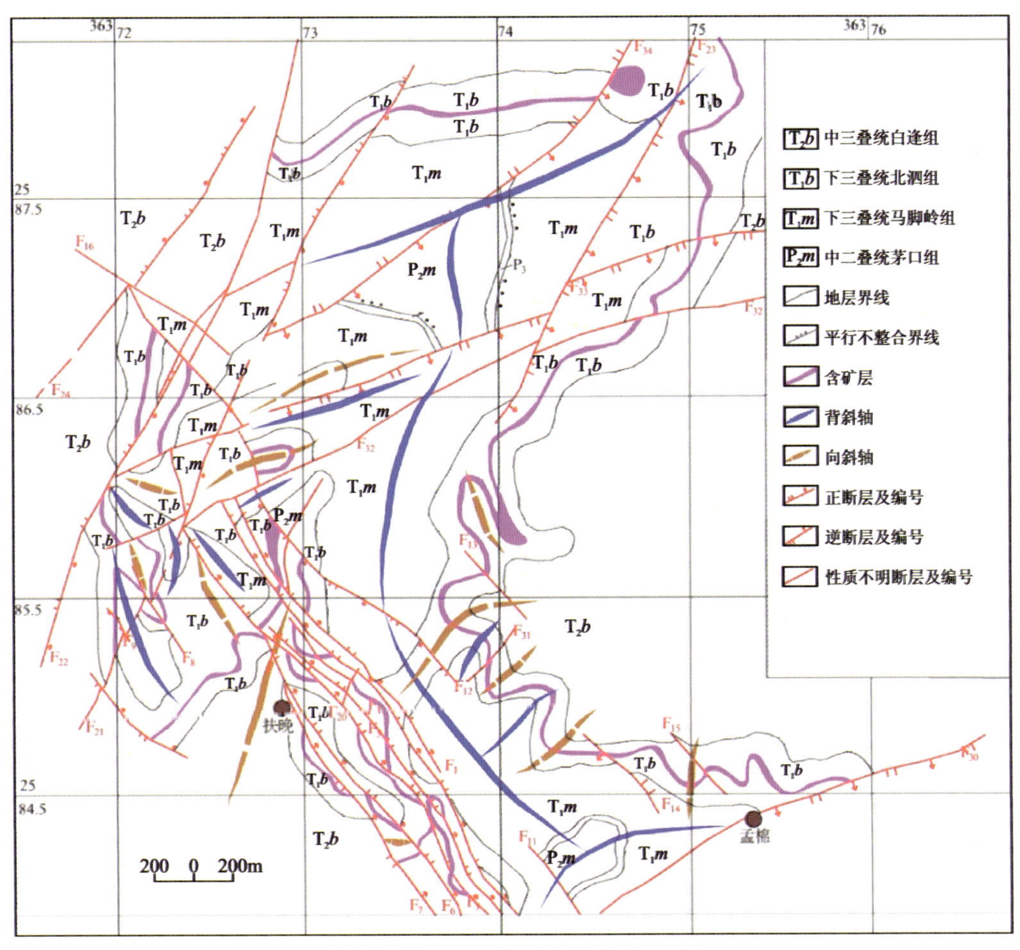

图 2-25　足荣锰矿详查区构造纲要图

(6)2005—2006 年，中国冶金地质总局中南局南宁地质勘查院受业主蒙日山的委托，对探矿许可证范围内的老坡矿段和孟棉矿段的含锰地层中的氧化锰矿，采用槽、井、坑探等手段进行地质普查工作。完成的主要实物工作量见表 2-111。

表 2-111　普查完成主要实物工作量表

序号	工作项目	单位	实物工作量	备注
1	1∶1万地质简测	km^2	40	
2	槽探	m^3	1534.07	
3	浅井	m	71.30	
4	坑道	m	155	
5	剥土	处	14	
6	化学采样	个	222	
7	岩矿标本	块	14	

通过普查地质工作，在孟棉矿段和老坡矿段共圈定了9个氧化锰矿体。矿体展布长100～3800m，矿体厚0.6～2.44m，平均厚度为1.33m。

估算控制的内蕴经济(332)资源量和推断的内蕴经济(333)资源量氧化锰原矿矿石量174.69×10^4t，平均含矿率52.69%，净矿石量90.67×10^4t，全矿床平均厚度1.33m，净矿平均Mn品位26.09%。

(7)2008年8月至2011年1月，南宁三叠地质资源开发有限责任公司对德保县巴正锰矿进行详查。工作区范围为东经106°47′00″—106°54′00″，北纬23°18′00″—23°20′45″，面积约29.37km^2，于2011年2月提交《广西德保县巴正矿区锰矿详查报告》。详查工作完成的主要实物工作量见表2-112。

表 2-112　巴正锰矿区详查地质工作完成主要实物工作量表

序号	工作项目	单位	工作量	备注
1	1∶1万地质简测	km^2	20.93	
2	1∶2000地形测绘	km^2	1.5	
3	1∶1万水文地质测量	km^2	20.93	
4	1∶2000地质修测	km^2	1.5	
5	槽探	m^3	2773.08	41条
6	钻探	m	776.41	8个孔
7	刻槽采样	个	199	
9	岩矿鉴定	块	5	

详查区内控制锰矿层走向地表延长约10km，在Ⅱ、Ⅲ、Ⅳ矿层中圈定了18个锰矿体，Ⅱ矿层1个，编号Ⅱ-①，Ⅲ矿层10个，编号Ⅲ-①～Ⅲ-⑩，Ⅳ矿层7个，编号Ⅳ-①～Ⅳ-⑦。各矿体特征见表2-113。

表 2-113　巴正详查项目锰矿区矿体特征一览表

矿体编号	规模(m)				净矿品位(%)								Mn/TFe	P/Mn	含矿率(%)
	走向长度	平均斜深	厚度		Mn		TFe		P		SiO_2				
			极值	平均	极值	平均	极值	平均	极值	平均	极值	平均			
Ⅱ-①	505	40	0.70～1.04	0.84	20.16～21.40	20.76	4.24～5.69	4.8	0.061～0.104	0.084	42.05～43.77	42.62	4.33	0.004	30.88
Ⅲ-①	750	140	0.79～1.80	1.30	17.45～23.03	21.04	4.13～5.25	4.89	0.062～0.109	0.088	38.22～45.78	41.08	4.39	0.004	35.60
Ⅲ-②	187	70	0.5～2.0	1.25	12.52～21.08	15.37	4.55～7.15	6.29	0.085～0.093	0.088	40.28～44.08	42.82	2.44	0.006	30.79
Ⅲ-③	80	40		0.93		21.33		4.70		0.090		45.00	4.54	0.004	31.30
Ⅲ-④	80	40		0.95		22.33		4.65		0.093		38.62	4.80	0.004	25.47
Ⅲ-⑤	80	40		0.65		19.48		6.17		0.080		43.30	3.16	0.004	30.75
Ⅲ-⑥	415	40	0.53～1.00	0.71	9.73～18.91	15.51	4.96～6.79	5.89	0.046～0.125	0.075	43.60～55.37	47.21	2.63	0.005	41.69
Ⅲ-⑦	365	40	0.60～0.84	0.72	12.37～16.82	13.72	5.18～7.83	6.17	0.038～0.071	0.049	42.26～52.58	47.19	2.22	0.004	34.84
Ⅲ-⑧	260	40	0.79～1.18	0.94	12.08～21.45	17.72	5.09～6.74	5.90	0.038～0.098	0.061	40.24～52.87	44.68	3.00	0.003	35.04
Ⅲ-⑨	258	60	0.74～3.11	2.08	14.97～20.98	18.91	4.81～12.72	8.08	0.065～0.233	0.140	36.69～42.97	38.41	2.34	0.007	28.90
Ⅲ-⑩	314	40	0.56～1.45	1.08	18.23～24.96	20.67	4.95～5.80	5.41	0.047～0.092	0.057	33.49～44.00	40.57	3.82	0.003	33.35
Ⅳ-①	630	40	0.80～0.97	0.87	19.34～23.89	22.13	3.76～4.84	4.48	0.077～0.132	0.101	38.63～43.59	40.88	4.94	0.005	33.80
Ⅳ-②	80	40		1.2		16.58		8.63		0.143		43.13	1.92	0.009	28.42
Ⅳ-③	160	40		0.5		18.38		6.62		0.081		41.26	2.78	0.004	39.68
Ⅳ-④	131	40		0.85		19.08		4.83		0.049		42.24	3.95	0.003	28.26
Ⅳ-⑤	267	40	0.63～0.65	0.64	12.60～20.35	16.41	4.48～5.81	5.13	0.034～0.042	0.038	35.75～53.68	44.87	3.20	0.002	33.71
Ⅳ-⑥	261	40	0.70～0.99	0.86	12.30～24.74	17.78	4.68～8.30	6.56	0.044～0.111	0.069	34.49～52.39	41.63	2.71	0.004	35.59
Ⅳ-⑦	218	40	0.97～1.10	1.04	12.97～21.21	17.81	5.34～10.52	7.11	0.046～0.095	0.064	39.16～47.38	43.22	2.50	0.004	32.32

2011 年 12 月广西壮族自治区矿产资源委员会批准的氧化锰矿矿石量见表 2-114。

表 2-114　巴正锰矿批准锰矿石资源量表

矿层号	资源类别	矿石类型	原矿石量	平均含矿率	净矿石量	净矿品位（%）
			（×10⁴t）	（%）	（×10⁴t）	Mn
Ⅱ+Ⅲ+Ⅳ	332	低品位矿石	0.73	45.82	0.33	17.40
	333		14.25	35.88	5.11	14.84
	332+333		14.98	36.37	5.45	15.00
	332	贫锰矿石	9.50	34.79	3.31	21.55
	333		27.63	32.61	9.01	20.56
	332+333		37.13	33.17	12.31	20.83
	332	贫锰矿石+低品位矿	10.23	35.58	3.64	21.17
	333		41.88	33.72	14.12	18.49

(8)2008 年 12 月至 2011 年 12 月，中国冶金地质总局中南局南宁地质勘查院对德保足荣扶晚锰矿进行详查，于 2011 年 12 月提交《广西德保县足荣扶晚矿区（陇汤矿段、老坡矿段、岜意屯矿段、孟屯矿段）锰矿详查报告》。详查工作完成的主要实物工作量见表 2-115。

表 2-115　详查地质工作完成主要实物工作量表

序号	项目	单位	工作量
1	1∶1 万地质修测	km^2	62
2	1∶2000 地形测绘	km^2	9.9
3	1∶2.5 万区域地表水文地质测量	km^2	156
4	1∶5000 矿段地表水文地质测量	km^2	90
5	1∶2000 地质修测	km^2	9.9
6	1∶1000 实测地质剖面	km	2
7	槽探	m^3	6190.54
8	浅井	m	52
9	旧坑清理	m	437.8
10	钻探	m	25 077.11
11	刻槽采样	个	276
12	岩芯采样	个	2034

在下三叠统北泗组地层中发育有Ⅱ、Ⅲ、Ⅳ、Ⅴ、Ⅵ 5 个矿层，共圈出 31 个锰矿体，控制矿体走向总长约 15km，矿体分布面积近 20km^2。浅部为氧化锰矿层，深部为碳酸锰矿层。其中，以Ⅲ矿层中的矿体最为稳定，次为Ⅱ含矿层，其矿体规模也很大，主矿体为Ⅲ-1、Ⅲ-4、Ⅱ-2 矿体。

3 个主矿体氧化锰矿体厚度 0.72～15.15m，平均厚 3.29m，Mn 品位 5.19%～18.56%，平均 9.92%；碳酸锰矿体厚度 0.85～9.0m，平均厚 3.08m，Mn 品位 5.00%～10.10%，平均 7.06%。

2012 年 1 月南宁储伟资源咨询有限责任公司以桂储伟审〔2012〕03 号文出具《广西德保县足荣扶晚矿区（陇汤矿段、老坡矿段、孟屯矿段、岜意屯矿段）锰矿详查报告》评审意见书，批准资源储量见表 2-116。

表 2-116　扶晚详查区批准资源储量总表

<table>
<tr><th>矿段名称及矿层编号</th><th colspan="2">矿石类型</th><th>资源储量类别及编码</th><th>矿石量（×10^{4}t）</th><th>平均品位 Mn(%)</th><th>备注</th></tr>
<tr><td rowspan="18">陇汤、老坡、孟屯、岜意屯 4 个矿段Ⅱ、Ⅲ、Ⅳ、Ⅴ、Ⅵ矿层总计</td><td rowspan="9">冶金用锰</td><td rowspan="3">氧化锰矿</td><td>122b</td><td>252.15</td><td>9.46</td><td rowspan="9"></td></tr>
<tr><td>333</td><td>175.43</td><td>9.25</td></tr>
<tr><td>122b+333</td><td>427.58</td><td>9.37</td></tr>
<tr><td rowspan="3">碳酸锰矿</td><td>122b</td><td>2192.75</td><td>7.26</td></tr>
<tr><td>333</td><td>5541.01</td><td>7.39</td></tr>
<tr><td>122b+333</td><td>7733.76</td><td>7.35</td></tr>
<tr><td rowspan="3">氧化锰矿+碳酸锰矿</td><td>122b</td><td>2444.90</td><td></td></tr>
<tr><td>333</td><td>5716.44</td><td></td></tr>
<tr><td>122b+333</td><td>8161.34</td><td></td></tr>
<tr><td rowspan="3">低品位氧化锰矿石</td><td rowspan="9">暂定</td><td>332</td><td>60.16</td><td>7.30</td><td rowspan="9">矿床开发经济预可行性研究对低品位矿不利用</td></tr>
<tr><td>333</td><td>83.07</td><td>7.15</td></tr>
<tr><td>332+333</td><td>143.23</td><td>7.21</td></tr>
<tr><td rowspan="3">低品位碳酸锰矿</td><td>332</td><td>105.01</td><td>6.34</td></tr>
<tr><td>333</td><td>379.59</td><td>6.18</td></tr>
<tr><td>332+333</td><td>484.60</td><td>6.22</td></tr>
<tr><td rowspan="3">低品位氧化锰矿石+低品位碳酸锰矿</td><td>332</td><td>165.17</td><td></td></tr>
<tr><td>333</td><td>462.66</td><td></td></tr>
<tr><td>332+333</td><td>627.83</td><td></td></tr>
</table>

(9)2013 年 4 月至 2014 年 12 月，中国冶金地质总局广西地质勘查院在扶晚锰矿区老坡—孟棉矿段开展生产勘探，于 2014 年 12 月提交《广西德保县扶晚矿区老坡—孟棉矿段 1040～575m 标高锰矿生产勘探报告》，采用广西南宁浩元铭锰业有限责任公司通过矿石选冶、预可行性研究、以桂浩政字〔2014〕第 12 号文推荐的指标圈锰矿体，具体见表 2-117。

表 2-117　老坡-孟棉生产勘探项目资源储量估算工业指标表

类别	Mn 品位		备注
	边界品位(原矿)(%)	单工程平均品位(原矿)(%)	
氧化锰矿	5.00	6.50	
碳酸锰矿	5.00	6.50	
矿层最低可采厚度(m)	0.80		
夹石剔除厚度(m)	1.0		

2014 年 12 月 26 日，广西南宁储伟资源咨询有限责任公司以桂储伟审〔2014〕11 号文批准该报告。批准锰矿石(121b+122b+333)资源储量为 2303.11×10^4t。2015 年 3 月 12 日广西壮族自治区国土资源厅以桂资储备案〔2015〕09 号文对评审通过的资源储量进行了备案。

(10)2013 年 11 月至 2015 年 11 月，中国冶金地质总局广西地质勘查院利用广西田东县银山矿业有限责任公司资金在六乙锰矿区开展勘探工作，工作区范围：东经 107°04′00″—107°07′30″，北纬 23°20′30″—23°25′00″，面积为 27.78km^2。完成主要实物工作量见表 2-118。

表 2-118　六乙锰矿区勘探工作完成主要实物工作量表

序号	项目	单位	工作量	备注
1	1∶2.5 万区域地表水文地质测量	km^2	50	
2	1∶5000 矿段地表水文地质测量	km^2	28	
3	1∶2000 地质修测	km^2	5	
4	1∶1000 实测地质剖面	km	10	
5	工程点测量	个	39	
6	槽探	m^3	1069.53	
7	坑探	m	200	
8	钻探	m	9218	
9	刻槽采样	个	115	
10	岩芯采样	个	321	
11	内验样	个	49	
12	外验样	个	36	
13	岩矿鉴定	块	19	
14	物相分析样	个	25	
15	光谱全分析样	个	30	副样组合
16	小体重样	个	52	

详查区内发育有Ⅰ、Ⅱ、Ⅲ锰矿层，通过勘探工作在矿区内共圈出 9 个锰矿体，其中四个

主矿体特征简述如下。

Ⅲ-①号矿体：有 6 个地表、14 个深部工程控制。矿体赋存标高为 76.67～529.08m。共估算氧化锰矿石量 60.49×10^4t，碳酸锰矿石量 606.41×10^4t。

Ⅱ-①号矿体：有 6 个地表、14 个深部工程控制。矿体赋存标高为 73.97～525.08m，共估算氧化锰矿石量 43.94×10^4t，碳酸锰矿石量 528.19×10^4t。

Ⅲ-②号矿体：由 17 个地表、25 个深部工程控制，矿体赋存标高为 76.67～598.85m，共估算氧化锰矿石量 120.78×10^4t，碳酸锰矿石量 1379.85×10^4t。

Ⅱ-②号矿体：由 17 个地表、25 个深部工程控制，矿体赋存标高为 73.97～595.65m，共估算氧化锰矿石量 82.30×10^4t，碳酸锰矿石量 1061.92×10^4t。

其他各矿体特征见表 2-119。

本次勘探工作共估算(121b＋122b＋2M21＋2M22＋333)总资源/储量为 4765.70×10^4t，其中(121b)202.93×10^4t，占总资源储量的 4.26％；(122b)43.05×10^4t，占总资源储量的 0.90％；(2M21)774.48×10^4t，占总资源储量的 16.25％；(2M22)2435.74×10^4t，占总资源储量的 51.11％；(333)1310.51×10^4t，占总资源储量的 26.81％。

氧化锰矿(121b＋122b＋333)资源储量 557.42×10^4t，占总矿石量的 11.70％，碳酸锰矿(121b＋122b＋331＋332＋333)资源储量 4208.27×10^4t，占总矿石量的 88.30％。

具体见表 2-120。

第三节　科研工作

一、前人研究成果

随着矿产勘查工作的开展，在桂西南锰矿富集区也进行了不少专题研究，对矿床成因等也取得了一定的认识。

1980 年以前，主要以陆源海相沉积观点指导矿床研究，对锰矿床的成矿规律及赋存规律做了有益的探讨。如广西冶金地质勘探公司 273 队(1974)的《广西锰矿地质特征和找矿方向》、广西地矿局(1981)《广西锰矿地质特征、成矿规律和找矿标志》等先后对各时期锰矿的形成环境和成矿规律都做了进一步的分析。

20 世纪 80 年代以来，各单位各学科联合开展科学研究，使桂西南锰矿富集区内锰矿研究从陆源海相沉积观点进入到以热水沉积为主要观点的一个崭新阶段，研究成果也提高到一个新的水平。主要研究成果有：

(1)广西地质研究所(1980)《桂西南晚泥盆世锰矿成矿远景区划分》。

(2)广西地质研究所、贵州省区域地质调查所、云南地质二大队(1983)《滇黔桂海西期—印支期沉积锰矿成矿条件及找矿方向》。

(3)广西壮族自治区第四地质队(1987)《广西大新下雷锰矿地质研究》。

表 2-119　六乙锰矿区矿体特征一览表

矿体编号	规模(m)		产状(°)		厚度(m)		极值 Mn(%)		平均 Mn(%)	
	走向长度	斜深	倾向	倾角	极值	平均	氧化锰	碳酸锰	氧化锰	碳酸锰
Ⅰ-①	南翼 810	1370	320	10～40	0.82～2.80	1.03 2.00	6.54～17.06	6.06～10.66	9.00	7.47
Ⅱ-①	南翼 810	1372	320	10～40	1.25～3.49	1.89 2.15	6.54～17.06	6.00～10.66	10.64	8.24
Ⅲ-①	南翼 810	1375	320	10～40	1.08～4.42	2.17 2.44	6.54～17.06	6.00～14.05	9.31	8.17
Ⅰ-②	北翼 1510 南翼 1550	668 1101	140 320	30～50 15～40	0.83～2.80	1.13 1.41	6.63～19.84	6.00～10.09	10.30	7.12
Ⅱ-②	北翼 1510 南翼 1550	677 1105	140 320	30～50 15～40	0.80～3.49	1.63 2.15	6.63～19.84	6.00～10.09	10.28	7.46
Ⅲ-②	北翼 1510 南翼 1550	680 1109	140 320	30～50 15～40	1.00～6.99	2.74 2.98	6.63～19.84	6.00～10.09	10.53	7.45
Ⅰ-③	北翼 1103 南翼 1037	215 232	140 320	10～15 14～20	0.80～2.49	1.59 1.03	6.57～17.06	6.00～10.09	9.62	7.28
Ⅱ-③	北翼 1103 南翼 1037	215 233	140 320	10～15 14～20	0.82～3.32	1.86 1.80	6.57～17.06	7.10～8.68	9.93	7.20
Ⅲ-③	北翼 1103 南翼 1037	216 234	140 320	10～15 14～20	0.91～2.92	1.87 2.61	6.57～17.06	7.10～8.68	9.84	8.12

表 2-120　六乙锰矿区资源/储量估算总表

矿体号	矿石类型	储量级别	真厚度	矿石量	矿石品位							
					Mn	TFe	P	SiO_2	CaO	MgO	Al_2O_3	Loss
			m	$\times 10^4$ t	%	%	%	%	%	%	%	%
Ⅰ+Ⅱ+Ⅲ	碳酸锰矿石	2M21	1.95	774.48	7.84	4.38	0.066	35.06	13.35	3.29	7.58	19.44
		2M22	2.69	2435.74	7.53	4.73	0.087	34.63	13.85	3.31	7.20	19.59
		333	1.94	999.07	7.80	4.84	0.072	35.13	13.21	3.36	7.28	18.89
		2M21+2M22+333	2.37	4208.27	7.65	4.69	0.080	34.83	13.61	3.32	7.29	19.39
	氧化锰矿石	121b	1.97	202.93	10.82	7.16	0.085	31.74				
		122b	1.69	43.05	10.02	5.97	0.061	32.35				
		333	1.95	311.45	9.51	3.96	0.044	22.84				
		121b+122b+333	1.93	557.42	10.06	5.36	0.061	26.74				
	碳酸锰矿石+氧化锰矿石	121b	1.97	202.93	10.82	7.16	0.085	31.74				
		122b	1.69	43.05	10.02	5.97	0.061	32.35				
		2M21	1.95	774.48	7.84	4.38	0.066	35.06				
		2M22	2.69	2435.74	7.53	4.73	0.087	34.63				
		333	1.94	1310.51	8.21	4.63	0.066	32.21				
		121b+122b+2M21+2M22+333	2.32	4765.70	7.94	4.77	0.077	33.88				

(4)广西地质矿产局(1992)《广西锰矿地质》。

上述课题较系统地研究了各时期的沉积环境，讨论了岩相古地理的演化对锰矿形成的控制作用，指出了最有利的沉积相带。

(5)中南地质勘查局宜昌研究所(1991)《湖南广西优质锰矿成矿地质条件及找矿预测》。

(6)中南地质勘查局宜昌研究所(1994)《桂西南地区泥盆系、三叠系优质锰矿成矿规律及成矿预测》。

(7)中南地质勘查局南宁地质调查所(1992)《桂西南地区 1∶10 万岩相古地理及遥感地质调绘》。

(8)中南地质勘查局南宁地质调查所(1994)《湖润锰矿区优质富锰矿及富锰矿沉积相古构造研究及找矿》。

以上(5)～(8)项课题研究了桂西南地区优质锰矿的成矿地质条件，总结了优质锰矿的找矿标志，对优质锰矿进行了成矿预测，均认为优质锰矿广泛存在。

综上所述，桂西南锰矿富集区以往锰矿科研工作主要集中在两个成矿地区：下雷—湖润、足荣—东平，其范围仅占全区的 1/6，石炭系锰矿基本未做研究，且锰矿勘查工作多，调查评价工作少。

针对桂西南锰矿富集区三叠系锰矿的研究工作有如下成果：

(1)1979 年，广西冶金地质勘探公司 273 队综合研究组，在该区开展了《广西天等县东平锰矿床地质特征及富集规律》专题研究工作。

(2)1983 年，广西地矿局韦仁彦对东平矿区含锰地层新采化石标本，经鉴定研究，发现有 90%的化石属于早三叠世标准化石，因此认为东平锰矿含锰地层时代应由原中三叠世百逢组重新修正为早三叠世北泗组。

(3)1983 年，广西地质研究所、贵州省区域地质调查所、云南地质二大队开展《滇黔桂海西期—印支期沉积锰矿成矿条件及找矿方向》课题研究，涉及三叠系锰矿。

(4)1987 年，韦灵敦、树皋等编著的《广西锰矿地质》定稿，该专著对区内早三叠世含锰岩系、岩相古地理及氧化锰矿的找矿远景等均进行过深入研究。

(5)1990—1992 年中南地质勘查局南宁地质调查所在桂西南地区进行《桂西南地区 1∶10 万岩相古地理及遥感地质调绘》地质工作，对本区有涉及。

(6)1993 年，中南地质勘查局宜昌地质研究所王六明等在开展《湖南、广西优质锰矿床成因类型及成矿预测》专题研究时，对东平式锰矿进行了相应的研究工作，认为东平式氧化锰矿净矿石中有优质富锰矿分布。

(7)1994 年中南地质勘查局宜昌研究所开展《桂西南地区泥盆系、三叠系优质锰矿成矿规律及成矿预测》专题研究，对桂西南锰矿成矿规律及成矿预测进行深入研究。

二、以往研究工作存在的主要问题

(1)前述课题研究往往只以东平锰矿床(或是锰质沉积中心)为主要研究对象，对摩天岭向斜其他地段含锰地层所处的岩相古地理环境很少进行研究，以致一直以来无法解释为什么远离东平锰矿床下三叠统的锰矿层数少、厚度小、含锰量低。

(2)对于东平锰矿床来讲，以往对浅表锰帽型氧化锰矿的研究程度较高，对深部碳酸锰矿地质勘查工作也只是进行了了解，所获资料相对稀缺，未深入进行研究，因此，对锰矿床岩相古地理的研究不全面；成矿预测对氧化锰矿深部缺失预测依据，不敢大胆预测，使预测结果漏洞较多、真实性不够，往往不能让人产生足够的信服。

(3)1983 年前，该区各类地质工作对三叠系含锰地层的层位划分缺少化石依据，将含锰地层误定为中三叠统百逢组(T_2b)，因此在收集资料时，必须注意对 1983 年前提交的各类地质资料进行统一修编。

第三章　区域成矿地质背景

第一节　区域地层

区域内出露地层由老至新有寒武系、泥盆系、石炭系、二叠系、三叠系、第四系等。

1. 寒武系(∈)

零星或小面积分布于隆林、那坡和大明山、泗城岭等地背斜核部，为本矿区最老地层。以靖西—德保一线为界，以北为碳酸盐岩相区，以南为碎屑岩相区或过渡区。总厚度大于900m。

碳酸盐岩相区的寒武系仅见于隆林德峨、蛇场、田林周马及那坡弄化等背斜核部，主要为灰岩、白云岩、白云质灰岩和泥质灰岩及少量泥岩，含较丰富的三叶虫等化石。地层厚度大，可分为中统、上统，中统厚约6800m，上统厚度大于2000m。

过渡相分布于大新隘江、天等泗城岭、龙川县武德、靖西吞盘、和温等地，自西向东灰岩减少，碎屑岩增加；在有酸性岩浆侵入的层位中，如德保钦甲复式背斜，探明1处中—大型铜锡矿床，并伴有金矿化，同时也产重晶石和黄铁矿矿床。

2. 泥盆系(D)

早泥盆世海水侵入本区，至晚泥盆世晚期海水退出。其中早泥盆世的沉积环境为潮间带相沉积，下统郁江组岩性以碎屑岩为主，中泥盆世的沉积环境为开阔地台相沉积，中统东岗岭组为碳酸盐岩；晚泥盆世早期海水进一步加深，晚期海水渐退出本区，在本区形成了两个沉积相区：中部大面积出露台地相碳酸盐岩，南部下雷—湖润—把荷和岳圩—地州—龙昌—龙邦一带则为斜坡至海槽相的碳酸盐岩-泥岩-硅质岩组合，为广西最重要的锰矿赋存层位。

3. 石炭系(C)

早石炭世早期，本区继承了晚泥盆世海退特征，至早石炭世晚期海水又重新侵入。石炭纪沉积环境为地台至斜坡相沉积，其中区内下石炭统岩关阶、大塘阶大部分以碳酸盐岩为主；而龙昌、湖润、下雷及上映一带的大塘阶，其下部为薄层硅质岩夹硅质页岩、泥岩，含一至数层锰矿，上部为灰色厚层灰岩、假鲕粒灰岩，含少量燧石结核。

4. 二叠系(P)

中统主要由碳酸盐岩组成，以含燧石灰岩为特征，局部夹火山角砾岩；上统主要为一套碳酸盐岩夹钙质页岩或煤系沉积，底部普遍发育铁铝岩或是铝土矿层，如田东、靖西、德保等地的铝土矿。

5. 三叠系(T)

下统主要岩性为薄层灰岩、鲕粒灰岩、白云岩、白云质灰岩和泥灰岩夹3层至数层贫碳酸锰矿层，局部夹页岩、酸性熔岩、凝灰岩等。其中北泗组是本区重要的含锰层位。

中统为一套以复理石韵律层为主的陆源碎屑岩沉积，由泥岩、粉砂岩、细砂岩(杂砂岩)组成的多种类型的浊积岩系，局部夹泥质碳酸盐岩、凝灰岩、凝灰质砂岩或中酸性火山岩。鲍马层序发育，沉积厚度可达900m。中统是红土型金矿的主要赋矿层位。

6. 第四系(Q)

主要沿河流、谷地、山坡及岩溶洼地中分布。按成因类型可分为河流冲积、洪积、残坡积及洞穴堆积和岩溶塌陷堆积等。

第二节　区域构造

一、主要构造运动及不整合面

对桂西南地区地质发展和成矿作用影响较大的有郁南运动、加里东运动、龙州运动、黔桂运动、东吴运动、苏皖运动、印支运动、燕山运动及喜马拉雅运动。

1. 郁南运动

为寒武纪末，早奥陶世沉积之前的一次地壳隆升，造成本区缺失奥陶系和志留系。

2. 广西运动(晚加里东运动)

为志留纪末的一次运动，使本区下古生界褶皱形成上下古生界之间的角度不整合接触。广西运动结束了本区地槽活动的历史，形成了前泥盆系褶皱基底。

3. 龙州运动(柳江运动)

其时间大致在泥盆纪与早石炭世之间，该运动形成泥盆系与石炭系间的平行不整合。地壳的缓慢上升，造成区域性的海退，使局部地区出露海面并遭受风化剥蚀。同时，海盆地内某些低洼的水下盆地逐渐形成闭塞环境，这对沉积锰的形成具有重要意义。

4. 黔桂运动

造成中二叠统栖霞组与上石炭统马平组之间的平行不整合。西林一带具局部平行不整合特征，马平组与栖霞组之间有一凹凸不平的接触面。

5. 东吴运动

指早晚二叠世之间的地壳运动。在本区形成中上二叠统之间的平行不整合，在二叠系底部沉积铁铝岩和铝土矿。

6. 苏皖运动

指早中三叠世地层与晚二叠世地层之间的假整合，中三叠统上部超覆于上二叠统生物礁灰岩之上。

7. 印支运动

是一次强烈的造山运动，结束了右江再生地槽的历史，并使上古生界和下、中三叠统全面褶皱，基本形成了目前所见的盖层构造型式。

8. 燕山运动

强烈的断裂、断块活动，酸性岩浆侵入，形成小岩株、岩脉及隐伏岩体。

9. 喜马拉雅运动

新构造抬升及断裂活动，使本区西部、北部隆升，构成云贵高原的边缘部分，形成当前的地理格局。

二、褶皱、断裂

右江再生地槽区构造复杂，褶皱、断裂发育，主要为印支运动所形成。加里东运动所形成的基底褶皱构造，出露范围很小，仅在少数背斜核部见到，其形态多不完整。构造线以北西向为主，次为东西向、北东向和南北向。

区内构造特征与沉积建造有着密切的关系，基本上受断槽凹地或盆地及碳酸盐岩台地控制，褶皱复杂，形态多样。在断槽凹地或盆地内，上古生界和三叠系褶皱紧密，具复式、线状、倒转等特点，次级褶皱和层间挠曲、揉皱以及走向逆断层或逆掩断层发育。

从区域上看，本区北部以断槽盆地为主，形成轴向北西-南东的大型复式向斜，以紧密线状褶皱为主，次级褶皱发育。在碳酸盐岩台地，褶皱比较开阔，有简单的箱状/屉状、拱状褶皱或穹隆，也有比较复杂的多高点背斜，有时在两个大型箱状背斜之间夹持着小型尖棱或斜歪褶皱，显示出隔槽式构造特征。背斜轴部和翼部逆、正断层发育，部分环绕背斜（或穹隆）作环状分布。

三、构造单元及特征

桂西南锰矿富集区所处一级构造单元、二级构造单元、三级构造单元、四级构造单元见表3-1及图3-1。三级构造单元的特征如下。

表3-1 桂西南地区构造单元划分表

一级	二级	三级	四级
南华准地台	右江再生地槽（Ⅴ）	桂西拗陷（$Ⅴ_1$）	那坡褶断带（$Ⅴ_{1-1}$）
			西林-百色断褶带（$Ⅴ_{1-2}$）
		都阳山隆起（$Ⅴ_2$）	
		靖西-田东隆起（$Ⅴ_3$）	
		下雷-灵马拗陷（$Ⅴ_4$）	
		西大明山隆起（$Ⅴ_5$）	

1. 桂西拗掐（$Ⅴ_1$）

是右江再生地槽的主要部分，位于本区中、北部，可进一步划分为那坡褶断带、西林-百色断褶带两个四级构造单元。

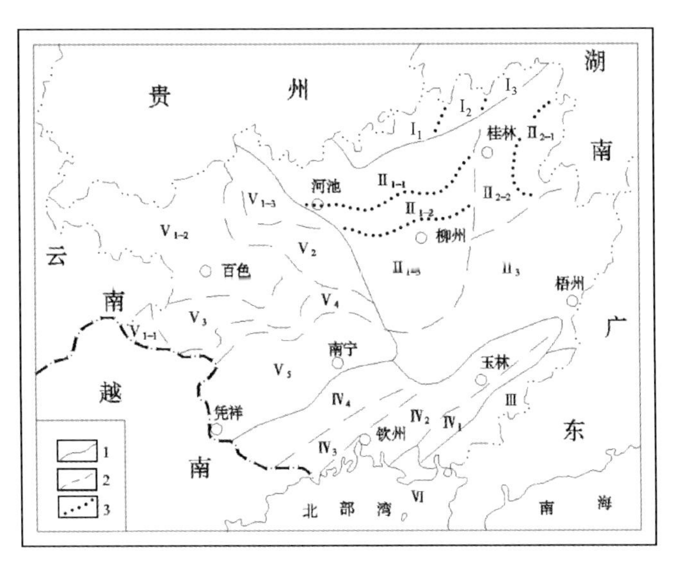

图3-1 广西构造单元分区示意图

1.二级构造单元;2.三级构造单元界线;3.四级构造单元界线

(1)那坡褶断带（$Ⅴ_{1-1}$）：位于那坡县一带，西北、东南分别延入云南及越南境内。本区晚古生代和三叠纪主要为深水盆地相深色燧石灰岩、硅质岩复理石和基性火山岩沉积。印支期基性侵入岩较发育，且多分布于边缘断裂带上。

本褶断带构造极为复杂，主要由三叠系组成一北西向大型复式向斜。由于挤压、剪切作用，岩石破碎，次级褶皱、倒转和平卧褶曲、层间同斜小揉褶、片理、劈理等小型构造发育。次级背斜东北翼陡、西南翼缓，轴面向西倾。

(2)西林-百色断褶带(V_{1-2})：位于北部西林、百色、巴马一带。三叠系发育，分布广，上古生界零星出露背斜轴部。泥盆纪—中三叠世大部分地区属深水、半深水盆地相连续沉积，局部为浅水台地相沉积。

构造线以北西向为主。褶皱呈紧密线状，构成大型右江复式向斜。次级褶皱具尖棱状、拱状特点。右江大断裂斜贯本区，破坏复式向斜轴部，并控制第三纪(古近系＋新近系)盆地的形成和展布。

2. 都阳山隆起(V_2)

位于研究区东北侧，仅小范围出露。晚古生代主要为浅水台地相碳酸盐岩沉积，早、中三叠世为灰岩和复理石沉积。

褶皱断裂均很发育，构造线方向多为北西向，次为南北向。箱状背斜与屉状向斜相间，平行延展。向斜内往往具次级紧密线状褶皱。

3. 靖西-田东隆起(V_3)

位于研究区中部靖西、德保、田东至平果县一带。北部为桂西拗陷，南部为下雷-灵马拗陷。隆起带走向北东东，上古生界分布很广，三叠系零星分布。本区是右江再生地槽的水下隆起带，晚古生代至早三叠世长期处于浅水台地环境，沉积了厚达6000m的碳酸盐岩建造。

本区褶皱比较平缓宽阔。由于受到北西、北东向构造应力作用，构造变形较为复杂，构造方向和褶皱形态也因地而异，差别较大。即有北西向又有北东向或近东西向的褶皱、断裂，有箱状、屉状、拱状背向斜，也有短轴穹隆或构造盆地。

4. 下雷-灵马拗陷(V_4)

位于靖西县龙邦、大新县下雷、田东县江城、武鸣县灵马至大明山一带，受下雷-灵马隐伏深断裂控制作北东东向伸展，大面积发育上古生界和下、中三叠统。泥盆纪早期，本区一度为单陆屑沉积，尔后，在下雷-灵马隐伏深断裂带上发育成为狭长的断槽凹地，发育一套台沟相含锰硅质岩和深灰色燧石灰岩。三叠系为类复理石、复理石沉积，下三叠统为含多层含锰硅质岩，或贫碳酸锰矿复式沉积。

本区构造线大部分走向北东，褶皱一般比较紧密，具有长轴状或复式线状特点，次级褶皱发育。下雷—东平一带北东向逆断层和正断层发育。

5. 西大明山隆起(V_5)

位于大新、崇左、南宁一带，晚古生代和早三叠世大部为地台型沉积，发育碳酸盐岩和单陆屑性建造、基性—酸性火山岩及含煤建造，部分地区早泥盆世晚期—石炭纪为“台沟”相含锰、含磷硅质岩、深色燧石灰岩及扁豆状灰岩沉积。

褶皱平缓宽阔，但被断裂所复杂化。北部为一大型复式背斜，南部则为一大型复式向斜。本区南部断裂极发育，特别是靠凭祥-大黎、那坡深断裂附近，次级断裂成群密布。

第三节　岩浆岩

区域内岩浆岩主要为中生代基性—酸性侵入岩，面积小，分布零星。

1. 加里东期花岗岩

分布于德保县红泥坡背斜北翼，呈小岩支产出，面积 0.1km²，为中细粒黑云母花岗岩，属铝过饱和中碱性—弱碱性岩石。

2. 印支期花岗岩

分布于钦甲穹隆核部，呈近圆形的岩株产出，面积 43km²，侵入寒武系及中下泥盆统。岩石矿物成分主要为斜长石、钾长石、石英等，属 SiO_2 过饱和中碱性岩石。

3. 印支期辉绿岩

分布于本区南部靖西龙邦、地州—湖润及那坡县一带，在北部的者仙、龙川、义圩、百定、龙洪、六相、差圩等地呈不规则脉状、环带状、岩株状产出，侵入于下石炭统—上二叠统灰岩夹硅质岩中，可分为辉长辉绿岩和辉绿岩。

4. 燕山期石英斑岩

多呈单脉状局部具有分支现象，脉宽一般几米到几十米，脉长几百米至几千米，石英斑岩的斑晶与基质成分相同，均以石英为主。

第四节　变质岩

桂西南锰矿富集区内变质岩不甚发育，仅小范围发育有动力变质岩和接触变质岩。前者主要沿构造断裂带发育，岩性主要为构造角砾岩、压碎岩、断层泥等，以及发育在桂西孤立台地边缘的由糜棱岩灰岩、钙质糜棱岩组成糜棱岩带；后者主要发育在岩体与碳酸盐岩的内外接触带，表现为矽卡岩化，如钦甲矽卡岩型铜锡矿床。

第五节　区域地球物理

一、区域磁场特征

区内此前开展过 1∶10 万航空磁测，并圈定了多处航磁异常和隐伏岩体，为在该区开展找矿工作提供了较准确的资料。因此区内各类岩石的磁性参数基本齐全，如图 3-2～图 3-5 所示。

区内条带状圈闭异常带沿北东方向展布，条带状异常由多个正负相伴、圈闭的小型异常引起，推测由多条断裂共同作用引起，推断有断裂沿着正负相伴的异常交会处向北东向展布，东南角落主要由宽缓的磁性低引起。

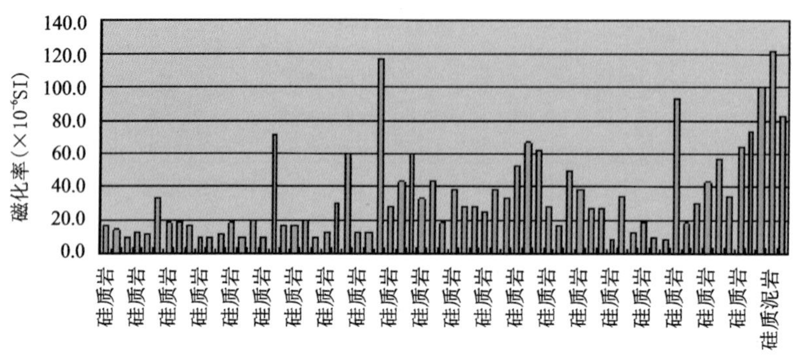

图 3-2　硅质岩磁性特征

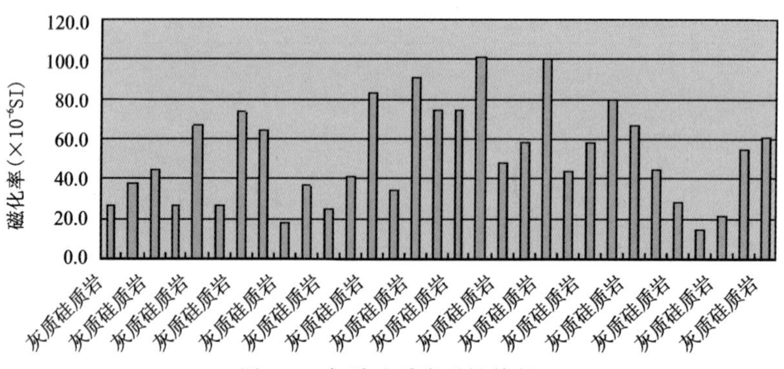

图 3-3　灰质硅质岩磁性特征

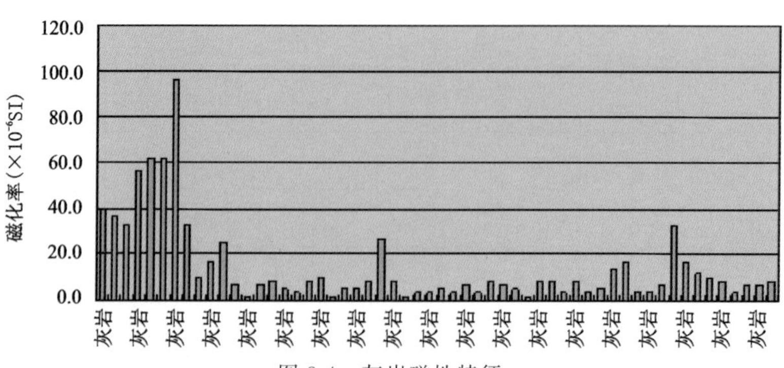

图 3-4　灰岩磁性特征

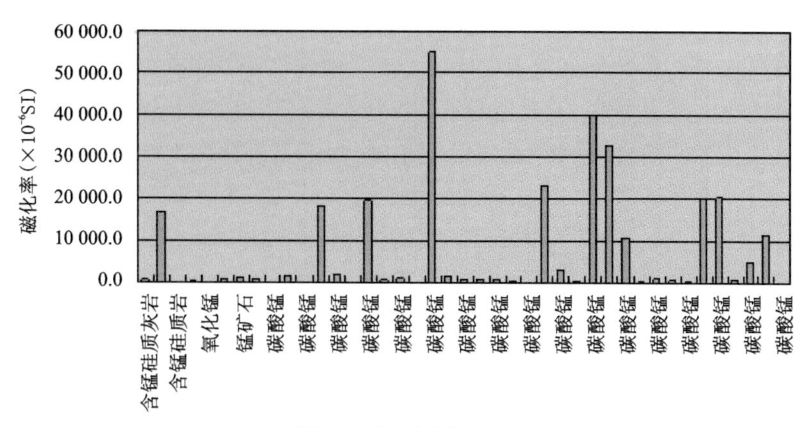

图 3-5 锰矿磁性特征

二、区域电磁特征

区内展布的主要岩性有页岩、粉砂岩、砂岩、砾岩、硅质岩、泥灰岩、凝灰岩、灰岩及白云岩。其中,泥岩、页岩的电阻率为数百欧姆米,属相对低阻的岩石;粉砂岩、砂岩的电阻率从数百欧姆米到数千欧姆米,属相对中高阻的岩石;砾岩、硅质岩、泥灰岩、凝灰岩、灰岩及白云岩的电阻率从数千欧姆米到数万欧姆米,为相对高阻的岩石。整体来看区内各类岩石的电阻率差异比较明显,具体见表 3-2。

表 3-2 岩矿石标本及露头测定电、磁参数表

岩矿石名称	磁化率露头测定（$\times 10^{-3}$SI）	磁化率标本测定（$\times 10^{-3}$SI）	电阻率标本测定（$\Omega \cdot m$）
角岩	0.63	1.43	4840.4
泥质砂岩	0.21	0.54	1722.6
花岗岩	0.15	0.24	6517.6
大理岩	0.13	0.17	8119.2
灰岩	0.03	0.29	6419.6

三、区域遥感地质特征

1990—1992 年原冶金部中南地质勘查局南宁地质调查所在桂西南地区开展《桂西南地区锰矿 1∶10 万岩相古地理及遥感地质调绘》地质工作,对桂西南地区的遥感地质特征做了较详细的研究。

1. 沉积岩遥感影像特征

区域出露的沉积岩大体上可分为3大类:①碎屑岩类;②碳酸盐岩类;③硅质岩-泥岩类。从色彩、色调、结构花纹上,①与②差异明显,容易区分;而①与③则色调、色彩、影纹上差异较小,不易区分,但通过各自的解译标志及层位分布规律,还是可分的。

(1)碎屑岩类:此类主要为砂岩、粉砂岩和黏土岩,如寒武系、下泥盆统、下三叠统、中三叠统的岩性。其影纹特点支沟、主沟均较明显,支沟与主沟一般呈斜交,锐角指向下游,支沟在主沟两侧呈不对称发育,沟间分布不均匀,不甚平直,大部分山体坡度较缓,山顶呈圆滑的丘状,脊岭分支明显,小脊呈不规则状、树枝状分散延伸,地表植物茂盛。在卫片上为暗红色、红色的假彩色。由于部分为耕作区,色调深浅不一,或呈斑块状色斑,色调一般为中—浅色调。此类岩石组合中,含泥质岩石的多少也有反映,含泥质岩石较多时,山体较平缓、平滑,小沟谷较发育,沟谷之间的交角大小亦有不同,主要是其之间透水性和抗风化能力不一的原因。

碎屑岩在航片上的影像特征:一般为均匀的灰—深灰色调,局部因含水性高而出现较深的色调;呈均匀的斑点状影纹,有时见有与地层一致的弧形平行线影纹,影纹细腻,糙度低;水系一般树枝状和羽状,山体明显,在垂直主脊或地层走向上,常出现“指状山”;当碎屑岩成分不同时,在地貌上亦有反映,含砂质高时,地貌的“均质程度”也较高,水系分布较均匀,山体走向不明显;当含泥质成分高时,地貌的“均质程度”就低,水系发育不均,疏密不一,构成的山体较明显。

(2)碳酸盐岩:此类岩石有明显的南方岩溶地貌特点,从小比例尺的卫片可见到呈斑点状或斑块状,山体阴阳面的色调反差悬殊,粗糙感明显,山体呈孤峰、峰林、峰丛、峰屏产出,山脊线不明显或延伸不长,溶蚀沟、坡立谷很发育,沟谷大多发育在一个水平高度上。另外,在各个时代地层上的植被种类及多少有所不同,在卫片上反映的色彩差异,也给地层解译提供了一种依据。

碳酸盐岩在航片上反映的岩溶地貌更能反映出岩石特征,甚至可以从岩溶的发育程度及其特征来区别灰岩或白云岩。影纹特征亦能反映出碳酸盐岩的厚度,微细平行条纹状影纹及菱形网格状影纹是其独具的标志。微细平行影纹是区别岩层厚薄的重要标志之一。碳酸盐岩一般具较深色调和独特的色调组合和最高的糙度,特别在高倍立体镜下,糙度更加明显,可识别出小范围的碳酸盐岩露头。该类岩石还有植被发育不均匀,航片上形成斑块状深浅不一的色调。

(3)硅质岩-泥岩类:此类岩石很接近碎屑岩类,影纹一般较平滑,山体较连续,色调较浅,细部影纹结构与岩石组合的成分有密切关系。如泥质、砂质岩石较多时,更接近碎屑岩,而所夹的碳酸盐岩多时,则又有灰岩类地貌特征,如夹灰岩扁豆,则地貌上常见有孤立的小山包出现。

2. 岩浆岩遥感影像特征

(1)侵入岩的遥感影像特征。区域内较大的岩体仅见德保钦甲花岗岩体,此岩体的遥感影像特征与碎屑岩相同,各级支沟发育,影像细腻清晰,山脊线明显,但延长不大,或弯曲状无规则延伸,和分支色调深浅不一,为深橘红色和大红色假彩色。岩体出露部分环形构造明显。

(2)喷出岩遥感影像特征。区域内喷出岩主要发育在中、下三叠统中,且夹于地层之中,作为地层的一部分,在影像上无法区分开。

3. 地质构造的遥感影像特征

(1)线性构造。线性构造影像特征为地形发生突变,花纹、色调、色彩的突变或呈线性出现;一般来说,中生代以来的断裂构造形成的地貌保存较好,形迹清晰、明显,时代越老的构造,由于受后期构造运动的破坏、改造和掩盖,形迹越难辩认。

遥感影像表明,区内线性构造(断裂构造为主)以北西西、北北西、北东向为主。

(2)环形构造。区内见钦甲环形构造,位于德保县钦甲以南,出现在印支花岗岩、寒武系、下泥盆统那高岭组和郁江组地层之中。环形断裂构造仅见于东北部,西南部由线性断裂相接;在大环形内有两个小套环组成的包容式环形构造,直径 9km。

第六节　区域地球化学

一、区域化探异常特征

1980—1990 年完成了 1∶20 万化探扫面工作,发现了一大批有价值的多金属矿致异常。

铜、铅、锌、钨、锡、镍等元素异常比较发育。异常主要发育在花岗(斑)岩体、辉绿岩体及周边。异常展布面积为 1.0～87.5km^2,异常主要元素含量:Cu0.004%～0.30%,Pb0.003%～0.70%,Zn0.002%～1.0%,Ni0.002%～0.2%,Sn0.002%～0.30%。

异常与已知矿床(点)对应性较好,一般来讲 Cu 达 0.05%, Zn 达 0.2%,Sn 达 0.03%,W 达 0.07%,可见原生矿床或矿化现象。

右江造山带锰异常带呈长方形环状分布,长方形环带宽 50～80km,含括了整个右江造山带,锰的 2 级、3 级高浓度异常在环带上连续分布,在环带上还有 Cu、Fe 族元素、As、Pb、Sb、Zn、Hg 元素异常。

笔者认为:锰的 3 级、4 级高浓度异常分布范围和异常强度与已探明的锰矿化范围基本吻合,但这些异常与矿点分布略有偏差,异常分布在岩相古地理图的台地(或盆内丘台)区域(目前实为三叠纪北泗组的剥蚀区),而锰矿化点往往分布在台地(盆内丘台)向盆地区域。

二、区域自然重砂异常特征

据广西资源潜力评价资料,区内共圈出 8 个异常,其中Ⅰ级异常 3 个,Ⅲ级异常 5 个,其特征见表 3-3。

表 3-3　工作区自然重砂异常参数表

矿物(族)	出现样品数	异常个数	异常下限	最大值	最小值	均值	异常面积
			$\times 10^{-6}$g	$\times 10^{-6}$g	$\times 10^{-6}$g	$\times 10^{-6}$g	km^2
硬锰矿	93	8	1	3290	5	135.07	153.8

区内有锰矿点 7 个,其中足荣、东平、龙怀 3 个锰矿点有硬锰矿异常响应,其他的没有异常分布。

东平锰矿分布有 1 个Ⅰ级硬锰矿重砂异常,异常区面积 27.1km^2,区内硬锰矿以 4 级、5 级高含量点居多,最高含量为 0.003 29g。

除东平锰矿的异常值较高外,区内其他的重砂异常值均较低,异常强度不高,以 1 级低含量点为主。

大多异常分布于中三叠统展布区,硬锰矿矿物应来源于这些含矿地层。重砂异常与矿体或含矿层有一定的联系。

第四章　典型锰矿床地质特征及新研究

桂西南锰矿富集区下三叠统，主要分布于中部、西北角、东北部，见图 4-1。该地层的含矿性差异较大，“大部分地区岩性为浅灰色厚层状夹中厚层状白云岩、白云质灰岩、鲕状灰岩、核形石-豆状灰岩、泥质灰岩等”；含矿性较好的“广西重要含锰层位，主要分布于天等、东平、田东江城、德保荣华等地”（摘自广西 1∶50 万数字地质图 2006 年版说明书），也即只在“广西天等龙原—德保那温地区锰矿整装勘查区”内下三叠统的含矿性较好；德保—百色市以西、田东以北主要为下三叠统罗楼组（T_1l），整装勘查区内则主要为下三叠统马脚岭组（T_1m）、北泗组（T_1b）；北泗组（T_1b）为桂西南锰矿富集区、整装勘查区内三叠系锰矿含锰岩系，其内主要矿床有“东平式”锰矿床、“龙怀式”锰矿床、“扶晚式”锰矿床，典型矿床有东平锰矿、龙怀锰矿、扶晚锰矿。

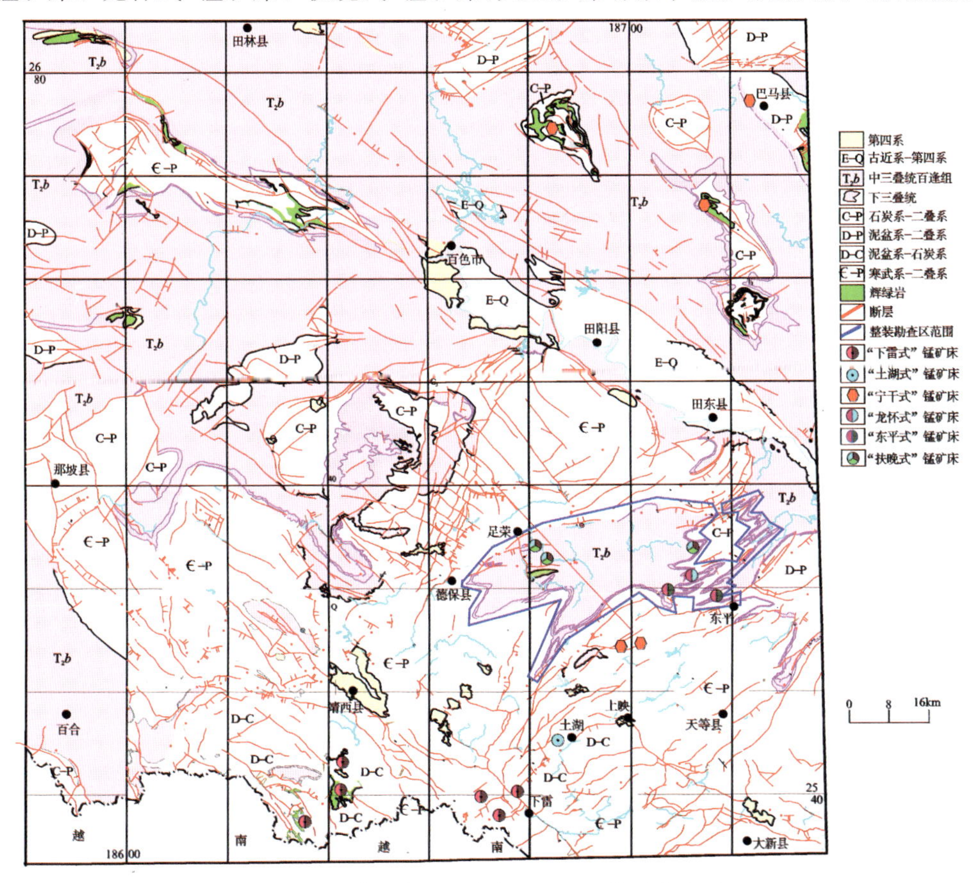

图 4-1　桂西南锰矿富集区下三叠统分布略图

第一节　广西天等县东平锰矿床地质特征

一、矿区勘查、开发简史

东平锰矿床在1979—1981年广西冶金地质勘探公司273队开展勘探地质工作时将整个矿床划分为冬裕、咸柳、驮仁东、那造、驮仁西、顶花岭、渌利、迪诺、驮琶、乌鼠山、洞蒙及平尧12个矿段，如图4-2所示；勘探地质工作的主要对象为浅表的氧化锰矿，并估算资源/储量，对深部的碳酸锰矿只作了解，并未开展深入的研究、勘探工作，也未估算资源/储量。

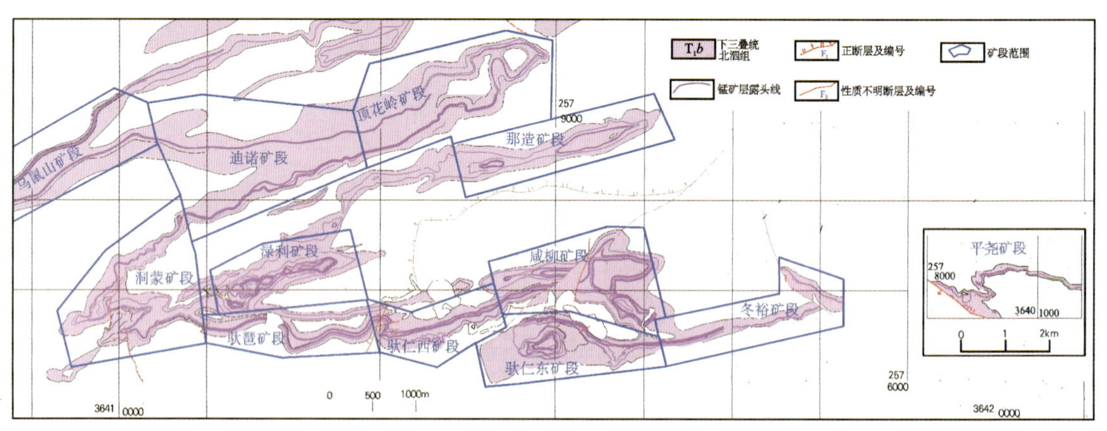

图4-2　东平锰矿区12个矿段位置分布示意图

东平锰矿区内目前规模较大、正常生产的矿山为天等锰矿。矿山始建于1996年，建矿时的名称为广西壮族自治区天等锰矿，在2008年11月转制并改名为中信大锰矿业有限责任公司天等锰矿。

矿山建矿之初只占用了锰矿规模大、开采条件相对良好的驮仁东、驮仁西、渌利、洞蒙4个矿段。矿山设计开采方式为露天开采，开采的对象为氧化锰矿，设计规模为原矿石25×10^4 t/a，矿山生产服务年限25年，稳产19年。设计采矿损失率15%，废石混入率15%。

矿山实际采用露天开采、公路开拓系统、汽车运输、横采掘带采矿方法对氧化锰矿进行开采。起初基本按设计规模原矿石25×10^4 t/a进行开采，但从2003年以后由于采用了先进设备、先进技术并加强管理，大大提高了生产力及效率，天等锰矿实际生产能力已超过设计水平，最大年开采规模达50×10^4 t/a。

矿山为了掌握资源消耗、保有情况，从1993年起多次开展资源/储量核实工作。通过2008年资源/储量核实，查明矿山保有原矿矿石资源/储量838.24×10^4 t。其中推断的(333)内蕴经济资源量364.98×10^4 t，在次要矿体Ⅵ、Ⅶ、Ⅷ、Ⅸ、Ⅹ中探求。这些矿体厚度、规模均较小，连续性差，开采经济价值小。因此，供矿山开采的氧化锰矿资源/储量实际上仅为473.26×10^4 t。经过历年开采，截至2015年12月底，矿山保有氧化锰矿资源/储量仅只有

130×10^4 t,按年开采规模 25×10^4 t、采矿损失率 15%计算,只能开采近 4 年。

东平锰矿区其他 8 个矿段分属不同的矿业公司。这些公司矿山开采活动一般不正常,特别是在全球矿业市场最火爆的那几年里,那些小公司所有的矿山被疯狂乱采、盗采,在只采好矿的无序开采坏境里,氧化锰矿或已经被采完,或已无法再正常开采。总之,东平锰矿区浅表氧化锰矿已所剩无几。

2010 年以后,中国冶金地质总局广西地质勘查院利用国家设置整装勘查区的机会,积极申报中央财政资金项目、地方财政专项资金项目、多方引进商业市场勘查资金对东平锰矿区 11 个矿段深部的碳酸锰矿陆续开展普查、详查工作,累计提交(332+333+334)锰矿石资源量 $(2.0\sim2.5)\times10^8$ t,对“东平式”碳酸锰矿石选冶技术性能、工业价值、经济意义、市场前景进行了初步调查、研究。

二、矿区地质

(一)矿区地层

矿区内出露的地层有上石炭统(C_2)、二叠系(P)、三叠系(T)及第四系(Q),见图 4-3,从老到新分述如下。

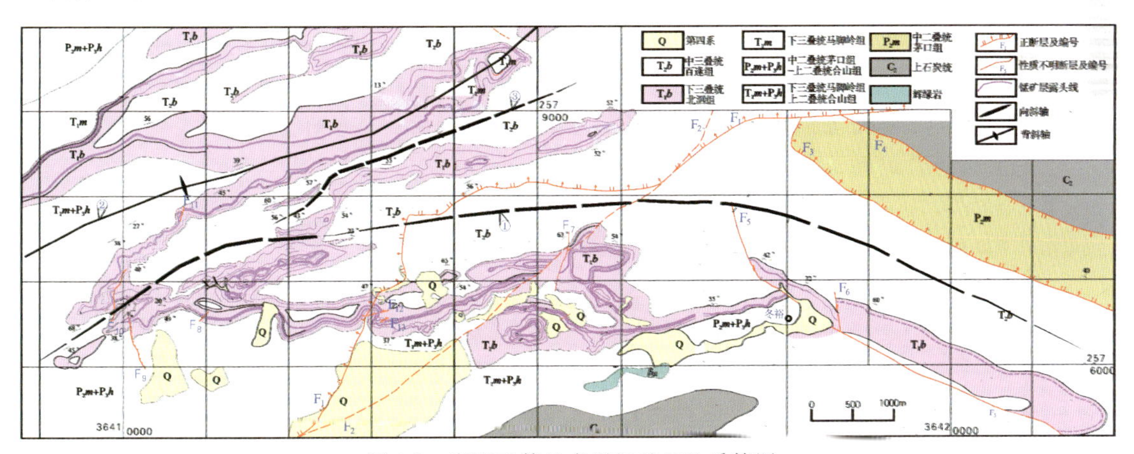

图 4-3 广西天等县东平锰矿区地质简图

1. 上石炭统(C_2)

出露在工作区的南部、东北角,岩性以中层状灰岩为主,厚 478~743m,产蜓类、腕足类、珊瑚等化石。

2. 二叠系(P)

(1)中统(P_2)。

栖霞组(P_2q):分布于矿区的南部、西北角、东北角。岩性为深灰—灰黑色薄层至中厚层状燧石结核灰岩夹硅质岩，厚 70～210m，产䗴类化石。与下伏地层呈平行不整合接触。

茅口组（P_2m）：与栖霞组分布范围一致。岩性为灰色厚层灰岩、含燧石灰岩、深灰色白云岩、白云质灰岩，厚 50～300m，产苏门答腊䗴、格子䗴、新米斯䗴化石。与下伏地层呈整合接触。

（2）上统合山组（P_3h）：与茅口组分布范围一致，在茅口组（P_2m）的北面。岩性下部为灰绿色厚层状含铁铝质泥岩夹砂质页岩、砂岩，上部为灰绿色薄层状钙质页岩、泥岩、页岩，厚 25.7～30m，产古纺锤䗴、喇叭䗴、美丽焦叶贝等化石。与下伏地层呈平行不整合接触。

3. 三叠系（T）

1）下统（T_1）。

（1）马脚岭组（T_1m）：分布在乌鼠山向斜、洞蒙向斜各个次级背斜的核部。岩性下部为灰色厚层灰岩，夹酸性晶质凝灰岩、凝灰岩及厚层竹叶状、角砾状灰岩，上部为浅灰、灰黑色薄至中层状半晶质—稳晶质泥质灰岩、灰岩，顶部夹燧石结核灰岩，有方解石脉穿插。产小耳盘形光海扇、光海扇等化石，厚 150～200m，与下伏地层呈平行不整合接触。

（2）北泗组（T_1b）：分布在乌鼠山向斜、洞蒙向斜等各个次级背向斜的两翼，为工作区的含锰岩系，岩性从下到上分 4 个岩性段。

第一岩性段（T_1b^1）：灰—深灰色薄至中层状微粒含锰硅质泥灰岩、硅质泥灰岩，局部夹粉砂岩、粉砂质泥岩，在浅表由于风化作用钙质流失，含锰硅质泥灰岩风化为硅质泥岩，偶见氧化锰矿层。厚 13.80m，下伏地层呈整合接触。

第二岩性段（T_1b^2）：灰黑—浅灰色微粒—纹层状深灰—灰黑色薄—纹层状含锰硅质泥灰岩互层。在地表上由于风化作用钙质流失，含锰硅质泥灰岩风化为硅质泥岩；自下而上夹Ⅹ、Ⅰ、Ⅱ、Ⅲ、Ⅳ、Ⅴ；在氧化界线以上，矿层均氧化富集成氧化锰矿。

Ⅰ、Ⅱ矿层中见有拟外盆菊石、阿尔巴尔亚菊石、北方菊石、亚哥伦布菊石等化石。厚 40.25m，与下伏地层呈整合接触。

第三岩性段（T_1b^3）：以深灰—灰黑色中层状含锰硅质泥灰岩、硅质泥岩为主，在地表上由于风化作用，钙质流失，含锰硅质泥灰岩风化为硅质泥岩。自下而上夹Ⅵ、Ⅶ、Ⅷ、Ⅸ贫碳酸锰矿层；在氧化界线以上，矿层均氧化富集成氧化锰矿。厚 36.35m，与下伏地层呈整合接触。

第四岩性段（T_1b^4）：深灰色薄—中层状微粒至致密硅质泥灰岩、凝灰质硅质泥灰岩，顶部局部见有含锰硅质泥灰岩层，厚 18.4m，与下伏地层呈整合接触。

2）中统百逢组（T_2b）：分布在乌鼠山向斜、洞蒙向斜的核部。岩性下部为灰绿、灰黑色薄—中层酸性晶屑凝灰岩、凝灰岩、凝灰质泥岩；中部以灰绿、深灰色薄—中层钙质泥岩为主，夹钙质页岩、粉砂岩或凝灰质泥岩，含数层薄层状或扁豆状含锰硅质泥灰岩。总厚大于 100m。产古考菊石、巴拉顿菊石、荷兰菊石等化石。与下伏地层呈整合接触。

4. 第四系（Q）

为褐红—褐黄色残积、坡积及洪积物，主要为亚黏土、亚砂土及岩石碎屑。厚 0～15m。

（二）矿区构造

矿区的地层呈紧密线状接触，褶皱发育，断裂相对不发育，如图 4-2 所示。

1. 褶皱构造

矿区处在区域二级褶皱向都背斜北翼与山月岭向斜南翼之间，主要褶皱构造特征如下。

向斜①(洞蒙复式向斜)：轴向矿区西部为北东向，中部为北东东—近东西，西部北西向；向斜向西收敛，往东撒开。核部地层以中三叠统北逢组(T_2b)为主。两翼出露的地层有下三叠统北泗组第四岩性段(T_1b^4)、第二岩性段(T_1b^2)、第一岩性段(T_1b^1)，下三叠统马脚岭组(T_1m)；马脚岭组在南东翼出露完整，在北西翼零星出露。该向斜为矿区控矿构造，次级褶皱发育，北西翼共发育有1个向斜及1个背斜，南东翼发育有5个向斜及5个背斜。这些次级褶皱是地层及锰矿层呈紧密线状接触产生的。

背斜②(迪诺背斜)：轴向北东，向东收敛，往西撒开，为顶花岭、迪诺、乌鼠山等矿段的控矿构造。核部地层为上二叠统合山组(P_3h)、下三叠统马脚岭组 (T_1m)；两翼出露的地层有下三叠统北泗组第一岩性段(T_1b^1)、第二岩性段(T_1b^2)、第三岩性段(T_1b^3)、第四岩性段(T_1b^4)及中三叠统北逢组(T_2b)。迪诺背斜的南东翼为洞蒙复式向斜的北西翼，次级褶皱发育。

向斜③：为洞蒙复式向斜北西翼上的次级褶皱。向斜呈等轴状产出，规模较小。西部轴向北北东，中东部轴向北东，向西撒开，往东收敛。向斜在西部隆起，发育了2个次级背斜、2个次级向斜，以隐伏为主。核部地层为上三叠统北逢组(T_2b)，两翼地层基本对称，两翼地层倾角43°～48°。

通过地质填图、深部钻孔工程控制，发现一些隐伏的次级褶皱，如图4-4所示。

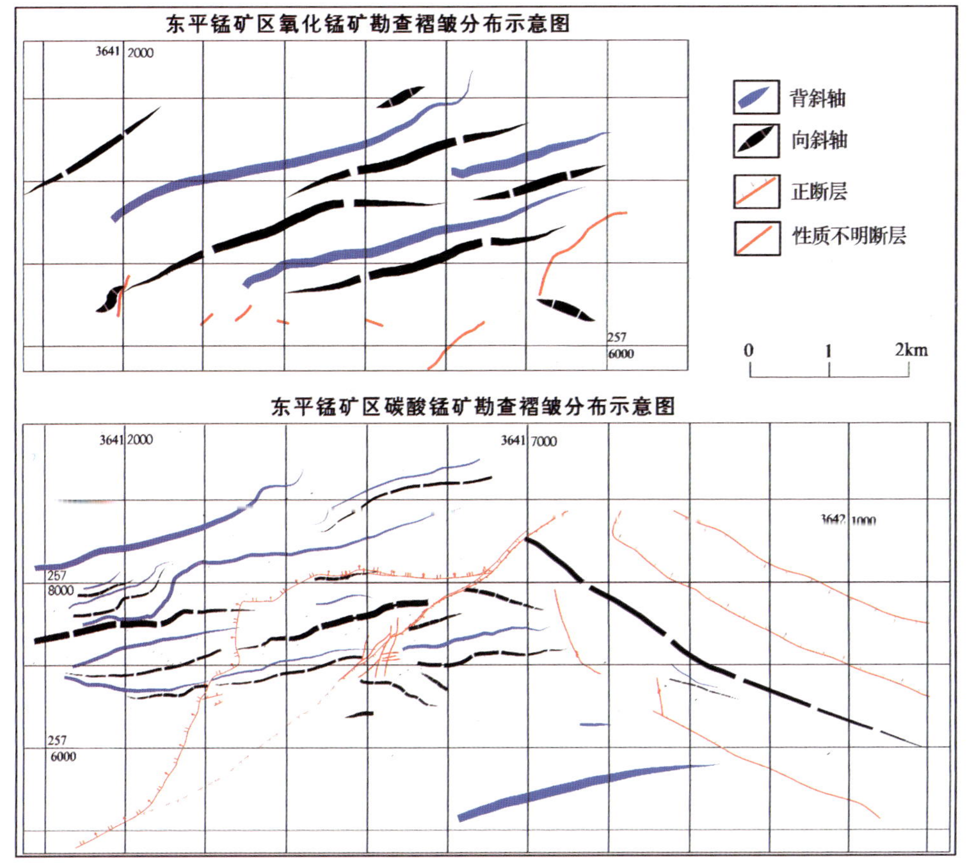

图4-4　东平锰矿区褶皱分布示意图

图 4-4 中，通过碳酸锰矿深部勘查工作，矿区西部(主要为渌利、洞蒙两矿段)的褶皱明显比氧化锰矿勘查时更发育。渌利、洞蒙两矿段已开展了碳酸锰矿详查工作，也即随着对东平锰矿区 12 个矿段内碳酸锰矿勘查程度的提高，一些隐伏的褶皱会被陆续查明，也即东平锰矿区隐伏的褶皱构造十分发育。这些褶皱构造使锰矿层埋藏变浅，对勘查、开发既有利，也有弊。

2. 断裂构造

矿区的断裂构造较发育。规模较大的断层有 F_1、F_2、F_3、F_4、F_5，小断裂有 F_6、F_7、F_8、F_9，如图 4-2 所示。

F_1断层位于矿区的中部，贯穿整个矿区，为区域上的大断层，走向延长大于 30km。在矿区西部，走向北东，约为 27°，在中东部呈北东—近东西向，东部为北东—近东西向。该断层倾向北或北西，倾角 42°～54°，为正断层，北盘或北西盘为下降盘，断距约为 40m。

F_2断层位于矿区的中部，走向北东，约为 30°；两端交会于 F_1断层。该断层倾向南东，倾角 50°～70°，为正断层，南东盘为下降盘，下降幅度不详。

其他断层特征见表 4-1。

表 4-1　东平锰矿区次要断层特征一览表

编号	与矿层的关系	位置	产状	延长(m)	性质
F_3断层	不破坏矿层	位于矿区东北角	走向北西，倾向北东	4800	正断层
F_4断层		位于矿区东北角	走向北西，倾向南西	3650	正断层
F_5断层	错动矿层，错距一般较小	位于矿区东南角	走向北西，倾向不明	5100	性质不明
F_6断层		位于矿区东南部	走向北北西	473	平移断层
F_7断层		位于矿区中部	走向北北东	733	平移断层
F_8断层		位于矿区西南角	走向北东	152	平移断层
F_9断层		位于矿区西南角	75°∠56°	660	正断层
F_{10}断层		位于矿区西南角	99°∠45°	690	平移断层
F_{11}断层		位于矿区西部	走向北东	183	平移断层
F_{12}断层		位于矿区中南部	192°∠30°	260	正断层
F_{13}断层		位于矿区中南部	355°∠65°	105	正断层

(三)矿区岩浆岩

区内岩浆活动比较弱，有海底喷发和侵入两类，以前者为主。侵入岩出露少量辉绿岩脉，分布在工作区的中南部，侵入上二叠统合山组(P_3h)地层内。

喷出岩主要有凝灰岩，产于百逢组(T_2b)下部，一般呈层状，与地层顺层产出，接触带围岩无蚀变现象，大部分地区见 1 层产出，局部地段见有 2 层或 3 层，厚度 0.21～2.61m，一般较稳定。

凝灰岩呈浅灰色、灰色，凝灰结构，块状构造。主要矿物成分为长石，含有绢云母、石英，偶见电气石、金红石、磷灰石、黄铁矿、黄铜矿、闪锌矿等。火山碎屑物约占岩石的75%，多数呈棱角状、次棱角状，颗粒大小多在0.05～2mm之间。

三、含锰岩系特征

含锰岩系下三叠统北泗组（T_1b），根据岩性的不同，可分为4个岩性段29分层，具体见图4-5，各分层岩性详述如下。

系	统	组		段		分层		柱状图	厚度(m)	主要岩性特征
		名称	代号	名称	代号	层号	代号			
三叠系	中统	百逢组	T_2b	下段	T_2b^1				>100	灰绿、深灰色薄—中厚层状细—中粒长石砂岩、钙质泥岩夹粉砂岩、砂岩、页岩、钙质页泥灰质泥岩
	下统	北泗组	T_1b	第四段	T_1b^4	3	Ⅺ		0~0.70	含锰硅质泥灰岩，浅部基本未见氧化锰矿层
						2			18.4	中下部为深灰色薄—中层状微粒—致密硅质泥灰岩、凝灰质硅质泥岩
						1			5.50	浅灰色中厚层状凝灰岩
				第三段	T_1b^3	10	Ⅸ$_2$		1.95~2.26	深灰色细粒含锰硅质泥灰岩，浅部局部为氧化锰矿层
						9	夹12		1.40	深灰—灰黑色中层状细粒硅质泥灰岩，局部为含锰硅质泥灰岩
						8	Ⅸ$_1$		1.27~1.54	深灰色细粒含锰硅质泥灰岩，浅部局部为氧化锰矿层
						7	夹11		17.85	深灰—灰黑色中层状细粒泥灰岩，局部为含锰硅质泥灰岩
						6	Ⅷ		0.82	深灰色细粒含锰硅质泥灰岩，浅部零星为氧化锰矿层
						5	夹10		4.27	深灰—灰黑色中层状细粒硅质泥灰岩、硅质泥岩，局部含锰硅质泥灰岩
						4	Ⅶ		0.83	深灰色细粒含锰硅质泥灰岩，浅部零星为氧化锰矿层
						3	夹9		3.72	深灰—灰黑色中层状细粒硅质泥灰岩、硅质泥岩，局部含锰硅质泥灰岩
						2	Ⅵ		1.04	深灰色细粒含锰硅质泥灰岩，浅部局部为氧化锰矿层
						1	夹8		3.0	深灰—灰黑色中层状细粒硅质泥灰岩、硅质泥岩，局部含锰硅质泥灰岩
				第二段	T_1b^2	15	Ⅴ		1.14	深灰—浅灰薄—纹层状细粒含锰硅质泥灰岩，浅部局部为氧化锰矿层
						14	夹7		2.24	深灰—灰黑微粒，薄—纹层状含锰硅质泥灰岩夹含锰方解石条带或小扁豆体
						13	Ⅳ		3.07~6.13	深灰—浅灰薄—纹层状细粒低品位碳酸锰矿层
						12	夹6		1.35	微粒薄—纹层状硅质泥灰岩，局部为含锰硅质泥灰岩
						11	Ⅲ		2.10~2.18	薄—纹层状含锰硅质泥灰岩，局部为低品位碳酸锰矿层
						10	夹5		2.74	微粒薄—纹层状硅质泥灰岩，局部为含锰硅质泥灰岩
						9	Ⅱ		3.36~8.56	灰黑—浅灰、肉红色微粒，薄—纹层微粒低品位碳酸锰矿层
						8	夹4		1.80	微粒薄—纹层状硅质泥灰岩，局部为含锰硅质泥灰岩
						7	Ⅰ		1.45~2.04	灰黑—浅灰、肉红色微粒低品位碳酸锰矿层
						6	夹3		9.66	微粒薄—纹层状硅质泥灰岩，局部为含锰硅质泥灰岩
						5	Ⅹ$_3$		1.41	微粒薄—纹层状含锰硅质泥灰岩，浅部局部为氧化锰矿层
						4	夹2		2.42	微粒薄—纹层状硅质泥灰岩，局部为含锰硅质泥灰岩
						3	Ⅹ$_2$		1.96	微粒薄—纹层状含锰硅质泥灰岩，浅部局部为氧化锰矿层
						2	夹1		2.42	微粒薄—纹层状硅质泥灰岩，局部为含锰硅质泥灰岩
						1	Ⅹ$_1$		1.58	微粒薄—纹层状含锰硅质泥灰岩，浅部局部为氧化锰矿层
				第一段	T_1b^1				13.80	灰色，薄—中层状微粒硅质泥灰岩夹粉砂岩、粉砂质泥岩

图4-5　东平锰矿区含锰岩系柱状图

1. 第一岩性段(T_1b^1)

灰—深灰色薄至中层状微粒含锰硅质泥灰岩、硅质泥灰岩，局部夹粉砂岩、粉砂质泥岩，厚13.80m。

2. 第二岩性段(T_1b^2)

由15个分层组成。

1分层：微粒、薄层—纹层状硅质泥灰岩，局部为含锰硅质泥灰岩。含锰硅质泥灰岩含锰一般为7%～10%，浅表氧化、富集部分地段可形成锰帽型氧化锰矿层，编号为X_1。分层厚为1.23～2.12m。

2分层：为夹1，主要岩性为微粒、薄—纹层状硅质泥灰岩，局部为含锰硅质泥灰岩，含锰一般为5%～6%。分层厚为1.6～2.42m。

3分层：微粒、薄层—纹层状硅质泥灰岩，局部为含锰硅质泥灰岩。含锰硅质泥灰岩含锰一般为6%～10%，浅表氧化、富集部分地段可形成锰帽型氧化锰矿层，编号为X_2。分层厚为1.63～3.02m。

4分层：为夹2，主要岩性为微粒、薄—纹层状硅质泥灰岩，局部为含锰硅质泥灰岩，含锰一般为5%～6%。分层厚为2.16～3.48m。

5分层：微粒、薄层—纹层状硅质泥灰岩，局部为含锰硅质泥灰岩。含锰硅质泥灰岩含锰一般为5%～9%，浅表氧化、富集部分地段可形成锰帽型氧化锰矿层，编号为X_3。分层厚为1.63～3.02m。

6分层：为夹3，厚9.66m，岩性为微粒薄—纹层状硅质泥灰岩，含锰一般小于5%，为Ⅰ矿层的直接底板。

7分层：厚1.45～2.45m，为Ⅰ矿层。地表为氧化锰矿或含锰泥岩，深部为碳酸锰矿，局部为含锰硅质泥灰岩。碳酸锰矿走向、倾向上连续性均很好。

8分层：为夹4，微粒薄—纹层状硅质泥灰岩，含锰一般小于5%。

9分层：厚3.36～8.56m，为Ⅱ矿层，地表为氧化锰矿，深部为碳酸锰矿，局部为含锰硅质泥灰岩。碳酸锰矿走向、倾向上连续性均很好。

10分层：为夹5，微粒薄—纹层状硅质泥灰岩，含锰一般小于5%，原生带、氧化带中均不能形成工业矿体，为锰矿层中的夹层。

11分层：厚2.1～2.18m，为Ⅲ矿层，地表为氧化锰矿，深部以含锰硅质泥灰岩为主，局部为碳酸锰矿。碳酸锰矿走向、倾向上连续性均很差。

12分层：为夹6，微粒薄—纹层状硅质泥灰岩，含锰一般小于5%，原生带、氧化带中均不能形成工业矿体，为锰矿层中的夹层。

13分层：厚3.07～6.13m，为Ⅳ矿层，地表为氧化锰矿，深部为碳酸锰矿。走向、倾向上连续性均很好。

14分层：为夹7，微粒薄—纹层状硅质泥灰岩，含锰一般小于5%，原生带、氧化带中均不能形成工业矿体，为锰矿层中的夹层。

15 分层：厚 1.14m，岩性为微粒薄—纹层状含锰硅质泥灰岩，原生带中含锰一般为 5%～8%，不能形成矿体，氧化带中局部能形成工业矿体，锰矿层编号为Ⅴ。

3. 第三岩性段（T_1b^3）

由 10 个分层组成。

1 分层：为夹 8，厚 3.00m，岩性为微粒薄—纹层状硅质泥灰岩，含锰较低，一般小于 5%，原生带、氧化带中均不能形成工业矿体，为锰矿层中的夹层。

2 分层：厚 1.04m，岩性为微粒薄—纹层状含锰硅质泥灰岩，原生带含锰较高，一般为 5%～8%，但不能形成矿体，而氧化带中局部能形成工业矿体，氧化锰矿层编号为Ⅵ。

3 分层：为夹 9，厚 3.72m，岩性为微粒薄—纹层状硅质泥灰岩，含锰较低，一般小于 5%，为锰矿层中的夹层。

4 分层：厚 1.04m，岩性为微粒薄—纹层状含锰硅质泥灰岩，一般为 5%～8%，不能形成矿体，氧化带中零星能形成工业矿体，氧化锰矿层编号为Ⅶ。

5 分层：为夹 10，厚 4.27m，岩性为微粒薄—纹层状硅质泥灰岩，含锰一般小于 5%，为锰矿层中的夹层。

6 分层：厚 0.82m，岩性为微粒薄—纹层状含锰硅质泥灰岩，原生带含锰一般为 5%～8%，不能形成矿体；氧化带中零星能形成工业矿体，氧化锰矿层编号为Ⅷ。

7 分层：为夹 11，厚 17.85m，岩性为微粒薄—纹层状硅质泥灰岩，含锰一般小于 5%，为锰矿层中的夹层。

8 分层：厚 1.27～1.54m，原生带中大部分地段为微粒薄—纹层状含锰硅质泥灰岩，仅洞蒙矿段局部地段能形成工业矿体，含锰一般为 5%～8%，氧化带中局部能形成工业矿体，矿层编号为$Ⅸ_2$。

9 分层：夹 12，厚 1.40m，岩性为微粒薄—纹层状硅质泥灰岩，在原生带中含锰一般小于 5%，为锰矿层中的夹层。

10 分层：厚 1.95～2.26m，原生带中大部分地段为微粒薄—纹层状含锰硅质泥灰岩，仅洞蒙矿段局部地段能形成工业矿体，含锰一般为 5%～8%，氧化带中局部能形成工业矿体，矿层编号为$Ⅸ_1$。

4. 第四岩性段（T_1b^4）

由 3 分层组成。

1 分层：浅灰、灰、灰白色、浅灰绿色中厚层状、块状凝灰岩。

2 分层：深灰色薄—中层状微粒—致密硅质泥灰岩，一般含锰很低。

3 分层：深灰色薄—中层微粒至致密硅质泥灰岩、凝灰质硅质泥灰岩，顶部局部见有含锰硅质泥灰岩。氧化带中能形成氧化锰矿层，氧化锰矿层编号为Ⅺ，基本见不到。

四、矿层(体)地质特征

根据1982年广西冶金地质勘查公司提交的《广西天等县东平氧化锰矿床地质勘探报告书》中圈矿指标:边界 Mn≥8%、工业 Mn≥12%、Fe<11%、P/Mn<0.009、最低可采厚度为0.50m、夹石剔除厚度为0.50m,圈出14层氧化锰矿,由下而上编号为 $Ⅹ_1$、$Ⅹ_2$、$Ⅹ_3$、Ⅰ、Ⅱ、Ⅲ、Ⅳ、Ⅴ、Ⅵ、Ⅶ、Ⅷ、$Ⅸ_1$、$Ⅸ_2$、Ⅺ。

2010年以来,中国冶金地质总局广西地质勘查院利用中央财政资金、地方财政专项资金、社会商业投入资金在东平锰矿区开展普查、详查工作,先后施工了115个钻孔,有111个钻孔控制到碳酸锰矿层,4个钻孔控制碳酸锰矿层厚度达不到最低可采厚度。

工作区的范围相当于东平锰矿区12个矿段中的冬裕、咸柳、驮仁东、那造、驮仁西、顶花岭、渌利、迪诺、驮琶、洞蒙、平尧11个矿段(少乌鼠山矿段),碳酸锰矿层受洞蒙复式向斜(图4-6中编号②)及其两翼、西南转折端上的次级褶皱控制。

涉及的项目有中央财政勘查资金项目《广西田东—德保地区矿产地质调查》《广西天等县天等锰矿接替资源勘查》,广西区财政地质勘查专项资金项目《广西天等县东平锰矿区外围碳酸锰矿普查》《广西天等县东平锰矿区那造矿段碳酸锰矿普查》《广西天等县东平锰矿区冬裕—咸柳矿段碳酸锰矿普查》《广西天等县东平锰矿区平尧矿段碳酸锰矿普查》,企业投资勘查项目《广西天等县天等锰矿详查》等。各项目工作区范围如图4-6所示。

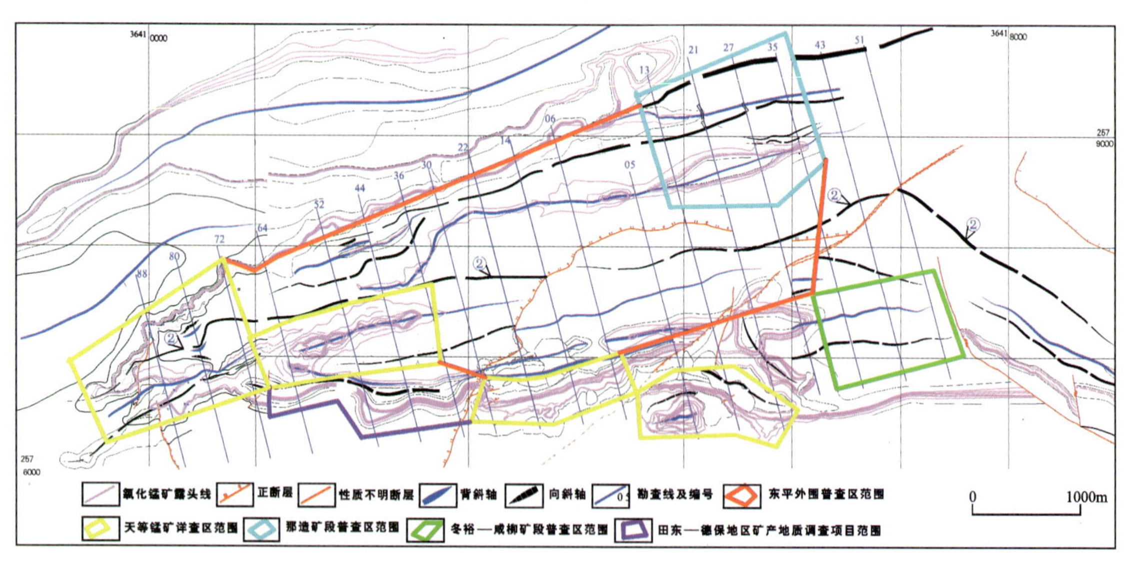

图4-6　东平锰矿区碳酸锰矿勘查项目范围分布示意图

所有财政项目均根据《铁、锰、铬矿地质勘查规范》(DZ/T 0200—2002)中冶金用锰一般工业指标:边界 Mn≥10%、单工程平均 Mn≥15%、最低可采厚度为0.50m,夹石剔除厚度为0.30m,圈碳酸锰矿层(体)。其中Ⅰ、Ⅱ、Ⅲ、Ⅳ4个主要氧化锰矿层氧化界线以下可圈出碳酸锰矿层，Ⅹ、Ⅵ、Ⅶ、Ⅷ、Ⅸ等 6 个次要氧化锰矿层局部可圈出碳酸锰矿层，局部为含锰泥灰岩。

（一）氧化锰矿层（体）特征

1. 矿层（体）特征

1）冬裕矿段：矿层分布于利江河 27 线以东至 67 线的范围，F_2 断层在 59 线附近将主矿层错断成东、西两段，水平距离约 550m，其分支或侧翼断层 F_{13} 走向北北西，长约 60m。东段控制最大延长 600m，西段控制最大延长 1800m，倾向北或北东，倾角较陡，Ⅲ矿层西段在 41～49 线（长 335m）中断不连续，东段则于 65 线以东并入Ⅳ矿层，Ⅴ矿层在 67 线、Ⅳ矿层在 55 线零星出露，其余均不发育。矿层分布、规模、产状变化见表 4-2。

2）驮仁东矿段：矿层分布于利江河 27 以西到尾矿池 4 线之间，单斜矿层与冬裕矿段西延部分连接，西为尾矿池与冲积层所隔断，向北倾，倾角一般较陡，15～17 线地表往南与另一平缓向斜残留部分（驮仁东小向斜向东延长部分）连接，倾角较平缓，向斜（驮仁东小向斜）矿层分布于矿段西端南侧 6 线到 4 线之间，轴向东西，两翼倾向核部，东西部闭合呈盆状，倾角较缓。

表 4-2　冬裕矿段矿层分布、规模、产状变化特征表

<table>
<tr><th rowspan="3">矿层号</th><th rowspan="3">分布</th><th colspan="5">规模（m）</th><th rowspan="3">产状
倾向∠倾角（平均倾角）</th><th rowspan="3">变化情况</th></tr>
<tr><th rowspan="2">延长</th><th colspan="3">延深</th><th rowspan="2">平均厚</th></tr>
<tr><th>最小</th><th>最大</th><th>平均</th></tr>
<tr><td rowspan="2">Ⅳ</td><td>东段 63～67 线</td><td>574</td><td></td><td></td><td>50</td><td rowspan="2">3.68</td><td>39°～55°∠60°～85°(73°)</td><td rowspan="9">①39 线矿层浅部倒转向南倾，倾角 41°～70°；②F_3 断层西侧 59 线矿层受拖曳作北东走向并倒转南倾，倾角 72°～78°</td></tr>
<tr><td>西段 27～59 线</td><td>1800</td><td>27</td><td>50</td><td>47</td><td>340°～354°∠45°～75°(63°)</td></tr>
<tr><td rowspan="3">Ⅲ</td><td>东段 63 线</td><td>250</td><td></td><td></td><td>50</td><td rowspan="3">0.89</td><td>65°∠75°</td></tr>
<tr><td>西段 51～59 线</td><td>765</td><td></td><td></td><td>50</td><td rowspan="2">350°～0°∠41°～71°(56°)</td></tr>
<tr><td>西段 21～39 线</td><td>700</td><td></td><td></td><td>50</td></tr>
<tr><td rowspan="2">Ⅱ</td><td>东段 62～67 线</td><td>582</td><td></td><td></td><td>50</td><td rowspan="2">4.28</td><td>39°～50°∠55°～75°</td></tr>
<tr><td>西段 27～59 线</td><td>1800</td><td>22</td><td>50</td><td>47</td><td>346°～10°∠55°～75°(61°)</td></tr>
<tr><td rowspan="2">Ⅰ</td><td>东段 63～67 线</td><td>594</td><td></td><td></td><td>50</td><td rowspan="2">2.32</td><td>39°～50°∠55°～75°(71°)</td></tr>
<tr><td>西段 27～59 线</td><td>1800</td><td>33</td><td>50</td><td>48</td><td>345°～15°∠46°～70°(51°)</td></tr>
</table>

11 线断层 F_{18}，产状 334°∠72°，延长 130m，属南北构造张性成分。矿层分布、规模、产状见表 4-3，表 4-3 中未列的矿层在本矿段均不发育。

表 4-3　驮仁东矿段矿层分布、规模、产状变化特征表

矿层号	分布	规模(m)					产状 倾向∠倾角(平均倾角)	变化情况
		延长	延深			平均厚		
			最小	最大	平均			
Ⅴ	单斜 27～0 线	1192	6	50	38	0.74	350°～35°∠57°～80°(69°)	①13 线 TC5/13 以西至 7 线单斜主矿层产状变化为 159°～235°∠31°～86°，深部和转折端倾角变陡；②15～17 线与单斜矿层连接的残留向斜内，小挠曲发育，产状多变
Ⅳ	单斜 27～2 线	1823	15	91	43	4.25	355°～35°∠55°～80°(72°)	
	向斜 3～0 线	321	45	165	108		南翼∠36°北翼∠44°	
Ⅲ	单斜 27～2 线	1770	17	92	42	2.37	355°～30°∠56°～85°(70°)	
	向斜 3～0 线	425	75	230	147		南翼∠36°北翼∠38°	
	单斜 27～2 线	1950	14	190	61	4.71	340°～42°∠45°～86°(64°)	
	向斜 3～2 线	515	50	265	159		南翼∠40°北翼∠34°	
Ⅰ	单斜 27～2 线	2065	15	203	69	3.84	330°～41°∠46°～89°(67°)	
	向斜 3～2 线	612	30	305	167		南翼∠32°北翼∠27°	
X_3	单斜 13～11 线	420	80	93	86	1.42	320°～50°∠44°～72°(58°)	
	单斜 3 线	136			81			
	向斜 北翼 3 线	244			155		南翼∠52°北翼∠42°	
	向斜 南翼 3～4 线	730	15	175	106			
X_2	单斜 21～19 线	305	40	50	45	1.69	320°～46°∠44～75°(61°)	
	单斜 13～11 线	422			100		320°～46°∠44～75°(61°)	
	单斜 5～3 线	230	55	80	68		南翼∠34°北翼∠45°	
X_2	向斜 5～2 线	850	58	145	112			
X_1	单斜 21～2 线	1720	16	205	79	1.30	345°～46°∠40°～83°(62°)	
	向斜 5～4 线	750	55	163	121		南翼∠44°北翼∠42°	

3)咸柳矿段：矿层位于驮仁东矿段之北或驮仁西矿段的东部，分布于 6～27 线范围，北东部 F_1 断层将矿段分为北西、南东两区段，断层附近北北东组和其他次级断层发育，矿层被错断，构造比较复杂。F_1(驮仁东断层)走向北东，南西延伸到区外，属南北构造的扭性或张扭性成分。F_4 与 F_1 平行，性质与其相同，但规模较小，11～13 线 F_{13}、F_{14}、F_{15} 为近东西走向的一组南北构造张性成分，规模不大，垂直断距 3～20m，5～9 线 F_{12} 产状 100°∠70°，为 F_1 的侧翼断层，F_{11} 与 F_1 相平行的性质相同的低级断层，规模不大。5 线 F_{35} 长 190m，倾向南东东，倾角较陡，垂直断距 20m，21 线 F_{24} 长 100m，倾向北北东，倾角陡，水平错距 4m。

两者性质归属不明。

(1)北西区：西部单斜矿层分布在 2～5 线之间，Ⅲ、Ⅳ矿层断续西延并与驮仁西矿段相连接，Ⅰ、Ⅱ矿层则在2线以西长65m范围内出露原生带，矿层不连续，其北侧背斜矿层呈东西向串珠状分布，两翼矿层分别在5线、0线连接闭合，最大延长660m。Ⅰ矿层在3线冲沟处被剥蚀不连续。东部单斜矿层由17线、19线探槽控制，最大延长约340m，倾向北西西，倾角中等。

(2)南东区：矿层由相连接的东西向、北西向两个短轴背斜所控制，Ⅰ矿层分布于两背斜翼部的内侧，各自独立出露分布；Ⅱ矿层位于Ⅰ矿层外邻，除出露分布于两背斜构造之内，同时又在两背斜联结处连接；Ⅲ、Ⅳ矿层沿联结的两背斜翼部外侧呈空心的“入”字形分布。利江河及冲积层使两背斜东端或南东端等处被隔断不连续。南翼13线附近有30m长的原生带出露，矿层也被隔断。矿层的分布、规模、产状变化特征见表4-4。

表4-4　咸柳矿段矿层分布、规模、产状变化情况表

矿层号	分布			规模(m) 延长	延深 最小	延深 最大	延深 平均	平均厚	产状 倾向倾角(平均倾角)	变化情况
Ⅳ	北西区	单斜5～6线		600	12	80	46	3.54	346°～348°∠38°～52°(45°)	①南东区北翼(东西向背斜北翼)21线Ⅲ、Ⅳ矿层倒转向南倾，倾向变化较大；②南东区的东端(即东西向背斜南翼东端与北西西向背斜北翼联接部位)是一向东张开的向斜构造，南翼(北西西向背斜北翼)倾角较北翼陡，21线倒转向南倾，扬起端向东倾，倾角较缓
		单斜17～19线		340			50		335°～12°∠48°～55°(45°)	
		背斜5～0线		660	7	80	49		南翼∠56°，北翼∠45°	
	南东区	北翼17～21线		260	18	50	34		65°～195°∠73°～50°	
		东端17～21线		870	25	50	40		南翼∠61°，北翼∠50°	
		南翼	23～15线	200	37	60	49		165°～240°∠30°～45°(36°)	
			13～9线	510			25		165°～292°∠33°～40°(36°)	
		西端倾没端							224°～270°∠15°～38°(32°)	
		东端倾没端	东西向背斜	440	17	45	31		北翼∠46°	
			北北西向背斜	210			25			
Ⅲ	北西区	单斜5～6线		600	10	88	48	2.40	348°∠38°～54°(46°)	
		单斜17～19线		330	22	50	36		335°～11°∠28°～55°(42°)	
		背斜5～1线		220	60	70	65			
	南东区	北翼17～21线		260	18	50	34		315°～100°∠50°～62°	
		东端17～21线		900	35	55	44		南翼∠64°，北翼∠54°	
		南翼	23～15线	830	45	60	50		172°～302°∠25°～63°(40°)	
			13～9线	260			25		205°～230°∠33°～35°(34°)	
		东端倾没端	东西向背斜	440	12	45	28		南翼∠50°，北翼∠58°	
			北西向背斜	200			25			

续表 4-4

矿层号	分布			规模(m) 延长	延深 最小	延深 最大	延深 平均	平均厚	产状 倾向倾角(平均倾角)	变化情况
Ⅱ	北西区	单斜 5～2 线		500	10	50	37	5.48	348°∠54°	
		单斜 17～19 线		310	25	50	37		337°～340°∠30°～50°(40°)	
		背斜 3 线		150			55		北翼∠54°	
	南东区	北翼 17～21 线		260	20	50	35		300°～7°∠55°～80°(68°)	
		东端 17～21 线		960	45	115	68		南翼∠62°,北翼∠55°	
		南翼	23～15 线	840	50	55	51		186°～210°∠39°～52°(43°)	
			13～9 线	530			25		235°～245°∠17°～23°(20°)	
		西端倾没端							190°～260°∠23°～30°(29°)	
		东端倾没端	东西向背斜	440	5	40	22		南翼∠53°,北翼∠50°	
			北西西向背斜	160			25			
Ⅰ	北西区	单斜 5～2 线		490	10	50	30	3.22	340°∠60°	
		单斜 17～19 线		280	25	50	37		330°～42°∠48°～55°(52°)	
		背斜 3 线		80			45		北翼∠60°	
	南东区	北翼 17～21 线		260	25	65	45		280°～13°∠42°～70°(56°)	
		西端倾没端	21～15 线	760	35	120	60		167°～190°∠32°～53°(45°)	
			13～9 线	350			25			
		西端倾没端							252°～280°∠20°～40°(22°)	
		北西向背斜		920	50	75	59			
		东端倾没端	东西向背斜	180			40			
			北西西向背斜	120			25			

4)驮仁西矿段：矿层分布于 6～32 线之间，呈向北倾的单斜，倾角较缓。在东端，Ⅲ、Ⅳ矿层与咸柳矿段西端延长部联结，Ⅰ、Ⅱ矿层则于 4 线露出原生带(长 65m)而中断，在西端 32 线东平泉河谷，氧化矿层被剥蚀，与驮琶矿段不连续。6 线 F_{16} 走向近东西，垂直断距 12m，规模小，属南北构造的张性成分。32 线 F_9 产状 197°∠67°，水平错距 30m，垂直断距 9m，性质未明。F_{10} 长 30m，走向北北西，性质不明。矿层的分布、规模、产状变化情况见表 4-5。

此外，Ⅵ、Ⅶ、Ⅷ矿层分别在 24 线、32 线、20 线零星出露。

5)驮琶矿段：位于驮仁西矿段之西，分布于东平泉河河谷 32 线以西至 72 线 F_6 断层之间，呈向北倾的单斜，倾角一般中等。50～52 线因挠曲褶成并列的西端扬起的小向斜和东端倾没的小背斜，并以前者的北翼为公共翼而联结呈蛇曲状。前者的南翼与后者的北翼，分别与东、西端矿层联结。Ⅰ、Ⅱ矿层于46线180m长范围内出露原生带而不连续。除Ⅰ～Ⅳ矿层外，其余的零星分布。54线 F_8 走向北西西，属南北构造张性成分，垂直断距12m。62线 F_{20} 及72线 F_6 倾向北西，北西盘往北西位移，错距20～22m，属南北构造扭性或是张扭性成分，规模均较小。矿层分布、规模、产状变化情况见表4-6。

6)渌利矿段：位于驮琶矿段与迪诺矿段之间40～84线之间，矿层由近东西向三级短轴背斜所控制，延长1250m，两翼大致对称，倾角中等。除Ⅰ～Ⅳ矿层外，其他均零星分布，轴脊被剥蚀出露底板围岩。其中40～44线之间出露罗楼群。矿层分布、规模、产状变化特征见表4-7。

表4-5　驮仁西矿段矿层分布、规模、产状变化表

矿层号	分布	规模(m)					产状 倾向∠倾角(平均倾角)	变化情况
		延长	延深			平均厚		
			最小	最大	平均			
Ⅸ$_2$	26线	265			50	1.21	345°∠24°～35°(28°)	
Ⅸ$_1$	26线	75			55	2.55	∠34°	
Ⅴ	24～30线	430	87	160	116	1.11	320°～14°∠22°～72°(42°)	
	32线	430			80		335°～12°∠50°～75°(57°)	①32线和矿段西端局部倾向往北北东偏转，深部倾角平缓；②22线Ⅹ$_2$、Ⅹ$_1$矿层地表浅部下垂向南倾
Ⅳ	6～32线	1920	30	160	97	4.46	315°～12°∠11°～72°(40°)	
Ⅲ	6～32线	1920	30	160	100	2.47	318°～10°∠12°～72°(38°)	
Ⅱ	6～32线	1920	28	180	100	5.31	320°～4°∠8°～62°(36°)	
Ⅰ	6～32线	1920	25	240	120	2.70	300°～75°∠10°～58°(36°)	
Ⅹ$_3$	18～24线	640	60	150	110	1.45	285°～25°∠32°～43°(34°)	
Ⅹ$_2$	6～28线	1480	50	225	132	1.9	285°～35°∠10°～72°(34°)	
	32线	400			115			
Ⅹ$_1$	6～8线	200	65	115	90	1.57	290°～20°∠16°～55°(34°)	
	16～32线	1370	90	270	156			

表4-6　驮琶矿段矿层分布、规模、产状变化表

矿层号	分布	规模(m)					产状 倾向∠倾角(平均倾角)	变化情况
		延长	延深			平均厚		
			最小	最大	平均			
Ⅴ	32～50线	1370	30	50	39	1.68	10°～13°∠25°～42°(32°)	①52～54线小背向斜挠曲的公共翼，倾向南南东，倾角52线变陡(76°～86°)；
	54～72线	1288	46	86	60		348°～29°∠36°～56°(43°)	
Ⅳ	32～72线	2780	27	115	69	4.37	310°～16°∠17°～76°(40°)	
Ⅲ	32～72线	2630	26	117	69	2.83	310°～16°∠17°～76°(37°)	

续表 4-6

矿层号	分布	规模(m)					产状 倾向∠倾角(平均倾角)	变化情况
		延长	延深			平均厚		
			最小	最大	平均			
Ⅱ	32～42 线	655	22	50	40	4.79	10°～39°∠17°～40°(28°)	②72 线 F_8 东盘地表矿层倾角平缓(10°～18°)，Ⅰ、Ⅱ矿层下垂向南倾
	48～72 线	1820	35	148	83		310°～10°∠17°～86°(38°)	
Ⅰ	32～42 线	630	22	74	49	2.18	3°∠24～32°(28°)	
	48～72 线	1850	30	194	87		314°～32°∠11°～77°(38°)	
X_2	52 线	380			120	3.09		
	55～64 线	660	40	120	191		320°～48°∠14°～65°(36°)	
X_1	48～64 线	1490	22	205	101	2.34	325°～48°∠16°～61°(37°)	

表 4-7　渌利矿段矿层分布、规模、产状变化表

矿层号	分布		规模(m)					产状 倾向∠倾角(平均倾角)	变化情况
			延长	延深			平均厚		
				最小	最大	平均			
Ⅴ	南翼 40～62 线		1460	22	80	53	1.28	145°～172°∠20°～63°(47°)	①Ⅰ、Ⅱ矿层在50线不连续； ②Ⅰ、Ⅱ矿层在54～64线倾角较40～52线平缓，Ⅲ、Ⅳ矿层亦相类似
	北翼 50～64 线		1070	35	183	90		330°～6°∠36°～54°(43°)	
Ⅳ	南翼 40～64 线		2880	20	238	70	4.03	135°～188°∠19°～59°(42°)	
	北翼 40～64 线			35	180	90		334°～25°∠11°～64°(42°)	
Ⅲ	南翼 40～64 线		2720	15	236	72	1.85	135°～188°∠13°～50°(38°)	
	北翼 40～64 线			35	183	87		334°～25°∠15°～53°(38°)	
Ⅱ	南翼	40～60 线	1200	34	76	54	4.14	100°～162°∠23°～54°(41°)	
	北翼			44	172	91		5°～35°∠13°～58°(40°)	
	南翼	54～64 线	1300	20	135	83		135°～195°∠13°～50°(32°)	
	北翼			35	95	61		337°～3°∠8°～44°(27°)	
Ⅰ	南翼	40～50 线	1180	22	62	48	2.08	135°～150°∠30°～43°(36°)	
	北翼			45	160	82		5°～35°∠26°～55°(40°)	
	南翼	54～64 线	1220	23	120	79		155°～182°∠13°～53°(38°)	
	北翼			35	90	57		335°～345°∠32°～45°(32°)	

7）洞蒙矿段：位于洞蒙复向斜西部及扬起端72～102线范围，南北翼东部分别与驮琶矿段、渌利矿段连接。Ⅲ矿层归并于Ⅳ矿层，南翼92线 F_5 断层将矿层错断，走向北北东，长80m，西盘相对往北位移110m，属北西构造扭性成分。F_{21} 产状90°∠45°，西盘向东上逆，断距5m。以西至102线构造复杂，浅部有倒转现象。同时，在76～72线之间150m范围内，Ⅰ、Ⅱ矿层出露原生带而中断。此外，在38线南翼QJ8/88、北翼QJ3/88以及南翼QJ7/90各工程内，Ⅰ矿层达不到工业富集而不连续。北翼以72线 F_7 与迪诺矿段南端连接，F_7 与 F_5 相平行，长100m，性质与 F_6 相同。矿层分布、规模、产状变化见表4-8。

表4-8　洞蒙矿段矿层分布、规模、产状变化表

矿层号	分布	规模(m)					产状	变化情况
		延长	延深			平均厚	倾向倾角(平均倾角)	
			最小	最大	平均			
Ⅴ	南翼72～76线	400			60	1.33	297°～353°∠40°～71°	①南翼 F_5 断层两侧矿层倒转向南倾，西侧155°∠30°，东侧130°～165°∠20°～41°；②南翼106～102线浅部倒转向南倾，倾角28°～39°
	南翼88～96线	1500	20	90	48		325°～45°∠18°～60°(34°)	
	南翼96～100—北翼80线	2170	20	135	54		南翼313°～318°∠17°～72° 北翼130°～180°∠16°～52°(34°)	
Ⅳ	南翼72～96线	2520	10	100	60	4.73	295°～50°∠11°～67°35°	
	南翼92～102线—北翼72线	2840	0	140	74		南翼315°～345°∠14°～63°(40°) 北翼130°～186°∠17°～50°(35°)	
Ⅱ	南翼76～96线	2360	20	92	62	2.49	280°～50°∠24°～68°(44°)	
	南92～102线—北翼72	2840	25	150	74		南翼310°～350°∠20°～75°(52°) 北翼142°～225°∠18°～50°(37°)	
Ⅰ	南翼82～84线	420			50	1.32	330°～55°∠25°～30°	
	南翼88～96线	1320	30	85	61		340°～20°∠15°～49°(32°)	
	南翼92～102线—北翼92线	1550	23	142	72		南翼293°～155°∠21°～58°(36°) 北翼120°～155°∠21°～58°(36°)	
	北翼84～72线	1020	62	120	96		170°～230°∠18°～50°(36°)	

8）迪诺矿段：位于矿床北部72～32线范围，矿层分布受二级迪诺背斜控制，东端与顶花岭矿段连接，西端南、北翼分别与洞蒙矿段、乌鼠山矿段连接，北翼由于剥蚀与地貌关系，$Ⅸ_1$、$Ⅸ_2$ 矿层露头局部与主矿层较远，同时60～68线存在挠曲现象，南翼64线 F_{22} 产状182°∠50°，南盘向北上逆，地层重复，规模小，属东西构造压性成分，北翼68线 F_7 产状145°∠45°，长35m，水平错距8m，性质不明。矿层的分布、规模、产状变化见表4-9。

Ⅴ、Ⅵ、Ⅶ、Ⅷ、Ⅸ各次要矿层，均零星出露，延长100～400m。

表 4-9　迪诺矿段矿层分布、规模、产状变化特征表

<table>
<tr><th rowspan="3">矿层号</th><th rowspan="3" colspan="2">分布</th><th colspan="5">规模(m)</th><th rowspan="3">产状
倾向∠倾角(平均倾角)</th><th rowspan="3">变化情况</th></tr>
<tr><th rowspan="2">延长</th><th colspan="3">延深</th><th rowspan="2">平均厚</th></tr>
<tr><th>最小</th><th>最大</th><th>平均</th></tr>
<tr><td rowspan="3">Ⅸ_2</td><td colspan="2">南翼 72～40 线</td><td>1780</td><td>10</td><td>66</td><td>44</td><td rowspan="3">1.24</td><td>105°～175°∠25°～72°(47°)</td><td rowspan="13">①南翼 64～68 线倾角较陡；②北翼 60～68 线Ⅸ矿层等挠曲形成向东张开的小向斜，向斜北翼倾向东至南东，倾角一般较缓；③南翼 46 线Ⅲ矿层，44 线Ⅰ、Ⅱ矿层浅部下垂，倾向北，倾角平缓</td></tr>
<tr><td rowspan="2">北翼</td><td>44～66 线</td><td>1700</td><td>44</td><td>105</td><td>61</td><td rowspan="2">325°～27°∠20°～55°(42°)</td></tr>
<tr><td>60～72 线</td><td>720</td><td>40</td><td>50</td><td>46</td></tr>
<tr><td rowspan="3">Ⅸ_1</td><td rowspan="2">南翼</td><td>68～40 线</td><td>1580</td><td>11</td><td>50</td><td>41</td><td rowspan="3">1.25</td><td rowspan="2">125°～170°∠20°～82°(51°)</td></tr>
<tr><td>32 线</td><td>200</td><td></td><td></td><td>50</td></tr>
<tr><td colspan="2">北翼 44～64 线</td><td>2240</td><td>20</td><td>110</td><td>55</td><td>325°～25°∠20°～72°(39°)</td></tr>
<tr><td rowspan="2">Ⅳ</td><td colspan="2">南翼 72～32 线</td><td>2240</td><td>12</td><td>180</td><td>83</td><td rowspan="2">3.73</td><td>102°～180°∠23°～80°(43°)</td></tr>
<tr><td colspan="2">北翼 68～28 线</td><td>2320</td><td>50</td><td>184</td><td>97</td><td>312°～30°∠8°～53°(38°)</td></tr>
<tr><td rowspan="2">Ⅱ</td><td colspan="2">南翼 72～32 线</td><td>2240</td><td>15</td><td>164</td><td>85</td><td rowspan="2">2.26</td><td>145°～175°∠20°～80°(47°)</td></tr>
<tr><td colspan="2">北翼 68～28 线</td><td>2320</td><td>46</td><td>184</td><td>96</td><td>306°～40°∠0°～55°(38°)</td></tr>
<tr><td rowspan="2">Ⅰ</td><td colspan="2">南翼 72～32 线</td><td>2240</td><td>13</td><td>178</td><td>85</td><td rowspan="2">1.32</td><td>145°～205°∠23°～86°(46°)</td></tr>
<tr><td colspan="2">北翼 68～28 线</td><td>2320</td><td>35</td><td>180</td><td>96</td><td>306°～43°∠9°～55°(36°)</td></tr>
</table>

9)顶花岭矿段：位于矿床北部迪诺矿段东侧 32～15 线范围，矿层分别受二级迪诺背斜及其东部倾没端控制，西端南、北翼分别与迪诺矿段南、北翼东端连接，两翼在 15 线倾没端连接闭合，向西张开。3～0 线南侧有一相平行的三级短轴小背斜，轴长 240m，北翼 4～8 线(长 400m)矿层不连续，有挠曲现象。Ⅲ矿层出露在南翼 4～15 线—北翼 0 线，次要矿层中Ⅸ矿层较发育，但未作系统揭露控制。矿层分布、规模、产状变化特征见表 4-10。

表 4-10　顶花岭矿段矿层分布、规模、产状变化特征表

<table>
<tr><th rowspan="3">矿层号</th><th rowspan="3" colspan="2">分布</th><th colspan="5">规模(m)</th><th rowspan="3">产状
倾向∠倾角(平均倾角)</th><th rowspan="3">变化情况</th></tr>
<tr><th rowspan="2">延长</th><th colspan="3">延深</th><th rowspan="2">平均厚</th></tr>
<tr><th>最小</th><th>最大</th><th>平均</th></tr>
<tr><td rowspan="4">Ⅳ</td><td colspan="2" rowspan="2">南翼 28～15 线—北翼 7 线</td><td rowspan="2">3000</td><td rowspan="2">25</td><td rowspan="2">87</td><td rowspan="2">40</td><td rowspan="4">2.03</td><td>南翼 127°～200°∠12°～64°(40°)</td><td rowspan="7">①南翼 28 线深部有坑道控制，南翼 0 线南侧有平行小背斜联结，矿层延深较大；②东部倾没端倾向东，倾角较缓</td></tr>
<tr><td>北翼 5°～35°∠28°～47°</td></tr>
<tr><td rowspan="2">北翼</td><td>0 线</td><td>200</td><td></td><td></td><td>50</td><td>20°∠12°</td></tr>
<tr><td>12～23 线</td><td>1330</td><td>45</td><td>105</td><td>64</td><td>312°～20°∠28°～45°(34°)</td></tr>
<tr><td rowspan="3">Ⅲ</td><td colspan="2" rowspan="2">南翼 4～15 线—北翼 7 线</td><td rowspan="2">1720</td><td rowspan="2">20</td><td rowspan="2">90</td><td rowspan="2">51</td><td rowspan="3">1.08</td><td>南翼 125°～210°∠15°～55°(39°)</td></tr>
<tr><td>北翼 4°～15°∠28°～55°</td></tr>
<tr><td colspan="2">北翼 0 线</td><td>200</td><td></td><td></td><td>50</td><td>20°∠12°</td></tr>
</table>

续表 4-10

矿层号	分布		规模(m)					产状 倾向∠倾角(平均倾角)	变化情况
			延长	延深			平均厚		
				最小	最大	平均			
Ⅱ	南翼28～15线—北翼3线		3200	33	110	65	2.39	南翼 135°～295°∠15°～62°(43°)	
								北翼 335°～40°∠27°～50°(38°)	
	北翼	0线	200			50		20°∠15°	
		12～28线	1330	50	110	65		235°～25°∠26°～45°(34°)	
Ⅰ	南翼28～15线—北翼7线		3000	34	115	56	1.38	南翼 135°～265°∠15°～62°(46°)	
								北翼 2°～15°∠27°～49°	
	北翼	0线	200			50		20°∠15°	
		12～28线	1330	50	122	74		240°～35°∠24°～45°(33°)	

10)乌鼠山矿段:位于矿床北部迪诺矿段北翼之西72～122线之间,矿层分布受二级乌鼠山向斜及西部扬起端控制,南翼向北倾,北翼向南倾,两翼在西端连接闭合。南翼东端72～80线(550m范围)出露原生带,主矿层中断,其他不连续地段有108～106线(170m)、102～98线(260m)和86线以东地区。Ⅰ矿层在南翼86线、92线、108线、118线不连续,在向斜核部,Ⅸ$_1$、Ⅸ$_2$矿层分三段,由西向东第一段与第二段相连处即108线以西50m范围内出露原生带,氧化矿中断。第二段东端与第三段西端,则分别在88线附近两翼连接闭合,后者向东张开。矿层分布、规模、产状变化特征见表4-11。

表 4-11 乌鼠山矿段矿层分布、规模、产状变化特征表

矿层号	分布	规模(m)					产状 倾向∠倾角(平均倾角)	变化情况
		延长	延深			平均厚		
			最小	最大	平均			
Ⅸ$_2$	120～110线	1179	15	70	37	1.22	南翼 0°～230°∠34°～32°	①80～86线北翼有挠曲现象,矿层倒转向北倾,挠曲隆起处有Ⅸ$_1$、Ⅸ$_2$矿层残留;
							北翼 130°～150°∠38°～62°(48°)	
	108～90线	2140	10	55	32		南翼 328°～21°∠57°～85°(72°)	
							北翼 152°～160°∠48°～56°(53°)	
	88～72线	1700	20	67	43		南翼 329°～354°∠26°～60°(42°)	
							北翼 128°～148°∠42°～50°	
Ⅸ$_1$	120～110线	1170	22	55	45	1.33	南翼 345°～355°∠34°～40°(37°)	
							北翼 120°～160°∠38°～54°(45°)	
	108～90线	2140	10	50	33		南翼 326°～21°∠67°～75°(72°)	
							北翼 155°～166°∠51°～57°(64°)	
	88～76线	1600	20	67	44		南翼 329°～346°∠34°～60°(42°)	
							北翼 140°～160°∠53°～65°	

续表 4-11

矿层号	分布		规模(m) 延长	延深 最小	延深 最大	延深 平均	平均厚	产状 倾向∠倾角(平均倾角)	变化情况
Ⅳ	南翼 84～120 线—北翼 110 线		3170	18	175	76	3.10	南翼 312°～358°∠20°～71°(46°)	②南翼 104 线 Ⅸ₁、Ⅸ₂ 矿层和 116 线 Ⅱ、Ⅳ 矿层浅部倒转向南倾；③110 线以东至 88 线两翼倾角变陡，南翼平均倾角为：Ⅳ矿层 55°，Ⅱ矿层 60°，Ⅰ矿层 60°，Ⅸ₂矿层 63°
								北翼 114°～192°∠17°～65°(42°)	
	北翼	104 线	190	25	50	38		173°°～15°	
		96～84 线	800					110°～170°∠27°～75°	
Ⅱ	南翼 84～120 线—北翼 110 线		3140	17	179	78	1.71	南翼 304°～35°∠17°～70°(43°)	
								北翼 116°～180°∠15°～67°(40°)	
	北翼	104 线	190	25	60	39		175°∠8°	
		96～84 线	800					80°～165°∠30°～73°(50°)	
Ⅰ	南翼	84 线	230			49	1.16	345°∠32°	
		88 线	140					340°∠59°	
	南翼 96～106 线		720	35	81	56		305°～350°∠23°～69°(53°)	
	南翼 110～1116 线		400	41	103	79		320°～350°∠32°～70°(42°)	
	南翼 120 线—北翼 110 线		1060	30	170	80		南翼 55°～90°∠20°～27°(24°)	
								北翼 116°～210°∠17°～67°(35°)	
	北翼	104 线	190	25	65	40		173°∠5°	
		96～84 线	800					95°～165°∠34°～72°(52°)	

11)那造矿段：位于咸柳矿段之北，顶花岭矿段之南，矿层分布于 4～35 线的范围，受三级短轴那造背斜控制，主矿层构成两个东西向的短轴小背斜。西端小背斜分布于 4～1 线，轴长 350m，东部小背斜分布于 9～35 线，轴长 1350m，南翼向南倾，北翼向北倾，西部小背斜南翼在 2 线出露原生带(长 110～130m)，矿层不连续。东部小背斜在班造村及其以东地段亦因剥蚀出露原生带或因河谷、冲积层隔断而不连续。矿层分布、规模、产状变化特征见表 4-12。

表 4-12　那造矿段矿层分布、规模、产状变化特征表

<table>
<tr><th rowspan="3">矿层号</th><th rowspan="3" colspan="2">分布</th><th colspan="5">规模(m)</th><th rowspan="3">产状
倾向∠倾角(平均倾角)</th><th rowspan="3">变化情况</th></tr>
<tr><th rowspan="2">延长</th><th colspan="3">延深</th><th rowspan="2">平均厚</th></tr>
<tr><th>最小</th><th>最大</th><th>平均</th></tr>
<tr><td rowspan="6">Ⅳ</td><td colspan="2">西部背斜 4～2 线</td><td>740</td><td></td><td></td><td>50</td><td rowspan="6">2.27</td><td>南翼 155°～200°∠60°～62°
北翼 348°∠10°</td><td rowspan="27">① 15 线南翼Ⅳ矿层在 PD_{44} 线灭失；② 31～35 线两翼倾向大部摆动倒转现象，倾角陡；③27 线以西南翼较陡，北翼较缓</td></tr>
<tr><td rowspan="5">东部背斜</td><td rowspan="2">9～19 线</td><td rowspan="2">1080</td><td rowspan="2">35</td><td rowspan="2">50</td><td rowspan="2">48</td><td>南翼 150°～161°∠55°～69°(64°)</td></tr>
<tr><td>北翼 322°～350°∠35°～44°(38°)</td></tr>
<tr><td rowspan="2">27 线</td><td rowspan="2">90</td><td rowspan="2"></td><td rowspan="2"></td><td rowspan="2">10</td><td>南翼 185°∠59°</td></tr>
<tr><td>南翼 31 线倒转 323°∠73°</td></tr>
<tr><td>31～35 线</td><td>850</td><td>15</td><td>45</td><td>29</td><td>北翼倒转 151°～163°∠75°～83°</td></tr>
<tr><td rowspan="7">Ⅲ</td><td colspan="2">西部背斜 4～2 线</td><td>700</td><td></td><td></td><td>50</td><td rowspan="7">1.32</td><td>南翼 162°～170°∠55°</td></tr>
<tr><td rowspan="6">东部背斜</td><td rowspan="2">9～19 线</td><td rowspan="2">1350</td><td rowspan="2">40</td><td rowspan="2">50</td><td rowspan="2">48</td><td>北翼 35°∠55°</td></tr>
<tr><td>南翼 145°～160°∠45°～67°(57)°</td></tr>
<tr><td rowspan="2">27 线</td><td rowspan="2">90</td><td rowspan="2"></td><td rowspan="2"></td><td rowspan="2">10</td><td>北翼 340°～345°∠38°～50°(43°)</td></tr>
<tr><td>南翼 185°∠59°</td></tr>
<tr><td rowspan="2">31～35 线</td><td rowspan="2">640</td><td rowspan="2">15</td><td rowspan="2">45</td><td rowspan="2">29</td><td>南翼 31 线倒转 350°∠79°</td></tr>
<tr><td>北翼 35 线倒转 135°∠76°</td></tr>
<tr><td rowspan="7">Ⅱ</td><td colspan="2">西部背斜 4～2 线</td><td>680</td><td></td><td></td><td>50</td><td rowspan="7">3.98</td><td>南翼 162°～180°∠46°～53°</td></tr>
<tr><td rowspan="6">东部背斜</td><td rowspan="2">9～19 线</td><td rowspan="2">1340</td><td rowspan="2"></td><td rowspan="2"></td><td rowspan="2">50</td><td>南翼 125°～175°∠58°～68°(62°)</td></tr>
<tr><td>北翼 335°～35°∠30°～42°(37°)</td></tr>
<tr><td rowspan="2">27 线</td><td rowspan="2">200</td><td rowspan="2"></td><td rowspan="2"></td><td rowspan="2">10</td><td>南翼 185°∠58°</td></tr>
<tr><td>北翼 3°∠48°</td></tr>
<tr><td rowspan="2">31～35 线</td><td rowspan="2">630</td><td rowspan="2">15</td><td rowspan="2">45</td><td rowspan="2">29</td><td>南翼 31 线倒转 350°∠79°</td></tr>
<tr><td>北翼 330°～352°∠51°～81°</td></tr>
<tr><td rowspan="7">Ⅰ</td><td colspan="2">西部背斜 4～2 线</td><td>620</td><td></td><td></td><td>50</td><td rowspan="7">1.80</td><td>南翼 160°～175°∠55°～65°</td></tr>
<tr><td rowspan="6">东部背斜</td><td rowspan="2">9～19 线</td><td rowspan="2">1330</td><td rowspan="2"></td><td rowspan="2"></td><td rowspan="2">50</td><td>南翼 158°～185°∠52°～58°(54°)</td></tr>
<tr><td>北翼 340°～358°∠32°～40°(37°)</td></tr>
<tr><td rowspan="2">27 线</td><td rowspan="2">200</td><td rowspan="2"></td><td rowspan="2"></td><td rowspan="2">10</td><td>南翼 85°∠58°</td></tr>
<tr><td>北翼 2°∠46°</td></tr>
<tr><td rowspan="2">31～35 线</td><td rowspan="2">420</td><td rowspan="2">15</td><td rowspan="2">45</td><td rowspan="2">29</td><td>南翼 31 线倒转 330°∠85°</td></tr>
<tr><td>北翼 35 线倒转 355°∠40°</td></tr>
</table>

12)平尧矿段：位于东平街北西西 13km 或乌鼠山矿段以西 7km，分布于 250～310 线范围。矿层受麦陇倾没背斜及区域一级复向斜南翼控制。290 线以东地段主矿层比较稳定连

续，以西地段在294～292线（长400m）及298线（长60m）为冲沟及原生带隔断不连续，Ⅸ$_1$、Ⅸ$_2$矿层分布于麦陇背斜两翼，Ⅹ$_1$、Ⅹ$_2$矿层则零星见于西部，其他矿层不发育。F_2（平尧断层）从矿段南侧通过，本段走向北西西，向区外延伸，南盘向北上逆，属区域东西构造压性成分。272线附近F_{19}走向北北东，西盘向北位移长290m，归属未明。292～290线F_{18}走向北东东，规模小，北盘相对向东位移，归属不明。矿层分布、规模、产状变化特征见表4-13。

表4-13　平尧矿段矿层分布、规模、产状变化特征表

矿层号	分布		规模(m) 延长	延深 最小	延深 最大	延深 平均	平均厚	产状 倾向∠倾角(平均倾角)	变化情况
Ⅳ	主要地段	250～258	750			50	4.55	15°～355°∠27°～30°	①280～284线浅部矿层产状变缓；②292线麦龙背斜南翼倒转，倾向北东，倾角31°～71°；③西部见有多个小的短轴背、向斜存在，轴向近东西，作东西向排列
		北翼272～292线—南翼284～292线	2480	18	90	46		358°～60°∠34°～59°(54°)	
								南翼221°～242°∠35°～60°(42°)	
		296～298线	290			50		343°～22°∠28°～30°	
		300～306	780	50	60	52		354°～95°∠32°～49°(41°)	
	南侧向斜	290～294	840	27	65	41		南翼340°～80°∠22°～48°(33°)	
		290～292						北翼200°∠36°～75°	
Ⅱ	主要地段	北翼272～292线—南翼290线	2620	32	119	53	2.30	315°～0°∠19°～67°49°	
		南翼286～284	750	21	50	36		185°～230°∠35°～38°	
		286～292线						20°～52°∠42°～67°(60°)	
		296～298线	290			50		343°～25°∠28°～34°	
		300～306线	460	50	85	55		0°～75°∠33°～46°	
	南侧向斜	290～294线	900	35	45	39		南翼344°～80°∠28°～40°(30°)	
		300～302线						北翼195°～208°∠30°～65°	
Ⅰ	主要地段	北翼272～292线—南翼284～292线	2440	21	115	46	1.47	295°～35°∠26°～72°(50°)	
								南翼205°～230°∠30°～52°(39°)	
		298线	170	50	55	54		343°∠28°	
		300～302线	460					0°～85°∠34°～40°(36°)	
	南侧向斜	292～294线	800	25	45	39		南翼300～50°∠28°～41°(32°)	
		290～292线						北翼185～200°∠32°～65°(45°)	

各矿段小断层、小褶皱特征见图4-7。

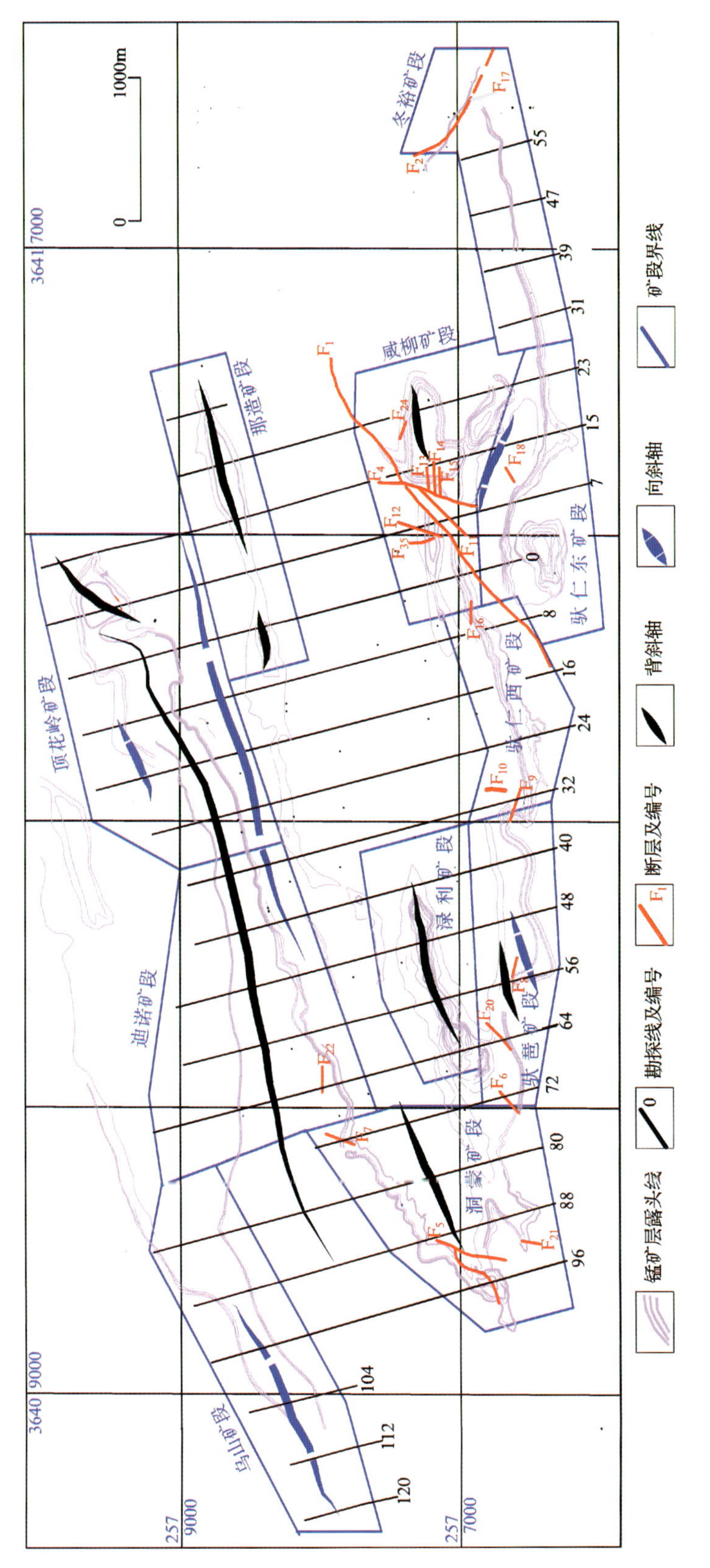

图4-7　东平锰矿区11个矿段小断层、小褶皱分布略图

2. 矿石质量特征

(1)矿石矿物成分。

偏锰酸矿:棕褐至黑色,反光镜下浅灰色,均质性,无内反射,反射率较低,实测黄光4.3%~7.1%,常混杂有石英、高岭土、云母与褐铁矿等。除部分松软质轻之外,一般呈较坚硬的胶状。为矿层的主要矿物。

钾硬锰矿:沿层状偏锰酸矿石的纵、横、斜或斜交裂隙呈脉状、网脉状产出,或呈微细粒状散布。黑色,断口钢灰色,镜下为亮白到灰白色,反射率黄光为25%~28%,多为隐晶质集合体,均质到弱非均质性,双反射不明显。显微硬度为642~875kg/mm^2,面网特征线距(A°)为6.95、4.78、2.39、3.13。

恩苏矿:多呈脉状,有时为粒状集合体,常与钾硬锰矿伴生,见于驮仁东、驮仁西矿段,含量少,肉眼难以判别。镜下淡黄白色,反射率黄光30%~34%,显微硬度为989~1138kg/mm^2,强非均质体,干裂纹普遍,面网特征线距(A°)为4.0、2.13、1.64、2.43。

软锰矿:主要是呈细脉状或是胶状环带,与钾硬锰矿伴生,多见于驮仁西、驮仁东等地段,含量少,肉眼不易鉴别。反射镜下白带乳黄色,明显非均质体,无内反射。实测反射率黄光为26.82%~28.05%,显微硬度为736~854kg/mm^2,面网线距特征(A°)为3.09、1.62、2.40。

(2)脉石矿物成分。

石英:为氧化锰矿层的主要脉石成分,在偏锰酸矿石、黏土及岩屑中普遍分布。他形粒状,粒度一般0.01mm×0.05mm,原生碳酸锰矿层中含19%~31%,镜下一级灰—灰白色,正突起,折光率接近树胶,X射晶分析及X衍射分析中可见到其谱线,主要谱线有3.33等。

高岭石:细粒他形或鳞片状。亦为氧化锰矿石主要脉石成分,原生碳酸锰矿层中也有分布。X衍射分析的谱线有7.1373、7.2294、2.5570等。

水云母:多在氧化锰矿层中出现。鳞片状,具浅褐多色性,粒度一般0.01mm×0.03mm,分布不均匀。多受褐铁矿污染。X衍射谱线有9.9263或10.106等。

方解石:主要分布于原生碳酸锰的夹层中。微粒,粒度一般大于锰方解石,0.01~0.05mm,甚至达0.1mm,镜下闪突起明显,正交偏光具高级白,呈珍珠晕彩。X衍射分析有3.001、1.907、1.87等谱线出现。

白云石:原生碳酸锰矿层有少量分布。粒度0.02mm左右,具菱形晶体。在Ⅰ、Ⅱ矿层中与石英、锰方解石、黄铁矿等组成球粒。X衍射谱线有2.893、1.817、1.799等。

(3)矿石结构构造。

非晶质结构:偏锰酸矿呈胶状、偏胶状或土状非晶质集合体。往往因脱水而产生有节奏的鳞状裂纹。其中晶出有微粒或呈微脉状的钾硬锰矿。

显微隐晶结构:脱水胶状的软锰矿、恩苏矿呈显微隐晶质。在镜下能观察出其为晶质体。

微粒结构:钾硬锰矿呈0.01mm以下的微粒,混杂于石英等残留矿物微粒中。

交代结构:钾硬锰矿沿偏锰酸矿的裂隙存在,软锰矿又沿两者的间隙穿入并交代钾硬锰矿。板柱状黝锰矿(软锰矿)交代钾硬锰矿呈交代结构,褐铁矿交代钾硬锰矿、恩苏矿呈细脉状交代钾硬锰矿。

胶体结构：胶状或凝胶状钾硬锰矿与恩苏矿或恩苏矿与褐铁矿呈环带相间分布。此结构较常见。

块状构造：Ⅰ～Ⅳ、Ⅹ矿层均有发育。偏锰酸矿呈厚大的块状顺层产出，其间夹有石英、高岭石的块状或条带的残余。

薄层状构造：1～10cm厚的偏锰酸矿与黄褐—黄白色脉石夹层相间呈互层，常呈多层产出，为氧化锰矿物顺层滤淀造成。当脉石夹层较厚或是含量较多时，则矿石的净矿含矿率及原生矿品位偏低。发育与分布情况与块状构造相同。

纹层状构造：见于Ⅱ、Ⅲ、Ⅴ矿层中，由小于1cm或3cm的偏锰酸矿石与脉石黏土等相间呈互层构造。

网格状构造：偏锰酸矿沿层间裂隙、垂层裂隙或斜交裂隙充填呈网格状或网格，局部见有偏锰酸矿、钾硬锰矿沿层间和垂层裂隙充填呈网格状。

脉状构造：钾硬锰矿、恩苏矿、锂硬锰矿沿偏锰酸矿的裂隙呈脉状充填，恩苏矿沿钾硬锰矿的裂隙呈脉状充填，软锰矿沿偏锰酸矿与钾硬锰矿间隙呈脉状充填交代。

(4)矿石主要化学成分。

锰品位特征：Mn＜8％占31.30％，Mn≥8％占68.70％，Mn≥12％占53.21％，Mn≥20％占15.91％，14％≤Mn＜16％占10.18％，16％≤Mn＜18％占10.78％，最高锰品位为32.08％；Ⅰ～Ⅳ矿层之间有3层夹石，含Mn一般4％～6％。

矿段平均含Mn12.92％～19.07％，含Fe4.45％～8.59％，含P0.057％～0.204％，含SiO_2 34.62％～44.09％。其中：Ⅰ矿层含Mn11.87％～18.24％，含Fe4.98％～7.71％，含P0.060％～0.131％，含SiO_2 38.21％～47.12％；Ⅱ矿层含Mn13.22％～19.54％，含Fe 4.07％～6.22％，含P0.048％～0.120％，含SiO_2 36.33％～46.83％；Ⅲ矿层含Mn 12.63％～20.58％，含Fe3.76％～5.35％，含P0.031％～0.096％，含SiO_2 37.90％～48.50％；Ⅳ矿层含Mn12.94％～21.20％，含Fe4.71％～11.88％，含P0.065％～0.263％，含SiO_2 28.74％～42.05％。

各矿层主要化学成分变化如下。

Ⅹ矿层：低锰，一般小于14％，个别达到16％～18％，矿区平均含Mn12.43％～14.90％；铁、磷高，仅平尧、冬裕、顶花岭边缘地区较低。驮仁东、驮仁西、驮琶矿段含铁一般大于10％，最高达14.24％，含磷一般大于0.161％，最高达到0.355％；普遍含硅较高，仅南部驮琶、渌利矿段含SiO_2低于41％，最低含量32.96％。

Ⅰ～Ⅳ矿层：含锰一般高于矿区其他有关层位的矿层，也存在矿床南部高、其他地区变低的特点。驮仁东、驮仁西、驮琶、渌利和咸柳等矿段含锰大于16.24％，其他地区一般小于16％，仅个别矿段个别矿层稍高；铁、磷Ⅳ矿层高，其他矿层较低。在Ⅳ矿层中，铁、磷西部高(大于8.31％，最高11.83％，含磷大于0.192％，最高为0.263％)，东部驮仁东、冬裕、那造、顶花岭及驮仁西矿段东端等地区含量低。Ⅰ～Ⅳ矿层中，矿区洞蒙、迪诺、乌鼠山矿段含磷稍高，大于0.1％；SiO_2以Ⅳ矿层含量一般较低，仅北部迪诺、顶花岭、乌鼠山矿段含量稍高，达30.72％～42.05％，全区平均37.80％。Ⅰ～Ⅲ矿层南部驮仁东、驮仁西、驮琶、渌利矿段较低，含38.33％～42.11％，其他矿段均大于40％，最高达43.50％(冬裕矿段)。

Ⅸ矿层：低锰，除那造和驮仁西矿段部分达到18%以上以外，其他地区一般小于10%；铁、磷含量一般较低，仅Ⅸ$_2$矿层在迪诺、乌鼠山及平尧矿段磷稍高，达0.111%～0.147%；硅高，含SiO_2大于43%，最高达49.78%(平尧矿段)。

以上说明：含锰组分一般南部高，北部低，并且与硅呈反消长关系，铁与磷呈正消长关系的显著性高，这与原生碳酸锰主要成矿元素的相关分析结果一致；在一个地段内，铁、磷含量是不稳定的，分段富集的现象比较明显，沿倾向上，浅部锰高，硅低，深部锰低，硅高，但变化幅度较小。铁、磷变化则不明显，但就主矿层而言，主要组分的变化是稳定和比较稳定的，锰的变化系数为22%～25%，铁的变化系数为22%～42%，磷的变化系数为47%～67%，SiO_2的变化系数为12%～17%。

(5)矿石中的微量元素含量。

Zn：在原生矿石中含量0.01%～0.05%，氧化锰矿石中含量为0.01%～0.1%，局部有淋滤富集现象，如在渌利矿段局部达0.3%。

As：在原生矿石中含量＜0.04%，在氧化矿石中局部富集达0.015%～0.05%，最高达0.1%，化验查定达0.07%～0.09%。

Pb：在原生矿石中含量＜0.05%，夹层中含量为0.003%～0.008%，氧化锰矿石中含量＜0.002%，说明铅在氧化带中被淋失。

S：岩、矿石中含量＜0.005%，Ⅳ矿层局部达0.015%～0.04%，化学化验达0.04%～0.07%，最高达0.11%。

Ag：大多＜0.0004%，在Ⅳ矿层及夹层中局部达0.001%～0.3%，化学化验查定(3.63～7.5)$\times 10^{-6}$。

Mo：大多＜0.004%，夹层中少数达0.01%，氧化矿含量为0.001%～0.002%。

Co、Ni、Cu：矿石、岩石中含量近于沉积岩中丰度值正常值。Co含量0.001%～0.002%，少部分达0.005%～0.009%，氧化矿石中个别达0.02%～0.03%，Ni一般0.009%，少数氧化矿达0.01%～0.15%，Cu大多数低于丰度值，仅0.003%～0.08%。

3. 矿石类型

(1)矿石自然类型及分布。

按矿石的成分特点可分为：偏锰酸矿石、贫碳酸锰矿石两类。偏锰酸矿石是矿床中层状矿的主要矿石类型，一般分布于地表至流动带上部或潜水界面以上广大空间的淋滤富集带内；贫碳酸锰矿石分布在氧化界面以下的原生带，个别在低洼的沟谷或陡壁地区因剥蚀出露，属尚难利用的矿石。

按矿石的结构、构造又可划分为：块状矿石、薄层状矿石、纹层状矿石、网格状矿石、脉状矿石、葡萄状、肾状矿石、角砾状(或花斑状)矿石等。前三类是层状矿石的主要类型，往往是以前三种中的1～2种为主，有时混杂有第四、第五类型。第六类型主要分布于地表浅部个别地段，不很发育。第七类型则限于断裂带内个别地段，比较少见。主矿层的主要矿石类型是：Ⅰ矿层中部块状，上、下为纹层状矿石；Ⅱ矿层薄层、纹层状矿石、块状矿石；Ⅲ矿层块状混杂有薄层、纹层状矿石；Ⅳ矿层块状、薄层状矿石。

(2)矿石工业类型。

根据圈矿指标,氧化锰矿石可划分为锰矿石和铁锰矿石两大类型。以锰矿石为主,占63.64%,铁锰矿石占36.36%。

(二)碳酸锰矿层(体)特征

对广西天等县东平锰矿区12个矿段深部碳酸锰矿的勘查先后完成有6个项目:广西天等县东平锰矿外围碳酸锰矿普查、广西天等县天等锰矿接替资源勘查、广西天等县东平锰矿区冬裕-碱柳矿段碳酸锰矿普查、广西天等县东平锰矿区那造矿段碳酸锰矿普查、广西天等县东平锰矿区平尧矿段碳酸锰石普查、广西天等县天等锰矿详查。

目前的勘查工作以普查、财政投入为主,受矿业权限的影响,控制程度较低,部分地段留有空白区;含锰岩系的含矿性有些微的差异,致使部分地段锰矿层不连续;断裂构造使锰矿层错动,在走向上不连续;财政投入的各个勘查项目工作区严禁重叠,如图4-2、图4-6所示。因此,想要叙述11个矿段(少乌鼠山矿段)氧化锰矿深部的碳酸锰矿特征就不能以矿层为对象,而以6个勘查项目中的5个勘查项目所对应的5个矿区圈定的碳酸锰矿体为对象较为恰当,且较为准确。

1. 天等锰矿区矿体特征

以边界Mn≥10%、单工程平均Mn≥12%、单工程矿体厚度≥0.50m的工程圈定为碳酸锰工业矿体;以边界Mn≥10%、单工程平均10%≤Mn<12%、单工程平均厚度≥0.50m的工程圈定为碳酸锰低品位矿体。在各矿段的Ⅰ、Ⅱ、Ⅳ矿层中圈定了$Ⅱ_{1g}$、$Ⅳ_{1g}$、$Ⅰ_{2g}$、$Ⅱ_{2g}$、$Ⅳ_{2g}$、$Ⅰ_{3g}$、$Ⅱ_{3g}$、$Ⅳ_{3g}$、$Ⅰ_{4g}$、$Ⅱ_{4g}$、$Ⅳ_{4g}$11个碳酸锰工业矿体,圈定了$Ⅰ_1$、$Ⅱ_1$、$Ⅳ_1$、$Ⅰ_2$、$Ⅱ_2$、$Ⅲ_2$、$Ⅳ_2$、$Ⅰ_3$、$Ⅱ_3$、$Ⅲ_3$、$Ⅳ_3$、$Ⅰ_4$、$Ⅱ_4$、$Ⅳ_4$14个碳酸锰低品位矿体,合计圈定25个矿体。各矿段的矿体地质特征如下。

(1)驮仁东矿段矿体特征。

驮仁东矿段碳酸锰矿层分布在向斜的两翼。矿层呈北西西—东西向,南西翼矿层倾角陡,其中0~21线矿层倾角大于85°,部分为直立,往西倾角逐渐变缓,一般在73°左右;北东翼矿层倾角平缓,一般在39°左右,见图4-8。

驮仁东矿段有9个钻探工程控制到Ⅰ、Ⅱ、Ⅲ、Ⅳ碳酸锰矿层或含锰硅质泥灰岩,特征见表4-14。

从表4-14可以看出,Ⅰ、Ⅳ矿层连续性好;Ⅱ矿层在5~13线为锰矿层,在13线以东为含锰硅质泥灰岩;Ⅲ含锰层全为硅质泥灰岩。Ⅰ矿层厚0.49~1.40m、平均1.02m,Mn品位为10.14%~11.92%、平均10.95%;Ⅱ矿层厚0.85~12.83m、平均4.87m,Mn品位为10.00%~11.23%、平均10.95%;Ⅳ矿层厚0.51~4.54m、平均2.07m,Mn品位为10.63%~13.18%,平均11.89%。

由于受断层的错动、含锰的不同等因素的影响,在Ⅰ、Ⅱ、Ⅳ矿层中圈出5个矿体。

表 4-14　驮仁东矿段单工程碳酸锰矿层地质特征表

工程号	Ⅰ矿层		Ⅱ矿层		Ⅲ矿层		Ⅳ矿层	
	厚度(m)	Mn(%)	厚度(m)	Mn(%)	厚度(m)	Mn(%)	厚度(m)	Mn(%)
ZK0501	1.40	11.92	3.69	11.23	5.46	9.14	2.73	11.93
ZK0901	1.04	11.23	12.83	11.14	0.42	8.67	1.66	13.15
ZK0902	0.65	11.53	4.98	10.71	3.26	8.99	3.20	12.21
ZK1301	0.75	10.73	2.00	10.17	1.82	7.50	1.10	13.18
ZK1302	1.30	11.21	0.85	10.00	2.19	7.23	0.76	11.09
ZK1701	1.50	10.25	2.90	8.06	1.20	8.03	0.51	10.86
ZK1702-1	/	/	/	/	/	/	4.12	11.58
ZK1702-2	1.19	10.69	4.24	8.06	1.22	8.07	0.74	10.63
ZK2101	0.88	10.14	6.42	8.05	2.08	6.50	4.54	11.68
ZK2102	0.49	10.68	6.44	8.75	1.37	7.36	1.31	11.61

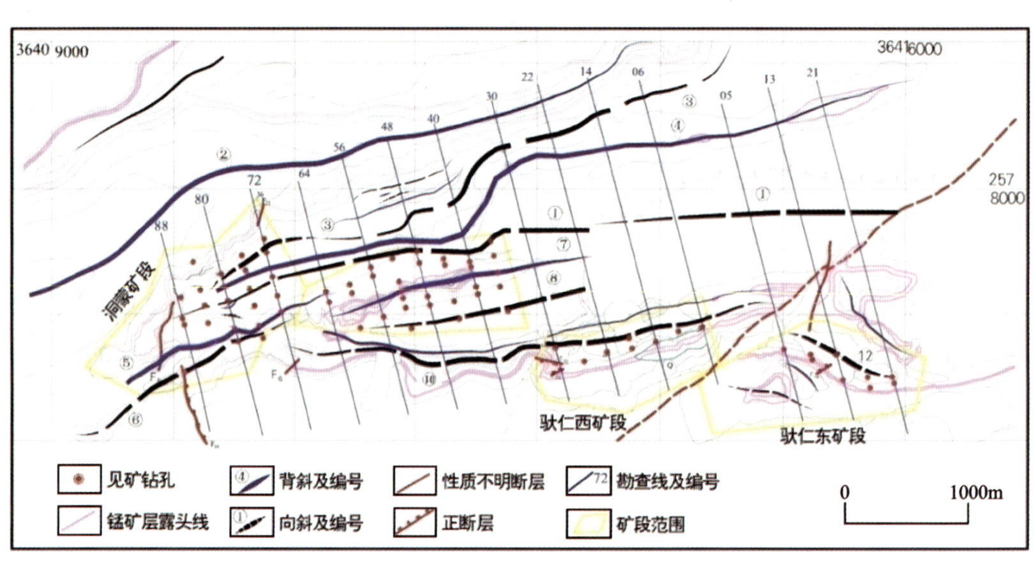

图 4-8　天等锰矿区构造纲要图

各个矿体特征如下。

Ⅰ_1矿体：为Ⅰ矿层中的低品位碳酸锰矿体。分布在 3～23 线，有 9 个钻孔工程控制，控制走向延长 950m，倾向延深为 115.86～241.06m。赋存标高为 225.59～530.82m。矿体厚度为 0.72～2.75m，矿石 Mn 品位 10.14%～11.92%。其他地质特征见表 4-15。

Ⅱ_{1g}矿体：为Ⅱ矿层中的贫碳酸锰矿体。分布在 3～11 线，有 2 个钻孔工程控制。控制走向延长 400m，倾向延深为 214.87～223.42m，赋存标高为 244.49～489.53m。矿体厚度为 0.78～2.17m，矿石 Mn 品位为 12.03%～12.20%。其他地质特征见表 4-15。

$Ⅱ_1$矿体：分布在3～15线，有5个钻孔工程控制。控制走向延长600m，倾向延深为131.64～223.29m，赋存标高为244.49～489.53m。矿体厚度为0.85～10.66m，矿石Mn品位为10.00%～11.04%。其他地质特征见表4-15。

表4-15　驮仁东矿段矿体地质特征表

矿层号	矿体号	长度(m)	平均厚度(m)	延深(m)	平均品位(%)				Mn/TFe	P/Mn
					Mn	TFe	P	SiO_2		
Ⅰ	$Ⅰ_1$	950	1.11	241.06	11.11	2.89	0.042	28.80	3.84	0.004
Ⅱ	$Ⅱ_{1g}$	400	1.63	223.42	12.16	2.71	0.057	28.74	4.49	0.005
	$Ⅱ_1$	600	6.06	223.42	10.84	2.69	0.050	29.35	4.03	0.005
Ⅳ	$Ⅳ_{1g}$	950	2.10	291.86	12.57	2.52	0.039	21.55	4.99	0.003
	$Ⅳ_1$	550	1.65	169.49	10.99	2.39	0.039	21.93	4.60	0.004
合计			3.82		11.33	2.67	0.046	27.13	4.25	0.004

$Ⅳ_{1g}$矿体：为Ⅳ矿层中的贫碳酸锰矿体。分布在3～23线，有7个钻孔工程控制。控制走向延长960m，倾向延深为102.26～291.86m，赋存标高为289.86～551.75m。矿体厚度为0.66～3.20m，矿石Mn品位为12.13%～13.15%。其他地质特征见表4-15。

$Ⅳ_1$矿体：为Ⅳ矿层中的低品位碳酸锰矿体。分布在7～23线，有6个钻孔工程控制。控制走向延长550m，倾向延深为100.00～169.49m，赋存标高为230.07～529.80m。矿体厚度为0.51～2.93m，矿石Mn品位为10.63%～11.09%。其他地质特征见表4-15。

(2)驮仁西矿段矿体特征。

驮仁西矿段的碳酸锰矿层分布在6～30线，赋存在次级向斜⑩的南翼，倾向335°～40°，倾角26°～61°，平均43°，见图4-8。有9个钻探工程控制到Ⅰ、Ⅱ、Ⅲ、Ⅳ碳酸锰矿层或含锰硅质泥灰岩，特征见表4-16。

从表4-16中可以看出，Ⅰ、Ⅱ、Ⅳ矿层连续性好，Ⅲ矿层在6～10线出露，在10线以西为含锰硅质泥灰岩。Ⅰ矿层厚0.87～2.94m，平均1.92m，Mn品位为11.03%～13.26%，平均11.87%；Ⅱ矿层厚1.74～8.43m，平均5.94m，Mn品位为11.69%～12.60%，平均11.98%；Ⅲ矿层厚1.99～3.57m，平均2.78m，Mn品位为10.87%～10.98%，平均10.91%；Ⅳ矿层厚1.50～4.44m，平均2.66m，Mn品位为10.67%～16.56%，平均12.85%。

表4-16　驮仁西矿段单工程碳酸锰矿层地质特征表

工程号	Ⅰ矿层		Ⅱ矿层		Ⅲ矿层		Ⅳ矿层	
	厚度(m)	Mn(%)	厚度(m)	Mn(%)	厚度(m)	Mn(%)	厚度(m)	Mn(%)
ZK0601	2.39	12.21	6.87	11.79	1.99	10.98	2.86	14.12
ZK1001	1.82	11.59	7.37	11.81	3.57	10.87	3.09	12.62
ZK1401	2.67	11.72	7.35	12.05	1.34	9.22	3.81	12.48
ZK1801	1.60	12.92	6.52	12.02	2.18	8.94	1.46	16.56

续表 4-16

工程号	Ⅰ矿层		Ⅱ矿层		Ⅲ矿层		Ⅳ矿层	
	厚度(m)	Mn(%)	厚度(m)	Mn(%)	厚度(m)	Mn(%)	厚度(m)	Mn(%)
ZK1803	1.28	11.73	6.64	11.91	1.61	9.30	1.87	13.04
ZK2201	1.79	11.21	5.33	11.69	1.37	8.48	2.86	13.19
ZK2601	0.87	13.26	1.74	11.77	0.87	7.98	1.50	12.23
ZK3001	1.94	11.03	5.50	12.05	1.47	7.15	4.44	10.67
YM3201	2.94	11.94	8.43	12.16	/	/	2.09	13.98

由于受断层的错动、含锰的不同等因素的影响，在Ⅰ、Ⅱ、Ⅳ矿层中圈出 7 个矿体。各个矿体特征如下。

$Ⅰ_{2g}$矿体：为Ⅰ矿层中的贫碳酸锰矿体。分布在 4～32 线，有 12 个钻孔工程控制。控制走向延长 1220m，倾向延深为 167.23～328.20m，赋存标高为 246.40～486.00m。矿体厚度为 0.56～5.54m，矿石 Mn 品位为 12.16%～14.82%。其他地质特征见表 4-17。

$Ⅰ_2$矿体：为Ⅰ矿层中的低品位碳酸锰矿体。分布在 14～32 线，有 8 个钻孔工程控制。控制走向延长 900m，倾向延深为 70.50～211.59m，赋存标高为 246.40～486.67m。矿体厚度为 0.51～2.67m，平均 1.66m，矿石 Mn 品位为 10.05%～11.25%。其他地质特征见表 4-17。

$Ⅱ_{2g}$矿体：为Ⅱ矿层中的贫碳酸锰矿体。分布在 4～32 线，有 14 个钻孔工程控制。控制走向延长 1220m，倾向延深为 75.47～326.51m，赋存标高为 254.55～490.23m。矿体厚度为 2.47～8.66m，矿石 Mn 品位为 12.02%～16.35%。其他地质特征见表 4-17。

$Ⅱ_2$矿体：为Ⅱ矿层中的低品位碳酸锰矿体。分布在 6～14 线、16～20 线、22～30 线，有 6 个钻孔工程控制，控制走向延长 920m，倾向延深为 147.10～192.33m，赋存标高为 255.78～462.11m。矿体厚度为 0.77～3.24m，矿石 Mn 品位为 10.20%～11.77%。其他地质特征见表 4-17。

$Ⅲ_2$矿体：为Ⅲ矿层中的低品位碳酸锰矿体，分布在 04～12 线。有 3 个钻孔工程控制，控制走向延长 320m，倾向延深为 115.35～192.67m。赋存标高为 382.13～490.62m。矿体厚度为 1.99～3.57m，矿石 Mn 品位为 10.87%～12.79%。其他地质特征见表 4-17。

$Ⅳ_{2g}$矿体：为Ⅳ矿层中的贫碳酸锰矿体。分布在 4～32 线，有 14 个钻孔工程控制。控制走向延长 1220m，倾向延深为 154.56～315.06m，赋存标高为 274.85～501.89m。矿体厚度为 1.46～5.00m，矿石 Mn 品位为 12.23%～16.56%。其他地质特征见表 4-17。

$Ⅳ_2$矿体：为Ⅳ矿层中的低品位碳酸锰矿体。分布在 30 线两侧，有 1 个钻孔工程控制。控制走向延长 130m，倾向延深为 152.68m，赋存标高为 353.46～424.23m。其他地质特征见表 4-17。

表 4-17 驮仁西矿段矿体地质特征表

矿层号	矿体号	长度(m)	平均厚度(m)	延深(m)	平均品位(%)				Mn/TFe	P/Mn
					Mn	TFe	P	SiO_2		
Ⅰ	$Ⅰ_{2g}$	1220	2.04	328.20	12.80	3.41	0.057	32.36	3.76	0.004
	$Ⅰ_2$	900	1.66	211.59	10.85	3.90	0.065	30.30	2.78	0.006

续表 4-17

矿层号	矿体号	长度(m)	平均厚度(m)	延深(m)	平均品位(%)				Mn/TFe	P/Mn
					Mn	TFe	P	SiO_2		
Ⅱ	$Ⅱ_{2g}$	1220	5.84	326.51	12.39	3.22	0.060	31.22	3.84	0.005
	$Ⅱ_2$	920	2.38	192.33	11.08	2.47	0.045	29.50	4.49	0.004
Ⅲ	$Ⅲ_2$	320	2.81	192.67	11.04	2.13	0.042	30.61	5.17	0.004
Ⅳ	$Ⅳ_{2g}$	1220	2.94	315.06	13.68	4.02	0.092	24.84	3.41	0.007
	$Ⅳ_2$	130	1.19	156.28	10.17	2.50	0.049	28.70	4.07	0.005
合计			4.11		12.52	3.38	0.066	29.88	3.70	0.005

(3)渌利矿段矿体特征。

渌利矿段的碳酸锰矿层受背斜⑦两翼及向斜⑧的控制，呈北东东向展布。背斜⑦北西翼的矿层倾角 35°～57°。向斜⑧两翼的矿层基本对称产出，浅表产状较缓，往深部产状变陡，倾角 13°～70°，见图 4-8。

渌利矿段有 27 个钻探工控制到Ⅰ、Ⅱ、Ⅲ、Ⅳ碳酸锰矿层或含锰硅质泥灰岩，特征见表 4-18。

从表 4-18 可以看出，Ⅱ矿层的连续性最好；Ⅳ矿层除在背斜⑦南翼 48 线为含锰硅质泥灰岩外，其他地段均为碳酸锰矿层；Ⅰ矿层除在背斜⑦北翼 44 线为含锰硅质泥灰岩外，其他地段均为碳酸锰矿层；Ⅲ矿层在背斜⑦南翼全部为碳酸锰矿层，在背斜⑦北翼浅部为碳酸锰矿层、深部为含锰硅质泥灰岩。

Ⅰ矿层厚 0.57～1.89m，平均 1.08m，Mn 品位为 10.22%～12.89%，平均 11.73%；Ⅱ矿层厚 2.02～6.43m，平均 3.61m，Mn 品位为 10.88%～14.87%，平均 12.06%；Ⅲ矿层厚 0.39～2.17m，平均 0.93m，Mn 品位为 10.08%～13.48%，平均 10.98%；Ⅳ矿层厚 0.53～5.66m，平均2.94m，Mn 品位为 10.36%～15.15%，平均 12.02%。

表 4-18 渌利矿段单工程碳酸锰矿层地质特征表

工程号	Ⅰ矿层		Ⅱ矿层		Ⅲ矿层		Ⅳ矿层	
	厚度(m)	Mn(%)	厚度(m)	Mn(%)	厚度(m)	Mn(%)	厚度(m)	Mn(%)
ZK3601	0.71	10.87	4.44	11.72	/	/	4.93	10.36
ZK3602	0.69	11.28	2.73	12.22	1.17	9.22	0.87	11.51
ZK3603	1.89	12.46	6.43	12.04	2.17	10.86	4.22	13.33
ZK3604	1.27	12.83	2.02	12.33	0.92	8.80	3.09	11.01
ZK3605	1.11	11.83	3.64	12.15	0.75	10.15	1.22	14.96
ZK4001	0.57	10.42	3.34	12.05	0.41	11.54	3.07	12.51
ZK4002	0.62	11.57	2.25	11.95	0.39	11.03	2.93	12.42
ZK4003	0.92	11.83	3.82	11.07	1.15	10.95	1.06	12.05

续表 4-18

工程号	Ⅰ矿层		Ⅱ矿层		Ⅲ矿层		Ⅳ矿层	
	厚度(m)	Mn(%)	厚度(m)	Mn(%)	厚度(m)	Mn(%)	厚度(m)	Mn(%)
ZK4004	1.49	11.45	2.68	12.40	0.91	10.57	2.25	12.06
ZK4401	0.93	11.51	3.50	11.95	0.63	10.08	2.66	11.63
ZK4402	1.54	11.26	2.88	11.15	0.64	10.52	0.53	15.15
ZK4403	1.85	11.47	5.83	12.40	1.57	11.33	5.66	10.70
ZK4404	0.46	8.85	3.70	12.11	0.39	10.03	2.81	13.03
ZK4801	0.73	12.52	3.52	12.23	1.02	10.56	2.84	12.38
ZK4802	1.65	11.78	4.70	12.19	0.51	7.98	4.05	13.17
ZK4803	0.87	12.03	3.10	11.51	0.73	10.00	1.33	8.48
ZK4804	1.59	10.98	0.74	10.49	0.80	11.53	0.99	13.32
ZK5201	0.61	11.69	3.39	13.20	0.60	10.44	1.10	10.53
ZK5203	0.92	10.41	4.35	14.87	/	/	/	/
ZK5204	0.71	13.07	3.27	11.65	0.75	10.54	4.95	12.31
ZK5205	1.48	12.86	5.29	12.37	1.14	10.68	5.62	11.16
ZK5206	1.42	11.81	4.67	11.86	0.56	7.26	4.27	11.38
ZK6001	1.69	11.54	3.03	12.07	1.47	13.48	0.55	11.91
ZK6002	0.68	10.22	4.88	11.62	0.77	11.00	4.22	12.67
ZK6004	0.60	11.28	2.71	10.96	1.69	10.82	2.81	12.12
ZK6402	0.68	12.89	2.53	10.88	0.65	11.08	3.72	12.33
ZK6404	0.93	12.00	3.92	11.70	0.71	8.22	2.99	12.27

由于受断层的错动、含锰的不同等因素的影响，在Ⅰ、Ⅱ、Ⅳ矿层中圈出 7 个矿体。各个矿体特征如下。

$Ⅰ_{3g}$矿体：为Ⅰ矿层中的贫碳酸锰矿体。展布于背斜⑦的南、北两翼，由 24 个钻孔工程控制。矿体厚度为 0.50～1.89m，矿石 Mn 品位为 12.00%～13.13%。其他地质特征见表 4-19。

背斜⑦北翼的矿体分布在 34～66 线，控制走向延长 1400m，倾向延深为 114.83～352.44m，赋存标高为 357.49～661.76m。矿体在 42～46 线为低品位碳酸锰矿体。

背斜⑦南翼的矿体分布在 34～62 线，控制走向延长 800m，倾向延深为 136.44～581.22m，赋存标高为 62.09～606.40m。矿体在 38～46 线、54～58 线为低品位碳酸锰矿体。

$Ⅰ_3$矿体：为Ⅰ矿层中的低品位碳酸锰矿体。展布于背斜⑦南、北两翼，由 23 个钻孔工程控制。矿体厚度为 0.45～1.66m，矿石 Mn 品位为 10.04%～11.83%。其他地质特征见表 4-19。

背斜⑦北翼的矿体分布在 34～64 线，控制走向延长为 1500m，倾向延深为 146.85～355.73m，赋存标高为 303.83～641.29m。矿体在 64 线、56 线、50 线浅部、36 线中深部等 4 处地段为工业矿体。

背斜⑦南翼的矿体分布在 32～62 线，控制走向延长 1250m，倾向延深为 124.22～556.43m，赋存标高为 132.35～606.52m。矿体在 48 线为工业矿体。

表 4-19　渌利矿段矿体地质特征表

矿层号	矿体号	长度(m)	平均厚度(m)	控制延深(m)	平均品位(%)				Mn/TFe	P/Mn
					Mn	TFe	P	SiO_2		
Ⅰ	$Ⅰ_{3g}$	2200	1.06	581.22	12.46	3.21	0.043	28.53	3.88	0.003
	$Ⅰ_3$	27 500	0.94	556.43	11.15	4.36	0.062	28.31	2.56	0.006
Ⅱ	$Ⅱ_{3g}$	3000	3.85	668.54	12.32	3.89	0.074	30.20	3.17	0.006
	$Ⅱ_3$	2250	1.95	291.21	10.93	5.02	0.049	31.56	2.18	0.004
Ⅲ	$Ⅲ_3$	2650	1.04	656.46	11.17	2.89	0.058	28.94	3.86	0.005
Ⅳ	$Ⅳ_{3g}$	2800	2.97	571.48	12.78	5.20	0.126	24.09	2.46	0.010
	$Ⅳ_3$		1.43		10.98	5.71	0.115	26.74	1.92	0.010
合计			2.78		12.13	4.12	0.083	28.17	2.94	0.007

$Ⅱ_{3g}$矿体：为Ⅱ矿层中的贫碳酸锰矿体。展布于背斜⑦南、北两翼，由 34 个钻孔工程控制。矿体厚度为 1.26～7.54m，厚度变化系数为 43.96%。矿石 Mn 品位为 12.00%～16.42%，Mn 品位变化系数为 6.81%。其他地质特征见表 4-19。

背斜⑦北翼的矿体分布在 34～66 线，控制走向延长 1600m，倾向延深为 117.17～447.13m，赋存标高为 307.03～667.08m。矿体在 64 线深部、56 线浅部、44 线浅部 3 处地段为低品位碳酸锰矿体。

背斜⑦南翼的矿体分布在 34～62 线，控制走向延长 1400m，倾向延深为 124.01～668.54m，赋存标高为 67.86～602.30m。

$Ⅱ_3$矿体：为Ⅱ矿层中的低品位碳酸锰矿体。展布于背斜⑦南、北两翼，由 17 个钻孔工程控制。矿体厚度为 0.65～3.00m，矿石 Mn 品位为 10.28%～11.43%。其他地质特征见表 4-19。

背斜⑦北翼的矿体分布在 34～66 线，控制走向延长 1450m，倾向延深为 86.52～266.32m，赋存标高为 431.76～626.45m，矿体在 46～50 线为工业矿体造。

背斜⑦南翼的矿体分布在 33～54 线，展布长 800m，倾向延深为 158.54～291.21m，赋存标高为 289.16～601.35m。

$Ⅲ_3$矿体：为Ⅲ矿层中的低品位碳酸锰矿体。展布于背斜⑦南、北两翼，由 21 个钻孔工程控制。矿体厚度为 0.60～2.17m，矿石 Mn 品位为 10.03%～11.53%。其他地质特征见表 4-19。

背斜⑦北翼的矿体分布在 38～66 线，控制走向延长 1250m，倾向延深为 115.85～245.18m，赋存标高为 345.93～656.40m。矿体在 52～54 线为含锰硅质泥灰岩，造成矿体断开的现象。

背斜⑦南翼的矿体分布在 34～62 线，控制走向延长 1400m，倾向延深为 345.93～656.46m，赋存标高为 81.30～601.10m。

Ⅳ$_{3g}$矿体：为Ⅳ矿层中的贫碳酸锰矿体。展布于背斜⑦南、北两翼，由24个钻孔工程控制。矿体厚度为0.53～4.43m，矿石Mn品位为12.05%～15.15%。其他地质特征见表4-19。

背斜⑦北翼的矿体分布在34～66线，控制走向延长1600m，倾向延深为189.82～313.97m，赋存标高为367.92～654.29m。矿体在36线浅部为低品位碳酸锰矿体。

背斜⑦南翼的矿体分布在34～58线，展布长1200m，倾向延深为168.11～571.48m，赋存标高为84.41～640.24m。矿体在36线浅部为低品位碳酸锰矿体、48线中深部为含锰硅质泥灰岩，该两处地段造成开天窗的现象。

Ⅳ$_3$矿体：为Ⅳ矿层中的低品位碳酸锰矿体。展布于背斜⑦南、北两翼，由7个钻孔工程控制。矿体厚度为0.65～3.00m，矿石Mn品位为10.28%～11.43%。其他地质特征见表4-19。

背斜⑦北翼的矿体分布在54～58线、34～48线；背斜⑦南翼矿体分布在60线、52线浅部及44线深部。

（4）洞蒙矿段矿体特征。

锰矿层的形态受洞蒙复式向斜①及其次级褶皱的控制。其中复式向斜①北西翼的矿层在80线受次级向斜③、背斜④的控制；复式向斜①南东翼矿层受背斜⑤、向斜⑥的控制。

向斜③两翼地层基本对称，倾角43°～48°。背斜④南东翼矿层产状陡，倾角80°～90°。背斜⑤北西翼矿层倾角63°，南东翼矿层倾角53°。向斜⑥南东翼矿层倾角46°。

洞蒙矿段有21个钻探工程控制到Ⅰ、Ⅱ、Ⅲ、Ⅳ锰矿层或含锰硅质泥灰岩，特征见表4-20。

表4-20　洞蒙矿段单工程碳酸锰矿层地质特征表

工程号	Ⅰ矿层		Ⅱ矿层		Ⅲ矿层		Ⅳ矿层	
	厚度(m)	Mn(%)	厚度(m)	Mn(%)	厚度(m)	Mn(%)	厚度(m)	Mn(%)
ZK7212	0.59	10.28	1.26	12.15	1.29	8.66	0.51	12.87
ZK7213	0.92	10.14	2.58	11.97	1.52	9.79	1.83	12.91
ZK7214	1.94	7.50	2.35	11.51	/	/	1.90	10.40
ZK7215	0.66	12.85	2.97	11.75	1.13	10.15	3.83	11.50
ZK7217	0.52	11.30	1.90	11.37	1.24	8.71	2.25	11.68
ZK7602	0.84	8.69	1.30	12.29	/	/	2.11	10.37
ZK7605	0.89	10.20	2.17	10.90	/	/	0.59	10.04
ZK7603	0.74	11.63	2.36	11.82	/	/	0.63	11.70
ZK7604	1.01	13.11	1.03	11.31	0.80	9.78	1.13	10.94
ZK7606	0.77	11.53	2.69	11.25	1.70	9.62	2.69	10.76
							1.73	10.63
							6.11	13.11

续表 4-20

工程号	Ⅰ矿层		Ⅱ矿层		Ⅲ矿层		Ⅳ矿层	
	厚度（m）	Mn（%）	厚度（m）	Mn（%）	厚度（m）	Mn（%）	厚度（m）	Mn（%）
ZK7607	0.51	12.03	2.00	11.62	0.49	10.50	3.59	10.84
ZK8001	1.22	8.27	3.19	11.52	1.38	9.46	8.81	12.54
ZK8002	0.56	11.93	1.47	10.98	1.23	8.73	3.72	11.03
ZK8003	0.92	11.04	2.98	11.41	0.67	8.44	3.07	10.58
ZK8006	0.51	5.59	3.02	12.65	/	/	5.10	10.08
ZK8025	0.52	11.04	2.44	11.31	/	/	2.36	11.15
ZK8401	0.66	11.55	0.79	10.66	1.01	9.43	3.39	12.30
ZK8402	0.17	10.78	0.74	11.55	0.37	9.73	0.67	11.56
ZK8403	0.30	11.57	1.86	11.72	0.72	10.57	9.26	12.00
ZK8801	0.68	11.91	2.58	11.65	1.99	9.33	5.11	10.12
ZK8802	0.53	11.28	0.95	12.69	1.22	8.04	3.20	12.14

从表 4-20 可以看出，Ⅱ、Ⅳ锰矿层连续性最好；Ⅰ矿层在向斜①北翼 76 线以东浅部、向斜①南翼 80 线浅部为含锰硅质泥灰岩，其他地段均为碳酸锰矿层；Ⅲ矿层仅 3 个工程控制到碳酸锰矿层，其他地段均为含锰硅质泥灰岩。

Ⅰ矿层厚 0.17～1.01m，平均 0.64m，Mn 品位为 10.14%～13.11%，平均 11.44%；Ⅱ矿层厚 0.74～3.19m，平均 2.03m，Mn 品位为 10.66%～12.69%，平均 11.63%；Ⅲ矿层厚 0.49～1.13m，平均 0.78m，Mn 品位为 10.15%～10.57%，平均 10.35%；Ⅳ矿层厚 0.51～8.81m，平均 3.20m，Mn 品位为 10.08%～13.11%，平均 11.51%。

由于受断层的错动、含锰的不同等因素的影响，在Ⅰ、Ⅱ、Ⅳ矿层中圈出 6 个矿体。各个矿体特征如下。

$Ⅰ_{4g}$矿体：为Ⅰ矿层中的贫碳酸锰矿体。展布于向斜①南、北两翼，由 3 个钻孔工程控制。矿体厚度为 1.12m，Mn 品位 12.45%，其他地质特征见表 4-21。

向斜①北翼的矿体分布在 76 线，控制走向延长 100.00m，倾向延深为 100.00m，赋存标高为 290.19～363.98m。

向斜①南翼的矿体分布在 70～78 线，控制走向延长 400m，倾向延深为 100～133.20m，赋存标高为 510.99～569.73m。

$Ⅰ_4$矿体：为Ⅰ矿层中的低品位碳酸锰矿体。展布于向斜①南、北两翼，由 11 个钻孔工程控制。矿体厚度为 0.51～0.91m，矿石 Mn 品位为 10.14%～11.91%。其他地质特征见表 4-21。

向斜①北翼的矿体分布在 70～82 线、86～90 线，控制走向延长 750m，倾向延深为 100.00～314.44m，赋存标高为 177.73～674.31m。

向斜①南翼的矿体分布在 72～90 线，控制走向延长 950m，倾向延深为 100.00～299.69m，赋存标高为 348.01～564.41m。

$Ⅱ_{4g}$矿体：为Ⅱ矿层中的贫碳酸锰矿体。展布于向斜①南、北两翼，由 15 个钻孔工程控制。矿体厚度为 0.58～3.02m，矿石 Mn 品位为 12.03%～13.13%。其他地质特征见表 4-21。

向斜①北翼的矿体分布在 70～90 线，控制走向延长 950m，倾向延深为 100.00～438.05m，赋存标高为 186.13～674.48m。

向斜①南翼的矿体分布在 70～82 线、86～90 线，控制走向延长 750m，倾向延深为 100.00～311.87m，赋存标高为 333.17～597.19m。

$Ⅱ_4$矿体：为Ⅱ矿层中的低品位碳酸锰矿体。展布于向斜①南、北两翼，由 15 个钻孔工程控制。矿体厚度为 0.53～2.16m，矿石 Mn 品位为 10.47%～11.82%。其他地质特征见表 4-21。

向斜①北翼的矿体分布在 70～90 线，控制走向延长 950m，倾向延深为 100.00～300.59m，赋存标高为 186.13～499.40m。

向斜①南翼的矿体分布在 70～82 线，控制走向延长 750m，倾向延深为 100.00～411.20m，赋存标高为 333.17～590.75m。

$Ⅳ_{4g}$矿体：为Ⅳ矿层中的贫碳酸锰矿体。展布于向斜①南、北两翼，由 15 个钻孔工程控制。矿体厚度为 0.51～9.26m，矿石 Mn 品位为 12.00%～13.36%。其他地质特征见表 4-21。

向斜①北翼的矿体分布在 70～74 线、78～90 线，控制走向延长 750m，倾向延深为 158.58～278.61m，赋存标高为 196.87～673.91m。

向斜①南翼的矿体分布在 70～90 线，控制走向延长 950m，倾向延深为 100.00～254.14m，赋存标高为 157.65～564.06m。

$Ⅳ_4$矿体：为Ⅳ矿层中的低品位碳酸锰矿体。展布于向斜①南、北两翼，由 11 个钻孔工程控制。矿体厚度为 0.59～3.59m，矿石 Mn 品位为 10.04%～11.56%。其他地质特征见表 4-21。

向斜①北翼的矿体分布在 70～90 线，控制走向延长 750m，倾向延深为 163.32～422.42m，赋存标高为 352.19～539.10m。

向斜①南翼的矿体分布在 74～78 线，控制走向延长 100m，倾向延深为 235.98m，赋存标高为 208.10～627.47m。

表 4-21　洞蒙矿段矿体地质特征表

矿层号	矿体号	长度(m)	平均厚度(m)	控制延深(m)	平均品位(%)				Mn/TFe	P/Mn
					Mn	TFe	P	SiO_2		
Ⅰ	$Ⅰ_{4g}$	500	1.12	133.20	12.45	3.60	0.061	30.37	3.46	0.005
	$Ⅰ_4$	1700	0.67	314.44	11.24	3.54	0.044	28.40	3.17	0.004
Ⅱ	$Ⅱ_{4g}$	1700	1.81	438.05	12.31	4.54	0.091	29.88	2.71	0.007
	$Ⅱ_4$	1700	1.17	411.20	11.04	3.56	0.064	31.23	3.10	0.006
Ⅳ	$Ⅳ_{4g}$	1700	4.13	278.61	12.23	5.14	0.101	26.02	2.38	0.008
	$Ⅳ_4$	850	2.22	422.42	10.74	4.83	0.131	28.14	2.22	0.012
合计			3.12		11.73	4.57	0.094	28.32	2.57	0.008

2. 东平外围锰矿区矿体特征

圈矿指标为《铁、锰、铬矿地质勘查规范》(DZ/T 0200—2002)中的冶金用锰一般工业指标:边界品位 Mn≥10%、单工程平均 Mn≥15%、最低可采厚度≥0.50m、夹石剔除厚度<0.30m;其中,将单工程平均 Mn≥15%圈定为贫碳酸锰锰矿体;将单工程平均 10%≤Mn<15%圈定为低品位碳酸锰矿体。共圈定$Ⅳ_1$、$Ⅳ_2$、$Ⅳ_3$、$Ⅳ_4$、$Ⅳ_5$、$Ⅳ_6$、$Ⅳ_7$ 7 个贫碳酸锰矿体;圈定$Ⅳ_{d1}$、$Ⅳ_{d2}$、$Ⅲ_{d1}$、$Ⅲ_{d2}$、$Ⅲ_{d3}$、$Ⅲ_{d4}$、$Ⅲ_{d5}$、$Ⅲ_{d6}$、$Ⅲ_{d7}$、$Ⅱ_{d1}$、$Ⅱ_{d2}$、$Ⅰ_{d1}$、$Ⅰ_{d2}$、$Ⅸ_{1d1}$、$Ⅸ_{1d2}$、$Ⅸ_{2d1}$、$Ⅸ_{2d2}$ 17 个低品位矿体。

(1)矿层地质特征。

Ⅰ矿层有 25 个工程控制,控制矿层厚 0.36~3.12m,平均 1.52m,Mn 品位 9.26%~12.00%,平均 10.87%。其他化学成分为 TFe3.99%、P0.055%、$SiO_2$29.2%、CaO14.11%、MgO3.54%、$Al_2O_3$6.55%、Loss22.51%、Mn/TFe2.72、P/Mn0.005。

Ⅱ矿层有 26 个工程控制,控制矿层厚 1.99~9.99m,平均 4.59m,Mn 品位 10.21%~12.50%,平均 11.45%。其他化学成分为 TFe3.43%、P0.058%、$SiO_2$30.36%、CaO12.51%、MgO4.55%、$Al_2O_3$7.05%、Loss21.81%、Mn/TFe3.34、P/Mn0.005。

Ⅲ矿层有 16 个工程控制。控制矿层厚 0.51~3.36m,平均 1.66m,Mn 品位 8.70%~11.32%,平均 10.15%。其他化学成分 TFe2.65%、P0.038%、$SiO_2$29.48%、CaO15.41%、MgO4.36%、$Al_2O_3$7.18%、Loss23.14%、Mn/TFe3.83、P/Mn0.004。

Ⅳ矿层有 27 个工程控制。控制矿层厚 1.60~9.21m,平均 3.46m,Mn 品位 7.63%~13.65%,平均 11.04%。其他化学成分 TFe4.52%、P0.100%、$SiO_2$25.65%、CaO14.58%、MgO4.07%、$Al_2O_3$5.72%、Loss23.37%、Mn/TFe2.44、P/Mn0.009。

$Ⅸ_1$矿层有 8 个工程控制。控制矿层厚 0.31~1.18m,平均 0.69m,含锰 8.13%~10.81%,平均 9.34%。其他化学成分 TFe 5.08%、P 0.104%、SiO_2 28.42%、CaO 15.46%、MgO 3.08%、$Al_2O_3$5.51%、Loss23.35%、Mn/TFe1.84、P/Mn0.011。

$Ⅸ_2$矿层有 8 个工程控制。控制矿层厚 0.44~1.46m,平均 0.81m,含锰 8.77%~10.78%,平均 9.83%。其他化学成分 TFe2.28%、P0.289%、$SiO_2$30.36%、CaO15.36%、MgO3.19%、$Al_2O_3$6.84%、Loss23.54%、Mn/TFe4.32、P/Mn0.029。

(2)贫锰矿体特征。在Ⅳ矿层中共圈出 7 个贫碳酸锰矿体,各矿体特征如下。

$Ⅳ_1$矿体:埋藏标高为 297~555m。在 20 线分布在向斜Ⅳ-1 北西翼及背斜Ⅳ-2 两翼,28 线分布在背斜Ⅳ-2 南东翼,36 线分布在背斜Ⅳ-2 北西翼。

$Ⅳ_2$矿体:埋藏标高为 12~46m。两翼矿体基本对称产出,倾角 36°。

$Ⅳ_3$矿体:埋藏标高为−76~23m。南翼倾角 49°,北翼倾角 31°。

$Ⅳ_4$矿体:埋藏标高为 128~233m。赋存在背斜Ⅳ-2 南翼,呈单斜产出,被小断裂挫断,上盘矿体上升约 7m。倾向南,上盘矿体倾角 70°,下盘矿体倾角 42°。

$Ⅳ_5$矿体:埋藏标高为−100~−46m。南翼倾角 58°,北翼倾角 6°。

$Ⅳ_6$矿体:埋藏标高为−13~52m。呈单斜产出,倾向南,倾角 36°。

$Ⅳ_7$矿体:标高为 4~49m。呈单斜产出,倾向南,倾角 41°。

贫碳酸锰矿体其他地质特征见表 4-22,控矿构造见图 4-9。

表 4-22 贫碳酸锰矿体地质特征一览表

矿体号	位置	控矿构造	控制工程个数	规模(m)					Mn(%)	
				延长	延深		厚			
					极值	平均	极值	平均	极值	平均
Ⅳ$_1$	18～38线	向斜Ⅳ-1、背斜Ⅳ-2	4	1000	200～607	365	0.81～1.38	1.05	15.02～16.16	15.64
Ⅳ$_2$	28线两侧	向斜Ⅲ-6核部	1	100	100	100	0.55	0.55	15.06	15.06
Ⅳ$_3$	20线两侧	向斜Ⅲ-6核部	1	100	100	100	3.11	3.11	15.67	15.67
Ⅳ$_4$	12线两侧	背斜Ⅳ-2南翼	1	100	100	100	1.03	1.03	16.23	16.23
Ⅳ$_5$	12线两侧	向斜Ⅲ-6核部	1	100	100	100	2.55	2.25	15.10	15.10
Ⅳ$_6$	3线两侧	向斜Ⅲ-6北翼	1	100	100	100	0.90	0.90	15.37	15.37
Ⅳ$_7$	19线两侧	向斜Ⅲ-6北翼	1	100	100	100	0.78	0.78	15.29	15.29

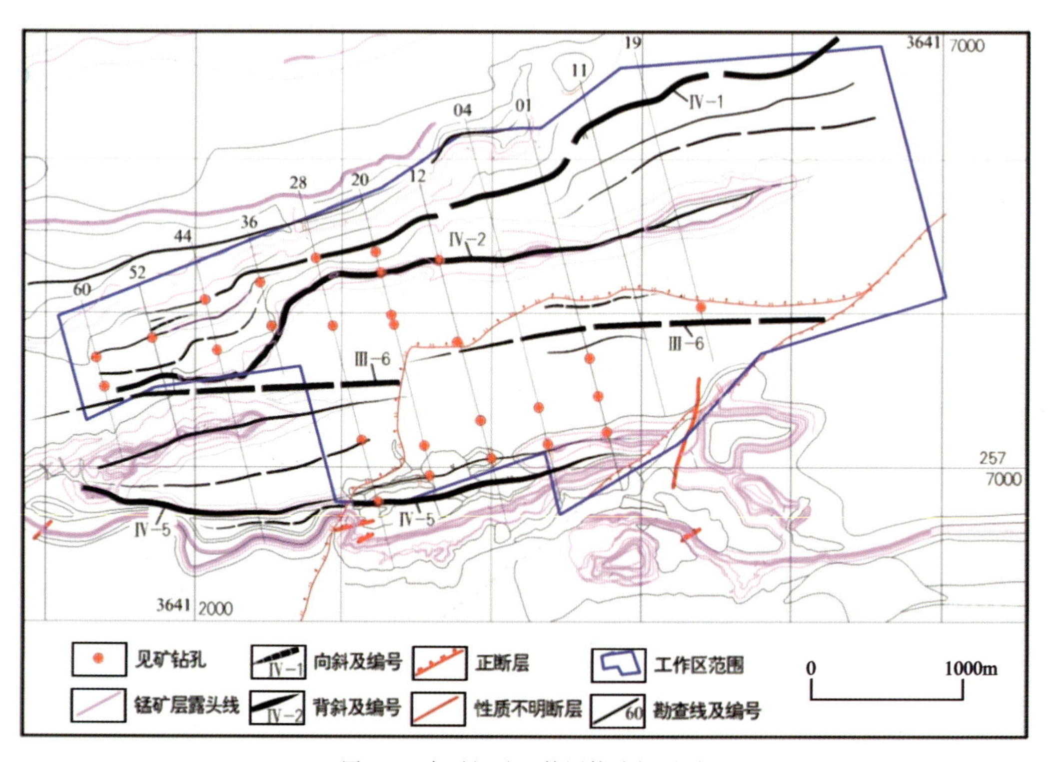

图 4-9 东平锰矿区外围构造纲要图

（3）低品位矿体。圈定Ⅳ$_{d1}$、Ⅳ$_{d2}$、Ⅲ$_{d1}$、Ⅲ$_{d2}$、Ⅲ$_{d3}$、Ⅲ$_{d4}$、Ⅲ$_{d5}$、Ⅲ$_{d6}$、Ⅲ$_{d7}$、Ⅱ$_{d1}$、Ⅱ$_{d2}$、Ⅰ$_{d1}$、Ⅰ$_{d2}$、Ⅸ$_{1d1}$、Ⅸ$_{1d2}$、Ⅸ$_{2d1}$、Ⅸ$_{2d2}$17个低品位矿体。

Ⅳ$_{d1}$、Ⅱ$_{d1}$、Ⅰ$_{d1}$矿体：产于下三叠统北泗组第二段（T_1b^2）顶部，分别是Ⅳ、Ⅱ、Ⅰ矿层中的低品位矿体。矿体赋存在洞蒙复式向斜Ⅲ-6北翼，其形态受次级褶皱向斜Ⅳ-1、背斜Ⅳ-2控制。向斜Ⅳ-1北西翼矿体倾角最大61°，最小56°，平均58°；向斜Ⅳ-1南东翼矿体倾角最大68°，最小29°，平均48°；背斜Ⅳ-2南东翼矿体倾角最大58°，最小26°，平均38°。

Ⅳ$_{d1}$矿体埋藏标高为284～586m。Ⅱ$_{d1}$矿体埋藏标高为270～590m。Ⅰ$_{d1}$矿体埋藏标高为372～591m。

Ⅳ$_{d2}$、Ⅱ$_{d2}$、Ⅰ$_{d2}$矿体：产于下三叠统北泗组第二段（T_1b^2）顶部，分别是Ⅳ、Ⅱ、Ⅰ矿层中的低品位矿体。赋存在洞蒙复式向斜Ⅲ-6两翼，北翼矿体单斜产出，倾角35°～45°。南翼矿体受次级背斜Ⅳ-5的控制，其中北翼矿体倾角60°～75°，南翼矿体倾角20°～50°。

Ⅳ$_{d2}$矿体埋藏标高为－179～514m。Ⅱ$_{d2}$矿体埋藏标高为－188～508m。Ⅰ$_{d2}$矿体埋藏标高为－193～503m。

Ⅲ$_{d1}$、Ⅲ$_{d2}$、Ⅲ$_{d3}$、Ⅲ$_{d4}$、Ⅲ$_{d6}$、Ⅲ$_{d7}$矿体：均产于下三叠统北泗组第二段（T_1b^2）顶部，均为Ⅲ矿层中的低品位矿体。Ⅲ$_{d1}$矿体赋存在背斜Ⅳ-2两翼，南翼倾角37°，北翼倾角64°，埋藏标高为325～402m；Ⅲ$_{d2}$矿体赋存在洞蒙复式向斜Ⅲ-6核部转折端，南翼倾角35°，北翼倾角36°，埋藏标高为5～43m。Ⅲ$_{d3}$矿体赋存在洞蒙复式向斜Ⅲ-6核部转折端，南翼倾角49°，北翼倾角28°，埋藏标高为－35～22m；Ⅲ$_{d4}$矿体赋存在背斜Ⅳ-2北翼，倾向北，倾角18°，埋藏标高为421～458m；Ⅲ$_{d6}$矿体赋存在背斜Ⅳ-5北翼，倾向北，倾角47°，埋藏标高为438～506m；Ⅲ$_{d7}$矿体赋存在向斜Ⅳ-1北翼，倾向南，倾角46°，埋藏标高为448～501m。

Ⅸ$_{1d1}$、Ⅸ$_{2d1}$矿体：均产于下三叠统北泗组第三段（T_1b^3）顶部，分别为Ⅸ$_1$、Ⅸ$_2$矿层中的低品位矿体。矿体埋藏标高为462～519m，赋存在向斜Ⅳ-1北翼，倾向南，倾角26°。

Ⅸ$_{1d2}$、Ⅸ$_{2d2}$矿体：Ⅸ$_{1d2}$矿体埋藏标高为462～519m，赋存在背斜Ⅳ-2北翼，倾向北，倾角35°。Ⅸ$_{2d2}$矿体埋藏标高为432～478m，赋存在向斜Ⅳ-1核部。南翼矿体倾向北，倾角43°；北翼矿体倾向南，倾角58°。

低品位矿体其他地质特征见表4-23，控矿构造见图4-9。

3. 东平锰矿区冬裕—咸柳矿段矿体特征

本项目是广西壮族自治区财政专项普查项目，圈矿体采用的也是《铁、锰、铬矿地质勘查规范》（DZ/T 0200—2002）中的冶金用锰一般工业指标。

本次普查共施工了5个钻孔，见图4-10。由于钻孔控制的锰矿层厚度偏小、矿石品位偏低（表4-24），锰矿层的埋深增大（最大达到988m），因此，提前终止项目执行，未进一步向东部追索深部锰矿层。

通过工程控制，只见到Ⅰ、Ⅱ、Ⅳ矿层，矿层出露在山顶或半山坡，埋藏标高465～224m。分布在31～75线，其中31～57线分布在洞蒙复式向斜②南翼，南翼的矿体形态及产状受次级褶皱背斜③、向斜④的控制，在57线受F_3断层牵引将褶皱背、向斜分成两部分，编号为背斜③-1、③-2及向斜④-1、④-2，见图4-10，各个次级褶皱产状特征见表4-25。

表 4-23　低品位碳酸锰矿体地质特征一览表

矿体号	展布位置	控矿构造	控制工程数	规模(m)					Mn(%)	
				延长	延深		厚			
					极值	平均	极值	平均	极值	平均
Ⅳ$_{d1}$	10～62 线	向斜Ⅳ-1、背斜Ⅳ-2	14	2600	433～961	735	0.81～2.65	1.79	10.52～12.97	11.78
Ⅱ$_{d1}$	10～62 线	向斜Ⅳ-1、背斜Ⅳ-2	14	2600	453～1028	770	1.71～5.73	3.19	11.12～11.98	11.65
Ⅰ$_{d1}$	10～62 线	向斜Ⅳ-1、背斜Ⅳ-2	13	2600	212～1036	705	0.56～1.58	1.00	10.36～12.81	11.70
Ⅳ$_{d2}$	5～30 线	向斜Ⅲ-6 两翼、背斜Ⅳ-5 两翼	14	2800	200～1226	903	0.66～6.48	2.24	10.28～13.03	11.82
Ⅱ$_{d2}$	5～30 线	向斜Ⅲ-6 两翼、背斜Ⅳ-5 两翼	13	2800	200～1433	922	1.87～8.16	4.63	11.02～12.78	11.93
Ⅰ$_{d2}$	5～30 线	向斜Ⅲ-6 两翼、背斜Ⅳ-5 两翼	13	2800	200～1437	928	0.50～2.26	1.40	10.11～13.23	11.65
Ⅲ$_{d5}$	12 线两侧	背斜Ⅳ-2 南翼	1	200	200	200	1.15	1.15	10.67	10.67
Ⅲ$_{d1}$	28～36 线	背斜Ⅳ-2 两翼	2	600	200	200	1.00～1.33	0.92	10.13～10.23	10.19
Ⅲ$_{d2}$	28 线两侧	向斜Ⅲ-6 核部	1	200	200	200	2.85	2.85	11.06	11.06
Ⅲ$_{d3}$	20 线两侧	向斜Ⅲ-6 核部	1	200	200	200	2.69	2.69	11.11	11.11
Ⅲ$_{d4}$	12 线两侧	背斜Ⅳ-2 北翼	1	200	156	156	1.93	1.93	11.37	11.37
Ⅲ$_{d6}$	4 线两侧	背斜Ⅳ-5 北翼	1	200	200	200	1.76	1.76	10.77	10.77
Ⅲ$_{d7}$	52 线两侧	向斜Ⅳ-1 北翼	1	200	200	200	1.04	1.04	11.32	11.32
Ⅸ$_{1d1}$	60 线两侧	向斜Ⅳ-1 北翼	1	200	200	200	0.65	0.65	10.81	10.81
Ⅸ$_{2d1}$	60 线两侧	向斜Ⅳ-1 北翼	1	200	200	200	0.87	0.87	10.77	10.77
Ⅸ$_{1d2}$	44 线两侧	背斜Ⅳ-2 北翼	1	200	200	200	0.63	0.63	10.45	10.45
Ⅸ$_{2d2}$	44 线两侧	向斜Ⅳ-1 核部	1	200	200	200	1.02	1.02	10.78	10.78

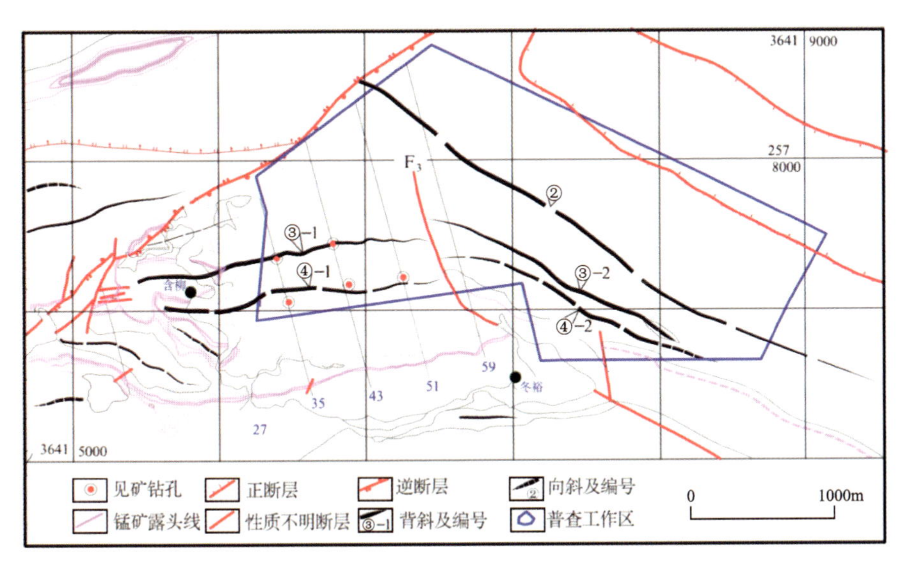

图 4-10　东平锰矿区含柳—冬裕矿段构造纲要图

表 4-24　钻孔见矿特征统计表

工程号	Ⅰ矿层		Ⅱ矿层		Ⅲ矿层		Ⅳ矿层	
	厚度（m）	Mn（%）	厚度（m）	Mn（%）	厚度（m）	Mn（%）	厚度（m）	Mn（%）
ZK3502	1.15	10.31	0.95	10.37	0.43	10.05	0.63	12.85
ZK3503	0.49	10.84	1.42	10.40			3.26	12.19
ZK4301	0.40	10.30	1.37	10.34			2.91	13.04
ZK4302	0.16	10.30	0.18	10.12			1.38	12.14
ZK5101	0.36	10.01					0.78	11.63

表 4-25　冬裕—咸柳矿段各次级褶皱产状特征统计表

分布位置	控矿构造	倾向(°)	倾角(°)		
			最小	最大	平均
31～43 线	向斜④-1 南翼	190	26	64	40
	向斜④-1 北翼	348	50	62	58
	背斜③-1 南翼	356	41	73	58
	背斜③-1 北翼	170	36	52	48
59～75 线	向斜④-2 南翼	215	42	62	48
	向斜④-2 北翼	31	48	76	65
	背斜③-2 南翼	20	39	60	48
	背斜③-2 北翼	215	42	62	48

本次普查工作共圈出3个低品位碳酸锰矿体，编号为Ⅰ$_1$、Ⅱ$_1$、Ⅳ$_1$，各矿体特征如下。

(1)Ⅰ$_1$矿体。为Ⅰ矿层的矿体。有1个采样工程控制，控制矿体沿走向长400m，控制倾向延深为401m。矿层厚1.15m，Mn品位10.31%。矿层其他主要化学成分TFe2.90%、P0.039%、$SiO_2$29.70%、CaO14.75%、MgO3.93%、$Al_2O_3$6.37%、Loss23.06%、Mn/TFe 3.70、P/Mn0.004。

(2)Ⅱ$_1$矿体。为Ⅱ矿层的矿体。有3个采样工程控制，控制矿体沿走向长800m，控制倾向延深为748m。矿层厚0.95～1.42m，平均1.25m。Mn品位10.34%～10.40%，平均10.37%。矿层其他主要化学成分TFe2.57%、P0.043%、$SiO_2$29.68%、CaO14.92%、MgO 4.60%、$Al_2O_3$6.25%、Loss23.21%、Mn/TFe4.09、P/Mn0.004。

(3)Ⅳ$_1$矿体。为Ⅳ矿层的矿体。有5个采样工程控制，控制矿体沿走向长1866m，控制倾向延深为400～886m。矿层厚0.78～3.26m，平均1.83m，连续性好。锰品位11.63%～13.04%，平均10.37%。矿层其他主要化学成分TFe2.52%、P0.041%、$SiO_2$20.31%、CaO18.74%、MgO4.04%、$Al_2O_3$4.93%、Loss28.24%、Mn/TFe4.09、P/Mn0.004。

4. 东平锰矿区那造矿段矿体特征

本项目是广西壮族自治区财政专项普查项目，圈矿体采用的也是《铁、锰、铬矿地质勘查规范》(DZ/T 0200—2002)中的冶金用锰一般工业指标。

本次普查共施工了10个钻孔，4个钻孔未见矿，见图4-11。由于钻孔控制的锰矿层厚度偏小、矿石品位偏低，往东、北部钻孔不见矿，见表4-26，因此，提前终止项目执行，未进一步向东、北部追索深部锰矿层。

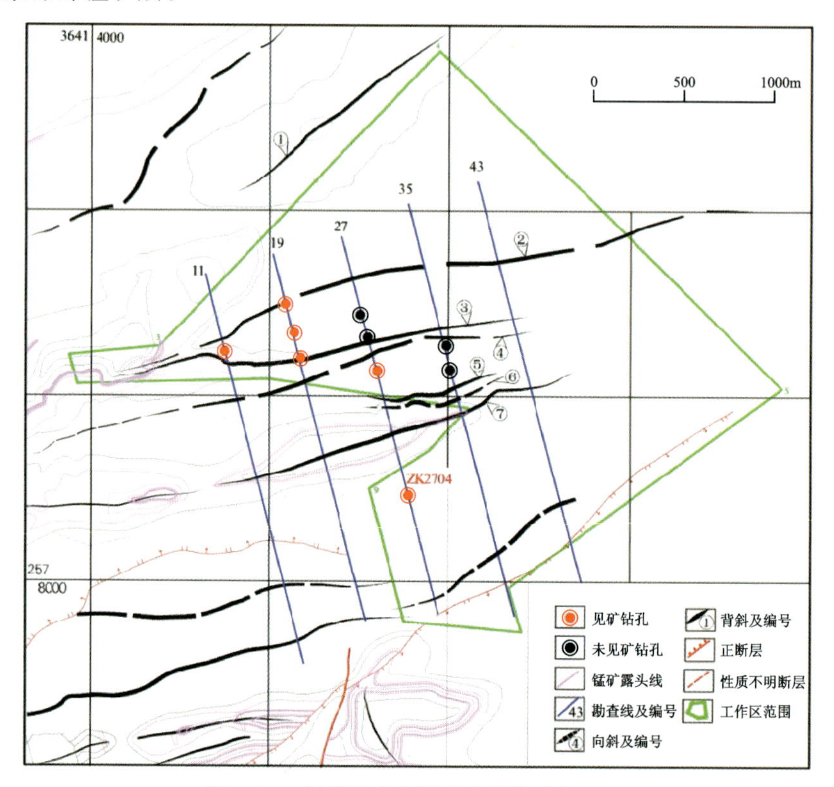

图4-11 东平锰矿区那造矿段构造纲要图

通过工程控制，只见到Ⅰ、Ⅱ、Ⅳ、Ⅸ矿层，矿层出露在山顶或半山坡，埋藏标高－65～408m。北部矿层分布在9～31线，南部矿层分布于23～39线，其中北部矿层受向斜②、背斜③、向斜④、背斜⑤控制，南部矿层受背斜⑦控制，产状与各个褶皱的产状一致，见表4-27。本次普查工作共圈出7个低品位碳酸锰矿体，各矿体特征如下。

表4-26 钻孔见矿特征统计表

工程号	Ⅰ矿层		Ⅱ矿层		Ⅳ矿层		Ⅸ矿层	
	厚度(m)	Mn(%)	厚度(m)	Mn(%)	厚度(m)	Mn(%)	厚度(m)	Mn(%)
ZK1101	0.42	10.52	1.36	10.30			0.51	10.82
ZK1902	0.50	10.34	1.00	10.46	0.46	12.61	0.46	10.59
ZK1903	0.62	10.31	1.06	10.28			0.59	10.84
ZK1904							0.65	10.68
ZK2701			0.94	11.20	1.06	12.90		
ZK2702							0.47	10.06
ZK2704	0.87	11.01	3.14	10.50	1.99	12.62		

表4-27 那造矿段各次级褶皱产状特征统计表

位置	控矿构造	走向	倾角
19～43	①号背斜	36°	北西翼及南东翼分布较对称，两翼产状接近45°
11～43	②号向斜	60°～80°	北翼倾角35°～50°；南翼产状5°～50°
11～43	③号背斜	80°	北翼倾角25°～50°；南翼产状50°～70°
11～43	④号向斜	78°	北翼倾角30°～60°；南翼产状27°～50°
25～39	⑤号背斜	近东西向	总体北翼较南翼稍缓，北翼倾角47°～63°；南翼产状70°～79°
25～39	⑥号向斜	近东西向	北翼倾角50°～61°；南翼产状33°～44°
11～43	⑦号背斜	78°	南翼倾角50°～68°；北翼倾角30～55°

(1)Ⅱ-1矿体：为Ⅱ矿层的低品位碳酸锰矿体。产于下三叠统北泗组第二段(T_1b^2)中下部，展布于那造背斜⑦北翼，矿体分布于11～27线范围内，往西延伸到东平外围锰矿普查区范围内。共有5个深部钻探工程对矿体进行控制，控制走向延长1535m，倾向延深约420m。矿体受②③④号次级褶皱控制，在倾向上略见起伏，产状变化较大。矿体厚度0.94～1.36m，平均1.06m，矿层由西往东逐渐变薄。矿石质量为Mn10.64%、TFe3.39%、P0.050%、SiO_2 28.17%、CaO15.99%、MgO3.59%、Al_2O_3 6.20%、Loss24.41%、Mn/TFe3.14、P/Mn0.005。Ⅱ-1矿体锰矿石(333)资源量估算为150.88×10^4t。

(2)Ⅳ-2矿体：为Ⅳ矿层的碳酸锰低品位矿体。产于下三叠统北泗组第二段(T_1b^2)中下部，展布于那造背斜⑦南翼，矿体分布于19～35线范围内，往西延伸到东平外围锰矿普查范围内。共有两个深部钻探工程对矿体进行控制,控制矿体走向延长约 800m,倾向延深约 304m。矿体厚度 1.48～1.99m,平均 1.76m。矿石质量为 Mn12.41%、TFe2.41%、P0.048%、$SiO_2$23.07%、CaO18.80%、MgO3.61%、$Al_2O_3$4.74%、Loss27.50%、Mn/TFe 5.15、P/Mn0.004。

Ⅳ-2 矿体锰矿(333)资源量估算为 93.16×10^4t。

(3)其他矿体特征:在Ⅰ、Ⅱ、Ⅳ、Ⅸ矿层中圈出一些小矿体,其编号为Ⅰ-1、Ⅰ-2、Ⅱ-2、Ⅳ-1、Ⅸ,各矿体特征如表 4-28 所示。

表 4-28　Ⅰ-1、Ⅰ-2、Ⅱ-2、Ⅳ-1、Ⅸ矿体地质特征一览表

矿体号	位置	控矿构造	规模(m)			Mn(%)	资源量($\times10^4$t)
			深部延长	延深	厚		
Ⅰ-1	19 线	背斜③、向斜④	400	513	0.56	10.32	32.77
Ⅰ-2	27 线	背斜⑦	412	256	0.87	11.01	34.73
Ⅱ-2	19～27 线	背斜⑦	806	256	2.69	11.32	124.09
Ⅳ-1	27 线	向斜④	428	270	1.06	12.90	25.63
Ⅸ	11～19 线	向斜②、背斜③	780	515	0.59	10.79	25.76

5. 东平锰矿区平尧矿段矿体特征

本项目是广西壮族自治区财政专项普查项目,圈矿体采用的也是《铁、锰、铬矿地质勘查规范》(DZ/T 0200—2002)中的冶金用锰一般工业指标。

本次普查共施工了 18 个钻孔,全部钻孔见矿,见图 4-12。普查区内的锰矿层连续性较好,厚度、品位变化均较稳定。在工程控制范围内,锰矿层没有断开,矿层即矿体,矿体即矿层,因此,用矿层编号代替矿体编号。矿段内赋存有Ⅰ、Ⅱ、Ⅳ、Ⅵ、Ⅸ等锰矿层,各个矿层(体)特征如下。

(1)Ⅰ矿层:主要分布在 266 号勘探线以西,含锰层总体倾向为近北(350°～5°),地表为氧化锰矿或含锰泥岩,深部为含锰含钙硅质泥岩,含 Mn<10%,走向倾向上连续性均不稳定。

(2)Ⅱ矿层:分布于 266～306 号勘探线之间,由 5 条探槽、5 条剥土、13 个钻探工程控制,控制走向延长约 3.0km,倾向斜深约 800m,实际控制工程间距为 400m×200m。碳酸锰矿层厚度为 0.52～5.49m,平均为 2.07m,矿层沿走向在 290～298 号勘探线厚度最厚,往两侧变薄;碳酸锰矿石 Mn 品位为 10.02%～15.93%,平均 Mn 品位为 12.16%;矿层沿倾向上,从浅部到深部有厚度增厚、品位提高的趋势。

锰矿层总体倾向近北(350°～15°),倾角为 37°～78°,由浅至深沿矿层倾角有逐渐变陡的趋势。在 286～306 号勘探线之间,受内屯向斜(图中⑤)影响,呈复式向斜-背斜次级褶皱产出,锰矿层经数次折曲,矿层厚度、品位富集程度较高。

赋矿标高最大为 590m,最小为－53.3m。

(3)Ⅳ矿层:碳酸锰矿层分为低品位碳酸锰矿层和贫碳酸锰矿层。

低品位碳酸锰矿层分布于250～306号勘探线之间，由9条探槽、5条剥土、18个钻探工程控制，控制走向延长约4.0km，倾向延深最大达800m，实际控制工程间距为400m×200m。矿层厚度为0.55～4.31m，平均厚度为2.29m，矿层沿走向在290～298号勘探线厚度最厚，往两侧变薄；矿石Mn品位为10.29%～14.72%，平均Mn品位为11.97%；矿层沿倾向上从浅部到深部有厚度增厚、品位提高的趋势。

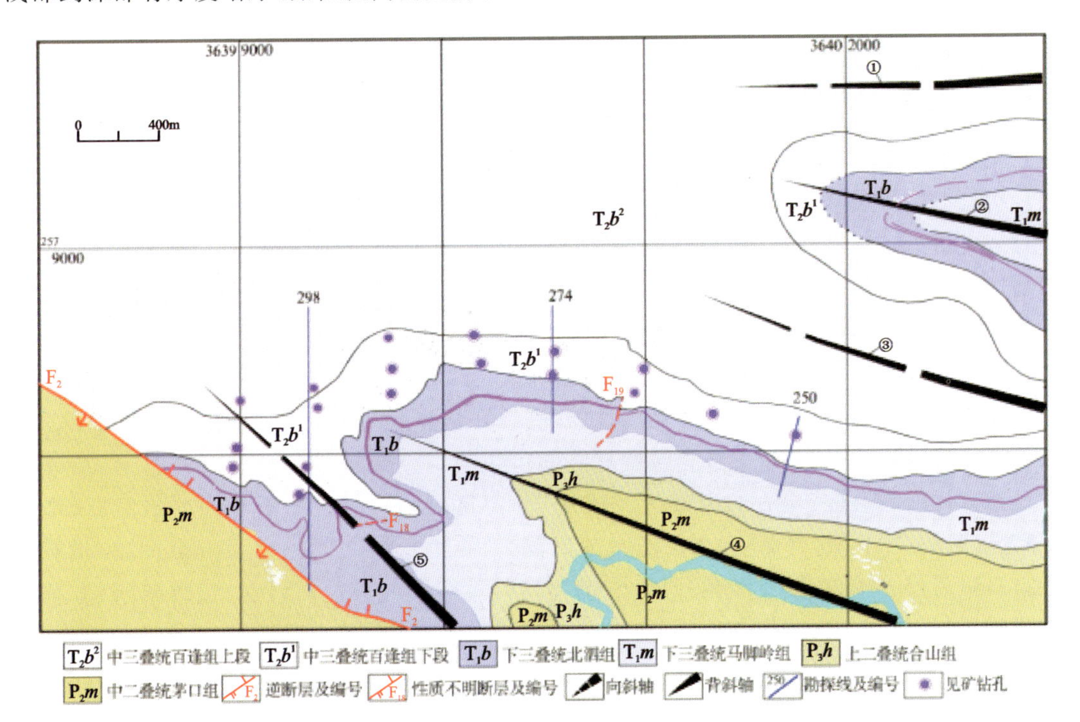

图4-12　东平锰矿区平尧矿段构造纲要图

贫碳酸锰矿层分布于282～298号勘探线之间，由3个剥土、5个钻孔控制，控制走向延长约850m，倾向延深最长达670m，实际控制工程间距为400m×200m。矿层厚度为0.52～2.19m，平均厚度为1.25m；矿石Mn品位为15.20%～17.80%，平均Mn品位为16.61%。

锰矿层总体倾向近北（350°～15°），倾角为37°～78°，由浅至深岩矿层倾角有逐渐变陡的趋势。在286～306号勘探线之间，受内屯向斜（图中⑤）影响，呈复式向斜-背斜次级褶皱产出，锰矿层经数次折曲，矿层厚度、品位富集程度较高。

赋矿标高最大为605m，最小为−46.7m。

（4）Ⅵ矿层：分布于266～290号勘探线之间，锰矿层总体倾向近北（350°～5°），由3条剥土、9个钻孔控制，控制走向延长约1.20km，倾向延深约400m。碳酸锰矿层厚度为0.57～1.65m，平均厚度为0.96m；碳酸锰矿石Mn品位为10.38%～12.08%，平均Mn品位为11.28%。该矿层走向、倾向上存在间断，连续性不稳定，局部地段为含锰含钙硅质泥岩。

（5）Ⅸ矿层：分布于266～290号勘探线之间，锰矿层总体倾向近北（350°～5°），由3条剥土、9个钻孔控制，控制走向延长约1.20km，倾向延深约400m。碳酸锰矿层厚度为0.77～1.19m，平均厚度为1.07m；碳酸锰矿石Mn品位为10.91%～12.67%，平均Mn品位为11.80%。该矿层走向、倾向上存在间断，连续性不稳定，局部地段为含锰含钙硅质泥岩。

（三）矿石质量

1. 矿石的颜色

碳酸锰矿石的颜色有深灰色、灰黑色。

2. 矿石的结构构造

碳酸锰矿石的结构主要为微晶结构、显微鳞片泥质结构，次为他形粒状及显微鳞片变晶结构。构造以微纹层状、薄—微纹层状构造为主，次为块状构造、生物扰动构造、脉状穿插构造，略具动向构造、豆状构造等。其中Ⅰ矿层普遍见豆状构造，Ⅱ矿层普遍见薄层状构造，Ⅳ矿层普遍见薄层状构造，偶见略具定向构造。

泥晶微晶结构：岩石中（含）锰方解石呈他形粒状，粒度多在<0.03mm，其中微量（含）锰方解石还组成细小的生物碎屑。

显微鳞片泥质结构：绢云母呈显微鳞片状，高岭石呈显微鳞片状或隐晶质。

他形粒状结构：石英多呈显微他形粒状。

显微鳞片变晶结构：岩石的原岩为泥质灰岩，主要由（含）锰方解石和一些方解石、绢云母、绿泥石组成。（含）锰方解石、方解石呈他形粒状（粒度多在0.004～0.03mm间，少量略粗大一点）；绢云母、绿泥石呈显微鳞片状，它们不均匀地混杂分布，少量（含）锰方解石、方解石还组成细小的生物碎屑、碎屑不均匀分布。白钛石、碳质零星分布于原岩中。由于动力作用，原岩碎裂，局部原岩碎块、碎粒的位移还较明显。后期热液作用形成的他形粒状方解石（约占岩石标本的20%）、显微鳞片状的绿泥石及纤维状的阳起石（两者约占标本的5%）和微量他形粒状长石不均匀地充填于原岩裂隙中。

微纹层状构造：岩石中（含）锰方解石、方解石呈他形粒状（粒度多在0.004～0.03mm间）；绢云母呈显微鳞片状，高岭石呈显微鳞片状或隐晶质尘状；石英多呈粉砂状，少量呈显微粒状。上述矿物不甚均匀地混杂分布，形成岩石的微层理，其中少量（含）锰方解石、方解石还相对聚集成细小不规则斑团不均匀分布，很少量（含）锰方解石、方解石、石英单独或共同组成细小的生物碎屑零星分布。其余微量矿物零星可见。

薄—微纹层状构造：岩石中（含）锰方解石、方解石呈他形粒状（粒度多在0.004～0.03mm间），其中很少量（含）锰方解石、方解石还组成细小的生物碎屑；绢云母呈显微鳞片状，高岭石呈显微鳞片状或隐晶质；石英多呈细小碎屑状（大小<0.06mm）、少量呈显微他形粒状，白云母、绿泥石呈细小碎片状（大小多<0.06mm，两者常连生在一起）。上述矿物不均匀地嵌布在一起，形成绢云母、高岭石、碎屑物相对较少或相对略多的微—薄层理。其余微量矿物零星可见。

3. 矿石矿物成分

（1）碳酸锰矿石中锰的赋存状态。据锰的物相分析表明，碳酸锰矿石中的锰主要以碳酸盐的形式存在，次为硅酸盐中的锰，含少量的氧化锰中的锰。

(2)矿石的矿物成分。碳酸锰低品位矿石主要的矿石矿物以钙菱锰矿、锰方解石和锰白云石为主；脉石矿物以石英、方解石、绢云母及高岭石为主，含少量绿泥石、石墨、白云母、钠长石、碳质、黄铁矿、闪锌矿、黄铜矿及方铅矿。

钙菱锰矿、锰方解石和锰白云石：含量为45%～74%。多呈他形粒状、半自形粒状，粒度多在0.004～0.03mm，呈不均匀嵌布，并多与方解石、石英、绢云母、水云母及高岭石一起形成矿石的微—薄层理，少量菱锰矿独立或与方解石、石英及少量绢云母、水云母一起组成生物扰动点及生物碎屑，生物扰动点及生物碎屑呈浑圆状，大小多在0.2～1.55mm间，常聚集成微层排布，也有少量零星分布在矿石中。

黄铁矿、闪锌矿、黄铜矿及方铅矿：含量均小于1%，呈他形粒状，或聚集成细微集合体或分散分布于原岩碎块、碎粒间，也有少量方解石、阳起石及黄铁矿、黄铜矿等不均匀地浸染分布于原岩碎块、碎粒中。

褐铁矿(1%～2%)：呈隐晶质状、细粒质点状，多沿矿石的显微裂隙分布，部分也聚集成微层分布。

绢云母：含量为3%～37%。呈显微鳞片状、尘状，并多与菱锰矿、方解石、石英及高岭石一起形成矿石的微—薄层理。与高岭石、石英不均匀地混杂分布，形成岩石的微层理，且其中较多的微纹层理中绢云母的含量相对略少。

高岭石：含量为1%～13%，显微鳞片状或隐晶质尘状，与绢云母、石英不均匀地混杂分布，形成岩石的微层理，其中较多的微纹层理中高岭石的含量相对略少。

方解石：含量5%～21%。呈他形粒状(粒度多在0.004～0.03mm间)，很少量方解石与锰方解石组成细小的生物碎屑。

石英：含量为2%～27%。石英多呈碎屑状(大小多在0.01～0.06mm间)，很少量呈显微他形粒状。与绢云母、高岭石不均匀地混杂分布，形成岩石的微层理。

绿泥石、石墨、白云母：含量均小于1%，呈碎片状零星分布在矿石中。

碳质：呈微纹状不均匀分布。

(3)碳酸锰矿石化学成分。Ⅰ矿层碳酸锰矿石的化学成分为：Mn10.43%～11.90%、TFe2.99%～3.99%、P0.039%～0.081%、$SiO_2$29.70%～30.36%、CaO13.74%～14.75%、MgO3.54%～4.04%、$Al_2O_3$6.14%～6.55%、Loss22.51%～23.06%、Mn/TFe2.72～3.70、P/Mn0.004　0.005。

Ⅱ矿层碳酸锰矿石的化学成分为：Mn10.37%～15.93%、TFe2.57%～4.24%、P0.043%～0.058%、$SiO_2$29.68%～30.36%、CaO12.51%～14.29%、MgO4.55%～4.60%、$Al_2O_3$6.25%～7.05%、Loss21.81%～23.21%、Mn/TFe3.34～4.09、P/Mn0.004～0.005。

Ⅲ矿层碳酸锰矿石的化学成分为：Mn10.05%～11.28%、TFe2.15%～3.64%、P0.038%～0.084%、$SiO_2$28.96%～30.29%、CaO13.54%～17.47%、MgO3.94%～4.36%、$Al_2O_3$5.92%～7.18%、Loss23.14%～24.25%、Mn/TFe3.83～5.56、P/Mn0.003～0.004。

Ⅳ矿层碳酸锰矿石的化学成分为：Mn11.04%～17.80%、TFe2.52%～4.52%、P0.041%～0.104%、$SiO_2$20.31%～29.11%、CaO14.11%～18.74%、MgO3.90%～4.07%、$Al_2O_3$4.93%～6.58%、Loss22.09%～28.24%、Mn/TFe2.44～5.56、P/Mn0.003～0.009。

Ⅸ矿层碳酸锰矿石的化学成分为：Mn9.34%～12.67%、TFe2.28%～5.08%、P0.104%～

0.289%、SiO_2 28.42%～30.36%、CaO15.36%～15.46%、MgO3.08%～3.19%、Al_2O_3 5.51%～6.84%、Loss23.35%～23.54%、Mn/TFe1.84～4.32、P/Mn0.011～0.029。

4. 锰矿层富集规律

(1)锰矿层总体富集情况。

在走向上,锰矿层在12～28线最富集,见图4-6,Ⅰ+Ⅱ+Ⅲ+Ⅳ矿层合并层厚度最大,往东、西两侧锰矿层厚度有变小的趋势,锰品位变化不大。

在倾向上,锰矿层在洞蒙复式向斜的核部厚度最大,往两翼厚度有逐渐变小的趋势,锰品位变化不大。

(2)Ⅰ+Ⅱ+Ⅲ+Ⅳ矿层合并层与第三岩性段的关系:Ⅰ+Ⅱ+Ⅲ+Ⅳ矿层赋存在第二岩性段(T_1b^2)上部,与第三岩性段(T_1b^3)呈整合接触。第三岩性段(T_1b^3)有Ⅵ、Ⅶ、Ⅷ3层含锰硅质泥灰岩和$Ⅸ_1$、$Ⅸ_2$2层锰矿层或含锰硅质泥灰岩。总体上来说,第三岩性段(T_1b^3)厚度越大则其间的Ⅵ、Ⅶ、Ⅷ、$Ⅸ_1$、$Ⅸ_2$5层含锰硅质泥灰岩含锰越低,Ⅰ+Ⅱ+Ⅲ+Ⅳ矿层厚度就越大、锰品位越富。

(3)Ⅰ+Ⅱ+Ⅲ+Ⅳ矿层合并层与凝灰岩的关系:凝灰岩赋存在下三叠统北泗组第四段(T_1b^4)顶部,呈顺层产出。总体上锰矿层距离凝灰岩越远,含锰越高,形成锰矿层的厚度越大。具体统计见表4-29。

表4-29 凝灰岩与锰矿层的关系

控制工程	凝灰岩			Ⅰ+Ⅱ+Ⅲ+Ⅳ合并层的特点	
	产出部位	厚(m)	与T_1b^2的距离(m)	总厚度(m)	平均锰品位(%)
ZK1901	复式向斜南翼	0.38	27.78	6.66	11.53
ZK0301		0.98	91.48	4.33	11.39
ZK0302		1.57	115.22	11.14	11.80
ZK0402		1.17	129.34	9.86	10.89
ZK1205		1.56	136.12	20.73	11.64
ZK2006		1.31	102.21	19.44	12.12
ZK2804		1.36	112.32	14.68	11.88
ZK1201	复式向斜北翼	1.33	125.74	11.82	10.87
ZK2801		1.37	106.85	5.60	10.60
ZK2803		0.21	115.01	13.37	10.51
ZK4401		2.64	103.10	7.91	10.41
ZK6001		1.32	91.81	8.06	10.93
ZK6003		0.93	100.04	9.05	9.95

(4) Ⅰ+Ⅱ+Ⅲ+Ⅳ矿层合并层与 F_1 正断层的关系：F_1 正断层为区域上的深大断裂，其活动所产生的热液，对主矿层的锰质叠加及富集有重要作用。

在靠近 F_1 断层一定范围内，锰矿层厚度大、锰品位富。在上盘，靠近 F_1 断层的钻孔有 ZK2804、ZK1203，其中 ZK2804 钻孔 Ⅰ+Ⅱ+Ⅲ+Ⅳ矿层合并层厚 14.68m，Mn11.88%，ZK1203 钻孔Ⅰ+Ⅱ+Ⅲ+Ⅳ矿层合并层厚 12.11m，Mn11.62%；在下盘，靠近 F_1 断层的钻孔有 ZK206、ZK1205，ZK2006 钻孔Ⅰ+Ⅱ+Ⅲ+Ⅳ矿层合并层厚 19.44m，Mn12.12%，ZK1205 钻孔Ⅰ+Ⅱ+Ⅲ+Ⅳ矿层合并层厚 20.73m，Mn11.64%。

从区域上来看，东平锰矿区、龙怀锰矿区中靠近 F_1 断层的矿段能形成"东平式"碳酸锰矿床，偏离 F_1 断层较远的矿段仅能形成"龙怀式"碳酸锰矿床，如驮仁东、驮仁西、渌利、驮琶、迪诺、洞蒙、那造、平尧、冬裕、咸柳、顶花岭、乌鼠山等矿段均位于 F_1 断层两侧，锰矿层厚度大、品位高；那社、江城、龙怀 3 个矿段偏离 F_1 断层较远，仅能形成"龙怀式"碳酸锰矿床。

(6)碳酸锰矿石伴生组分：通过对勘查工作所做的半定量全分析样、组合分析样测试结果分析表明，碳酸锰矿石的伴生组分含量甚微，参照《铁、锰、铬矿地质勘查规范》(DZ/T 0200—2002)中有关锰矿石中伴生组分评价参考指标，仅在平尧矿段局部 Co 含量>可综合利用含量(0.02%)，其他矿段中均无综合评价意义，见表 4-30。

表 4-30　工作区矿石主要伴生组分含量及可综合利用表

元素或组分	Co	Ni	Cu	Pb	Zn	Au	Ag	B_2O_3	S
碳酸锰分析含量(%)	0～0.97	0～0.087	0～0.012	0.002～0.01	0.011～0.02	0～0.05	0～0.067	0～0.004	0.05～0.206
可综合利用含量	0.02%～0.06%	0.1%～0.2%	0.1%～0.2%	0.4%	0.7%	0.2×10^{-6}	$(5\sim10)\times10^{-6}$	1%～3%	2%～4%

(四)矿石类型及品级

1. 矿石自然类型

工作区的锰矿石自然类型有氧化锰矿石、碳酸锰矿石两种。以碳酸锰矿石为主，氧化锰矿石为次。碳酸锰矿物中以钙菱锰矿、锰方解石和锰白云石为主，含少量的水锰矿，软锰矿含量甚微。

2. 矿石工业类型

根据《铁、锰、铬矿地质勘查规范》(DZ/T 0200—2002)中冶金用锰矿石工业类型的标准、冶金用锰矿石一般工业指标并结合矿山碳酸锰矿石的特征来划分碳酸锰矿石工业类型。其中将 15%≤Mn<25%的碳酸锰矿石定为碳酸锰贫锰矿石，将 10%≤Mn<15%的碳酸锰矿石定为碳酸锰低品位矿石。

碳酸锰贫锰矿的主要化学成分为Mn15.31%～17.80%、TFe4.13%～4.54%、P0.051%～0.087%、$SiO_2$22.54%～24.48%、CaO10.59%～13.64%、MgO3.70%～4.01%、$Al_2O_3$5.19%～5.62%、Loss23.25%～24.83%；Mn/TFe3.37～5.08，平均4.07；P/Mn0.003～0.005，平均0.004；(CaO+MgO)/(SiO_2+Al_2O_3)为0.49～0.63，平均0.58，属中铁中磷酸性碳酸锰贫锰矿石。

碳酸锰低品位矿的主要化学成分平均为Mn10.01%～14.72%、TFe2.60%～6.25%、P0.041%～0.151%、$SiO_2$25.13%～29.98%、CaO10.32%～16.75%、MgO3.65%～4.36%、$Al_2O_3$3.68%～6.63%、Loss19.59%～25.63%；Mn/TFe2.50～4.47，平均3.41；P/Mn0.004～0.013，平均0.007；(CaO+MgO)/(SiO_2+Al_2O_3)为0.41～0.68，平均0.54，属中铁高磷酸性碳酸锰低品位矿石。

(五)矿体围岩与夹石

东平锰矿区目前控制的Ⅰ、Ⅱ、Ⅲ、Ⅳ、$Ⅸ_1$、$Ⅸ_2$ 6个碳酸锰矿层，其中Ⅰ、Ⅱ、Ⅲ、Ⅳ 4个碳酸锰矿层赋存在下三叠统北泗组第二岩性段(T_1b^2)上部，$Ⅸ_1$、$Ⅸ_2$ 2个碳酸锰矿层赋存在下三叠统北泗组第三岩性段(T_1b^3)顶部。锰矿层与围岩呈连续沉积的整合接触。

1. 矿层顶、底板

原生碳酸锰矿层顶、底板围岩均为硅质泥灰岩(Mn<5%)、含锰硅质泥灰岩(5%≤Mn<10%)。

岩石一般呈深灰、灰黑等色，具隐晶—微晶结构，微—薄层构造、豆状构造、块状构造等，岩性坚硬，主要成分为方解石8%～90%，石英5%～30%，次为白云石3%～8%，黏土矿物1%～70%，含锰矿物主要为菱锰矿。各个锰矿层顶、底的含锰量稍有差别。

若顶、底板为含锰硅质泥灰岩，则一般含锰较高，随着矿石选冶工艺的提高，未来有可能被当作矿石来开采利用；而顶、底板为硅质泥灰岩，在其中混入矿石会导致矿石锰品位的降低。

(1)Ⅰ矿层顶、底板：部分为含锰硅质泥灰岩，部分为硅质泥灰岩。含锰硅质泥灰岩的顶板含锰一般为7.81%～9.96%，底板含锰一般为6.66%～9.97%；硅质泥灰岩的顶板一般含锰0.66%～4.5%，底板一般含锰3.16%～4.5%。

(2)Ⅱ矿层顶、底板：部分为含锰硅质泥灰岩，部分为硅质泥灰岩。含锰硅质泥灰岩的顶板含锰一般为7.17%～9.97%，底板含锰一般为5.87%～11.45%；硅质泥灰岩的底板一般含锰3.10%～4.60%，硅质泥灰岩的顶板一般含锰0.14%～3.29%。

(3)Ⅲ矿层顶、底板：部分为含锰硅质泥灰岩，部分为硅质泥灰岩。含锰硅质泥灰岩的顶板含锰为8.19%～9.95%，底板含锰为9.0%～9.98%；硅质泥灰岩的底板一般含锰为2.06%～3.29%，硅质泥灰岩的顶板一般含锰为3.37%～4.68%。

(4)Ⅳ矿层顶、底板：部分为含锰硅质泥灰岩，部分为硅质泥灰岩。含锰硅质泥灰岩的顶板一般含锰为5.05%～9.95%，底板一般含锰为6.53%～9.98%；硅质泥灰岩的底板一般含锰为3.34%～4.76%，硅质泥灰岩的顶板一般含锰为1.69%～5.12%。

(5)Ⅸ矿层顶、底板：一般为硅质泥灰岩，含锰为1.29%～3%，局部为含锰硅质泥灰岩，含锰一般为6.84%～9.62%。

2. 矿体夹层

Ⅰ、Ⅱ、Ⅲ、Ⅳ锰矿层呈层状近平行产出，其中Ⅰ矿层与Ⅱ矿层之间夹层编号为夹4；Ⅱ矿层与Ⅲ矿层之间夹层编号为夹5；Ⅲ矿层与Ⅳ矿层之间夹层编号为夹6；$Ⅸ_1$、$Ⅸ_2$锰矿层呈层状近平行产出，矿层之间夹层编号为夹12。各夹层间的特征如下。

(1)夹4：主要岩性为硅质泥灰岩，局部近矿层为含锰硅质泥灰岩。厚0.65～3.51m，平均2.14m。含锰为2.66%～7.16%，平均4.51%。

(2)夹5：主要岩性为硅质泥灰岩，局部近矿层为含锰硅质泥灰岩，偶见夹层含锰≥10%，上、下两矿层合并为一层矿，如ZK0301钻孔。一般厚1.06～4.79m，平均2.08m。含锰为0.81%～4.92%，平均3.29%。

(3)夹6：主要岩性为硅质泥灰岩，局部近矿层为含锰硅质泥灰岩。厚0.52～5.35m，平均2.50m。含锰为3.12%～5.41%，平均4.42%。

(4)夹12：$Ⅸ_1$、$Ⅸ_2$锰矿层在东平锰矿区目前只在12个工程中见到，详见表4-31。主要岩性以硅质泥灰岩为主，少量为含锰硅质泥灰岩，厚0.92～2.96m，平均1.77m。含锰为3.12%～5.41%，平均4.42%。

表4-31　$Ⅸ_1$、$Ⅸ_2$矿层之间夹层(J5)一览表

工程号	厚(m)	工程号	厚(m)	工程号	厚(m)	工程号	厚(m)	工程号	厚(m)
ZK1203	0.92	ZK2005	0.95	ZK2803	0.93	ZK3602	2.51	ZK4402	1.69
ZK2003	1.67	ZK2801	2.19	ZK3601	1.76	ZK4401	2.96	ZK4402	0.94
ZK6001	2.55	ZK6003	2.19						

3. 矿体中的夹石和脉石

1)矿体夹石。东平锰矿区锰矿层中的夹石随着控制程度的提高，似有增多的趋势。下面就锰矿体中见到夹石的锰矿区逐一进行介绍。

(1)东平外围锰矿区夹石特征。$Ⅲ_2$、$Ⅱ_1$、$Ⅳ_1$3个矿体存在夹石，其特征如下：

$Ⅲ_2$矿体的夹石：单层产出且规模小，仅在ZK2804钻孔中有见，见表4-32。夹石厚0.50m，含锰为9.78%，混入矿石时对矿石品位影响不大，一般在开采时不用剔除。

$Ⅱ_1$矿体夹石：单层产出，零星展布，在3个钻孔中有见，厚0.33～0.46m，平均0.40m。含锰为7.36%～9.94%，平均8.82%，见表4-32。

$Ⅳ_1$矿体夹石：在13个钻孔中有见，呈3层产出，见表4-32。

表 4-32 矿体内夹石一览表

矿体号	工程号	样号	真厚(m)	Mn(%)	矿体号	工程号	样号	真厚(m)	Mn(%)
Ⅱ$_1$	ZK0302	24	0.33	9.49	Ⅳ$_1$	ZK2003	14、15	1.48	8.44
	ZK3601	28	0.40	9.94		ZK2802	8	0.55	5.47
	ZK5201	27	0.46	7.36			11	0.55	7.66
Ⅲ$_2$	ZK2804	21	0.50	9.78		ZK2803	13、14、15	1.96	5.52
Ⅳ$_1$	ZK0401	7、8	0.37	8.98			18	0.61	6.52
	ZK1205	6	0.70	6.35		ZK3602	14	0.82	8.42
		12	0.56	9.42		ZK5201	12、13、14	1.82	4.25
		14	0.56	9.98			17	0.50	2.38
	ZK2001	8	0.80	9.52					

(2)东平锰矿区那造矿段夹石特征。矿区内仅Ⅱ-1、Ⅱ-2 2个矿体存在夹石，其特征如下：

Ⅱ-1矿体夹石：单层产出且规模小，仅在ZK1902号钻孔中有见。夹石分两层，厚为0.08～0.22m，含锰为8.95%～9.58%，总体夹石厚度小，锰含量高，因此不用剔除。

Ⅱ-2矿体夹石：单层产出，仅在ZK2704号钻孔中可见，厚0.75m，含锰为9.88%～9.95%，平均9.92%，总体锰含量高，混入矿石时对矿石品位影响不大，一般在开采时不用剔除。

(3)天等锰矿区夹石特征。矿区内Ⅱ$_{1-1}$、Ⅱ$_2$、Ⅳ$_2$、Ⅳ$_3$、Ⅱ$_4$、Ⅳ$_4$ 6个矿体有夹石，其特征如下：

Ⅱ$_{1-1}$矿体夹石：分布在驮仁东矿段13线，呈单层产出。由单工程(ZK1301)控制，厚0.50m，平均含锰9.70%。

Ⅱ$_2$矿体夹石：分布在驮仁西矿段6线，呈单层产出。由单工程(ZK0601)控制，厚0.44m，平均含锰9.43%。

Ⅳ$_2$矿体夹石：分布在驮仁西矿段14线、30线，呈单层产出，沿走向往两侧尖灭。在14线由单工程(ZK1401)控制，厚0.58m，平均含锰6.75%；30线在14线由单工程(ZK3001)控制，厚1.68m，平均含锰9.25%。

Ⅳ$_3$矿体夹石：分布在渌利矿段36～52线，呈单层产出，赋存在背斜⑦两翼，其中南东翼展布连续，由3个工程(ZK3603、ZK4401、ZK4403)控制，厚1.14m，平均含锰7.74%；北西翼分别赋存在36线及52线，52线由单工程(ZK5206)控制，厚1.08m，平均含锰7.72%，36线由单工程控制(ZK3604)，厚0.88m，平均含锰9.66%。

Ⅱ$_4$矿体夹石：呈单层产出，赋存在洞蒙向斜①两翼，其中北西翼赋存在72线，由单工程(ZK7214)控制，厚0.49m，平均含锰9.12%；南东翼赋存在76～80线，由3个工程(ZK7606、ZK8001、ZK8003)控制，厚0.49m，平均含锰9.12%。

Ⅳ$_4$矿体夹石：赋存在洞蒙向斜①两翼，呈两层产出。

第1层：呈两处产出，一处是洞蒙向斜①南东翼的浅表位置，仅赋存在80线，由单工程(ZK8003)控制，厚1.29m，平均含锰8.06%；另一处分布80～88线，赋存在洞蒙向斜①两翼及核部转折端，在80线有3个工程(ZK8002、ZK8025、ZK8006)控制、88线有1个工程

(ZK8801)控制，控制长大于400m，厚0.85m，平均含锰7.63%。

第2层：分布在80～88线，赋存在洞蒙向斜①北西翼，由两个工程(ZK8006、ZK8801)控制，厚0.60m，平均含锰8.33%。

矿体夹石控制工程及地质特征见表4-33。

表4-33　天等锰矿矿体夹石特征一览表

矿体号	勘探线号	工程号	样号	平均真厚(m)	平均Mn(%)
Ⅱ$_{1\text{-}1}$	13	ZK1301	−2	0.50	9.70
Ⅱ$_{2}$	06	ZK0601	−38	0.44	9.43
Ⅳ$_{2}$	14	ZK1401	−11	0.58	6.75
	30	ZK3001	−7、−8	1.68	9.25
Ⅳ$_{3}$	36	ZK3603	−12	0.38	8.70
Ⅳ$_{3}$		ZK3604	−9、−10	0.88	9.66
	44	ZK4401	−4	0.46	8.44
		ZK4403	−16、−17、−18	1.84	8.23
	52	ZK5205	−18、−19、−20、−21	1.88	6.89
		ZK5206	−14、−15	1.08	7.72
Ⅱ$_{4}$	72	ZK7214	−34	0.49	9.12
	76	ZK7606	−66	0.75	9.69
	80	ZK8001	−21	0.76	9.86
		ZK8003	−27	0.51	9.71
Ⅳ$_{4}$	76	ZK7604	−22	0.40	9.36
		ZK7606-1	−22	0.33	8.93
		ZK7606-3	−56	0.97	9.95
	80	ZK8002	−21、−22	1.09	9.06
		ZK8003	−15、−16	1.29	8.06
		ZK8025	−13	0.55	6.13
		ZK8006	−16	1.12	7.74
			−19	0.41	9.44
	88	ZK8801	−32	0.67	6.37
			−34	0.79	7.76

(4)东平锰矿区冬裕—合柳矿段、平尧矿段锰矿体中未见夹石分布。

2)脉石。各矿层中均发育有极少量的石英细脉，还有方解石细脉穿插，脉体厚一般0.5～15cm，呈白色、乳白色、淡黄色。石英脉主要成分为石英、次有黏土质和方解石。石英脉、方解石细脉只产在矿层中,不切入围岩,且多与矿层走向垂直或斜交,平行者少见,偶见分叉复合。

由于脉石厚度薄,数量很少,对矿石质量影响有限,在资源量估算时不必剔除。

五、矿石加工技术性能研究

选矿试验由广西冶金研究院承担,分别进行氧化锰矿石、碳酸锰矿石的选矿试验。

(一)氧化锰矿石选矿试验成果

1. 原矿洗矿试验

洗矿结果:净矿锰品位由原矿的 17.85%提高到 28.37%,锰回收率 89.35%,产率 56.21%,其流程见图 4-13。

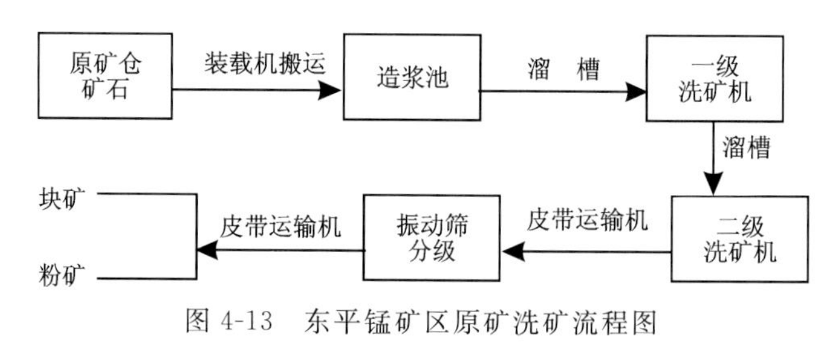

图 4-13 东平锰矿区原矿洗矿流程图

2. 净矿深选试验

深选试验采用了重选、湿式强磁选和干-水湿强磁选 3 种方法。入选的原矿 Mn 品位为 28.35%。

湿式强磁选试验:以 10mm 为入选粒度,利用 SHC-1800 型湿式强磁选机试验,在激磁电流的条件下做了磁场强度为 14 900 奥斯特的粗选,尾矿用场强为 16 500 奥斯特扫选。选矿最终结果为:精矿产率 86.22%,锰回收率 92.97%,Mn 品位 30.57%。

重选:主要做了跳汰和摇床选别试验。选矿结果为:精矿产率为 68.73%,锰回收率为 78.87%,Mn 品位 31.79%。

干-湿式强磁选别效果不理想。

净矿深选试验结果表明,湿式强磁选的效果较好,属于易选矿石。但"根据深选试验表明:由于该锰矿物大部分属偏锰酸矿,呈非晶质或细小隐晶质与脉石矿物相互混杂,所以精矿锰含量不高"。

(二)碳酸锰矿低品位矿石实验室流程试验成果

碳酸锰低品位矿石选矿试验是由中信大锰矿业有限责任公司聘请中南大学资源加工与生物工程学院承担完成的。

1. 试验样的采集

样品的采集按实验室流程试验样采样设计进行采集。试验样共重300kg，采自两个方面：在30线施工CM3001坑道，见到Ⅰ、Ⅱ、Ⅳ矿层，采样重150kg；二是18线、22线、28线、36线等采场露头中的碳酸锰矿，采样重150kg。采集具有代表性。

采样方法为刻槽法，采样规格为40cm×20cm。

原生碳酸锰矿，由于均为低品位矿，与围岩界线不是很清晰，因此采样前用Innov-X PDA型的便携式矿石分析仪对矿石进行扫描，划分锰矿层与围岩的界线，初步划分矿石的品级，进行分样、布样。经反复试验比对，分析仪器的误差在1%～3%，指导野外分样，特别是划分矿与非矿的界线效果较好。

采样时对工作面进行平整，务必使碳酸锰低品位矿层出露完整，最大限度地满足采样的要求；刻槽采样时，先清除表面污染杂物，垫好采样布，防止样品碎屑散失及其他岩石屑混入，避免人为的富化和贫化。

2. 试样的研究程度

1)矿石有用组分。碳酸锰矿混合试验样Mn品位为10.19%，含硅32.45%，且钙、镁含量也较高，杂质元素硫、磷含量较少。通过XRF分析、化学多元素分析等，表明矿石中可用的有价元素主要为锰，伴生少量的铅锌，但是含量均很少，没有回收利用价值，分析结果见表4-34、表4-35。

表4-34　原矿全元素XRF分析结果表

组分	O	Na	Mg	Al	Si	Ba
含量(%)	44.3	0.435	2.914	4.42	14.89	0.056
组分	P	S	K	Ca	Ti	Pb
含量(%)	0.0945	0.109	1.31	10.93	0.203	0.006
组分	Cr	Mn	Fe	Co	Ni	
含量(%)	0.007	11.03	4.669	0.0068	0.01	
组分	Cu	Zn	Rb	Sr	Zr	
含量(%)	0.011	0.0155	0.005	0.0744	0.0083	

表4-35　原矿化学多元素分析结果表

元素	Mn	SiO_2	Al_2O_3	Fe	CaO	MgO	Pb	Zn	P	S
含量(%)	10.19	32.45	9.07	5.59	14.11	6.25	0.04	0.035	0.11	0.11

2)矿石矿物的赋存状态。由表4-36可得，矿石中主要锰矿物为碳酸锰，分布率93.82%，其次为硅酸锰，分布率3.34%，最后是氧化锰，分布率2.85%。因此该矿可回收的矿物主要

是碳酸锰，且碳酸锰中的锰含量为9.56%。

表4-36 原矿锰物相分析结果表

相别	含量(%)	分布率(%)
碳酸锰	9.56	93.82
氧化锰	0.29	2.85
硅酸锰	0.34	3.34
总锰	10.19	100.00

3)矿石矿物组成及赋存形态如下。

(1)矿石矿物组成：采用X射线衍射、显微镜和扫描电镜对选冶样品进行矿物组成查定。矿石中可回收利用的金属是锰，主要矿石矿物有含钙菱锰矿、锰方解石和锰白云石(Ku)，少量氧化锰。主要脉石矿物为石英(Q)、绿泥石(Mi)，少量的长石、方解石(Ca)和白云石等，另含少量的石墨、硫化矿(主要为黄铁矿 Hu)、黄铜矿(Cha)、方铅矿(Ga)和闪锌矿(Spa)。

(2)赋存形态：将原矿块矿样品磨制成光片测矿石中主要矿物的嵌布粒度。矿石中的碳酸锰矿物主要以微细粒为主，呈反应边粒状结构，矿粒从中心向外，锰的含量逐渐增加，粒度以5～10μm为主，少量矿物颗粒可达20μm。碳酸锰矿与石英、长石和绿泥石等脉石矿物胶结，形成层理构造，锰矿物在不同层理含量不同、脉石矿物组成不同，在矿石中形成不同的层状。另外，矿石中有少量的锰矿层中的碳酸锰矿物颗粒较粗，可达50～100μm不等，或更粗。矿石中的脉石矿物主要以石英为主，石英在矿石中主要为粒状结构，粒度为20～30μm，少量的石英粒度较粗，为50～100μm不等。矿石中的绿泥石主要呈鳞片状结构，粒度细，为5～10μm，在矿石磨矿过程中容易泥化，且绿泥石含有锰，将导致部分锰的损失。矿石中还含有少量的长石，长石主要以钾长石为主，长石也主要为粒状结构，粒度为20～30μm。

3. 选冶流程

在详细的选矿小型试验研究基础上，开展了“选择性磨矿试验—磁选试验—反浮选试验—正浮选常温精选试验—正浮选加温强搅拌脱药精选试验”的选矿工艺流程进行对比试验。

经过对比，确定的选冶流程为“正浮选加温强搅拌脱药精选闭路试验流程”，其中磨矿细度为−0.038mm，占100%，碳酸钠2000×10^{-6}加入磨机，水玻璃2000+六偏200加入磨机，粗选油酸钠用量4000×10^{-6}。推荐的选冶流程如图4-14所示。

4. 选矿试验成果

入选原矿锰品位10.20%，选冶指标为：锰精矿锰品位为15.46%，能提高51.56%的锰品位，回收率为81.72%，具体见表4-37。按一般工业指标，锰精矿能达到冶金工业用锰的标准，并适合电解金属锰的要求，说明碳酸锰低品位矿石是可选的。

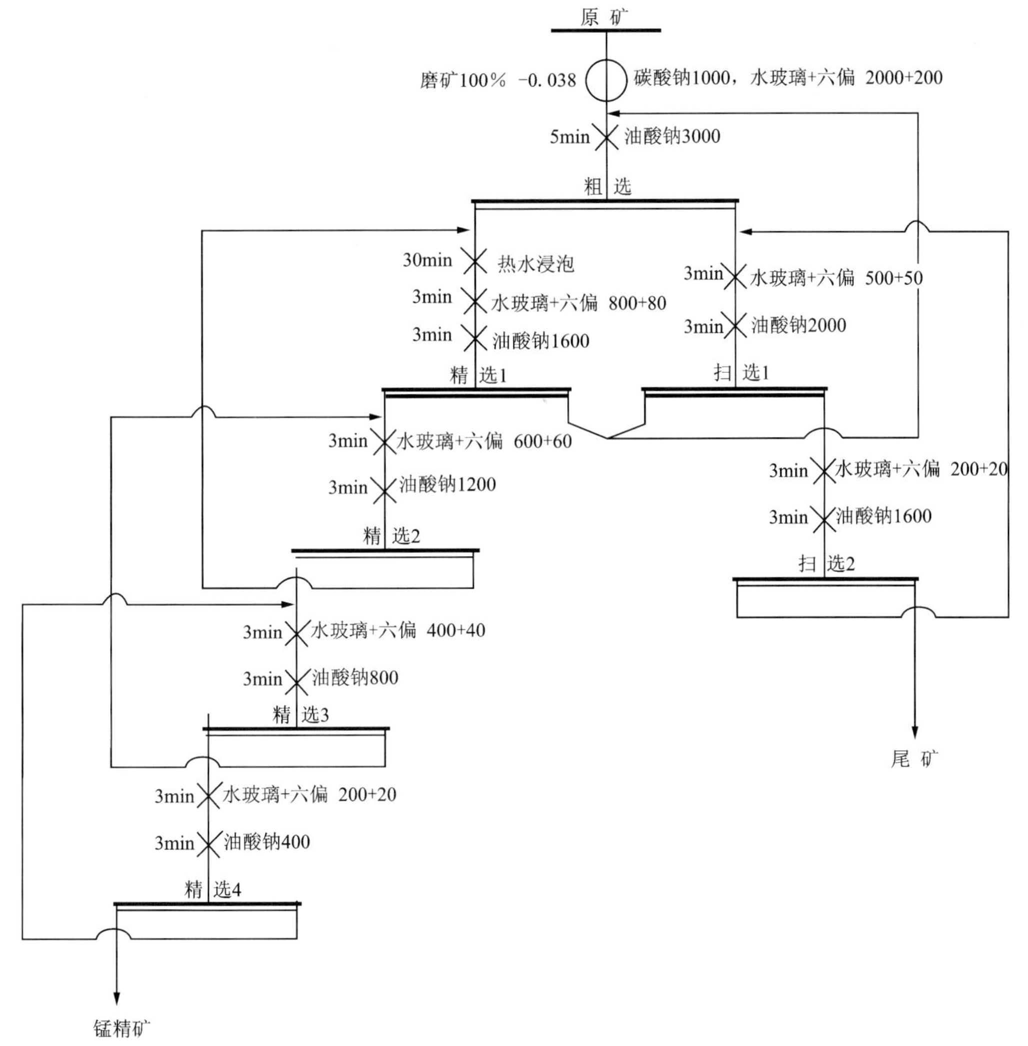

图 4-14　正浮选加温强搅拌脱药精选闭路试验流程图

表 4-37　闭路试验结果表

产品名称	产率(%)	Mn 品位(%)	Mn 回收率(%)
精矿	53.93	15.46	81.72
尾矿	46.07	4.05	18.28
原矿	100.00	10.20	100.00

(三)碳酸锰低品位矿石直接利用情况

中信大锰矿业有限责任公司天等锰矿分公司技术中心针对这种低品位矿石的使用做了大量小试验。小试验结果说明,矿区内碳酸锰矿石虽然品位不高,但是矿石的锰易于跟酸反应，浸出率达到95%以上；且得到的浸出液中重金属杂质含量较低，溶液较为纯净，有利于用于电解生产金属锰产品。在小试验基础上，天等锰矿分公司技术中心在新建完成的电解金属锰生产线上对本区的碳酸锰矿石进行工业试验。

1. 工序及生产流程

1）工序的确定。经过多次试验，最终选取了下列工序。

（1）打粉工序：碳酸锰精矿水分控制在2%以下，经过磨粉机磨粉，粒度控制在100μm以下。锰粉由自动投料系统通过螺旋封闭式传输至化合槽进行制液，完成打粉后锰粉成分见表4-38。

表4-38　原料检测结果

	Mn	Mn^{2+}	Mn^{4+}	Fe	CaO	MgO	Al_2O_3	细度
锰粉	11.7	10.63	0.03	4.51	10.69	3.47	7.7	92.86

（2）制液工序：制液工序由浸出、除铁、中和组成。

浸出：加入由电解工序产生的阳极液，液固比控制在1∶5～1∶7之间，酸矿比控制在0.42～0.48之间，在常温下搅拌浸出3～5小时。

除铁：利用冶金锰粉中的MnO_2作为氧化剂，将化合液中Fe^{2+}氧化成Fe^{3+}，再通过加氨水产生$Fe(OH)_3$沉淀，在压滤过程中过滤掉。

中和：利用氨水作为原料，将浸出液pH值调节至7.0左右，同时将重金属离子形成沉淀物最终通过压滤除掉。

（3）净化工序：通过板框式压滤机对浸出合格液实现固液分离，滤液中的重金属通过投入除杂剂产生沉淀物除掉，所得精滤液投入净化剂经过24h静置后得到生产的电解液。

（4）电解工序：利用制液车间制出的生产电解液，经直流电源进行电解得到电解金属锰产品。电解过程是还原反应过程，在电化作用下，将二价锰还原成锰原子附着在阴极板上。

2）生产流程。通过反复试验，最终推荐的电解金属锰工艺流程如图4-15所示。

2. 试验成果

（1）工业化生产的结果。从电解金属锰生产情况来看，槽液pH变化不大，爆板较少，槽况稳定，按照现有的电解工艺指标条件，可以进行连续性生产。

（2）获得的产品参数。生产每吨金属锰损耗原矿碳酸锰矿石11.20t，获得的锰精矿产品参数见表4-39。

表4-39　产品质量分析结果

名称	含量(%)						
	Mn	C	S	Fe	P	Si	Se
电解锰	99.85	0.014	0.033	0.008	0.002	0.029	0.061

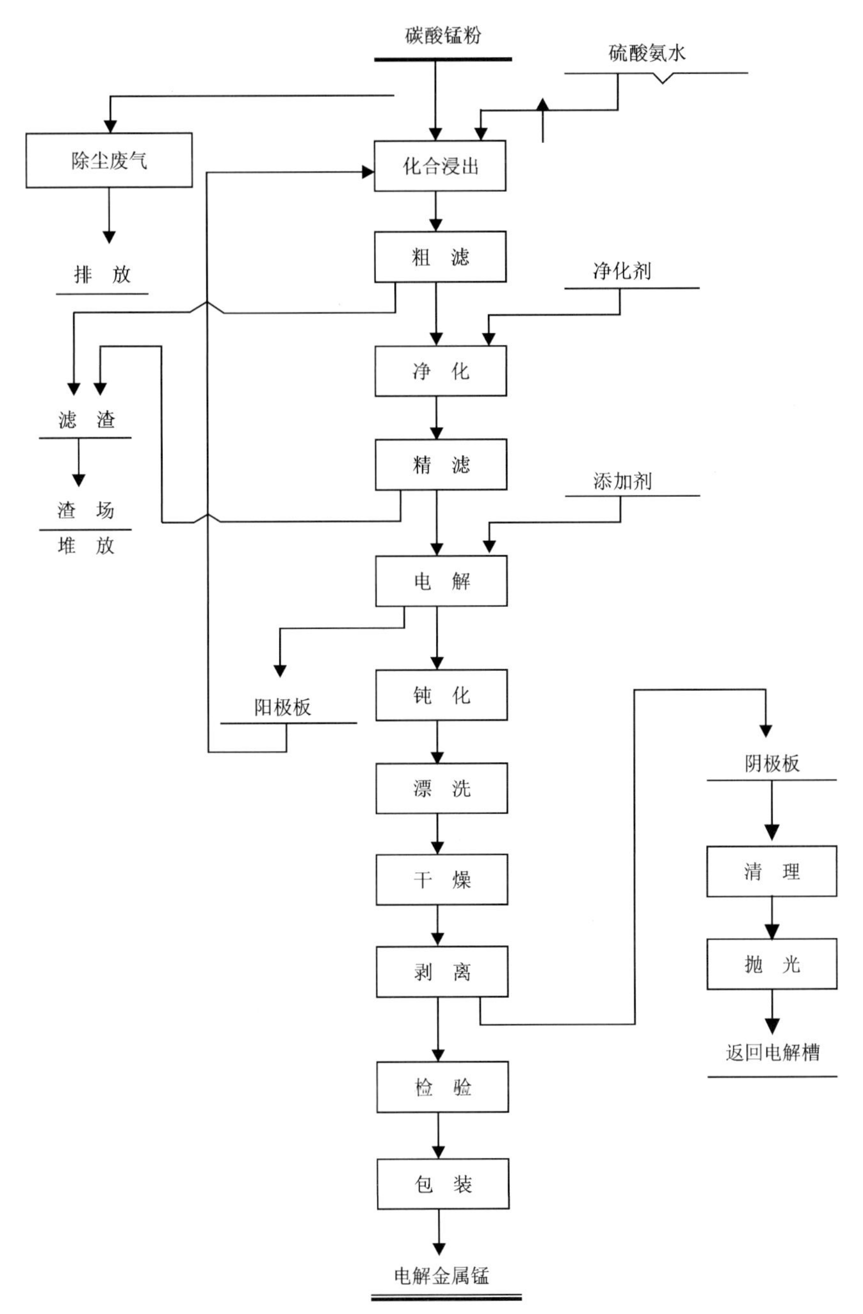

图 4-15　电解金属锰生产工艺流程图

第二节　广西德保县足荣乡扶晚锰矿床地质特征

一、矿区勘查简史

本区勘查工作从20世纪70年代开始，广西区域地质调查队、广西壮族自治区273队、广西壮族自治区地球物理勘察院、广西德保县矿产公司、广西地矿资源勘查开发有限责任公司、广西来宾市地质勘查院等勘查单位先后在本区开展区调、普查、详查地质工作；2005年南宁三叠地质资源开发有限责任公司受探矿权人蒙日山的委托，对扶晚锰矿区老坡—孟棉矿段开展普查地质工作，并以《广西德保县扶晚矿区老坡—孟棉矿段锰矿普查报告》申领到采矿证，对矿段内浅表的氧化锰矿进行开采。

2008年底蒙日山先生注册《广西南宁浩元铭锰业有限责任公司》斥资3000万元委托中国冶金地质总局广西地质勘查院对陇汤矿段、老坡矿段、岜意屯矿段、孟屯矿段浅表氧化锰矿、深部碳酸锰矿开展详查工作。这次工作最大的特点就是对浅表的氧化锰矿没有采用含矿率、对深部的碳酸锰矿没有采用《铁、锰、铬矿地质勘查规范》(DZ/T 0200—2002)中冶金用锰一般工业指标进行圈矿，而是在对锰矿石进一步开展矿石选冶研究的基础上，通过预可行性研究，由广西南宁浩元铭锰业有限责任公司推荐指标进行圈矿。推荐的圈矿指标见表4-40。

表4-40　扶晚锰矿区陇汤、老坡、岜意屯、孟屯矿段资源/储量估算指标表

类别	Mn品位	
	边界品位(原矿)(%)	单工程平均品位(原矿)(%)
氧化锰矿	6.00	8.00
碳酸锰矿(原矿)	5.00	6.50
矿层最低可采厚度(m)	0.70	
夹石剔除厚度(m)	0.50	

根据这一圈矿指标，在4个矿段内圈出Ⅱ、Ⅲ、Ⅳ、Ⅴ、Ⅵ5层锰矿层，共估算锰矿石(122b+333)资源量8161.34×10^4t，其中氧化锰矿143.23×10^4t，碳酸锰矿7733.76×10^4t。以此成果为基础，成功申报中国地质学会2012年“十大找矿成果”奖，并就此催生了湖南省省级单矿种工业指标的出台。

2014年广西南宁浩元铭锰业有限责任公司乘胜追击，斥资委托中国冶金地质总局广西地质勘查院对扶晚锰矿区老坡—孟棉矿段1040～575m标高锰矿开展生产勘探工作。这次生产勘探工作在陇汤矿段、老坡矿段、岜意屯矿段、孟屯矿段详查工作的基础上将氧化锰矿的圈矿指标进行了下调。采用的圈矿指标见表4-41。

表 4-41　扶晚锰矿区老坡—孟棉矿段资源/储量估算指标表

类别	Mn 品位	
	边界品位(原矿)(%)	单工程平均品位(原矿)(%)
氧化锰矿	5.00	6.50
碳酸锰矿(原矿)	5.00	6.50
矿层最低可采厚度(m)	0.80	
夹石剔除厚度(m)	1.00	

表 4-40、表 4-41 中圈矿指标出台的背景:自 1999 年以后,国际市场中各类矿产品的价格在某些矿业巨头的操控下,一路飙升,涨到让人眼红的地步。以电解金属锰的价格为例,从 2003 年的 8013 元/t,一路起伏涨跌,至 2007 年 6 月份前后涨到 35 000 元/t,全年均价在 20 000 元/t 左右,到 2008 年 9 月以后仍维持在 13 800～14 500 元/t。当时锰矿石的探采冶等综合成本在 10 000 元/t 左右,利润空间十分惊人!

地质行业、各类矿产品价格逐渐回暖、升温,直至 2008 年前后达到高峰。扶晚锰矿区各个时期勘查项目相对位置见图 4-16。

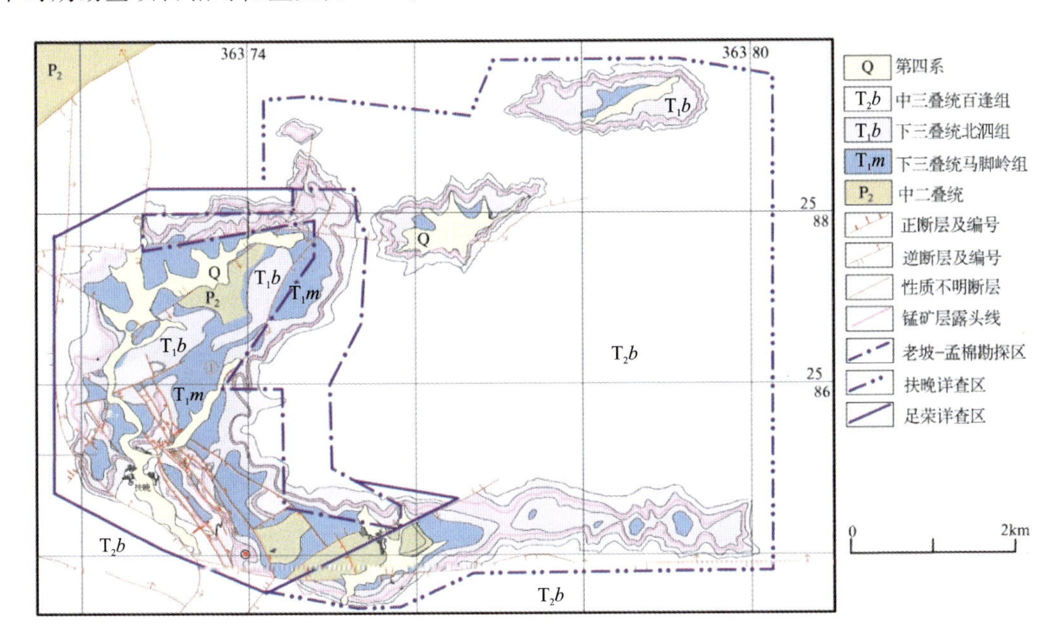

图 4-16　足荣锰矿区、扶锰矿区、老坡—孟棉矿段相对位置示意图

二、矿区地质

扶晚锰矿区位于桂西南锰矿富集区东南部、整装勘查区的西部。矿区内褶皱、断裂构造十分发育,如图 4-17 所示。

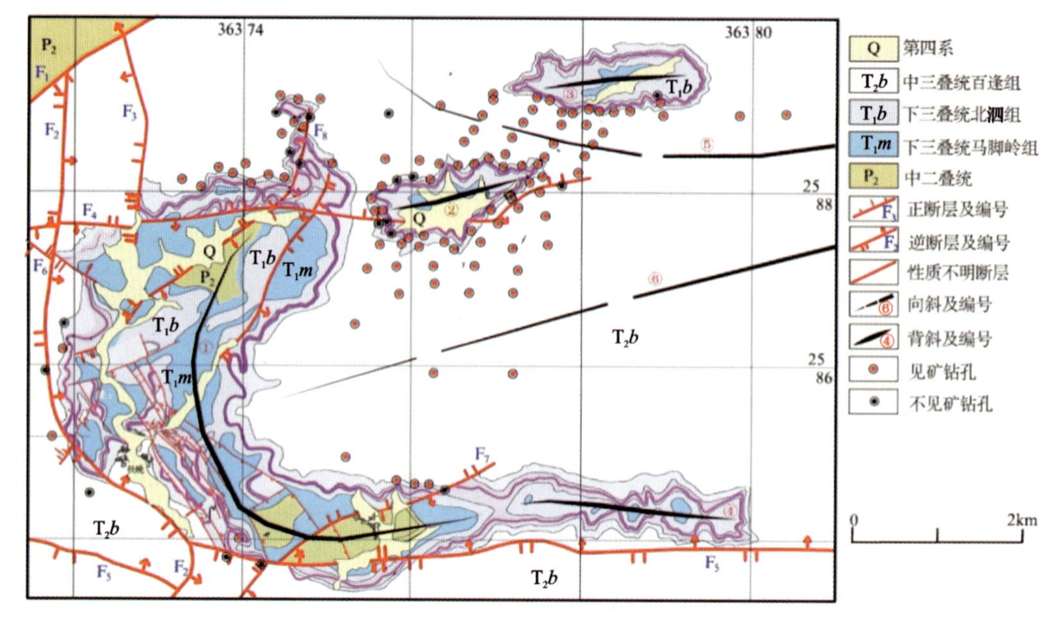

图 4-17　扶晚锰矿区构造纲要图

（一）矿区地层

矿区出露地层有二叠系及下、中三叠统，沟谷中发育第四系冲洪积层，如图 4-17 所示。岩性从下而上描述如下。

1. 二叠系(P)

(1)中统茅口组(P_2m)：仅零星出露于矿区西部的华屯北东及岜意屯一带，为浅灰色中厚层状—块状灰岩为主，局部含团块状白云质灰岩。下部夹灰色薄层—中厚层状含燧石灰岩及硅质灰岩；上部含燧石团块或条带，局部呈假鲕状、似砾状。厚度大于 200m(未见底)。

(2)上统(P_3)：出露位置与茅口组相同，零星分布。岩性为浅红色薄层状含铁硅质岩、硅质泥岩及褐黄色薄—中厚层状铁铝质泥岩。

2. 三叠系(T)

(1)下统马脚岭组(T_1m)：出露于矿区西、北部的华屯-岜意屯背斜、陇汤背斜、平村背斜等背斜的核部。下部为灰色中厚层状灰岩及深灰色薄层—中厚层状含硅质灰岩；中部浅灰色—灰色中厚层—厚层状灰岩夹灰色中厚层状泥质灰岩或含泥灰岩，局部夹薄层状泥灰岩；上部以灰色薄层状含硅质灰岩、硅质泥质条带状灰岩为主，夹薄层状、竹叶状、扁豆状泥质灰岩，常常具波状层理和透镜体状层理，并见浪成波痕。顶部发育不稳定的深灰色—杂色厚层—块状角砾状白云质灰岩，沿走向与泥质、硅质条带状灰质泥岩呈相变关系。厚度 150～200m，与下伏地层呈平行不整合接触。

(2)下统北泗组(T_1b)：为矿区含锰岩系，分 3 段，中段为主要含矿层。

下段(T_1b^1)：为泥岩夹硅质岩，灰黑色，风化后呈灰白、灰黄色，隐晶—泥质结构，薄—中厚层状构造。泥岩夹少量薄层状硅质岩，偶夹锰质条带；底部夹钙泥质硅质岩。厚度15～35m，与下伏马脚岭组呈平行不整合接触。

中段(T_1b^2)：以普遍含锰为特征，以夹微层理构造为标志。含锰矿5层，其中以Ⅱ、Ⅲ、Ⅳ矿层厚度较大，分布亦较稳定。主要岩性为灰色、深灰色条纹状—条带状、微层状贫碳酸锰矿层及锰质硅质岩夹灰色薄层—中厚层状泥岩及含锰泥质岩。风化后呈块状、网脉状氧化锰矿层夹灰黄色、灰褐色锰质泥岩，偶夹泥岩、含锰粉砂质泥岩或泥质粉砂岩。该含矿层顶部含锰硅质泥岩中常见黄铁矿晶粒或球状集合体，经次生风化呈紫红色、褐红色铁锰质泥岩或含铁锰矿层。锰矿层与夹层之比为3∶1～1∶5。沿走向锰矿层有时相变为锰质泥岩；同样，锰质泥岩亦可局部锰富集而成锰矿层。锰矿层间的夹层产菊石化石。厚度16～29m。

上段(T_1b^3)：分三层。总厚度30～60m。

泥质硅质岩：黑色、灰色，风化后呈黄绿色、黄褐色，泥质结构，薄—中厚层状构造。主要为石英，次为泥质，局部夹有1m左右的微层状碳酸锰矿，编号为Ⅵ矿层；底部常见含铁较高的铁锰质泥岩。厚10～18m。

凝灰岩：灰白色、浅灰色，变余凝灰结构、他形粒状变晶结构，块状构造。凝灰质碎屑和正常沉积碎屑物杂乱无序分布，碎屑物多呈棱角状、次棱角状，大小在0.08～1.6mm，胶结物为显微鳞片状的绢云母、高岭石、绿泥石等。该层厚2～10m，其距锰矿层仅10多米，是矿层顶部的标志。

硅质岩夹泥岩：灰黑色，风化后呈灰黄、灰绿、灰褐色，隐晶—泥质结构，薄层—中厚层状构造。厚15～43m。

区内含锰岩系比较稳定，岩相及岩性的变化都不大，但不同地段含矿性差异极大，总体是华屯、陇汤、平村一带锰矿较富，矿层较厚，其西至渠海、岜意屯锰矿层急剧变薄、变贫。矿区东北部录卜一带也急剧变薄、变贫。

(3)中统百逢组(T_2b)：根据岩性的差异可分为两段。

第一段(T_2b^1)：下部为泥岩夹细砂岩，灰色、灰黑色，风化后黄绿色、灰褐色。泥质结构及细砂质结构，薄—中厚层状构造，局部夹薄层状含铁质泥岩，底部为一层含长石质砂岩，局部相变为凝灰质砂岩，厚度58～180m。上部为细砂岩夹泥岩，灰色、灰白色，细砂质结构，泥质结构，中厚层—厚层状构造，泥岩为薄层状构造，厚300～700m。

第二段(T_2b^2)：为灰绿色、紫灰色薄—中层状钙质泥岩与中—厚层状(局部块状)细粒岩屑质长石石英砂岩互层。顶部一般泥岩较多。水平层理和韵律发育。厚571～1038m。

3. 第四系(Q)

矿区内第四系主要有冲洪积层和残坡积层。

冲洪积层：发育于小河两侧阶地及河漫滩，为砂土、砾石层。面积较小，厚度极不稳定。

残坡积层：主要发育于碎屑岩、钙质泥岩分布地区，为棕色、棕灰色、黄褐色含岩石碎块、碎石的黏土、亚黏土或亚砂土。锰矿层及其附近常含较多的锰矿碎块，可作为找矿的标志。

(二)矿区构造

矿区内的褶皱、断裂构造均较发育。主体构造线呈近东西走向，与北东向构造反复接合，形成向西凸出的弧形褶皱；同时，次级褶皱发育，并叠加近南北向、近东西向断裂，如图 4-17 所示。

1. 褶皱

矿区区内褶皱宏观上受近东西向构造的控制，主体褶皱为邑意屯背斜，次有陇汤背斜、足六向斜、平村背斜、平模向斜、普楞背斜、顶射向斜、那鱼向斜，如图 4-17 所示。

邑意屯背斜（图中编号①）：位于矿区中西部，延长约 4000m，背斜总体呈向西凸出的弧形，北段和南段分别向北东和南东扭转。褶皱宽缓，于构造复合部位背斜核部出露二叠系，其他地段核部为下三叠统马脚岭组，翼部渐次为下三叠统北泗组、中三叠统百逢组下段。背斜轴部岩层产状一般平缓，倾角 10°～15°。西翼岩层产状较陡，为 25°～55°，偶见倒转，东翼岩层产状稍缓，倾角 15°～30°。

陇汤背斜（图中编号②）：位于矿区中部，邑意屯背斜北端东侧，长约 2000m，为宽缓的背斜，轴向总体呈北东东向，核部出露下三叠统马脚岭组。翼部依次为下三叠统北泗组、中三叠统百逢组下段。轴部产状较缓，倾角 10°～20°，翼部倾角相对稍陡，为 20°～30°。

平村背斜（图中编号③）：位于矿区北东部，陇汤背斜北东 1000m 左右，总体呈近东西向，长约 1800m，为宽缓的背斜。核部出露下三叠统马脚岭组。翼部依次为下三叠统北泗组、中三叠统百逢组下段。轴部产状较缓，倾角 10°～20°。翼部倾角相对稍陡，为 20°～30°。

普楞背斜（图中编号④）：位于矿区东南部，邑意屯背斜南端东侧，长约 2000m，为宽缓的背斜，轴向总体呈东西。核部出露下三叠统马脚岭组。翼部依次为下三叠统北泗组、中三叠百逢组下段。轴部产状较缓，倾角 10°～20°。翼部倾角相对稍陡，为 20°～30°。

足六向斜（图中编号⑤）：位于矿区北部，轴向近东西，长约 6000m，西端两翼产状较陡，30°～50°，东端两翼产状较缓，20°～30°。

平模向斜（图中编号⑥）：位于矿区中部，轴向近东西，西端仰起，向东倾伏，长约 6000m，两翼产状 20°～30°。

矿区内褶皱构造控制了锰矿层的分布，尤其向斜构造控矿明显。在工作中密切关注褶皱构造的形态、规模、产状及其展布规律对指导找矿和总结该区的成矿规律很有意义。

2. 断裂

矿区内断裂构造主要有近南北向和近东西向两组，还有少量北东向和北西向断裂。北西向断裂和北东向断裂产生较晚。主要断裂有 6 条，对矿区锰矿层破坏较大的有 F_4、F_8、F_2 3 条，见图 4-17。主要断层特征见表 4-42。

表 4-42　足荣乡扶晚锰矿区断裂构造特征简表

断层编号	位置	性质	长度(m)	产状(°)			断距(m)	断裂带特点
				走向	倾向	倾角		
F_1	矿区北西部	逆断层	4000	近北东—南西	倾向北西	70	500～800	延出区外
F_2	矿区西部	逆断层	8000	从北到南呈"S"形	倾向东	70	300～500	T_2b^1 上部与 T_1b^3 接触，错断矿层

续表 4-42

断层编号	位置	性质	长度(m)	产状(°)			断距(m)	断裂带特点
				走向	倾向	倾角		
F_3	矿区西部	正断层	4000	近南北	倾向西	60	100	错断矿层
F_4	矿区北部	逆断层	8000	近东西	倾向南	65	30	P 与 T_1m 接触,错断矿层,被 F_1、F_2、F_6 切割
F_5	矿区南部	逆断层	10 000	近东西	倾向北	65	300～500	T_2b^1 上部与 T_1b^3 接触,错断矿层
F_6	矿区西部	逆断层	3000	北东向	倾向北西		150	切割 F_1 断层
F_7	矿区南部	正断层	2000	北西向	倾向南西		100	被 F_1 切割,错断矿层
F_8	矿区北中部	逆断层	2500	北西向	倾向东南		20	被 F_4 切割,错断矿层

3. 岩浆岩

矿区内未发现侵入岩,仅见火山岩。为凝灰岩,普遍稳定,厚度 2～10m。一般为 1 层,局部见 2 层,属海相火山喷发沉积的产物,印支早期喷发。其在含锰岩系北泗组上部呈夹层产出,其下距锰矿层 5～15m,是非常明显的快见矿标志。岩石呈浅灰白色,凝灰质结构,火山凝灰碎屑与正常沉积岩碎屑混合在一起,块状构造,无层理显示,与顶底板硅质岩层呈整合接触,接触部位围岩无蚀变现象。

三、矿床地质

矿区含锰岩系为下三叠统北泗组(T_1b),出露长约 15km,自下而上可圈出 Ⅰ、Ⅱ、Ⅲ、Ⅳ、Ⅴ、Ⅵ 6 个含锰层,除Ⅵ含锰层赋存于下三叠统北泗组上段(T_1b^3)外,其余 5 层均赋存于北泗组中段(T_1b^2)。

(一)含锰岩系

根据含锰岩系的岩性特征,分为 3 个岩性段,锰矿层赋存于第二段(中段)。

第一段(T_1b^1):硅质泥岩,为黑灰色、深灰色,浅部风化后呈紫灰、灰褐色,隐晶—泥质结构,薄层状构造。厚 10～16m。与下伏马脚岭组灰岩呈平行整合接触。

第二段(T_1b^2):该段岩性以普遍含锰为特征,以夹微层理构造为标志。由下而上有Ⅰ～Ⅴ 5 个含锰层,其中以Ⅱ、Ⅲ、Ⅳ含锰层厚度较大,含锰高,分布亦较稳定,能形成工业矿体。岩性自下而上特征如下：

Ⅰ矿层：深灰色，氧化后呈灰褐色，隐晶质结构，微层状构造，局部夹泥岩薄层。含锰为1.04%～5.23%，厚0.49～3.77m。

夹层①：含锰泥岩，深灰色，氧化后呈灰褐色，隐晶质结构，薄层状构造，厚0.51～3m。局部尖灭。

Ⅱ矿层：碳酸锰矿或锰质泥岩，灰黑色，隐晶质结构，微层状构造，含锰为3.61%～5.08%。厚0.65～4.31m。地表氧化形成条带状或块状与条带状组合、块状与网脉状组合的氧化锰矿层。

夹层②：含锰泥岩或硅质泥岩，深灰色，氧化后呈灰褐色，隐晶质结构，薄层状构造，厚0～3m。局部尖灭。

Ⅲ矿层：碳酸锰矿，灰黑色，隐晶质结构，微层状构造，含锰为5.15%～9.83%，厚2～7m。地表氧化形成条带状或块状与条带状组合、块状与网脉状组合的氧化锰矿层。

夹层③：泥岩或含锰泥岩，深灰色，氧化后呈灰褐色，隐晶质结构，薄层状构造，厚1～3m。

Ⅳ矿层：碳酸锰矿夹含锰泥岩，灰黑色，隐晶质结构，微层状构造，含锰为4.15%～7.31%，厚0.3～1m。地表氧化形成条带状或块状与条带状组合、块状与网脉状组合的氧化锰矿层。

夹层④：含锰泥岩或硅质泥岩，深灰色，氧化后呈灰褐色，隐晶质结构，薄层状构造，厚5～14m。

Ⅴ矿层：碳酸锰矿夹锰质泥岩，灰黑色，隐晶质结构，微层状构造，含锰为1.91%～4.31%，厚0.5～2m。地表氧化形成条带状或块状与条带状组合、块状与网脉状组合的氧化锰矿层。

第三段（T_1b^3）：深灰、灰褐色薄层硅质泥岩、局部夹1m左右微层状锰质岩，浅表氧化局部可形成氧化锰矿层，编号为Ⅵ矿层。厚30.6～60.7m。

与东平锰矿区含锰岩系相比，第二段变薄，底部$Ⅹ_1$矿层、夹1、$Ⅹ_2$矿层、夹2、$Ⅹ_3$矿层均不发育；第三段变薄，基本不含锰，Ⅵ矿层、夹9、Ⅶ矿层、夹10、Ⅷ矿层、夹11、$Ⅸ_1$矿层、夹12、$Ⅸ_2$矿层均不发育；第四段未沉积。

（二）锰矿层形态、产状及空间分布规律

矿区内锰矿层赋存于下三叠统北泗组第二段薄层状及微层状硅质泥岩、泥质硅质岩中，含矿层受陇汤背斜、平村背斜、足六向斜、平模向斜、岜意屯背斜等褶皱构造的控制；矿层与岩层呈整合接触，呈层状分布于背斜翼部、向斜核部，产状与地层完全一致，较稳定，倾角21°～65°，平均36°。主要矿层为Ⅲ含矿层，厚度大，分布连续，规模较大，估算的资源量占全区资源总量的95%以上；次为Ⅱ含矿层、Ⅳ含矿层，Ⅰ含矿层、Ⅴ、Ⅵ含矿层仅个别工程见到，规模小。矿层浅表为氧化锰矿石，深部为碳酸锰矿石。

矿体厚度较稳定，一般0.8～7m之间，平均3.86m，变化系数为58.81%；锰品位分布均匀，在5.02%～10.28%之间，平均6.94%，变化系数为19.21%；铁、磷含量相对较高，绝大部分矿石属中铁中磷贫锰矿石。

矿层在地表地貌形态上具一定的分布规律，多产于山麓由陡变缓处，局部矿层露头含铁较高形成小陡坎。

（三）矿体地质

在矿区内共圈出Ⅱ、Ⅲ、Ⅳ、Ⅴ、Ⅵ5个锰矿层，以Ⅲ锰矿层为主，共圈出锰矿体31个。各矿体特征如下。

1. Ⅲ-1号矿体

赋存于Ⅲ含矿层，展布于足六向斜、平村背斜、陇汤背斜翼部及核部。东西长约6450m，南北宽约1400m，控制倾向延深为1500m。中间由于背斜核部风化剥失而使矿体缺失。形态受向斜、背斜构造控制，向斜北翼产状为200°∠35°，南翼产状为35°∠32°，背斜南翼产状为150°∠31°。氧化锰矿体厚度为0.72～13.38m，平均4.32m，厚度变化系数83.19%，Mn品位为5.19%～17.63%，平均锰9.33%，锰变化系数41.08%；碳酸锰矿体厚度为0.89～7.30m，平均厚3.86m，厚度变化系数48.47%，Mn品位为5.22%～10.10%，平均Mn7.40%，锰变化系数17.55%。共估算氧化锰矿石量173.72×10^4t，碳酸锰矿石量3370.25×10^4t。

2. Ⅲ-4号矿体

赋存于Ⅲ含矿层，展布于陇汤背斜南部F_4以南、平模向斜北翼。东西长2600m，南北宽1900m，倾向延深820m。形态、产状与地层一致，产状为190°∠35°。氧化锰矿体厚度为1.93～15.14m，平均厚4.71m，厚度变化系数78.65%，氧化锰矿石Mn品位5.10%～18.56%，平均锰10.02%，锰变化系数48.41%；碳酸锰矿体厚度为0.88～9.00m，平均厚4.16m，厚度变化系数52.76%，Mn品位为5.00%～10.05%，平均锰7.28%，锰变化系数20.46%。共估算氧化锰矿石量102.19×10^4t，碳酸锰矿石量3992.01×10^4t。

3. Ⅱ-2号矿体

赋存于Ⅱ含矿层，展布于足六向斜、平村背斜、陇汤背斜翼部及核部。东西长约2700m，南北宽约800m，控制倾向延深为530m。形态受向斜、背斜控制，北翼产状为200°∠35°，南翼产状为35°∠30°。氧化锰矿体厚度为0.85～2.08m，平均厚0.89m，厚度变化系数36.3%，Mn品位为7.43%～17.05%，平均锰10.40%，锰变化系数44.36%；碳酸锰矿体厚度为0.85～1.78m，平均厚1.21m，厚度变化系数36.33%，Mn品位为5.35%～7.07%，平均锰6.51%，锰变化系数9.33%。共估算氧化锰矿石量2.84×10^4t，碳酸锰矿石量14.31×10^4t。该矿体还有270.5×10^4t低品位碳酸锰矿石，其Mn平均品位6.14%。

4. 其他各矿体特征

除Ⅲ-3号矿体规模稍大，其他各矿体规模较小，一般均是1～2个工程控制，其特征见表4-43。

表 4-43　扶晚锰矿区陇汤矿段、老坡矿段、岜意屯矿段、孟屯矿段详查矿体特征一览表

矿体编号	矿段	规模(m)		形态	产状(°)		厚度(真厚)(m)		Mn(%)			氧化锰资源储量(×10⁴t)	碳酸锰资源储量(×10⁴t)
		走向长度	平均斜深		倾向	倾角	极值	平均	极值	平均	变化系数		
Ⅱ-1	陇汤	80	45	层状	214	20	0.97			6.82			1.07
Ⅱ-4		123	80	层状	330	25	0.97～1.48	1.23	76.38～7.35	6.76			2.67
Ⅱ-5		230	165	层状	110	20	0.76～1.42	1.09	6.39～6.64	6.48			9.29
Ⅱ-6		76	102	层状	300	44		0.81		9.63		2.25	
Ⅱ-7		300	120	向斜层状	北翼 241 南翼 326	16 42	1.58～2.10	1.81	5.98～7.33	6.76			15.57
Ⅱ-8		200	65	背斜层状	352	25		4.63		8.58		12.42	
Ⅱ-9		190	107	层状	265	34	1.32～3.64	3.64	6.85～10.2	10.20			6.22
Ⅱ-9-1							0.86			7.04			1.31
Ⅱ-10	陇汤	70	70	层状	18	21		0.96		6.97			1.35
Ⅱ-11	孟屯	70	70	层状	18	21		0.90		8.35			1.23
Ⅲ-1-1		240	270	层状	320	25		1.35		8.37		9.76	
Ⅲ-2		470	110	向斜层状	北翼 241 南翼 326	16 61	(氧化锰) (碳酸锰)	2.11 2.52		9.87 6.51		2.19	14.16
Ⅲ-3		1850	350	层状	302	33	(氧化锰) (碳酸锰)	2.37 2.99		8.75 8.00		37.2	290.83

续表 4-43

矿体编号	矿段	规模(m)		形态	产状(°)		厚度(真厚)(m)		Mn(%)			氧化锰资源储量($\times10^4$t)	碳酸锰资源储量($\times10^4$t)
		走向长度	平均斜深		倾向	倾角	极值	平均	极值	平均	变化系数		
Ⅲ-6	老坡	150	28	层状	284	66	1.84～4.95	4.05	9.17～10.42	10.18		9.80	
Ⅲ-7	老坡	200	78	层状	204	20	0.98～3.65	2.75	8.28～9.01	8.62		20.93	
Ⅲ-8	老坡	80	90	层状	240	32		0.85		7.31			1.15
Ⅲ-9	孟屯	470	140	层状	10	49	(氧化锰) (碳酸锰)	2.33 1.36		8.74 6.56		16.88	5.12
Ⅲ-10	邑意屯	220	50	层状	200	75	0.87～1.79	1.31	8.83～11.12	9.92	8.23	14.39	
Ⅲ-11	邑意屯	100	40	层状	145	37		1.06		11.60		2.83	
Ⅲ-12	邑意屯	140	56	层状				0.84		10.41		1.23	
Ⅳ-1	陇汤	900	80	层状	190	30		0.86		7.31			1.08
Ⅳ-2	陇汤	88	45	层状	214	20		0.92		6.76			1.11
Ⅳ-3	陇汤	95	120	层状	335	30		0.81		6.73			2.91
Ⅳ-4	陇汤	90	68	层状	200	35		1.85		8.47		2.62	
Ⅳ-4-1	陇汤	85	10	层状	345	34		0.96		8.86		0.35	
Ⅳ-5	陇汤	150	65	层状	352	30		6.66		8.74		15.61	
Ⅳ-6	孟屯	300	130	层状	15	37	0.92～1.12	1.06	8.32～13.36	10.59			8.26
Ⅴ-1	孟屯	65	68	层状	18	21		0.92		7.15			1.26
Ⅵ-1	孟屯	65	68	层状	18	21		0.92		7.37			1.26

(四)矿石质量

1. 矿石的颜色、结构、构造

氧化锰矿石的颜色有黑色、褐黑色、钢灰色；显微鳞片泥质结构、隐晶质结构、他形粒状结构；微层状构造、条带状构造、薄层状构造。

碳酸锰矿石的颜色有深灰色、灰黑色；显微鳞片泥质结构、泥晶—粉晶结构、粉砂结构；微层状构造、条带状构造、略具定向构造。

2. 矿石的矿物成分

(1)氧化锰矿石。氧化锰矿石主要矿石矿物为硬锰矿、软锰矿、水锰矿等；脉石矿物主要为绢云母、高岭石、石英、方解石、绿泥石、褐铁矿等。

据岩矿鉴定及物相分析结果表明，氧化锰矿石中绝大部分的锰赋存于氧化锰-氢氧化锰矿物中，赋存于碳酸锰和硅酸锰中的锰很少。

硬锰矿(4%～23%)：隐晶质、显微他形粒状集合体(粒径 0.005～0.10mm)，粒间镶嵌分布，常组成同心环带或多聚集成团块状、微层状分布。

软锰矿(1%～10%)：隐晶质、显微他形粒状(粒径 0.01～0.04mm)，不均匀零星分布于硬锰矿粒间或嵌布于褐锰矿粒间或边缘或呈微脉零星分布。

水锰矿(1%～5%)：细微粒状(粒径 0.01～0.04mm)，不均匀零星分布于硬锰矿粒间或嵌布于褐锰矿粒间或边缘或呈微脉零星分布。

石英(8%～15%)：呈他形微晶状、不规则状细小集合体零散不规则嵌布于褐铁矿粒间，粒径 0.002～0.06mm。

方解石(1%～5%)：呈他形—半自形微细粒、不规则状、微纹状零星分布，粒径 0.002～0.45mm。

绢云母(30%～51%)：尘状、显微鳞片状，不均匀分布，有时具铁质浸染。

高岭石(8%～15%)：尘状、显微鳞片状，不均匀分布，有时具铁质浸染。

褐铁矿(1%～10%)：呈不规则状、他形粒状、质点状零星夹杂分布于石英粒间，粒径 0.005～0.04mm。

(2)碳酸锰矿石。碳酸锰矿石主要矿石矿物为锰方解石等；脉石矿物主要为绢云母及水云母、石英、方解石、高岭石、黄铁矿等。

锰方解石(10%～51%)：显微他形粒状(粒径 0.005～0.05mm)，粒间镶嵌分布，微层状分布。

绢云母及水云母(5%～40%)：尘状、显微鳞片状，略具定向排列、不均匀分布，有时具铁质浸染。

石英(8%～40%)：呈粉砂碎屑状、不规则嵌布于褐锰矿粒间，粒径 0.002～0.03mm。

方解石(3%～10%)：细粒他形粒状(粒径 0.005～0.1mm)，粒间镶嵌分布，微层状分布。

高岭石(5%～15%)：显微鳞片状，不均匀分布。

黄铁矿(5%～10%)：细粒自形粒状、显微自形粒状(粒径 0.2～0.4mm)，粒间镶嵌分布，部分微层状分布。

3. 矿石的化学组分

(1)氧化锰矿石。氧化锰矿石主要化学成分为：Mn5.01%～19.61%，平均9.37%；TFe3.54%～10.20%，平均为4.56%；P0.011%～0.400%，平均0.060%；SiO_2 33.89%～58.68%，平均32.24%；Mn/Fe平均2.05；P/Mn平均0.006。

(2)碳酸锰矿石。碳酸锰矿石的主要化学成分为：Mn5.13%～10.45%，平均7.35%；TFe2.58%～7.54%，平均为6.99%；P0.095%～0.202%，平均0.140%；SiO_2 24.66%～37.25%，平均35.75%；CaO5.18%～13.47%，平均为11.80%；MgO1.25%～3.39%，平均3.12%；Al_2O_3 4.76%～11.21%，平均6.99%；Loss15.65%～22.83%，平均18.61%；Mn/Fe平均为1.05；P/Mn平均为0.019。

据岩矿鉴定及物相分析结果表明，原生锰主要以碳酸锰矿物形式存在，仅少量的锰赋存于硅酸锰矿物中。

4. 矿石中的伴生组分

组合分析、全分析综合结果表明，锰矿石的伴生组分含量甚微，参照《铁、锰、铬矿地质勘查规范》(DZ/T 0200—2002)中有关锰矿石中伴生组分评价参考指标，均无综合评价意义。伴生组分含量见表4-44。

表4-44　扶晚锰矿矿石主要伴生组分含量表

元素或组分	Co	Ni	Cu	Pb	Zn	B_2O_3	S	Sr
分析含量(%)	0.012	0.01	0.005	0.008	0.009	0.093	0.19	0.072
可综合利用指标(%)	0.02～0.06	0.1～0.2	0.1～0.2	0.4	0.7	1～3	2～4	
元素或组分	Au	Ag	As	Cr	Ba	TiO_2	V_2O_5	Sc_2O_3
分析含量	0.06×10^{-6}	3.0×10^{-6}	0.011%	0.006%	0.25%	0.057%	0.01%	0.00%
可综合利用指标	0.2×10^{-6}	$(5\sim10)\times10^{-6}$						

(五)矿石类型及品级

1. 矿石的自然类型

矿石的自然类型分为氧化锰矿及碳酸锰矿两种类型，一般从矿石的颜色、结构构造、矿物组分的不同来区分。

氧化锰矿石为次生锰帽型氧化锰矿。次生氧化锰矿是碳酸锰矿层近地表部位遭受氧化作用，钙质流失锰质进一步富集而形成。

碳酸锰矿石为原生海相沉积型锰矿石。

2. 矿区氧化带变化情况

矿区地处北纬23°亚热带，区域内为强烈的氧化环境，在此环境下，近地表锰矿层氧化程度高。

矿区含矿岩系及矿层本身含有较多的硅质成分，岩性多为硅质泥岩、泥质硅质岩等，岩石性脆，在地质构造作用下易破碎，岩石节理、裂隙均较发育，有利于锰矿层的氧化富集。

矿区内浅部工程控制到的氧化锰矿，可以从矿石的颜色、氧化程度、矿物成分来划分，并用岩矿鉴定、物相分析进行确定。

据岩矿鉴定及样品物相分析、X衍射扫描分析结果显示，探矿工程所控制到的氧化锰矿体延深较大，所有施工的地表和浅部的槽、井、坑探矿工程中见到的均为氧化锰矿，少部分钻探工程也可见氧化锰矿。见氧化锰矿的钻孔统计见表4-45。

表4-45 扶晚锰矿区氧化锰矿控矿情况

位置	工程编号	矿层号	氧化矿垂直埋深(m)	斜深(m)	平距(m)
平村	ZKP2402	Ⅲ	30.80	49.66	38.96
	ZKP1601	Ⅲ	54.30	89.46	71.1
	ZKP1201	Ⅲ	94.40	128.32	86.92
	ZKP0801	Ⅲ	57.28	66.19	33.16
	ZKP0401	Ⅱ	63.28	81.21	50.9
	ZKP0701	Ⅲ	47.37	58.23	33.86
	ZKP1101	Ⅲ	64.20	80.96	49.32
陇汤	ZKL2301	Ⅲ	51.40	99.35	85.02
	ZKL1701	Ⅳ	39.90	58.85	43.26
	ZKL1101	Ⅲ	61.50	128.51	112.84
	ZKL0301	Ⅲ	74.76	119.81	93.62
	ZKL0601	Ⅲ	62.90	154.82	141.47
	ZKL0801	Ⅰ	41.82	77.83	65.64
	ZKL1002	Ⅱ	45.28	119.92	111.04
	ZKL1001	Ⅲ	1.80	18.10	18.01
	ZKL1601	Ⅲ	24.62	84.12	80.44
	ZKL1402	Ⅲ	97.39	201.43	176.32
	ZKL2001	Ⅱ	33.82	61.34	51.17
	ZKL4701	Ⅲ	25.98	56.13	49.75
	ZKL4702	Ⅲ	130.30	247.07	209.92
	ZKL4101	Ⅲ	92.50	126.27	85.96

续表 4-45

位置	工程编号	矿层号	氧化矿垂直埋深(m)	斜深(m)	平距(m)
岭屯	ZK6401	Ⅲ	82.52	129.71	100.08
	ZK7201	Ⅲ	43.49	76.31	62.71
	ZK7601	Ⅱ	78.10	152.39	130.86
	ZK8401	Ⅲ	149.10	182.71	105.61
孟屯	ZK7701	Ⅲ	127.70	151.60	81.71
陇汤	YMZ1056	Ⅲ	20.36	46.94	42.3
	CML2901	Ⅲ	67		
	CML3701	Ⅲ	34		

由表 4-45 可知，矿区内氧化深度为 25～182m，一般为 40～90m，剥蚀快、地势低的地段氧化深度小；剥蚀慢、地势高的地段氧化深度大。

3. 矿石的工业类型及品级

根据《铁、锰、铬矿地质勘查规范》(DZ/T 0200—2002)中的锰矿石品位及杂质含量指标来划分矿石的工业类型及品级。

氧化锰矿石主要化学成分含量为：Mn5.01%～19.61%，平均 9.37%；Fe4.56%、P 0.06%、$SiO_2$32.24%；Mn/TFe 为 2.05，P/Mn 为 0.006。原矿为需经选矿后才能利用的高铁中磷贫氧化锰矿石。

碳酸锰矿石的主要化学成分含量为：以 Mn≥5%加权平均统计：Mn5.05%～10.58%，平均 7.35%；TFe3.15%～9.85%，平均 6.99%；P0.040%～0.413%，平均 0.14%；SiO_2 26.66%～45.42%，平均 35.75%；CaO6.60%～20.54%，平均 11.80%；MgO 1.22%～3.58%，平均 3.12%；Al_2O_3 8.52%～11.29%，平均 6.99%；Loss14.58%～23.06%，平均 18.61%；Mn/TFe 为 1.05，P/Mn 为 0.019，碱度为 0.34。碳酸锰矿石为需经选矿后才能利用的高铁高磷酸性碳酸锰矿石。

(六)矿层围岩和夹石

1. 矿层围岩

矿区内锰矿层赋存于下三叠统北泗组中段，见Ⅱ～Ⅵ含锰层；矿层与围岩系连续沉积的整合接触关系。

(1)矿层顶板。原生碳酸锰矿层直接顶板围岩为含锰灰质硅质泥岩、碳质泥岩，厚 3～10m。岩石一般呈深灰、灰黑色，具隐晶—微晶结构，薄层状构造，主要成分为石英(10%～20%)、方解石(10%～15%)、黏土矿物(1%～40%)，含锰矿物主要为锰方解石，平均含锰量约 1.69%。

氧化锰矿层直接顶板围岩为含锰泥质硅质岩、硅质泥岩，是含锰、含碳灰质硅质岩在近地表经风化后，由于碳质、钙质的流失形成的。风化后矿层顶板岩石呈灰褐色、黄褐色，具微晶结构、鳞片泥质结构，薄层—页理状构造，岩性相对松软，主要成分为黏土矿物，次为石英，平均含锰量约2.92%。

(2)矿层底板。原生碳酸锰矿层直接底板围岩主要为薄层状硅质泥岩、钙质硅质岩、含锰硅质岩，呈深灰、灰黑、灰色，隐晶质结构，薄层状—条带状构造，岩性坚硬，主要成分为：石英(10%～30%)、方解石(10%～15%)、黏土矿物(10%～40%)，平均含锰量约1.47%。

氧化锰矿层直接底板围岩为硅质岩、硅质泥岩、泥质硅质岩，呈灰褐色、紫灰色，具隐晶结构、鳞片泥质结构，薄层—页理状构造。岩石相对松软。平均含锰量约2.48%。矿体直接顶、底板围岩含锰见表4-46。

表4-46 矿体直接顶、底围岩含锰量统计表

项目 \ Mn含量(%)		极值	平均	备注
直接顶板	浅部	0.11～4.83	2.92	
	深部	0.50～3.77	1.69	
直接底板	浅部	0.11～4.92	2.48	
	深部	0.37～4.64	1.47	

从表4-46可以看出，无论是矿体顶板围岩还是矿体底板围岩含锰量均不高。总体而言，矿体顶板围岩比矿体底板围岩含锰量稍高，浅部矿体围岩比深部矿体围岩含锰量高。

2. 矿体夹层、夹石和脉石

(1)夹层。单个矿层而言是没有夹层的，矿层与矿层之间有夹①、夹②、夹③、夹④4个夹层，它们是由一套深灰、灰黑色，薄层条带状硅质泥岩，夹硅质岩组成。厚度一般为2～14m。

(2)夹石。锰矿层中夹石较常见，一般厚度较小，达不到夹石剔除厚度，呈薄层状、小透镜状或团块状，岩性与围岩相当，主要为含锰硅质岩或硅质泥岩，呈紫红、灰白色。夹石厚度的大小对锰矿石的质量有很重要的影响。

(3)脉石。无论是氧化锰矿层或碳酸锰矿层均发育有极少量的石英细脉。石英脉只产在矿层中，不切入围岩，且多与矿层走向垂直或斜交，平行者少见，偶见分叉复合。原生碳酸锰矿层中还有方解石细脉穿插，脉体厚一般0.5～5cm，呈白色、乳白色、淡黄色。

四、矿石加工技术性能

选矿试验由广西冶金研究院承担，分别进行氧化锰矿石(平均Mn8.04%)、碳酸锰矿石(平均Mn6.49%)、碳酸锰矿石(平均Mn7.25%)、碳酸锰矿石(平均Mn7.83%)4个样品的选矿试验。

(一)氧化锰矿石的加工技术性能

氧化锰矿石的主要化学成分为Mn、Fe、P、SiO_2,原矿锰品位较低。全矿区共估算的氧化锰矿原矿资源储量1127.62×10^4t。

1. 试验样的采集及代表性

试验样的采取均严格按采样设计书要求进行,充分考虑采样点的代表性和在平面分布的均匀性,试验样选择的采样点为4个,具体为足六矿段的BTZ0801,陇汤矿段的BTL1801、BTL2901,平村矿段的TCP0001;各个采样点中矿石样单独采出后再进行混合,合计原矿重量为700kg。氧化锰矿石试验样品为原矿,Mn品位5.37%~16.96%,平均8.14%,总之本次试样的采取点多面广,具有较好的代表性。

本次所采集样品共计700kg,进行分类包装:平均Mn8%的600kg,作为配矿Mn5%的贫氧化锰矿石样100kg,各类型样品比例合理,具有充分的代表性。

2. 试验样的研究

(1)矿石矿物组成研究。

试验样品锰矿石除少部分呈土状外,大部分呈块状,其中块状样品多呈(灰)黑、褐黑、红灰、深灰色,土状样品呈灰黑、褐黄色,经对选取的岩矿鉴定样品进行磨片鉴定、X衍射分析等工作后,认为试验样品中的锰矿物有硬锰矿、软锰矿、水锰矿、锰方解石、褐铁矿,其余矿物主要有石英、方解石、绢云母、高岭石,还有很少量的磁铁矿、菱铁矿、电气石、锆石、金红石及白钛石、玉髓等矿物,详见表4-47。

表4-47　氧化锰选矿试验样原矿矿物成分表

矿物成分	含量(%)	矿物成分	含量(%)
硬锰矿	38	石英	10
水锰矿	3	方解石	3
褐铁矿	5	绢云母	40
磁铁矿	1	高岭石	15
菱铁矿	<1	电气石	<1
赤铁矿	<1	锆石	<1
金红石及白钛石	<1	玉髓	<1

(2)矿石化学组分研究。

原矿ICP半定量分析:对原矿样品进行ICP半定量分析,半定量分析结果见表4-48。

表 4-48　氧化锰选矿试验混合样 ICP 半定量分析结果

项目	Al_2O_3	TiO_2	Fe	P_2O_5	CoO	As_2O_3	BaO	K_2O	CaO
含量(%)	14.41	0.52	8.01	0.85	0.02	0.02	0.17	1.80	1.57
项目	Cr_2O_3	Na_2O	CuO	Y_2O_3	MgO	Mn	Rb_2O	NiO	Nb_2O_5
含量	0.01%	0.02%	0.01%	0.02%	1.19%	7.81%	85×10^{-6}	0.02%	10×10^{-6}
项目	SO_3	SiO_2	Cl	SrO	ZnO	ZrO_2	V_2O_5	Eu_2O_3	O
含量(%)	0.17	69.75	0.02	0.02	0.04	0.01	0.03	0.09	48.25

原矿化学多项分析:对原矿样品进行化学多项分析,分析结果见表 4-49。

表 4-49　氧化锰选矿试验混合样化学多项分析结果

项目	Mn	Fe	SiO_2	Al_2O_3	CaO	MgO	P
含量(%)	8.04	7.95	53.91	10.80	1.45	0.99	0.33
项目	As	S	TiO_2				
含量(%)	0.014	0.075	0.12				

由表 4-49 可知,矿石试验正样中锰的品位为 8.04%,与矿区氧化锰的平均品位 8.14%接近,略低于矿区的平均品位,考虑未来矿山开采贫化因素,按 40%贫化率配制选矿试验样品,所配制的试验样品的分析品位为 Mn9.83%,该品位比拟定的选矿试验样品的入选 Mn 品位 8.04%稍高,说明选矿效果更加可靠。因此,矿石试验混合样能代表矿区的矿石性质,也即所配的矿石试验混合样具有代表性,可作为选矿试验样品。

(3)原矿锰物相分析。矿石试验样品经物相分析结果见表 4-50,由表 4-50 可知,选矿试验样品中 Mn^{4+} 占有率 95.53%,表明锰主要以 MnO_2 形式存在。

表 4-50　矿石试验样物相分析结果表

相态	Mn^{2+}	Mn^{4+}	合计
含量(%)	0.34	7.27	7.61
占有率(%)	4.47	95.53	100

3. 实验室选矿流程试验研究

根据氧化锰矿石含泥质较多的情况,先对原矿进行擦洗,获得净矿,再根据锰矿物的比重及比磁化系数与脉石矿物的差异,对氧化锰矿石实验室流程选矿分别采用重选及磁选法进行选矿试验研究。

氧化锰矿石中含有大量黏土矿物,可采用槽式洗矿机进行洗矿,以打散泥团洗去矿泥。因此,首先对原矿进行了洗矿试验,试验用双螺旋槽式洗矿机进行洗矿。洗矿试验流程如图 4-18 所示,试验结果见表 4-51。

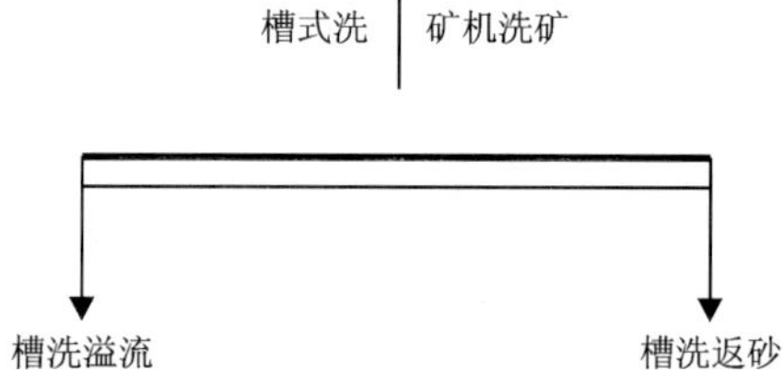

图 4-18　原矿洗矿试验流程图

表 4-51　原矿洗矿试验结果表

产品名称	产率(%)	Mn 品位(%)	Mn 回收率(%)
槽洗返砂	62.84	11.55	94.14
槽洗溢流	37.16	1.30	5.86
合计	100.00	7.86	100.00

原矿通过双螺旋槽式洗矿机洗矿，槽洗返砂产率 62.84%、Mn 品位 11.55%、锰回收率 94.14%。洗矿效果较好，可预先丢弃 37.16%的矿泥，大幅减少进入选别主流程的矿量，有利于生产成本的降低。

4. 实验室选矿流程试验研究

(1)重选试验。进行摇床重选时，在－2mm、－1mm、－0.5mm 3 个粒度条件下，采用重选方法对矿石中锰矿物进行富集回收，结果证实效果并不理想，因此放弃重选方法。

(2)磁场强度试验。对入选的净矿进行不同粒级条件下磁选试验，确定入选最佳粒度为－1mm，对磁场强度为 12 000 奥斯特、14 000 奥斯特、17 000 奥斯特探索试验，确定 14 000 奥斯特为最佳强度，对矿石中锰矿物进行富集回收效果显著，可获得理想的锰精矿选矿指标。

(3)全流程试验。全流程试验工艺如图 4-19 所示，试验获得的结果见表 4-52。

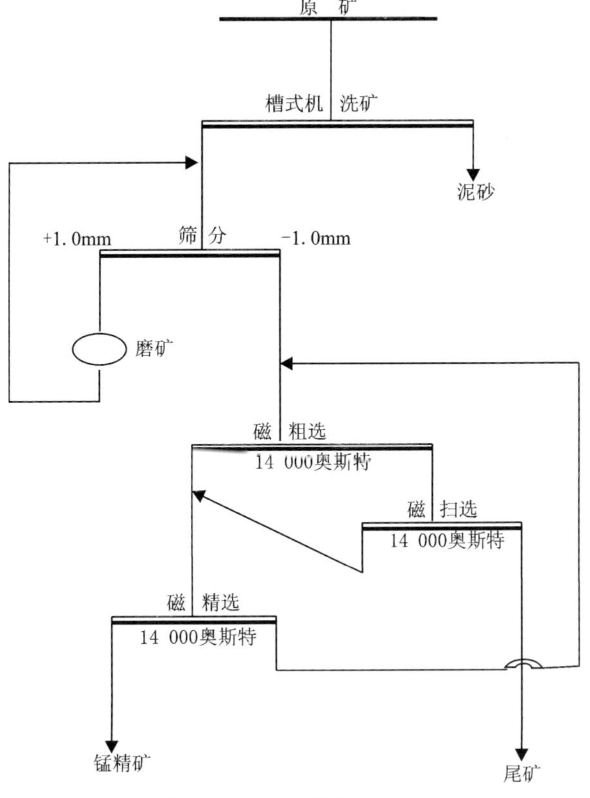

图 4-19　全工艺流程试验

表 4-52 全流程试验结果表

产品名称	产率(%)	品位(%)		回收率(%)	
		Mn	Fe	Mn	Fe
锰精矿	22.54	25.49	7.68	71.17	21.91
尾矿	41.36	4.50	8.42	23.06	44.09
泥砂	36.10	1.29	7.44	5.77	34.00
合计	100.00	8.07	7.90	100.00	100.00

从表 4-52 的全流程试验结果看,氧化锰矿属于比较容易选别的锰矿石。经过选别后,锰的富集比较大。获得锰精矿锰品位较高,含铁不算高,锰的回收率达到 70%以上。锰精矿多元素分析结果见表 4-53。

表 4-53 锰精矿的多元素化学分析结果表

元素	Mn	Fe	S	P
含量(%)	25.49	7.68	0.043	0.18

(4)实验室流程试验研究推荐的选矿工艺流程。

根据试验研究结果及参考选矿生产实践经验,氧化锰矿采用“洗矿—返砂磨矿—强磁选”的选矿工艺流程较为合理,推荐的生产工艺流程如图 4-20 所示。

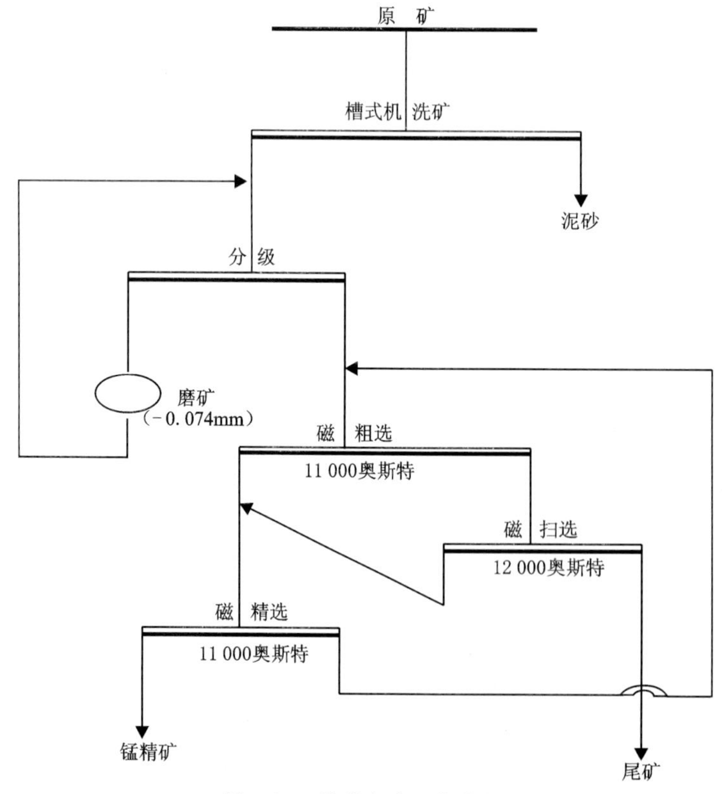

图 4-20 推荐生产工艺流程

根据矿石工艺矿物学特性、实验室流程选矿试验要求并参考该类型锰矿山生产实践，针对矿石中矿物嵌布粒度细、部分软锰矿等锰矿物易粉碎的情况，采用干-湿式磁选选矿流程方案对氧化锰矿进行实验室流程选矿试验研究，能有效地回收该锰矿中目的组分锰，试验获得的选矿技术指标较理想，在满足精矿中 Mn 品位 25%时，回收率高达 71%以上，所获得的最终锰精矿产品质量达到冶金用氧化锰四级以上标准。

技术上采用目前国内较先进的磁选设备进行试验研究，该生产型磁选设备应用广，选别指标稳定，故所采用的选矿工艺流程在技术上是可行的；对选矿工艺流程进行环境保护、技术经济的初步评价也表明，生产工艺为单一的磁选工艺，选矿过程不添加任何药剂，生产成本低，经济效益显著。故该工艺经济合理、对环境也不造成污染。

5. 氧化锰矿石工业利用评价

通过对扶晚锰矿床的氧化锰矿的实验室流程选矿试验表明，氧化锰矿石可选性能良好，当原矿 Mn 品位为 8.04%时，实验室流程选矿试验研究所获得的最终锰精矿产品指标：产率 22.54%，Mn 品位 25.49%，锰回收率为 71.17%，精矿产品质量达到冶金用氧化锰四级以上标准；且因选矿流程简单环保，技术经济可行，矿床开发效益显著。

（二）碳酸锰矿石的加工技术性能

扶晚锰矿区共估算的碳酸锰矿资源储量为 7733.12×10^4 t，资源量巨大。碳酸锰矿石的主要矿物成分：绢云母 43%，高岭石 15%，锰方解石 40%，铁方解石 10%，方解石 5%，石英 15%，褐铁矿、白云母、黄铁矿、白钛石、碳质微量。

碳酸锰矿石的主要化学成分（以 Mn≥5%加权平均统计）：Mn5.05%～12.58%，平均 7.35%；TFe3.15%～9.85%，平均 6.99%；P0.040%～0.413%，平均 0.140%；SiO_2 26.66%～45.42%，平均 35.75%；CaO6.60%～20.54%，平均 11.80%；MgO1.22%～3.58%，平均 3.12%；Al_2O_3 7.52%～11.29%，平均 6.99%；Loss14.58%～23.06%，平均 18.61%。

为了研究合理的生产工艺流程及试验指标，为开发利用本碳酸锰矿提供科学的依据，对本矿床进行可选性研究。

1. 试验样的采集及代表性

碳酸锰矿试验样的采集均严格按采样设计书要求进行，充分考虑采样点的代表性和在平面分布的均匀性，试验样选择的采样点为 3 个，具体为足六矿段的 CMZ1056，陇汤矿段的 CML2901、CML3701；各个采样点中矿石样单独采出后再进行混合，合计原矿重量为 800kg。碳酸锰矿石试验样品 Mn 品位 5.03%～8.56%，平均 6.5%，采取的试样具有较好的代表性。

所采集样品共计 800kg，进行分类包装：平均 Mn6.50%的 700kg，作为配矿 Mn5%的贫碳酸锰矿石样 100kg，各类型样品比例合理，具有充分的代表性。

2. 试验样的研究程度

1）矿石矿物组成研究。

（1）岩矿鉴定：矿石矿物经显微镜鉴定，原矿中含锰矿物主要是锰方解石极少量氧化锰矿物硬锰矿，杂质矿物主要有方解石、绢云母、高岭石，少量方解石、碳质，微量胶磷矿、褐铁矿。主要矿物及含量见表4-54。

表4-54 碳酸锰选矿试验样矿物成分表

矿物名称	锰方解石	铁方解石	方解石	绢云母
含量(%)	24	10	1～2	47
矿物名称	高岭石	硬锰矿	碳质	其他
含量(%)	15	0.6	2	<0.5

注：其他中包括黄铁矿、胶磷矿、褐铁矿等微量矿物。

(2)主要矿物的特征描述及嵌布形态如下。

锰方解石：通常呈泥晶结构，特征是小于0.015mm的显微粒状锰方解石互相嵌接，因常混有碳质而呈深灰—浅灰色，但结构比较均一，只是由于粒度的细微区别，或相伴的碳质多少，在色调上有差异，或与绢云母、高岭土等黏土矿物相伴生的差异而显示为一种呈不规则的边界模糊的凝胶块状矿石，另一种是边界较清晰的韵律相间的层状、薄层状矿石。有的锰方解石常由许多球状颗粒组成0.25～0.5mm的囊团或条带与黏土矿物共生。少数锰方解石析出黑色的硬锰矿微粒而呈斑杂状构造。锰方解石的粒度一般在0.005～0.015mm之间。

铁方解石：与锰方解石相似，呈泥晶结构，但不混杂碳质，只与白色的绢云母、高岭石等黏土矿物相伴生，组成韵律相间的板状或薄层状矿石，铁方解石的核心常因析出浅星点状棕红的褐铁矿而使矿石呈浅棕红色。铁方解石的粒度一般在0.003～0.015mm之间。

方解石：无色—白色，呈他形晶粒状产出，在矿石中主要呈条带状或细脉状插于锰方解石集合体中。粒度在0.1～0.9mm之间，脉宽在0.05～1.5mm之间。

绢云母：无色—白色，呈细鳞片状或集合体产出，有的分散嵌布于锰方解石或铁方解石的粒间隙中，有的与高岭石混杂后组成薄层状，粒度在0.003～0.025mm之间。

高岭石：无色—白色，呈细鳞片状或集合体产出，粒度在0.002～0.005mm之间。

胶磷矿：无色—白色，呈弯眉状、柳叶状、眼睛状、团粒状，稀疏嵌布于锰方解石和黏土矿物中。粒度最大为0.16mm，最小为0.005mm，多数在0.01～0.15mm之间。

硬锰矿：黑色，通常呈粒状分散在锰方解石中，形成花瓣状、条纹状构造，粒度最大为0.06mm，最小为0.003mm，一般在0.025mm左右。

2)矿石的结构、构造。碳酸锰矿石属于沉积型锰矿石，以泥晶结构、层状构造和凝胶块状构造为主。

(1)矿石的结构分述如下。

泥晶结构：其特征是小于0.015mm的显微粒状锰方解石相互嵌接，结构比较均一，有时以条带状、囊团状与黏土矿物等杂质组成韵律相夹杂。

交代结构：褐铁矿交代铁方解石，硬锰矿交代锰方解石，使铁方解石、锰方解石被替换了一部分。

显微鳞片结构：主要是绢云母和高岭石呈极细的显微鳞片状结构。

眼睛状结构：胶磷矿呈弯眉状、柳叶状、眼睛状的结构。

(2)矿石的构造分述如下。

层状、薄层状构造：此构造矿石有灰黑色和粉红色两种，用显微粒状的锰方解石或铁方解石混杂不等量有机碳质与显微鳞片状的黏土矿物组成韵律相间的层状、薄层状构造，有的层间两种矿物含量略有过渡，有的则较清晰，在较小的外力作用下就可以沿层理剥离开来。

凝胶块状构造：此构造矿石呈灰黑色，由泥晶结构的锰方解石组成，其中混杂黑色的有机碳质和白色的黏土矿物，与层状构造所不同的是锰方解石与杂质显示一种不规则的边界模糊的状态，质点非常细密，硬度较大，只是由于杂质的多少、粒度的细微区别而在色调上有差异。

3)矿石化学组分研究。

(1)矿石ICP半定量分析：对原矿样品进行ICP半定量分析，半定量分析结果见表4-55。

表4-55　碳酸锰选矿试验混合样ICP半定量分析结果

项目	SiO_2	O	CaO	MnO	SO_3	Fe_2O_3
含量(%)	51.20	44.10	11.30	8.15	0.70	5.14
项目	MgO	Al_2O_3	P_2O_5	TbO_7	TiO_2	K_2O
含量(%)	4.10	4.27	0.13	0.11	0.12	0.10
项目	Eu_2O_3	ZnO	BaO	NiO	V_2O_5	As_2O_3
含量(%)	0.10	0.06	0.05	0.03	0.02	0.02
项目	CuO	Cl	Cr_2O_3	SrO	MoO_3	ZrO_2
含量	0.02%	0.02%	0.01%	0.01%	33×10^{-6}	20×10^{-6}

(2)碳酸锰矿化学多项分析：碳酸锰矿样品化学多项分析结果见表4-56。

表4-56　碳酸锰选矿试验混合样化学多项分析结果

成分	Mn	Mn^{2+}	Mn^{4+}	Fe	S	P	As
含量	6.49	6.32	≤0.10	3.54	0.074	0.061	0.0039

由表4-56可知，矿石试验样中锰的品位为6.49%。这是考虑未来矿山开采贫化因素所确定的。如果按7%贫化率配制选矿试验样品，所配制的试验样品的分析品位应为Mn 6.45%，与选矿试验样品的入选Mn品位6.49%接近。因此，矿石试验混合样能代表矿区的矿石性质，也即所配的矿石试验混合样具有代表性，可作为选矿试验样品。

3. 原矿锰物相分析

矿石试验样品经物相分析结果见表4-57。由表4-57可知，选冶样品中Mn^{2+}占有率97.38%，表明锰主要以碳酸锰形式存在。

表4-57　矿石试验样物相分析结果表

相态	Mn^{2+}	Mn^{4+}	合计
含量(%)	6.32	≤0.10	6.49
占有率(%)	97.38	1.54	98.92

4. 实验室选矿流程试验研究

(1)碳酸锰矿石特性如下所述。

有用矿物主要为锰方解石,其次有微量硬锰矿,脉石矿物大量为绢云母、高岭石等黏土矿物,少量方解石、铁方解石,微量胶磷矿。矿物组成较简单。锰方解石的锰含量较低。有用矿物和脉石矿物的嵌布粒度极细,一般在 0.003~0.025mm,而锰矿物与紧密嵌布的脉石矿物所组成的较富连生集合体(囊团)粒度在 0.25~0.5mm。

(2)重选试验。重选试验进行了跳汰、摇床。跳汰试验选择-4mm、-8mm 两种粒度进行,摇床在-2mm、-1mm、-0.5mm 3 个粒度下进行,重选结果是尾矿的锰仍大于或接近于 5%,证实效果极不理想,因此放弃重选方法。

(3)浮选试验研究。浮选试验以油酸为捕收剂,在磨矿较细的情况下进行先脱硫后浮锰的试验探索,其结果是尾矿的锰仍大于 5%,证实效果极不理想,因此放弃浮选方法。

(4)磁场强度试验。碳酸锰矿石属弱磁性矿物,需强磁场才能进行选别。在对磨细度、磁场强度试验的基础上,最终确定入选最佳粒度为-0.074mm 占 70%,磁场强度为 13 500 奥斯特为最佳强度,对矿石中锰矿物进行富集回收效果显著,可获得理想的锰精矿选矿指标。

(5)全流程试验。根据以上试验结果,确定全流程试验工艺如图 4-21 所示,试验获得的结果见表 4-58。从表 4-58 的全流程试验结果看,碳酸锰矿属于比较容易选别的锰矿石。经过选别后,锰的富集比较大。获得锰精矿锰的品位较高,含铁不算高,锰的回收率达到 70%以上。

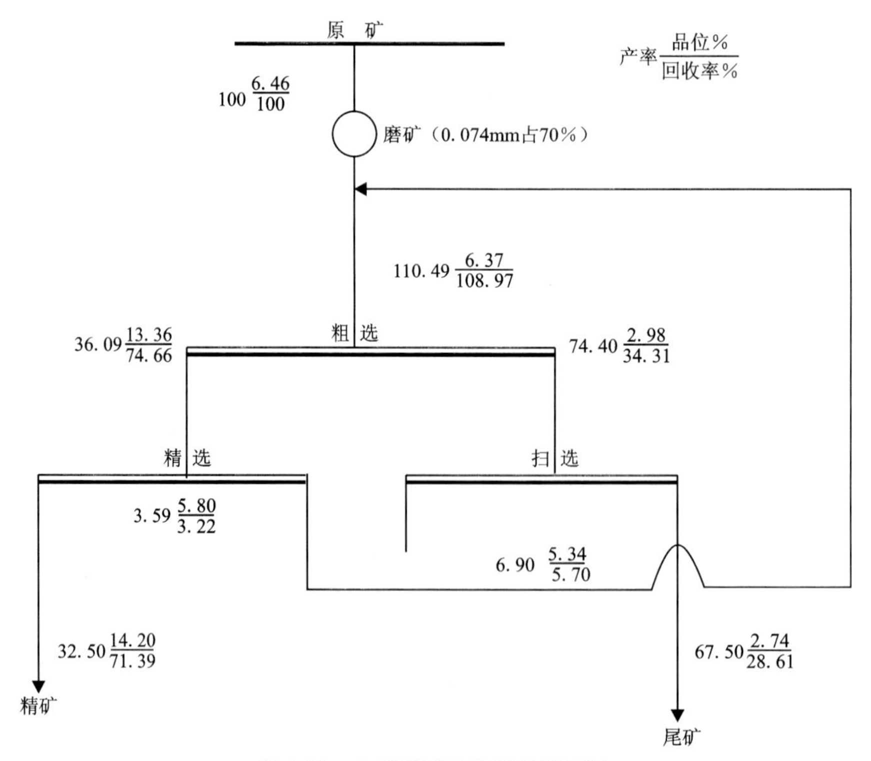

图 4-21　全流程试验数质量流程图

表 4-58 全流程试验结果表

产品名称	产率(%)	Mn品位(%)	锰回收率(%)
精矿	32.50	14.20	71.39
尾矿	67.50	2.74	28.61
合计	100.00	6.46	100.00

(6)最终产品分析。锰精矿多元素分析结果见表4-59,尾矿多元素分析结果见表4-60。

表 4-59 锰精矿的多元素化学分析结果表

元素	Mn	Mn^{2+}	Fe	S	P	As
含量(%)	14.20	14.01	2.63	0.09	0.06	0.005
元素	CaO	MgO	Al_2O_3	SiO_2	Loss	
含量(%)	20.63	3.24	0.50	18.70	21.90	

表 4-60 尾矿半定量分析结果表

元素	Fe	Al	Si	Ca	Na	K	Mg	P	Ba
含量(%)	9	3	25	30	1	0.8	0.7	0.1	0.1
元素	Ti	Mn	Sb	Zn	Sr	As	Rb	Zr	
含量(%)	0.1	3	0.07	0.05	0.01	0.01	0.09	0.05	

(7)实验室流程试验研究推荐的选矿工艺流程。

根据试验研究结果及参考生产实践经验,最终确定采用强磁选方法处理碳酸锰矿石,磁选精矿经浮选脱硫后得到最终产品,推荐的生产工艺流程如图4-22所示。

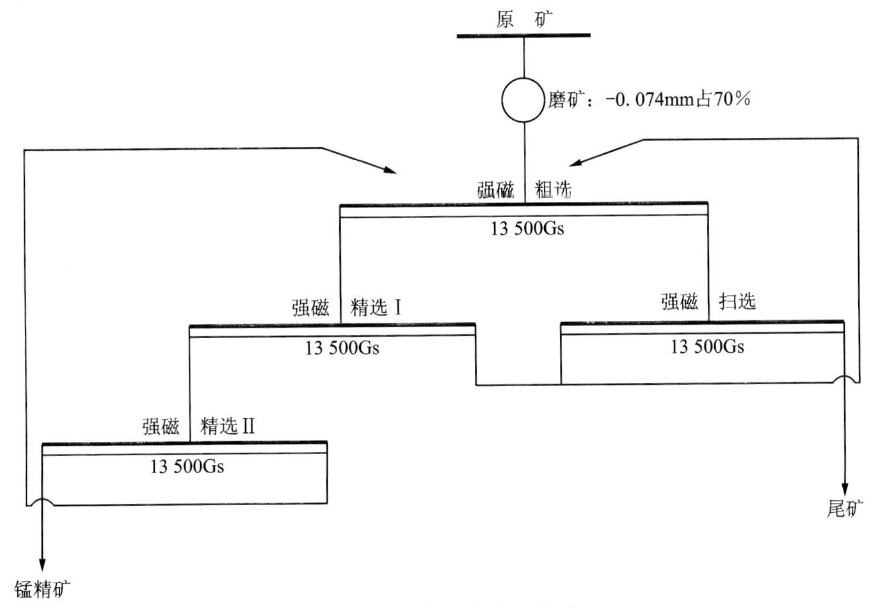

图 4-22 生产工艺流程推荐

5. 碳酸锰矿石工业利用评价

通过对扶晚锰矿床的碳酸锰矿的实验室流程选矿试验表明，碳酸锰矿石可选性能良好，当原矿 Mn 品位为 6.50%时，通过强磁选条件试验研究，采用“一粗两精一扫”强磁选试验流程，获得的最终试验指标为：锰精矿产率 32.50%、Mn 品位 14.20%、锰回收率 71.39%，锰精矿中铁品位为 2.63%，试验指标较理想。该精矿产品质量达到冶金用电解锰矿石标准，且选矿流程简单环保，技术经济可行，矿床开发效益显著。

第三节　广西田东县龙怀锰矿床地质特征

一、矿区勘查简史

1989 年以前，有东平锰矿地质队、桂西地质综合队、广西壮族自治区 273 地质队等勘查单位在对东平锰矿区开展勘查工作的同时，对龙怀锰矿区开展过踏勘、矿点检查等工作，完成了一定工作量，但地质效果不理想，未进一步开展勘查工作。

1989 年冶金工业部中南地质勘查局南宁地质调查所(中国冶金地质总局广西地质勘查院前身)受原冶金工业部广西冶金厅下属广西锰矿公司的委托开展桂东北铁矿概查工作。经过收集资料和近一年的野外地质踏勘、调查、矿点检查等工作，发现桂东北地区铁矿以堆积型为主，且规模小，无工业价值；在堆积型铁矿周围也未发现原生沉积型的铁矿，找不到堆积型铁矿的物质来源。铁矿概查项目无法进一步开展工作。龙怀锰矿区位于东平锰矿区的外围，成矿条件很有利，但其浅表的锰帽型氧化锰矿原矿品位较低，按当时的圈矿指标还是无法圈出矿体、提交成果。

经过野外观察，发现龙怀锰矿区锰帽型氧化锰矿层由单层泥岩与单层锰矿组成，两者极易分离，经过水洗后，泥岩大部分可以去掉，锰矿石品位也有较大的提高。因此决定借用东平锰矿区勘探成果，采用含矿率对龙怀矿区锰帽型氧化锰矿开展勘查工作，并提交立项申请获得批准，就此真正拉开了龙怀锰矿区的锰矿勘查工作。

从 1989 年底进驻龙怀锰矿区，到 2001 年 2 月《广西田东县龙怀锰矿区江城矿段氧化锰矿详查地质报告》通过评审，历时 12 年，在天等、田东、德保等地区开展踏勘、普查、详查工作，基本查清了上述地区(相当于整装勘查区范围)内下三叠统北泗组中锰帽型氧化锰矿层的分布、规模、矿石特征等，提交了 1 个中型锰矿床、2 个小型锰矿床。

受当时的认识和勘查资金的限制，对锰帽型氧化锰矿层深部的含矿性未作进一步探索，所获资料有限。因此，对龙怀锰矿区的沉积环境、矿床成因等并未进行深入的研究、探讨。

龙怀锰矿床自发现以后，氧化锰矿断断续续地有地方民采；龙怀锰矿区龙怀矿段、江城矿段、那社矿段中的锰帽型氧化锰矿被当地老百姓进行了疯狂、无序盗采，采富弃贫，整个矿区已是千疮百孔，废石遍地，环境受到严重破坏，小规模泥石流等地质灾害时有发生，对以后的规划开发影响极大。

二、矿区地质特征

(一)矿区地层

矿区内出露的地层有中二叠统栖霞组(P_2q)、茅口组(P_2m),上二叠统(P_3),下三叠统马脚岭组(T_1m)、北泗组(T_1b),中三叠统百逢组(T_2b)及第四系(Q),详见图 4-23。

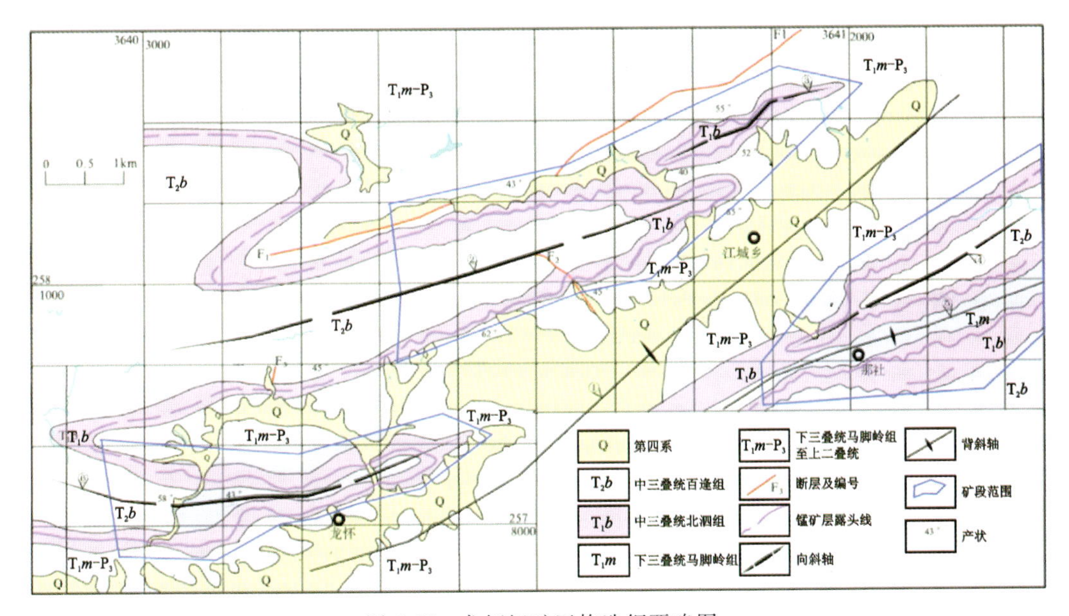

图 4-23　龙怀锰矿区构造纲要略图

1. 二叠系(P)

二叠系主要出露于矿区的北部、南部及各个背斜的核部。

(1)中二叠统(P_2)。

栖霞组(P_2q):岩性为灰黑色薄层状微晶灰岩、深灰色厚层状含生物碎屑灰岩、灰色至深灰色薄层状硅质岩。

茅口组(P_2m):岩性为深灰色厚层状微晶灰岩、灰白至灰色中厚层状微晶灰岩,含燧石结核或条带、深灰色厚层状灰岩,局部地段顶部夹一层厚约 2m 的中基性凝灰岩或基性凝灰岩。

(2)上二叠统(P_3):岩性为浅黄色、紫红色薄层状硅质泥岩、细砂岩夹砂岩、浅黄色薄层状泥岩、页岩,局部地段夹数层薄层状灰岩。

2. 三叠系(T)

三叠系为矿区内的主要层位,主要分布于各个背斜两翼、向斜核部及两翼。

(1)下三叠统(T_1)。

马脚岭组(T_1m):岩性为灰绿色泥岩、青灰色薄至中层状泥质条带灰岩、青灰色泥岩、厚层状鲕粒灰岩、燧石结核、团块。

北泗组(T_1b):是矿区的含矿层,岩性自下而上又可分为4段,以薄层状硅质泥岩、泥岩、硅质岩为主。

(2)中三叠统百逢组(T_2b):岩性为灰白色风化长石石英砂岩、岩屑质砂岩夹页岩、灰绿色厚层至块状细砂岩夹粉砂岩。

3. 第四系(Q)

主要分布于矿区南部、北部一带。由黏土、砂质黏土及砂砾石层组成,局部见有磨圆度较高的风化锰矿,一般含矿率、品位均较低,规模小,工业意义不大。

(二)矿区构造

矿区构造以褶皱为主,断裂次之。

1. 褶皱构造

背斜①(江城背斜):为区域上的二级褶皱。位于矿区中部古溶江一带。轴向北东-南西,长约7.5km,宽0.8~1.3km。核部地层为中二叠统茅口组灰岩,两翼为上二叠统和下三叠统马脚岭组。

向斜②(山月岭向斜):为区域上的二级褶皱。位于矿区中部,是江城矿段的主要控矿构造。轴向北东东—南西西,长约10km,宽0.5~2km。枢纽向北东扬起,向南西倾伏。该向斜在东北部较紧闭,西部较开阔。核部为百逢组砂、页岩,两翼为北泗组、马脚岭组。在向斜扬起端,地层局部发生揉皱、倒转。

向斜③(老虎头向斜):位于矿区东北部,是江城矿段的次要控矿构造。向斜整体较紧闭,呈长椭圆形,东西两端扬起,长约2.6km,宽0.3~1km,局部见更次一级的小褶皱。核部为北泗组,两翼为马脚岭组。

向斜④(瑶山向斜):位于矿区东南角,是那社矿段的主要控矿构造。向斜长4km,宽150~180m,轴向北东-南西;向斜向南西扬起,北东倾伏;北西翼倾向南东,倾角30°~70°,南东翼倾向北西,倾角30°~65°,核部地层为中三叠统百逢组,两翼地层为下三叠统北泗组、马脚岭组。

背斜⑤(那社-绿柳背斜):位于矿区东南角,是那社矿段的次要控矿构造。背斜长4.5km,宽500~800m,轴向北东东—南西西,并向两端倾伏,两翼产状正常,倾角30°~60°。核部地层为下三叠统马脚岭组灰岩,两翼为下三叠统北泗组。

向斜⑥(顶那当-伏内向斜):位于矿区西南部,是龙怀矿段的主要控矿构造。向斜长7000m,宽300~1200m。向斜东部,轴向北东东—南西西,褶皱较紧闭;向斜西部,枢纽向北西弯折,轴向南东东—北西西,褶皱转宽阔。向斜向北东扬起,向南西倾伏。北翼倾向南—南东,倾角30°~75°,南翼倾向北—北西,倾角30°~65°。核部地层为中三叠统百逢组,两翼地层为下三叠统北泗组、马脚岭组。

2. 矿区断层构造

矿区主要断层为走向断层和横向断层。走向断层规模较大，横向断层规模较小。

F_1逆断层：分布于矿区北部，北东端出图，图内长约 11.5km，走向北东-南西，局部弯曲。西段倾向南东，倾角 75°，东段反转，倾向北西。由于断层逆冲，局部地段下三叠统马脚岭组缺失，沿断层的中二叠统茅口组灰岩常呈陡峭山崖。该断层为走向断层，对锰矿层不造成破坏。

F_2逆断层：分布于矿区中部，延长 1.1km。走向北西-南东，断层性质不明，推测为一平移断层，由于断层错动，两盘地层不连续，对锰矿层有一定的破坏作用，使其走向上不连续。

F_3断层：位于矿区中西部，为横向断层，长大于 300m。断层性质不明，推测为一平移断层，走向北北东—南南西。由于断层错动，两盘地层不连续。断层附近岩石破碎，方解石脉发育，地层产生一系列小褶皱。

三、矿层地质特征

(一)含矿岩系

含矿岩系为下三叠统北泗组(T_1b)，有工业意义的矿层(Ⅰ、Ⅱ、Ⅲ矿层)赋存在其第二段(T_1b^2)。原岩为一套浅海相沉积的灰岩、泥灰岩夹硅质泥灰岩和含锰泥灰岩。原岩经风化后成土黄、紫红、黑褐、浅黄色泥岩及黏土层夹氧化锰矿层。其剖面特征由上到下叙述如下：

(1)第四岩性段(T_1b^4)：上部为深灰—灰黑色薄层状泥灰岩，下部为深灰色硅质岩。

(2)第三岩性段(T_1b^3)。

11 分层：为深灰—灰黑色薄—中层状泥灰岩。

10 分层：为灰、浅灰绿色块状凝灰岩。

(3)第二岩性段(T_1b^2)。

9 分层：为Ⅳ矿层。浅表局部为氧化锰矿层，深部为纹层—微层状含锰硅质泥灰岩、泥灰岩、硅质泥灰岩，含锰为 6.81%～7.05%。分层厚为 0.49～0.54m。

8 分层：为夹三。原岩为纹层—微层状含锰硅质泥灰岩、泥灰岩、硅质泥灰岩，风化后为泥岩、硅质泥岩。

7 分层：为Ⅲ矿层。浅表局部为氧化锰矿层，深部为纹层—微层状含锰硅质泥灰岩、泥灰岩、硅质泥灰岩，含锰为 5.10%～7.22%。分层厚为 0.38～2.56m。

6 分层：为夹二。为灰—深灰色的硅质泥灰岩，平均含锰为 4.15%。风化后为黄、褐黑、灰白色等杂色泥岩，含锰泥岩，隐晶—微晶结构，薄层—鳞片状构造，单层厚 2～7cm，含锰 0.05%～10.25%。厚度一般为 0～12.0m，最大为 23m。

5 分层：为Ⅱ矿层。浅表为氧化锰矿层，深部为纹层—微层状含锰硅质泥灰岩、泥灰岩、硅质泥灰岩，含锰为 5.94%～6.95%。分层厚为 0.89～1.49m。

4 分层：为夹一。灰—深灰色的硅质泥灰岩，平均含锰为 3.60%，风化后为黄、褐黑、灰白色等杂色泥岩，含锰泥岩，隐晶—微晶结构，薄层—鳞片状构造，单层厚 2～7cm，含锰 0.05%～10.25%。厚度一般为 0.50～10m，最大为 28m。

3 分层：为Ⅰ矿层。浅表为氧化锰矿层，深部为纹层—微层状含锰硅质泥灰岩、泥灰岩、硅质泥灰岩，含锰为 6.62%。分层厚为 1.26m。

2 分层：灰—灰黑色薄—厚层状含锰泥质灰岩，硅质灰岩，氧化后呈红褐、棕黑色富含铁质。含锰一般为 6.11%。厚 2～10m。

(4)第一岩性段(T_1b^1)：灰—深灰色微粒含锰泥灰岩、粉砂岩夹粉砂质泥岩。厚 0～20m。

“龙怀式”锰矿床含锰岩系与东平锰矿床含锰岩系相比，4 个岩性段发育较全，但第二岩性段厚度明显变薄，底部虽能见到Ⅹ含锰层，但地表、深部均不能成矿，Ⅰ、Ⅱ、Ⅲ、Ⅳ矿层地表采用含矿率虽也能圈矿，但深部均为含锰泥灰岩，说明锰质沉积相对大大减少；第三岩性段厚度也明显变薄，没有锰质沉积，基本不含锰。

（二）氧化锰矿层地质特征

1. 氧化锰矿层的规模、形态产状及分布规律

氧化锰矿层赋存于下三叠统北泗组第二段地层中，常见Ⅰ、Ⅱ、Ⅲ矿层，偶见Ⅳ矿层，以Ⅱ矿层为主，Ⅰ、Ⅲ矿层次之，Ⅳ矿层只有零星出露。矿层展布于各个向斜及背斜的南、北两翼，如图 4-23 所示。含锰层走向延长达 37.25km，展布面积约 62.20km^2。

受地层控制，矿层呈层状产出，形态规则与围岩界线清晰。产状受褶皱形态及两翼地层产状的控制，各处不一，总体上具西陡东缓的趋势。龙怀矿段锰矿层倾角一般在 40°～60°，部分地段达 65°～78°，平均矿层倾角为 46.74°；江城矿段锰矿层倾角一般在 30°～55°，部分地段达 65°～87°，平均矿层倾角为 43.60°；那社矿段锰矿层倾角一般在 30°～50°，部分地段达 60°～70°，平均矿层倾角为 42.50°。

矿层露头一般在半山坡地形变缓地带，出露标高为海拔 350～560m，最低点为 303.1m，最高点为 590m，最大相对高差为 259m。整个矿区控制氧化锰矿层的倾向延深一般在 32.5～128m，矿层倾向延深最小为 18.0m，最大为 173.83m，平均斜深 67.57m。一般情况下，当矿层出露地势较高或矿层倾向与坡向一致时，氧化深度较大，反之则较小。

2. 氧化锰矿层的结构

氧化锰矿层由薄层状及页片状锰矿与薄层状、微层状泥岩互层组成，即由锰线与泥岩互层组成，锰线单层厚度多数在 1～5cm 之间，部分大于 10cm，泥岩单层厚度略大于锰矿层厚度，且大部分呈白色粉末状。

各矿层的构造不尽相同。Ⅰ矿层多为块状、网格状构造，绝大部分地段锰矿淋滤胶结成块状，或呈团块、网格状，泥岩厚度变成零；Ⅱ矿层多由条带状、鳞片状锰矿与泥岩互层组成，锰矿单层厚在 3～8cm，泥岩单层厚度在 5～10cm；Ⅲ矿层上、下部则由条带状锰矿与薄层状泥岩互层，锰层单层厚 2～7cm，泥岩单层厚 3～8cm，中部结构则与Ⅰ矿层极类似。

锰矿单层与泥岩分层明显，黏性小，极易进行水洗分离。重量含矿率一般在35.70%～70.73%之间，最高可达91.3%，最低23.0%，总平均为50.30%。

3. 氧化锰矿层特征

根据原冶金部中南地质勘查局下达的圈矿指标：边界Mn≥12%，单工程平均Mn≥18%，最低可采厚度为0.50m，夹石剔除厚度为0.30m，含矿率≥15%，在龙怀锰矿区可圈出Ⅰ、Ⅱ、Ⅲ3层锰矿层，各锰矿层的特征如下。

Ⅰ矿层：在龙怀、江城、那社3个矿段均有分布，在江城矿段连续性较好，龙怀、那社矿段基本上为零星出露。走向总延长为22.10km。矿层厚0.50～4.56m，平均1.15m，变化系数为58.59%，厚度主要集中0.5～1.60m之间，占统计样数的74.73%～93.54%，大于2m的以江城矿段为多，龙怀矿段最少；净矿锰矿石质量为Mn18.01%～41.78%，平均30.05%，变化系数为17.84%，TFe2.78%～10.65%，平均5.91%；P0.042%～0.267%，平均0.112%；$SiO_2$13.86%～40.84%，平均29.35%；Mn/TFe3.86～5.99，P/Mn0.003～0.004。重量含矿率为30.88%～86.0%，平均52.57%。估算锰矿石净矿(332+333)资源量为183.14×10^4t，平均锰品位为28.76%。

Ⅱ矿层：在龙怀、江城、那社3个矿段均有分布，在江城、龙怀矿段连续性较好，在那社矿段局部缺失，其他地段出露也较好。走向总延长为33.20km；矿层厚0.50～5.90m，平均厚1.19m，变化系数52.96%，厚度主要集中在0.5～1.60m之间，占统计样数的67.60%～93.41%，大于2m的以江城矿段为多，那社矿段均小于1.60m；净矿锰矿石质量为Mn 15.09%～44.63%，平均31.67%，变化系数为18.27%；TFe2.20%～17.82%，平均5.29%；P 0.003%～0.334%，平均0.109%；SiO_2 14.54%～52.27%，平均27.22%；Mn/TFe 5.02～7.14，P/Mn0.003～0.004；重量含矿率为31.0%～91.3%，平均为53.25%；估算锰矿石净矿(332+333)资源量为263.10×10^4t，平均锰品位为31.27%。

Ⅲ矿层：在龙怀、江城、那社3个矿段均有分布，在江城、龙怀矿段零星分布，在那社矿段局部出露。走向总延长为15.06km；矿层厚0.50～4.70m，平均厚1.05m，变化系数为39.85%，厚度主要集中0.5～1.60m之间，占统计样数的74.29%～100.0%，大于2m的以江城矿段为多，那社矿段均小于1.60m；净矿锰矿石质量为Mn15.75%～42.01%，平均30.91%，变化系数为17.15%；TFe2.90%～13.72%，平均5.91%；P0.036%～0.285%，平均0.121%；$SiO_2$14.08%～42.10%，平均25.75%；Mn/TFe3.61～6.51，P/Mn0.003～0.005；重量含矿率为23.0%～86.0%，平均54.82%。估算锰矿石净矿(332+333)资源量为130.46×10^4t，平均锰品位为31.04%。

氧化锰矿石净矿品位在26%～38%占统计样数的59.02%～66.67%，大于30%的样品以那社为多，龙怀为少。氧化锰矿原矿矿石质量为：Mn5.85%～36.88%，平均19.36%，变化系数为25.19%；TFe2.45%～24.75%，平均7.25%；P0.020%～0.604%，平均0.096%；$SiO_2$14.89%～63.86%，平均38.54%；Mn/TFe1.49～2.39，P/Mn0.003～0.016。

控制锰矿层倾向延深为18.0～173.83m，氧化带深度龙怀矿段为32.50～119.87m，平均为67.42m，江城矿段为25.50～173.83m，平均为81.0m，那社矿段为18.0～128.0m，平均为90.0m。各矿层规模见表4-61。

表4-61 龙怀锰矿区各矿段Ⅰ、Ⅱ、Ⅲ矿层规模统计表

矿层编号 \ 规模 \ 矿段名称		龙怀矿段	江城矿段	那社矿段
Ⅰ	走向延长(km)	5.10	13.45	3.55
	资源量($\times10^4$t)	26.0	141.87	15.26
Ⅱ	走向延长(km)	7.48	13.45	12.27
	资源量($\times10^4$t)	47.21	152.70	63.18
Ⅲ	走向延长(km)	4.55	9.60	0.91
	资源量($\times10^4$t)	21.27	106.11	3.08
资源量合计($\times10^4$t)		94.48	400.68	81.52

4. 氧化锰矿层围岩及夹石

(1)矿层的顶板。氧化锰矿层的间接顶板为中三叠统百逢组第一段(T_2b^1)，岩性为风化长石石英砂岩夹页岩。岩石呈灰白、浅黄色，细粒结构，薄至中厚层状，岩石质地较松散，稳固性一般。

矿层的直接顶板以硅质岩、泥岩为主，含锰硅质泥岩为次，含锰泥质硅质岩只在那社矿段可见。直接顶板厚0.30～7m。深部为深灰色，浅部为浅灰、灰白、浅黄色，隐晶—微晶结构，薄层状—中厚层状构造，岩性较软。矿体直接顶、底板含锰量特征见表4-62。

表4-62 氧化锰矿体直接顶板、底板锰组分统计表

项目 \ 类型	顶板	底板
Mn极值(%)	0.05～9.59	0.01～10.75
Mn平均值(%)	2.30	2.31
Mn变化系数(%)	118.5	112
统计个数(个)	94	104

从表4-62看出，氧化锰矿层的直接顶板含锰量较低，一般都在5%以下，平均含锰2.30%，与矿体界线清楚。

(2)矿层的底板。氧化矿层的间接底板为下三叠统马脚岭组(T_1m)，岩性为灰岩、泥质灰岩夹页岩或泥岩。岩石呈浅灰、深灰色，细粒—微粒结构，薄层状、条带状构造，岩石质地较坚硬、稳固性好。

矿层的直接底板为泥质灰岩、含锰硅质泥灰岩。浅部风化后呈土黄、黄白色钙质泥岩、硅质泥岩，局部为含锰泥岩。直接底板厚 0～30m，隐晶—微晶状结构，纹层状、薄层状构造，岩石较松散，稳固性差。

矿层直接底板含锰量见表 4-62。从表 4-62 可知，氧化锰矿层的直接底板主要为泥岩，含锰量较低，一般都在 5％以下，平均含锰 2.31％，与矿体界线清楚。

(3)夹层。根据镜下鉴定，X 衍射分析和岩石化学分析结果，夹一（Ⅰ矿层与Ⅱ矿层间夹层）和夹二（Ⅱ矿层与Ⅲ矿层间夹层）原生岩石为灰—深灰色的含锰硅质泥灰岩，平均含锰分别为 3.03％～3.60％、2.47％～4.15％。风化后均为黄、紫红、褐黑、灰白色等杂色泥岩、含锰泥岩，隐晶—微晶结构，薄层—鳞片状构造，单层厚 2～10cm，含锰 0.05％～10.25％。从走向上看，夹层的岩性没有变化，沿倾向上看，近地表部分呈土黄色等杂色，泥质含量略高，岩石松散，往深部岩石逐渐变为浅灰色，泥质含量减少，钙质及硅质含量渐高，岩石变得坚硬。

从矿层柱状对比图来看，两层夹层的厚度变化均较大。夹一的厚度一般为 0.50～10m，最小为 0.50m，最大为 28m；夹二的厚度一般为 1.50～12.0m，最小为 0m，最大为 23m。在局部地段，由于淋滤富集，夹层中的锰质富集成矿，使夹一、夹二厚度小的地段Ⅰ矿层与Ⅱ矿层或Ⅱ矿层与Ⅲ矿层合并为一层矿。

(4)夹石。从氧化锰矿层整体来看不存在夹石，为均一的层状矿，在平面上、剖面上均无分叉复合现象；从矿层内部结构来看，Ⅰ、Ⅱ、Ⅲ矿层内部大多由单层锰矿与单层泥岩互层组成，都存在夹石。这类夹石的厚度均很小，一般厚在 1～8cm 之间，未达夹石剔除厚度，且易于清洗掉。因此，这类夹石的影响在重量含矿率及净矿品位中被消除。

5. 氧化锰矿石特征

1)矿石的颜色、结构、构造分述如下。

氧化锰矿石呈黑、灰黑、黑褐及棕黑色，部分呈钢灰色，含泥质高时带褐黄色，含铁质较高时带褐红色。条带状矿石以黑、钢灰色为主；块状矿石以黑褐、灰黑色为主；网格状矿石则多呈棕黑、褐黄色。

氧化锰矿石的结构，主要有显微隐晶结构、微粒结构、胶状结构和交代结构等。

氧化锰矿石的构造，以薄片状构造、鳞片状构造、块状构造为主，次为条带状、网格状、蜂窝状、角砾状构造等。不同矿层的构造有所不同：Ⅰ矿层以块状、网格状、蜂窝状构造为主；Ⅱ矿层以薄层状构造、条带状、鳞片状构造为主；Ⅲ矿层中部为块状、网格状、蜂窝状构造，上、下部为薄层状、鳞片状、条带状构造。野外可据 3 个矿层的构造不同进行区分、对比。

2)氧化锰矿石的矿物成分、含量及其共生嵌布特征分述如下。

(1)矿石的矿物成分及含量。氧化锰矿矿物电子探针分析结果见表 4-63。从表 4-63 可以看出，氧化锰矿石中金属矿物占 30％～65％，最高达 95％，主要为钾硬锰矿（10％～60％），偏锰酸矿（1％～54％），恩苏矿（2％～10％），锂硬锰矿（10％～50％），软锰矿（1％～5％），褐锰矿（1％～5％）。脉石矿物占 5％～70％，主要为高岭土（6％～49％）、石英（6％～50％）、绢云母（5％～20％）、褐铁矿（2％～31％），并含少量绿泥石、白云母、黑云母等。

表 4-63　氧化锰矿物电子探针分析结果表

含量种类(%) 项目	偏锰酸矿	钾硬锰矿	恩苏矿	软锰矿	锂硬锰矿
Mn	36.27	52.79～58.49	59.04	60.17	36.18～42.67
MgO	/	0.00～1.18	0.00	0.00	0.00
SiO_2	19.34	0.05～0.11	0.08	0.06	0.16
Al_2O_3	3.72	/	/	/	19.88～24.91
FeO	5.28	0.25～0.80	0.64	0.37	0.40～1.23
BaO	/	0.13～0.25	0.17	0.13	0.15～0.24
K_2O	0.41	1.44～3.50	0.10	0.11	0.00～0.83
Na_2O	/	0.00	/	/	/

(2)矿石矿物生成顺序、共生嵌布关系如下。

矿石矿物的生成顺序:氧化锰矿物以硬锰矿为主,并见晚期硬锰矿(锂硬锰矿)和早期硬锰矿(钾硬锰矿)两种类型。粒状恩苏矿与钾硬锰矿或恩苏矿与褐铁矿呈环带状或同心层状分布。钾硬锰矿、恩苏矿、锂硬锰矿沿偏锰酸矿的裂隙呈脉状充填并交代偏锰酸矿。软锰矿交代钾硬锰矿和偏锰酸矿,褐铁矿交代钾硬锰矿,恩苏矿呈细脉状交代钾硬锰矿。锂硬锰矿常包含有软锰矿、恩苏矿、褐铁矿等。根据以上特点分析,氧化锰矿物的生成顺序为:钾硬锰矿→碳酸锰矿→偏锰酸矿→粒状恩苏矿→脉状恩苏矿→软锰矿→锂硬锰矿→褐铁矿。

氧化锰矿物的共生嵌布关系:据镜下观察,硬锰矿、偏锰酸矿、恩苏矿、软锰矿及高岭石的粒径均小于 0.01mm,石英粒径 0.001～0.3mm,绿泥石粒径 0.02～0.06mm。总体上看,矿物都属隐晶—微晶状结构,其粒度比较细,甚至为胶状。

矿石以块状、条带状、薄层状、鳞片状、网格状构造为主。块状矿石以含锰矿物为主,且主要为硬锰矿,含少量的脉石矿物,二者较均匀地共生;条带状矿石、薄层状、鳞片状矿石是矿石矿物与脉石矿物分别富集并相间分布而成矿;网格状矿石则是由于风化淋滤作用,硬锰矿、恩苏矿、软锰矿等矿物沿层间裂隙、垂层裂隙或斜裂隙充填富集成矿。

(3)氧化锰矿石的主要化学组分分布变化规律。氧化锰矿石的主要有用组分是 Mn、TFe,主要有害组分为 P,造渣成分有 SiO_2、CaO、MgO、Al_2O_3。

沿矿层垂直方向上的变化:据野外观察及分析结果,在矿层垂直方向上,上部Ⅱ矿层品位较高,Ⅰ、Ⅲ矿层品位较低;中部Ⅱ、Ⅲ矿层较富,Ⅰ矿层较贫;下部三层矿品位都较低。这主要是Ⅰ、Ⅱ、Ⅲ矿层的构造有所不同,且Ⅰ矿层位于下部,Ⅱ、Ⅲ矿层位于上部,经风化淋滤程度不同所致。

沿矿层倾斜方向上的变化:根据野外观察及槽探与浅井、坑道采样结果对比,沿矿层倾斜方向,矿石品位总的变化趋势为浅部较贫、中部最富、深部(接近氧化界面处)最贫。而对于不同的矿层来讲,这一变化规律又稍有不同:Ⅰ、Ⅲ矿层的矿石品位沿倾向的变化规律与上述相似,上部较贫,中部最富,下部最贫;Ⅱ矿层矿石品位在氧化界线以上沿倾向变化不太明显。究其原因,一方面与矿层的构造有关,另一方面则因为上部锰质经风化淋滤作用而贫化,中部因淋滤富集变富，深部处于氧化不完全的过渡带，次生氧化富集程度差。

沿矿层走向上的变化：净矿的化学组分沿走向上的变化规律性不明显，纵观全区，锰含量具东高西低、北高南低的趋势，SiO_2具东低西高的趋势。原因是往西部逐渐发生相变的缘故。

氧化锰矿主要化学组分的相关关系：从表4-64可以看出，锰与铁略呈负相关关系，即锰含量增大，铁含量会略有减少，反之亦然，这一特征表现得不是十分明显；锰与磷、铁与磷呈较明显的正相关关系，即锰、铁含量增加，磷也会增加；SiO_2与锰、铁、磷呈明显的负相关关系，即SiO_2增加，锰、铁、磷会明显减少，反之亦然，这一特征表现较明显。

表4-64　氧化锰矿石中主要化学组分简单相关系数表

相关系数组分 / 组分	Mn	Fe	P	SiO_2
Mn	1	−0.100 431	0.297 851	−0.929 817
Fe		1	0.421 917	−0.701 023
P			1	−0.520 021
SiO_2				1

氧化锰矿主要化学组分与矿石构造的关系：与氧化锰矿石主要化学组分关系密切的矿石构造有块状构造、薄层状、鳞片状构造、网格状、蜂窝状构造。总体上讲，具有网格状、蜂窝状构造的矿石品位，含矿率均是最低的。而具有块状构造的矿石，矿层上部品位较低，下部品位则有明显的增加；具有薄层状、鳞片状构造的矿石，矿层上、下部的品位变化不明显。

氧化锰矿石锰组分的赋存状态：根据岩矿鉴定及锰的物相分析结果表明，99.07%的锰赋存于氧化锰矿物中，且主要赋存在硬锰矿、偏锰酸矿、软锰矿、恩苏矿中；0.58%的锰为碳酸锰中的锰；0.35%的锰为硅酸锰中的锰。锰在氧化锰中的含量>95.0%，说明氧化完全，氧化程度很高。物相分析结果见表4-65。

表4-65　氧化锰矿物相分析结果统计表

相对	Mn品位(%)	Mn相对含量(%)	主要矿物
氧化锰中的锰	25.65	99.07	硬锰矿、偏锰酸矿、软锰矿、恩苏矿
碳酸锰中的锰	0.15	0.58	含锰方解石
硅酸锰中的锰	0.09	0.35	
∑Mn	25.89		

微量元素：据组合分析结果，矿石中主要伴生有用组分为Pb、Zn、Co、Ni、Cu和Ag，但含量极低，达不到综合利用指标标准。

6. 矿石重量含矿率

矿石重量含矿率是以净矿石重量除以原矿石重量取其百分数而得。含矿率在不同的地段，对于不同的矿层都会有所不同。Ⅰ矿层含矿率在25.6%～87.3%，平均52.66%，变化系数为17.24%；Ⅱ矿层含矿率在25.75%～90.32%，平均53.28%，变化系数为19.01%；Ⅲ矿层含矿率24%～86.21%，平均54.63%，变化系数为20.03%，见表4-66。

表4-66 净矿单样重量含矿率统计表(算术平均)

项目 \ 矿层号	Ⅰ	Ⅱ	Ⅲ
极值(%)	25.60～87.30	25.75～90.32	24.00～86.21
平均值(%)	52.66	53.28	54.63
变化系数(%)	17.24	19.01	20.03
统计样数(个)	325	448	204

氧化锰矿石重量含矿率均在20%以上，达到工业矿体对含矿率的要求。3个矿层的重量含矿率主要集中在40%～60%之间，所占比例分别为：Ⅰ矿层93.42%，Ⅱ矿层82.92%，Ⅲ矿层75.75%；Ⅱ、Ⅲ矿层的含矿率在60%～70%之间的也占有相当的比例(Ⅱ矿层13.82%，Ⅲ矿层21.21%)。

以矿石的构造而言，具有网格状、蜂窝状构造的矿石，含矿率普遍较低，主要是充填泥质太多的缘故；具有块状构造的矿石含矿率是最高的；具有薄层状、鳞片状构造的矿石含矿率也较高。

7. 矿石类型和品级

(1)矿层氧化带特征。

根据野外观察，并参考东平矿区的资料，可将龙怀锰矿区含锰风化壳剖面划分为4个带，自上而下为：红土风化带、基岩风化带、基岩半风化带和新鲜岩石带(或原生带)。不同的风化带代表了不同的风化阶段和风化程度，上部风化带则是在下部风化带的基础上发育起来的。

红土风化带：由于矿区地势较高，冲刷、剥蚀作用相对较强，因而最上部的红土风化带不甚发育或为残坡积层所代替，分布零星，极不连续，由黏土、泥岩碎块、砂岩碎块、灰岩碎块及锰矿碎块组成。碎块大小3～10cm，呈棱角状、次棱角状，含量为30%～55%。锰矿碎块由氧化锰矿层经风化剥蚀碎裂而成，堆积在矿层露头邻近的平坦坡地，局部形成堆积型锰矿，规模小，无工业价值。

基岩风化带：矿区内风化作用强烈，基岩风化带十分发育，部分地段直接露出地表，倾向延伸亦大，达18～128m，与氧化界线仅有1～5m的距离。该带内保留着原岩的产状和层位，泥质含量增加，钙质及部分硅质流失，岩石较松散，呈碎块状，风化甚者成白色粉末状。带内原生含锰硅质泥灰岩、含锰灰岩经强烈风化形成氧化锰矿层，在地表浅部，局部形成锰土。锰土含锰5%～10%，不具工业价值。

基岩半风化带：基岩风化带往下，风化作用减弱，而进入基岩半风化带，二者无明显界线，为渐变过渡关系。基岩半风化带倾向延深1～5m，往下则为原生带。在基岩半风化带中泥质含量减少，钙质、硅质含量增高，岩石较坚硬。带中氧化锰矿层颜色逐渐变浅，由黑褐色渐变为灰黑色、咖啡色，层状构造明显，含锰18%～28.21%，仍具工业价值。

新鲜岩石带：位于氧化界面以下，岩性为含锰硅质泥灰岩、含锰灰岩或贫碳酸锰矿。矿区仅在坑道工程中见到新鲜岩石带，地表未见出露。

(2)氧化带深度及氧化界线的变化。

在氧化界线两侧采物相分析样，根据物相分析结果，将氧化率大于25%的样品划分为氧化锰矿，氧化率小于25%的划分为碳酸锰矿或含锰硅质岩。野外还可根据矿石的颜色、结构、构造、矿物组分划分出氧化锰矿和碳酸锰矿或含锰硅质岩及氧化界线的位置。

矿区内有8条坑道(龙怀、江城矿段各1条、那社矿段6条)见到氧化界线，氧化界线斜深为18～128m，平均为84.94m。全矿区共施工32条坑道，均见到氧化锰矿。

区内氧化带发育良好，氧化深度主要受矿层出露地势高低、地面倾斜方向及其坡度、矿层厚度大小等各方面因素的制约。氧化界线标高与矿层出露标高基本上呈同步升降，但其升降幅度因地而异。总的来讲，当矿层出露地势较高或矿层倾向顺坡向时，氧化深度较大。矿区内氧化带出露标高为312～530m，总体上有西低东高的特点。

(3)矿石的自然类型。

从Ⅰ、Ⅱ、Ⅲ矿层中所采的物相分析样的分析结果表明，矿石中的锰大部分来自MnO_2，少部分来自Mn_2O_3，极少量来自$MnCO_3$和$MnSiO_3$。次生氧化锰矿的占有率在90%以上。这说明矿石的自然类型为氧化锰矿石。

(4)矿石的工业类型及品级。依据矿区的圈矿指标，氧化锰矿石的工业类型及品级可划分氧化锰贫矿、氧化锰富矿，划分标准见表4-67。

表4-67　氧化锰矿石类型及品级划分标准表

自然类型	工业类型及品级	净矿含Mn(%)		SiO_2(%)	Mn/TFe	P/Mn
		边界	工业			
氧化锰矿	贫矿	≥12	≥18			
	富矿	≥20	≥30	≤35	≥3	≤0.006

矿区内矿石按上述标准进行分类，各矿层所求富锰矿石资源量见表4-68。据统计，Ⅰ、Ⅲ矿层的富矿只分布在那社矿段，Ⅱ矿层的富矿石在3个矿段里均有分布，以江城矿段的量最大，其次为那社矿段，龙怀矿段分布最少。

表4-68　氧化锰矿富矿资源量及平均品位统计表

类型及品级	矿层号	储量($\times10^4$t)	Mn(%)	Fe(%)	P(%)	Mn/TFe	P/Mn
富锰矿	Ⅰ	12.53	36.22	5.30	0.147	6.84	0.004
	Ⅱ	153.04	33.70	5.16	0.123	6.53	0.004
	Ⅲ	2.90	37.32	5.07	0.157	7.52	0.004
	合计	168.47	35.75	5.18	0.142	6.96	0.004

(三)碳酸锰矿层特征

从整体上讲，龙怀锰矿区内氧化锰矿石质量、矿床规模等均不如东平锰矿区的氧化锰矿，受当时客观认识的影响，对龙怀锰矿区含锰岩系深部的含矿性也未开展研究和勘查；在 2010 年中国冶金地质总局广西地质勘查院对东平锰矿区碳酸锰矿勘探不断取得成果的带动下，中央财政项目《广西田东—德保地区矿产地质调查》在江城矿段②号向斜核部施工 3 个钻孔，广西壮族自治区地方财政专项资金项目《广西田东县那社矿段碳酸锰矿普查》在④号向斜东西两端施工 10 个钻孔，对“龙怀式”锰矿床含锰岩系深部的含矿性进行了有益的探索。

江城矿段②号向斜核部施工 3 个钻孔，有 2 个钻孔见到Ⅰ、Ⅱ、Ⅲ、Ⅳ、Ⅹ 5 个含锰层，1 个钻孔只见到Ⅱ、Ⅲ含锰层。Ⅰ含锰层厚度为 0.45～1.26m，含锰 4.35%～6.62%；Ⅱ含锰层厚度为 0.89～1.49m，含锰 5.94%～6.95%；Ⅲ含锰层厚度为 0.38～2.56m，含锰 5.10%～7.22%；Ⅳ含锰层厚度为 0.49～0.54m，含锰 6.81%～7.05%；Ⅹ含锰层厚度为 0.32～0.61m，含锰 4.36%～6.11%。控制含锰层倾向斜深 445～650m。

在那社矿段④号向斜东西两端施工 10 个钻孔，详见图 4-24，其中 5 个钻孔控制到碳酸锰矿层，5 个钻孔控制含锰层的含锰较低，10 个钻孔见矿特征见表 4-69。

表 4-69　龙怀锰矿区④号向斜钻孔见矿统计表

工程号	Ⅰ含锰层		Ⅱ含锰层		Ⅳ含锰层		Ⅸ$_1$含锰层		Ⅸ$_2$含锰层	
	厚度（m）	Mn（%）	厚度（m）	Mn（%）	厚度（m）	Mn（%）	厚度（m）	Mn（%）	厚度（m）	Mn（%）
ZK7601	2.10	7.76	4.03	7.59	9.13	8.35	2.88	9.84	1.08	10.12
ZK6801	1.10	8.66	2.26	8.32	氧化锰已被采空					
ZK6802	1.82	7.52	5.66	8.12	6.54	7.73	1.44	11.38	3.19	7.61
ZK6001	1.73	8.75	2.13	8.20	4.64	7.79	2.07	8.66	2.38	8.90
ZK6002	0.82	8.94	1.92	7.73	2.39	6.74	0.40	8.14	无	
ZK5202	1.76	8.34	3.29	8.31	2.81	8.14	1.35	8.42	0.53	13.19
ZK0402	无		2.88	7.83			4.38	7.71	无	
ZK0302	0.91	7.37	1.56	6.99	0.66	6.53	0.39	9.41		
ZK1101	无						2.44	8.34		
ZK1102	无				2.76	7.30	1.03	6.64	0.64	10.06

从表 4-69 可以看出，Ⅰ、Ⅱ、Ⅳ矿层含锰普遍比②号向斜的要高，Ⅸ矿层局部可圈出低品位碳酸锰矿层。

1. 矿体特征

普查工作以《铁、锰、铬矿地质勘查规范》(DZ/T 0200—2002)中冶金用锰一般工业指标：边界 Mn≥10%、单工程平均 Mn≥15%、最低可采厚度≥0.50m、夹石剔除厚度≥0.30m 为标准，在Ⅳ、Ⅸ矿层内圈了 5 个矿体，编号为Ⅳ$_1$、Ⅸ$_2$-1、Ⅸ$_2$-2、Ⅸ$_2$-3、Ⅸ$_1$-1。各矿体的地质特征如下：

(1)Ⅳ$_1$矿体。为Ⅳ含锰层中的矿体，分布在 76 线，位于向斜④两翼，详见图 4-24。矿体由单工程控制，控制矿体沿走向长 200m，倾向延深 628m。矿体呈北东向，走向约 70°，其中南东翼的锰矿体倾向340°，平均倾角约50°；北西翼的锰矿体倾向145°，平均倾角约41°。矿体厚1.70m，矿石质量为Mn10.10%、TFe7.60%、P0.068%、SiO_2 24.89%、CaO14.78%、MgO 3.48%、Al_2O_3 4.72%、Loss23.43%、Mn/TFe1.33、P/Mn0.007。估算锰矿石(334)资源量50.90×10^4t。

(2)Ⅸ$_2$-1矿体。为Ⅸ$_2$含锰层中的矿体，分布在76线，位于向斜④南东翼，详见图4-24。矿体由单工程控制，控制矿体沿走向长200m，控制倾向延深200m。矿体呈北东向，走向约70°，倾向约340°，平均倾角约35°。矿体厚0.73m，矿石质量为Mn11.28%、TFe2.82%、P 0.046%、SiO_2 28.43%、CaO15.66%、MgO2.54%、Al_2O_3 5.78%、Loss24.08%、Mn/TFe 4.00、P/Mn0.004。估算锰矿(334)资源量4.51×10^4t。

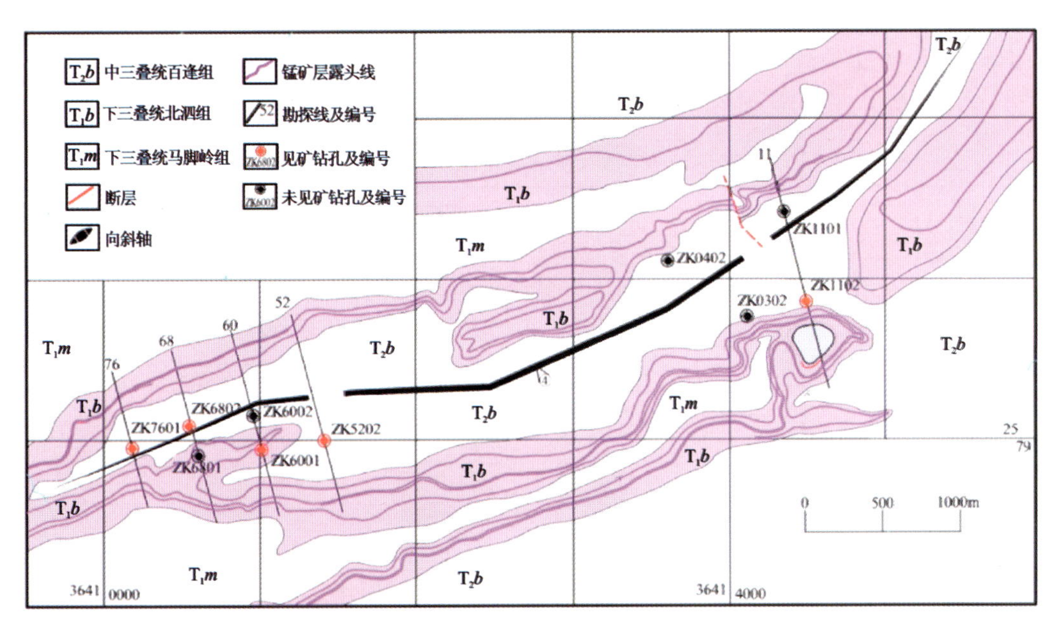

图4-24　龙怀锰矿区那社矿段地质简图

(3)Ⅸ$_2$-2矿体。为Ⅸ$_2$含锰层中的矿体，分布在52～60线，位于向斜④两翼，详见图4-24。矿体由2个钻探工程控制，控制矿体沿走向长600m，倾向延深为300m。矿体呈北东向，其中南东翼的锰矿体倾向358°，倾角36°～51°，平均约43°；北西翼的锰矿体倾向230°，倾角22°～26°，平均约24°。矿体厚0.69m，矿石质量为Mn11.89%、TFe3.64%、P0.063%、SiO_2 28.71%、CaO14.36%、MgO2.44%、Al_2O_3 6.05%、Loss23.82%、Mn/TFe3.27、P/Mn0.005。估算锰矿(334)资源量22.57×10^4t。

(4)Ⅸ$_2$-3矿体。为Ⅸ$_2$含锰层中的矿体，分布在11线，位于向斜④南东翼，详见图4-24。矿体由单工程控制，控制矿体沿走向长200m，控制倾向延深148m。矿体呈北东向，倾向343°，倾角约41°。矿体厚0.64m，矿石质量为Mn10.06%、TFe2.20%、P0.047%、SiO_2 32.12%、CaO15.20%、MgO2.84%、Al_2O_3 7.72%、Loss23.17%、Mn/TFe4.57、P/Mn0.005。估算锰矿(334)资源量4.19×10^4t。

(5)Ⅸ$_1$-1矿体。为Ⅸ$_1$含锰层中的矿体，分布在68～76线，位于向斜④两翼，详见图4-24。矿体由2个钻探工程控制，控制矿体沿走向长600m，倾向延深为295m。矿体呈北东向，走向约70°，南东翼矿体倾向约340°，倾角30°～53°，平均约41°，北西翼矿体倾向约145°，倾角23°～

32°,平均约27°。矿体厚1.25m,矿石质量为Mn11.76%、TFe3.38%、P0.061%、SiO_2 30.82%、CaO13.56%、MgO3.53%、Al_2O_3 6.69%、Loss22.63%、Mn/TFe3.48、P/Mn0.005。估算锰矿(334)资源量60.70×10^4t。

2. 矿石质量特征

1)碳酸锰矿石颜色、结构、构造。碳酸锰矿石的颜色有深灰、灰黑色。结构主要有为微晶结构、显微鳞片泥质结构,次有他形粒状及显微鳞片变晶结构。构造以微—薄层状构造为主,次为块状构造、生物扰动构造、脉状穿插构造、略具定向构造。

2)矿石矿物成分。

(1)矿石矿物的赋存状态。根据矿区锰的物相分析表明,碳酸锰矿石中的锰主要为碳酸盐的中的锰,次为硅酸盐中的锰,含少量氧化物中的锰,可见原生氧化矿物水锰矿,详见表4-70。

表4-70 碳酸锰矿锰的物相分析结果表

样品编号	化验编号	全锰(%)	菱锰矿中的锰		水锰矿中的锰		软锰矿中的锰		硅酸盐中的锰	
			含量(%)	比率(%)	含量(%)	比率(%)	含量(%)	比率(%)	含量(%)	比率(%)
组合DW-1	内14-0169	8.43	8.36	99.17	0.01	0.06	0.05	0.55	0.02	0.23
组合DW-2	内14-0170	8.68	8.55	98.48	0.01	0.07	0.06	0.67	0.07	0.78
组合DW-3	内14-0171	8.44	8.12	96.17	0.01	0.07	0.10	1.15	0.22	2.61
组合DW-4	内14-0172	8.53	8.18	95.93	0.01	0.14	0.05	0.53	0.29	3.40
组合DW-5	内14-0173	8.36	8.22	98.31	0.01	0.06	0.07	0.79	0.07	0.84
组合DW-6	内14-0174	9.47	9.30	98.18	0.02	0.16	0.05	0.50	0.11	1.16

(2)矿物成分。碳酸锰矿石矿物主要以菱锰矿为主,次为锰铁叶蛇纹石,少量水锰矿、软锰矿;脉石矿物以石英、方解石、绢云母及水云母、高岭石为主,含少量绿泥石、石墨、白云母、黄铁矿、褐铁矿、黄铜矿、闪锌矿、方铅矿。

菱锰矿(45%~64%):多呈他形粒状、半自形粒状,粒度多在0.004~0.03mm,呈不均匀地嵌布,并多与方解石、石英、绢云母、水云母及高岭石一起形成矿石的微—薄层理,少量菱锰矿独立或与方解石、石英及少量绢云母、水云母一起组成生物扰动点及生物碎屑,生物扰动点及生物碎屑呈浑圆状,大小多在0.2~1.55mm,常聚集成微层排布,也有少量零星分布在矿石中。

方解石(5%~21%):多呈他形粒状、半自形粒状,粒度多在0.004~0.03mm,呈不均匀地嵌布,并多与菱锰矿、石英、绢云母、水云母及高岭石一起形成矿石的微—薄层理,少量方解石呈微脉状穿插矿石,少量方解石与菱锰矿、石英及少量绢云母、水云母一起组成生物扰动点及生物碎屑。

石英(2%~27%):多呈显微他形粒状,粒度多在0.004~0.03mm,呈不均匀地嵌布,并多与菱锰矿、方解石、绢云母、水云母及高岭石一起形成矿石的微—薄层理,少量石英与菱锰矿、方解石、绢云母、水云母一起组成生物扰动点及生物碎屑。

3)碳酸锰矿石化学成分。

Ⅳ矿层碳酸锰矿石的化学成分为：Mn10.10%、TFe7.60%、P0.070%、$SiO_2$24.89%、CaO14.78%、MgO3.48%、$Al_2O_3$4.72%、Loss23.43%、Mn/TFe1.33、P/Mn0.007。

Ⅸ$_2$矿层碳酸锰矿石的化学成分为：Mn11.79%、TFe3.50%、P0.006%、$SiO_2$28.66%、CaO14.58%、MgO2.46%、$Al_2O_3$6.01%、Loss23.86%、Mn/TFe3.36、P/Mn0.005。

Ⅸ$_1$矿层碳酸锰矿石的化学成分为：Mn11.76%、TFe3.38%、P0.060%、$SiO_2$30.82%、CaO13.56%、MgO3.53%、$Al_2O_3$6.69%、Loss22.63%、Mn/TFe3.48、P/Mn0.005。

4)矿石伴生成分。6个组合样品的半定量全分析样结果见表4-71、表4-72。参照《铁、锰、铬矿地质勘查规范》(DZ/T 0200—2002)中有关锰矿石中伴生组分评价指标，碳酸锰矿石的伴生组分含量甚微，均无综合评价意义。

表4-71　光谱分析结果表

样品号	检验号	检验结果(%)												
		Na_2O	MgO	Al_2O_3	SiO_2	P_2O_5	SO_3	K_2O	CaO	TiO_2	V_2O_5	Cr_2O_3	MnO	Fe_2O_3
组合 DW-1	内 14-0175	0.69	4.20	10.6	37.3	0.17	0.13	2.63	20.7	0.47	0.021	0.011	15.7	7.24
组合 DW-2	内 14-0176	0.66	4.14	10.5	37.6	0.16	0.11	2.70	20.2	0.45	0.025	0.013	15.9	7.18
组合 DW-3	内 14-0177	0.73	4.08	10.5	39.2	0.14	0.11	2.68	19.4	0.45		0.013	15.4	6.92
组合 DW-4	内 14-0178	0.068	4.32	6.97	32.2	0.55	0.51	0.35	22.8	0.30	0.025	0.0082	15.2	16.4
组合 DW-5	内 14-0179	0.66	4.14	10.5	38.5	0.16	0.16	2.61	20.3	0.47	0.021	0.014	15.2	7.05
组合 DW-6	内 14-0180	0.072	4.51	7.14	31.9	0.41	0.20	0.48	21.7	0.29	0.026	0.0089	17.2	15.9

表4-72　光谱分析结果表

样品号	检验号	检验结果(%)											
		Co_2O_3	NiO	CuO	ZnO	Ga_2O_3	Rb_2O	SrO	Y_2O_3	ZrO_2	BaO	PbO	Cl
组合 DW-1	内 14-0175	0.012	0.022	0.011	0.024	<0.005	0.015	0.14	0.0076	0.011	0.051	<0.005	
组合 DW-2	内 14-0176	0.016	0.021	0.011	0.021	<0.005	0.015	0.12	0.0078	0.0079	0.055	0.012	0.0092
组合 DW-3	内 14-0177	0.015	0.020	0.010	0.022	<0.005	0.014	0.13	0.0060	0.0088	0.060	<0.005	0.0073
组合 DW-4	内 14-0178	0.016	0.015	0.0087	0.017		<0.005	0.22			0.049	0.016	
组合 DW-5	内 14-0179	0.014	0.020	0.011	0.021	<0.005	0.014	0.14	0.0062	0.012	0.052	<0.005	0.0056
组合 DW-6	内 14-0180	0.016	0.016	0.0084	0.018	0.0086	<0.005	0.17					0.0068

3. 矿石工业类型

矿区内碳酸锰矿石主要组分为：Mn11.13%、TFe4.87%、P0.06%、SiO_2 28.34%、CaO 14.24%、MgO3.29%、Al_2O_3 5.89%、Loss23.16%、Mn/TFe2.28、P/Mn0.006、(CaO+ MgO)/(SiO_2+ Al_2O_3)0.51。根据《铁、锰、铬矿地质勘查规范》(DZ/T 0200—2002)中锰矿石类型的划分标准，全区碳酸锰矿石属高铁高磷酸性低品位碳酸锰矿石。

4. 矿体顶板、底板、夹石与脉石

(1)矿体顶、底板。矿体顶、底板部分为含锰硅质泥灰岩(5%≤Mn<10%)，部分为硅质泥灰岩(Mn<5%)。各矿体顶、底板含锰特征见表 4-73。

表 4-73　矿体顶、底板含锰特征一览表

矿体号	工程号	围岩名称	样号	真厚(m)	Mn(%)	矿体号	工程号	围岩名称	样号	真厚(m)	Mn(%)
Ⅳ$_{1}$	ZK7601	顶板	13～15	2.46	7.43	Ⅸ$_{2}$-2	ZK6001	顶板	5、6	1.49	7.29
		底板	22～24	3.01	9.05			底板	8	0.54	3.40
Ⅸ$_{1}$-1	ZK7601	顶板	2	0.53	8.30	Ⅸ$_{2}$-3	ZK1102	顶板	2、3	1.03	6.64
		底板	4～5	1.29	8.50			底板	5	0.43	1.77
	ZK6802	顶板	1	0.33	0.79						
		底板	4	0.46	3.09						
Ⅸ$_{2}$-1	ZK7601	顶板	6	0.36	7.75						
		底板	7	0.52	3.87						

表 4-73 中，含锰硅质泥灰岩中含锰一般为 6.64%～9.05%。

(2)矿体夹石。Ⅸ$_{2}$-1、Ⅸ$_{2}$-2、Ⅸ$_{2}$-3、Ⅸ$_{1}$-14 矿体均无夹石，Ⅳ$_{1}$有 1 层夹石，夹石为含锰硅质泥灰岩，厚 3.01m，夹石含锰为 9.05%。

(3)矿体中的脉石。各矿体中均发育有极少量的石英细脉、方解石细脉，脉体厚一般 0.5～5cm，呈白色、乳白色、淡黄色。石英脉只产在矿层中，不切入围岩，且多与矿层垂直或斜交，平行者少见，偶见分叉复合。

四、“龙怀式”锰矿床矿石选冶性能研究

“龙怀式”氧化锰矿展布区虽然大部分地区工作程度达到详查，但对矿石的选冶性能的研究仅局限于野外，主要是对氧化锰矿的含矿率一直未开展实验室流程试验研究。对矿石选冶

性能的了解主要还是类比《广西天等县东平氧化锰矿床地质勘探报告书》中"东平式"氧化锰矿矿石的选冶成果。现将该报告中的选冶试验成果简介如下。

(一)试验样的采取及其代表性

试验样是由广西锰矿公司组织,有广西冶金试验所、广西冶金设计院、广西冶金地质勘查公司、273地质队及东平锰矿等单位的有关人员,根据地质勘探工作和矿床情况,在现场共同商定的原则下采取的。总体原则是:①试样点应选择在驮仁西、驮仁东、驮芭和咸柳4个早期开采地段,样重5~6t,保证净矿重量在2t以上;②试样在以锰8%为边界品位、12%为最低工业品位圈定的矿体中采取(因当时未确定工业指标);③根据试样对各主要矿层在总储量中所占比例,品位、含矿率等要有代表性的原则,按比例确定各采样的采样重量,分别在Ⅰ~Ⅳ各矿层采取;④考虑到将来开采时的贫化,在各矿层的采样点上,相应地采取顶板0.50m作为夹层样;⑤试样用刻槽法采取,按样点分层装框运送试验单位。

根据上述原则,共同确定了在PD_4、PD_3、QJ2/5附近采场、TC1/24、TC1/28、TC1/30 6个工程12个采样点,由勘查单位分别在Ⅰ、Ⅱ、Ⅲ、Ⅳ矿层及其相应顶板围岩厚0.50m用20cm×10cm(个别用40cm×10cm)的规格刻槽采样,试验样总重量6022.3kg,其中原矿重量5068.3kg,围岩重量447.3kg,备用原矿重量506.7kg。

(二)试验方法、流程和试验结果

矿石可选性试验工作由广西冶金试验所承担,进行了原矿洗矿试验和净矿深选试验。深选试验采用了重选、湿式强磁选和干-湿式强磁选3种方法。

1. 原矿选矿试验

按各矿层平均厚度的比例关系配成试验原矿样,含锰17.55%,以1mm为水洗粒级界线,采用ϕ800×345mm槽式洗矿机和ϕ500×5300mm单螺旋分级机串联的洗矿流程进行筛析。洗矿流程如图4-25所示,洗矿结果见表4-74,净矿多元素分析结果见表4-75。

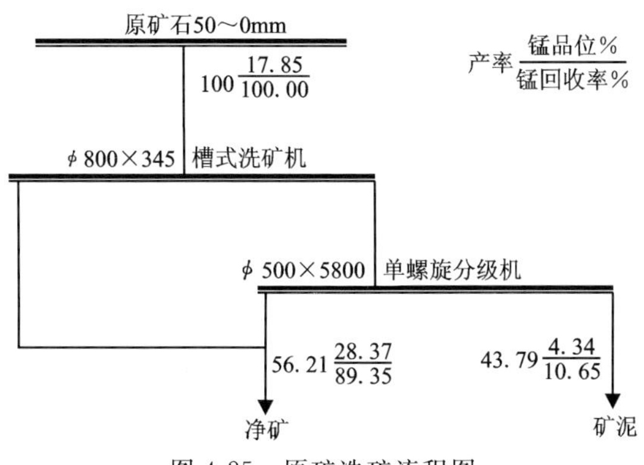

图4-25　原矿洗矿流程图

表 4-74 原矿洗矿结果表

产品名称	产率(%)	锰含量(%)	锰回收率(%)	备注
净矿	56.21	28.37	89.35	
矿泥	43.79	4.34	10.65	
原矿	100.00	17.85	100.00	

表 4-75 净矿多元素分析结果表

元素	TMn	TFe	SiO_2	Al_2O_3	S	P	CaO	MgO	Loss
含量(%)	28.37	6.54	25.78	8.71	0.03	0.085	0.81	0.75	12.78

洗矿结果,净矿锰品位由原矿的 17.85%提高到 28.37%,二氧化硅则降低到 25.78%。说明洗矿是有意义的。

2. 净矿深选试验

(1)湿式强磁选试验。以 10mm 为入选粒度,利用 SHC-1800 型湿式强磁选机作试验,在激磁电流的条件试验后作了磁场强度为 14 900 奥斯特的粗选,其尾矿用场强为 16 500 奥斯特(最大磁场)扫选的流程试验。选别流程见图 4-26,选别结果见表 4-76。

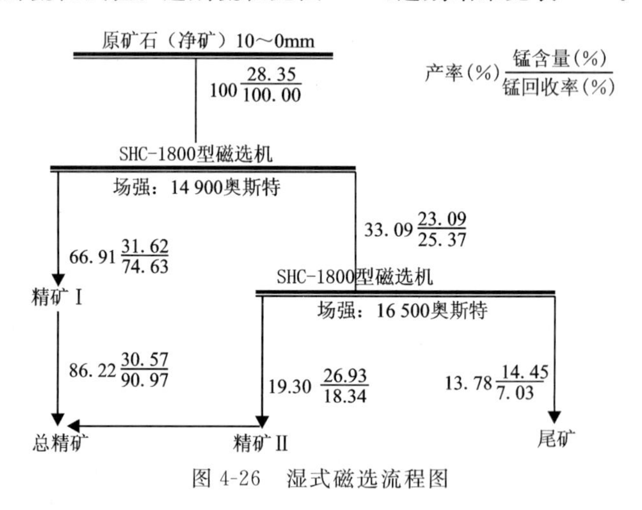

图 4-26 湿式磁选流程图

表 4-76 10～0mm 湿式强磁选选别结果表

产品名称	产率(%)	品位(%)			回收率(%)	备注
		Mn	Fe	SiO_2		
精矿 I	66.91	31.62	6.35	22.11	74.63	
精矿 II	19.31	26.93	5.93	28.42	18.34	
总精矿	86.32	30.57	6.26	22.52	92.97	
尾矿	13.78	14.45			7.03	
原矿	100.00	28.35			100.00	

(2)重选试验。主要作了跳汰和摇床选别试验。将净矿破碎至10mm，筛分成+2mm和-2mm的两个级别，+2mm进行跳汰，-2mm利用水力分级机分成3个级别后，分别用摇床选别，分级机溢流作尾矿丢掉。试验结果可获得产率为68.73%、Mn品位为31.79%、回收率为76.87%的锰精矿。但中矿量较大，这部分中矿若用强磁选选别，还可得到产率为10.17%、Mn品位为27.99%、回收率为10.01%的精矿，说明用重选-强磁选选别流程，其选别指标也是可以的，但流程较为复杂。

(3)干-湿式强磁选试验。将净矿破碎至20～0mm，然后分成20～5mm和5～0mm两个级别。20～5mm采用SGC35型干式强磁选机进行选别，5～0mm采用SHC-1800型湿式磁选机进行选别。根据激磁电流的条件试验，选择指标较好的激磁电流做正式磁选流程试验。磁选结果20～5mm粒级干式强磁选的选别效果较5～0mm粒级湿式强磁选选别效果差，且作业丢弃的尾矿品位高。目前，入选粒度大于10mm时，只能用干式强磁选机选别，这将给今后的生产带来困难和不便。

净矿深选试验结果表明，湿式强磁选的效果较好，属于易选矿石。广西冶金试验所作的结论是：由于锰矿物含杂质情况不一，所以锰品位波动比较大，该锰矿石属高硅低磷贫氧化锰矿石。

选矿试验结果表明，由于原矿品位低，含泥量大，必须进行洗矿，以槽洗机与螺旋分级机串联的流程进行洗矿，可以得到含锰28.37%、回收率为89.35%、产率为56.21%的净矿，可以丢弃去产率为43.79%、锰含量为4.34%的矿泥，说明该矿样用此洗矿流程是适宜的。

(4)深选试验。以湿式强磁选流程指标略高一些，可获得产率为66.91%、锰含量为33.62%、锰回收率74.63%的三级锰精矿和产率为19.31%、锰含量为26.93%、锰产率18.34%的四级锰精矿。若两个精矿合并，即可获得产率86.22%、锰含量30.57%、锰回收率为92.97%的三级锰精矿。此外，湿式强磁选具有流程简单的优点，故洗矿净矿深选建议用湿式强磁选选别流程。

根据深选试验表明，由于该锰矿物大部分属偏锰酸矿，呈非晶质或细小晶质与脉石矿物相混杂，所以精矿锰含量不高。

第五章　成矿规律总结

成矿规律是在控矿因素分析基础上，对矿床形成的时空分布关系和矿床成因联系的提炼和总结，是地质找矿工作从感性认识升华到理性认识的过程。同时，成矿规律又是进行成矿分析、指导找矿和成矿预测评价的基础。本次研究根据收集到的有关矿床资料，结合野外实际调研工作，在前人研究的基础上，对整装勘查区锰矿床成矿规律进行归纳总结，通过成矿规律和找矿标志的研究对成矿有利区段进行成矿预测。

整装勘查区锰矿是在特定的地质构造环境演变过程中，由于盆山耦合作用所形成的环绕盆地边缘分布的矿床，成矿物质来源主要与盆地热卤水的形成和演化有关，成矿作用与低温热液和构造作用及后期暴露氧化有关，成矿具有多期次特点，成矿机理、控矿条件、矿化时空分布上都与盆地的形成演化有密切关系，但由于扬子陆块地质构造演化的长期性和复杂性，造成了不同区域、不同地段矿化分布的不均匀性。

第一节　成矿地质体分析

整装勘查区锰矿形成于特殊的地质构造环境，成矿是多因素耦合的结果，成矿机理和控矿因素复杂。在众多的控矿因素中，成矿地质作用主要是与构造、岩相古地理的演化密切相关，两者的有机组合控制了矿床的矿化类型和时空分布，具有明显的二元组合控矿特征，而与岩浆作用关系较弱。项目组本次的研究工作采用区域构造演化控盆、盆地控相、沉积相控矿的的原则。

根据赵自强(1996)的研究，泥盆纪—中三叠世，扬子区除了在钦防地区的中二叠世阳新阶与晚二叠世乐平阶地层之间呈角度不整合接触外，各纪与纪、世与世地层以及它们的内部，在拗陷区一般为整合接触，在隆起区为平行不整合接触。表明在这一时期内并无强烈的造山运动，晚古生代至中三叠世地层是一个统一的构造层，并且它们都受到加里东运动形成的构造格局的控制。

区域性断裂早期表现为同生断层性质，控制半地堑或地堑式裂陷带，后期发生构造反转，具有挤压和走滑特征。构造线的方向主要有近东西向、北北东向和北西向几组，一些大型的褶皱构造常表现为具有叠加方向的特征，从构造线及断裂的叠加、切割特征看，一般近东西向的构造发育较早，北北东向的构造次之，而北西向的构造发育相对较晚(构造特征请见下节

“矿田构造”中的叙述）。总体来说，北东向断裂在天等-德保整装勘查区内的具体表现为下雷-灵马断褶带（图 5-1），规模较大，活动频率低，主要控制盆地主体格局和大的地层分布，形成了深水盆地与浅水台地相间的沉积格局，同时也是丘台与台地边缘相地层间的分界断层；北西向右江断裂带规模相对较小，但活动频繁，控制着同一时期沉积体系和岩相的空间分布。

前人研究成果表明，桂西-滇东南晚古生代海盆地中发育“台—盆—丘—槽”古地理格局（图 5-1），但对台地之间所夹持的台间海槽一直存在有多种划分方案的争论，主要观点有浅海盆地深水台沟相、台棚环境、台盆环境等。浅海盆地深水台沟相是与台地相邻的盆地内的深水台沟区域，相带内地质构造复杂，褶皱叠加，断层纵横，基性岩和喷出岩发育，为地质构造活动带；沉积物主要为含浮游生物的硅质、泥质和碳酸盐岩沉积；碳质和星散状黄铁矿是常见的标志矿物。台棚环境沉积主要为纹理化构造发育的条带状泥晶灰岩或叫扁豆状灰岩，属于浪基面之下、风暴浪基面之上的弱动荡环境的产物；另一种为泥质灰岩、硅质灰岩偶夹硅质岩型。这两种岩石组合所代表的水体只是相当于浪基面至陆架坡折之上的浅海环境，位于风暴浪基面之上，槽、盆中以灰黑色及深灰色泥晶灰岩为主，夹硅质岩及泥质岩，属陆棚相沉积，构成“台棚相”。

广西一直被认为是我国加里东运动的典型地区，尹赞勋等（1978）提出加里东旋回在中国可称为广西旋回，工作区域内外围如北部的红泥坡一带和南部雷列岭一带，加里东运动不整合面的表现形式是泥盆系不同时代的地层超覆在早古生代寒武系之上而形成的区域不整合面。一般认为，广西运动后扬子板块和华夏板块合成为统一的华南板块。其后，右江盆地经历了裂谷盆地（早泥盆世晚期—晚泥盆世）、被动大陆边缘（早石炭世—早三叠世）、前陆盆地（中三叠世）的构造演化阶段。泥盆系顶部与石炭系之间的平行不整合所代表的构造运动，又称为“柳江运动”；黔桂运动系指广西早二叠世栖霞组与下伏晚石炭世马平组或壶天群之间的平行不整合面所代表的振荡运动；东吴运动为李四光（1931）所创名，指中二叠世阳新阶与晚二叠世乐平阶之间的平行不整合面所代表的构造运动；印支运动在地层记录中表现为两个明显的平行不整合面，第一幕发生在早三叠世与中三叠世之交，之间为一个平行不整合面，界面之下为 1m 左右的火山凝灰岩层——“绿豆岩”。

由于区域构造演化，勘查区及外围古地理格局也发生了显著的变化：早泥盆世早期，由于晚古生代大规模海侵的初始阶段，以一大套的海侵砂岩为特征，包括广西的莲花山组及那高岭组；石炭纪—早二叠世时期，海平面上升速率最大，湘桂地区主要为深水盆地占据，外围形成连片或巨型的碳酸盐岩台地、孤立台地区；晚二叠世时期，研究区域的古地理格局表现为孤立台地，内部发育合山煤系和含铁铝硅质灰岩建造；早三叠世时期，因二叠纪末期的大规模台地淹没事件比较明显地改变了研究区域的古地理格局，区内为台盆相间、交错的格局，区内以马脚岭组灰岩建造和北泗组泥灰岩建造为特征（图 5-1）；中三叠世，因早三叠世末期的印支运动初幕对研究区域的古地理面貌影响较大，滇黔桂盆地形成一个统一的浊积盆地，区内以百逢组砂岩建造为特征。

因此，早三叠世北泗期成矿地质体为被两组断裂控制的台间盆地，台间盆地内的孤立台地（丘台）周边是最重要的赋矿沉积地质体。

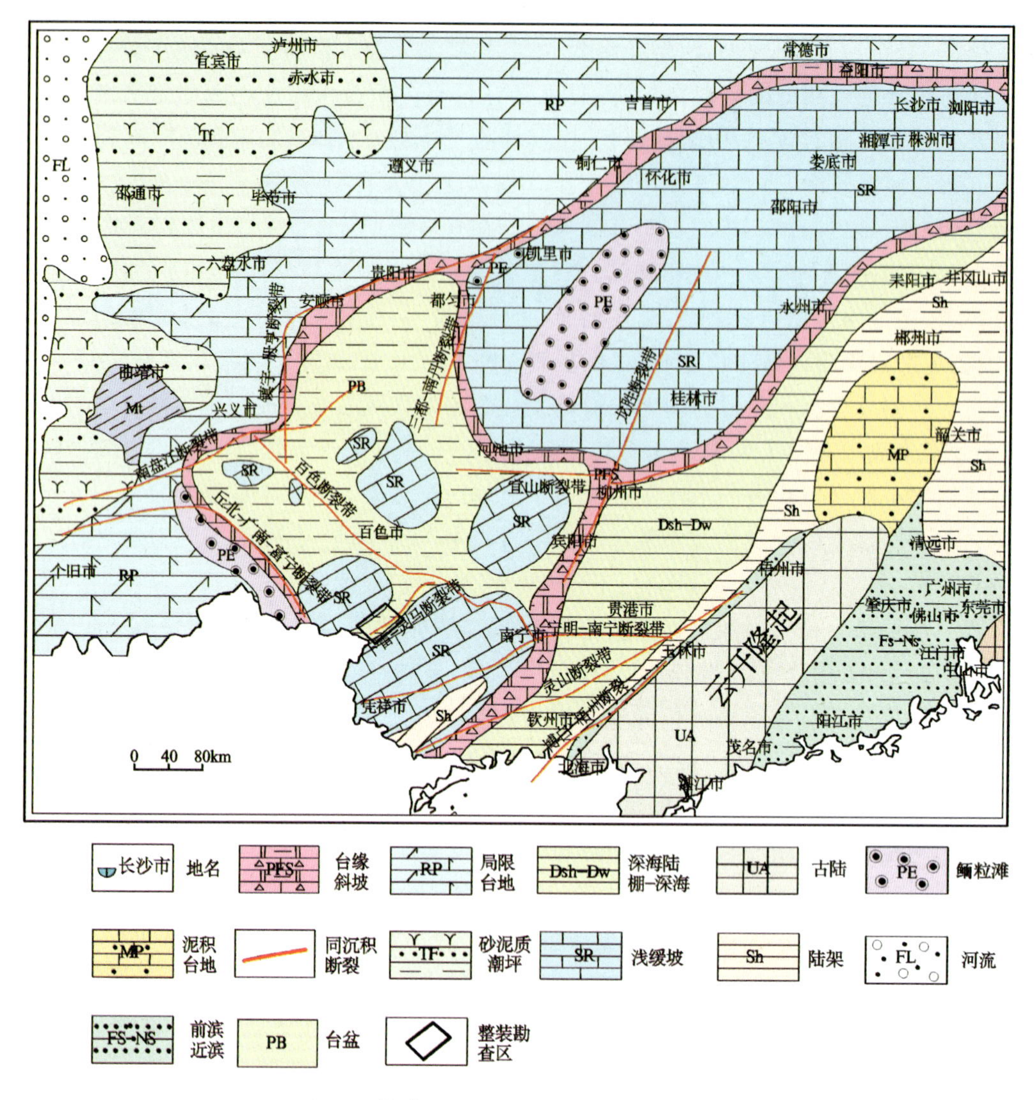

图 5-1　桂滇黔地区早三叠世构造古地理图

第二节　岩相、亚相、微相分析

一、岩相分析

通过路线调查、剖面测量、探槽剥土施工等手段，对岩石组合特征、地层米级旋回特征有了深入了解，结合典型锰矿床含锰岩系和岩石建造的岩石学、古生物学、元素地球化学的系统研究，认为：次稳定型建造是地台周边最重要的含锰建造系列；整装勘查区成锰盆地主要形成于离散环境，基底多为过渡型地壳，板块之间的背向拉张和深断裂带的转换拉张活动引起的离散作用是成锰盆地形成的主要动力学机制，具有工业意义的锰矿床分布在离散型成锰盆地中，而该整装勘查区锰矿床形成于浅水富氧的条件下，一般水深 80～150m 的台盆环境（图 5-1），地理位置上位于活动型或碎裂型碳酸盐岩台地内或陆棚中，环境水深处于陆棚与深海盆地之间，相当于大陆斜坡的水深。台间盆地构造活动的不均一性和海平面变化的周期性，使台间盆地水体深浅以及物源供给量发生变化，导致台间盆地发育多种沉积组合类型和地层剖面结构。

通过湘中坳陷、桂中坳陷、十万山盆地及关世聪（1980）沉积模式的对比研究，对研究区南盘江坳陷厘定了沉积相模式（表 5-1）；编制了勘查区北泗期岩相古地理图。

编图把泥盆纪—中三叠世定为一个统一的构造层，以隆起的剥蚀强度和三叠纪北泗组的残余厚度为依据。首先，以文献调研资料为基础，结合研究区构造演化特征研究，将研究区泥盆纪—中三叠世的盆地演化划分为两大阶段，分别为泥盆纪—早二叠世伸展裂陷海侵盆地发育阶段和晚二叠世—中三叠世再次伸展海相盆地发育阶段。在此基础上，结合研究区幕式构造运动的属性、规律研究，查明研究区内泥盆纪—中三叠世发育的大型控盆、控相断裂的位置、形成、活动时间及控盆、控相机制。其次，在构造及大型断裂研究的基础上，完成岩相古地理编图的基础资料准备工作，主要包括岩石地层多重划分对比、单剖面沉积环境分析、横向沉积相变规律研究和编图等。在完成上述基础资料图件准备的基础上，结合研究区构造、盆地演化规律的研究成果，运用“相比法”由点到线再到面的沉积相研究方法为基本思路，完成了勘查区的岩相古地理编图。

编图单元及图件表达方法：由于研究区范围较大，层位较多，因此项目组认为选取以“期”为基本编图单元，进行了古地理编图，这样既能较为准确地反映各时期的古地理格局，同时也不会影响对湘桂地区海相盆地古地理演化规律方面的认识。所编制的古地理图件，是以现今地理坐标为基准底图，即将地质历史时期的古地理单元、岩相和沉积环境表示于现今的地理坐标上。此外值得提及的是，由于岩相古地理图上反映的岩相和沉积环境代表的是某一时期形成的一套沉积体，因此难以涵盖所有类型的沉积相，也难以全部反映地层中的每一个沉积古地理信息，而只能重点突出优势相和一些反映特殊沉积环境的岩相和沉积环境信息。

二、亚相分析

将沉积相类型划分为局限台地、半局限台地、孤立台地（丘台）、台地凹陷（潟湖）、台地边缘上斜坡、台地边缘下斜坡、台盆等（照片 5-1 和图 5-2）。

（1）局限台地：局限台地是海水循环受限制、盐度不正常的浅海，其水体能量一般较低，以白云质灰岩为主，呈灰色、深灰色，中厚层至块状，常常缺乏层理构造，该环境不利于正常海生物生存，可有广盐性生物，生物扰动一般较强。

（2）半局限台地：较局限台地更为闭塞的台地环境，以泥晶灰岩或泥质灰岩为主。

（3）台地凹陷（潟湖）：主要发育在台地内部半封闭的洼地内，也可发育在临近古陆边缘半闭塞海湾地带，沉积物主要为紫红色泥岩、硅质岩，局部碳质含量较高，也可见铁的氧化物。

表 5-1　南盘江坳陷沉积相模式划分

沉积相区划分（据关世聪，1980）			湘中坳陷		南盘江坳陷			桂中坳陷		十万大山盆地	
			沉积相带	亚相	相	亚相	微相	相	亚相	相	亚相
台棚相区	台地边缘相	三角洲	三角洲		孤立碳酸盐岩台地区			台棚	滨海	台棚	滨岸沼泽
		滨岸沼泽	滨岸沼泽								
		潮坪潟湖	潮坪	潮上带							滨岸海滩
				潮间带							
				潮下带							潮坪
	台地	局限台地	局限-开阔台地	碎屑岩台坪		局限台地	潟湖		内缘斜坡		开阔台地
				退积台坪			潮坪		局限台地		
		开阔台地		碳酸盐岩台坪		半局限台地	台内凹地		半局限台地		
		台地凹槽	台地凹槽	泥灰岩台凹			生物丘		开阔台地		
槽盆相区	台地边缘	台缘礁滩				台缘礁滩	滩		台地边缘		台地边缘
							滩间凹槽				
		台缘斜坡				台缘上斜坡	生物礁		台缘斜坡		
							礁前				
	浅海盆地	内缘斜坡			台间海槽相区	台缘下斜坡					浅海陆棚
		陆棚盆地				丘台相			丘台相		浅海盆地
		盆地边缘				台盆斜坡			台间海槽		
	浅海槽地					台盆		槽盆	槽盆相	槽盆	次深海槽
											次深海
	深海槽盆										

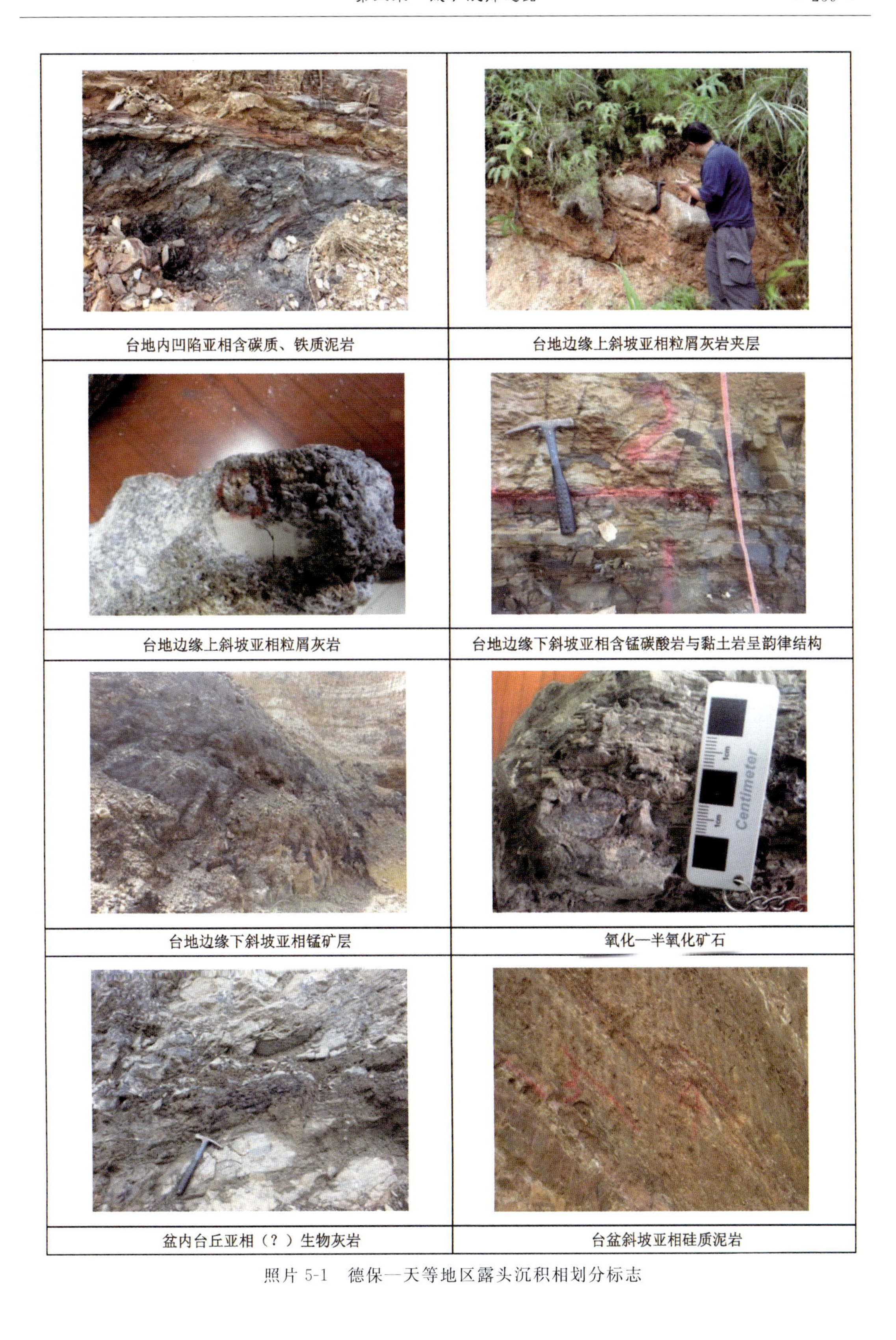

台地内凹陷亚相含碳质、铁质泥岩

台地边缘上斜坡亚相粒屑灰岩夹层

台地边缘上斜坡亚相粒屑灰岩

台地边缘下斜坡亚相含锰碳酸岩与黏土岩呈韵律结构

台地边缘下斜坡亚相锰矿层

氧化—半氧化矿石

盆内台丘亚相（？）生物灰岩

台盆斜坡亚相硅质泥岩

照片5-1　德保—天等地区露头沉积相划分标志

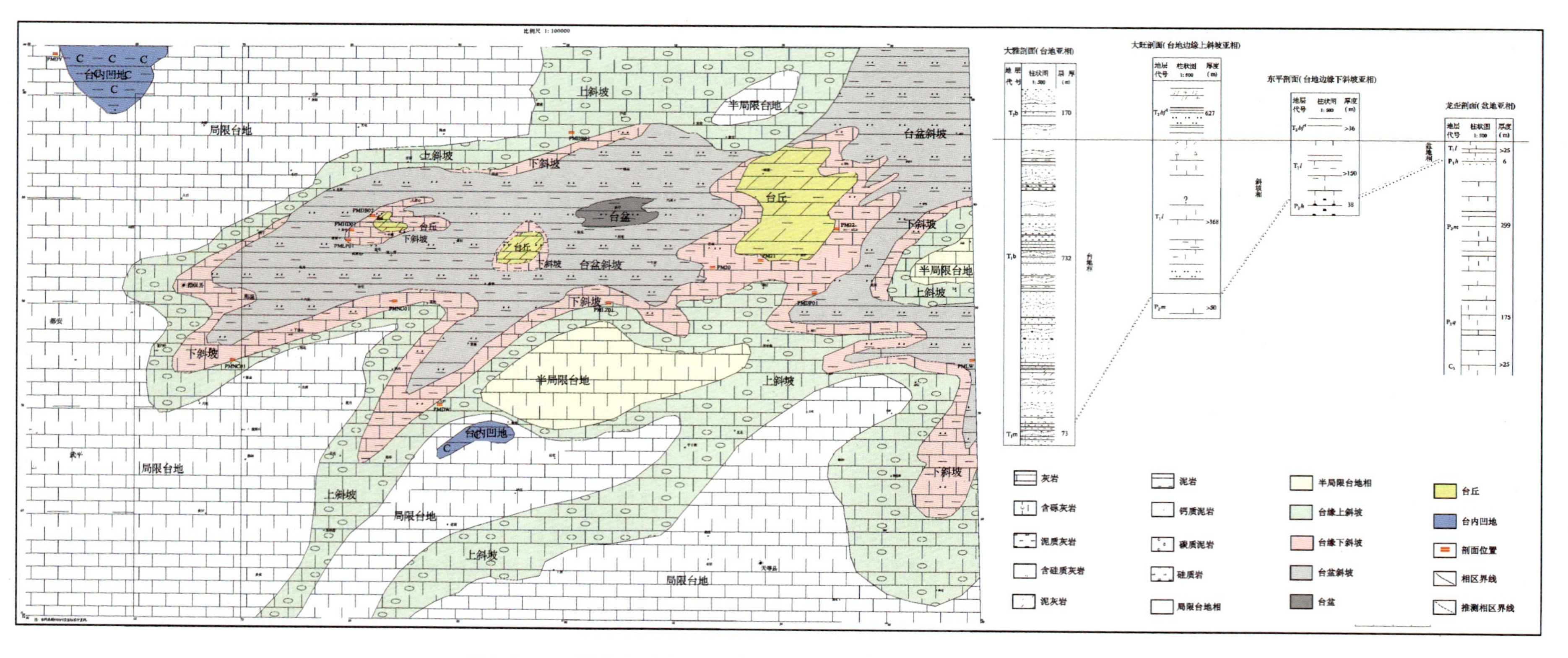

图5-2　广西天等龙原—德保那温地区三叠世北泗期岩相古地理图

(4)台地边缘上斜坡:该环境中碳酸盐碎屑流组成的重力流十分发育,向台间海盆呈不规则状的席状分布。坡度往往较陡,以透镜状正粒序碎屑流砾屑灰岩为主的跌积边缘斜坡及以岩崩角砾岩和滑蹋角砾岩的边缘悬崖等类型,较陡部位直接和台盆斜坡相连。

(5)台地边缘下斜坡:台盆内部地质体,坡度平缓,可以高密度钙屑浊积岩及含硅质泥灰岩为主。

(6)台丘:台盆内部地质体,相当于盆内高地,俗称微生物碳酸盐岩。

(7)台盆:该环境水体深度位于深水陆棚以下,岩石组合主要为硅质岩、泥岩及少量火山碎屑浊积岩,局部发育完整与不完整的典型鲍马序列等。

三、微相分析

初步建立了台盆相微相划分方案,详见图5-3。

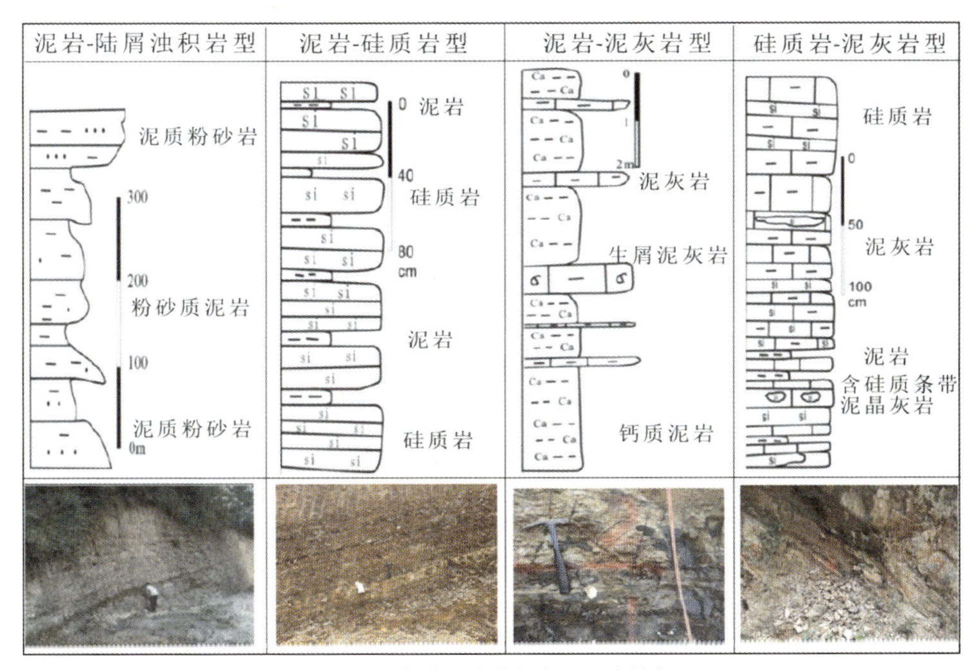

图5-3　台盆环境微相岩石组合特征

具体特征如下:

(1)泥岩-陆屑浊积岩型。岩性为深灰—黑灰色泥岩、砂质泥岩夹粉砂质泥岩及浊积岩,它们主要由厚层黑色泥岩和具有鲍马序列的砂、泥岩韵律互层组成,沉积构造包括槽模、底冲刷等。生物以薄壳型竹节石、菊石为主。

(2)泥岩-硅质岩型。代表了台盆覆水最深时期产物。岩性主要为深灰色薄层型硅质泥岩、粉砂质泥岩、锰质泥岩、泥质硅质岩、海绵骨针硅质岩、含锰硅质岩等的不同组合,水平层理发育。生物组合以薄壳型竹节石、菊石等为主。

(3)泥岩-泥灰岩型。岩性为深灰—黑灰色薄层泥岩、粉砂质泥岩、竹节石泥岩、含碳钙质泥岩夹薄层泥灰岩、硅质灰岩及少量粉砂质泥岩。其中灰岩与泥灰岩夹层的数量靠近台地呈递增趋势。

(4)硅质岩-灰岩或扁豆状灰岩型。为深灰色薄层型竹节石硅质岩、含锰硅质岩、泥岩、硅质泥灰岩与竹节石泥晶灰岩或条带状灰岩-扁豆状灰岩、泥晶灰岩的交替组合，局部地区夹风暴岩，反映了水体深浅的周期性变化。

(5)硅质岩-火山岩-火山碎屑浊积岩型。主要为凝灰岩、沉凝灰岩和凝灰质泥岩夹于硅质岩、硅质页岩中，反映了台间盆地的火山喷发、溢出的火山岩旋回呈层状夹于灰岩中。

综上所述，整装勘查区成矿地质体为台间盆地，锰矿沉积在扁豆状灰岩向硅质、泥质、钙质岩沉积变换的界面上，即与锰质伴生的围岩主要为硅质泥岩、钙质泥岩、泥灰岩、硅质灰岩及少许硅质岩的岩性组合，并含有较多的碳质和黄铁矿，纯硅质岩和纯碳酸盐岩不利于锰的沉积，尤其是不利于形成菱锰矿，所以锰矿层的形成明显受制于具有弱碱性的硅质、泥质、钙质的岩性组合。最有利的成矿环境为丘台下斜坡亚相泥灰岩-泥岩微相，这种环境常发育于被动陆缘背景或克拉通活动边缘盆地内，一般位于古海盆地的边缘，浅层海水富集氧气有利于溶解状态的 Mn^{2+} 发生氧化，形成难溶高价态锰的氧化物，从而沉淀于海底富集形成锰矿床。

第三节　成矿构造和成矿结构面分析

一、矿田构造特征

本次构造单元的划分方案仍采用广西通用的“四分法”，主要考虑下列因素：①三叠系的保存、发育程度、埋藏特征，上古生界的剥蚀程度与剥露特征；②构造古地理的特征，主要是孤立碳酸盐丘台的分布、深水-次深水盆地沉积的分布；③可能的原型盆地的特征与分布，如古同生断层的存在与分布、古半地堑或断陷盆地的存在与分布等；④主要深大断裂的控制作用与现今分布特征；⑤现今所呈现的多期构造变形所形成的构造变形特征，包括构造样式、构造线方向、变形强度等；⑥岩浆活动的强度与分布等。

一级构造单元属南华准地台，二级构造单元为右江再生地槽（Ⅴ），与整装勘查区有关的三级构造为靖西-田东隆起（$Ⅴ_3$）、下雷-灵马拗陷（$Ⅴ_4$）和西大明山隆起（$Ⅴ_5$）。天等-德保锰矿整装勘查区锰矿田所处构造部位为夹持于三级构造单元靖西-德保凸起和西大明山隆起之间下雷-灵马拗陷，带内构造复杂，褶皱、断裂发育，如图5-4所示。

（一）褶皱

1. 一级褶皱

整装勘查区内一级褶皱为摩天岭复式向斜（Ⅰ-1）和红泥坡背斜（Ⅰ-2）。

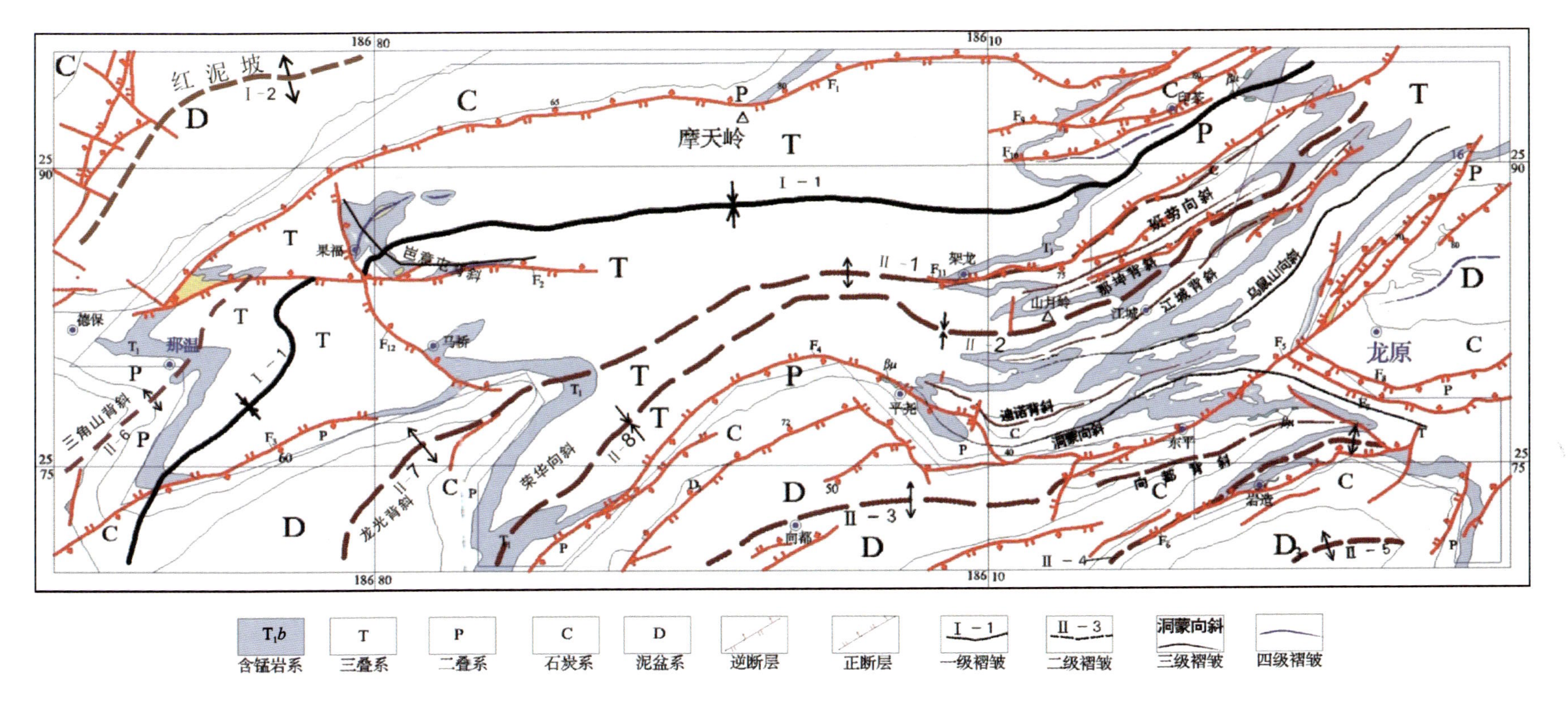

图 5-4　整装勘查区构造纲要图

(1)摩天岭复式向斜(Ⅰ-1)。摩天岭复式向斜核部为中三叠统河口组，两翼为中三叠统百逢组、下三叠统北泗组、下三叠统马脚岭组、二叠系、石炭系及泥盆系。在东西两端，复式向斜轴向呈北西向；在中部，复式向斜轴向近东西向。后期受东西向作用力的挤压，复式向斜东西两侧发生隆起，分别形成印茶至东平隆起、果福至马桥隆起。

摩天岭复式向斜北翼次级褶皱不发育，地层主要以单斜产出为主，且倾向平缓，倾角一般在18°～30°之间。摩天岭复式向斜南翼地层呈紧密线状，二级、三级、四级褶皱发育。

(2)红泥坡背斜(Ⅰ-2)。位于德保县那甲红泥坡林场一带，呈近东西走向，长约15km，南北2～3km。为一具双层结构的背斜构造：基底构造层由寒武系组成，盖层为中、下泥盆统。其北翼被东西向断层切割，仅保留南翼的单斜形态，基底和盖层均向南倾斜，基底地层倾角较陡，40°～50°，次级小型褶曲发育；盖层地层倾角平缓，20°～30°。被破坏的背斜北翼和轴部有加里东期花岗岩和石英斑岩侵入。

2. 二级褶皱

摩天岭复式向斜南翼的二级褶皱从北西到南东在田东—天等地区分别有架龙背斜、山月岭向斜、向都背斜、岩造向斜及进结背斜；德保地区有三角山背斜、龙光背斜、荣华向斜。

(1)架龙背斜(Ⅱ-1)。轴向呈北西向，两端隆起，中部沉降。核部为下泥盆统，两翼分别为中泥盆统，上泥盆统，石炭系，二叠系，下三叠统马脚岭组、北泗组，上三叠统百逢组。

(2)山月岭向斜(Ⅱ-2)。轴向呈北西向，两端隆起，中部沉降。核部为上三叠统百逢组，两翼分别为下三叠统北泗组、马脚岭组，二叠系，石炭系，泥盆系。

(3)向都背斜(Ⅱ-3)。轴向呈北西向，背斜往北东收敛，向南西撒开。核部为下泥盆统，两翼分别为中泥盆统，上泥盆统，石炭系，二叠系，下三叠统马脚岭组、北泗组，上三叠统百逢组。

(4)岩造向斜(Ⅱ-4)。轴向呈北西向，向斜往南西收敛，向北东撒开。核部为上三叠统百逢组，两翼分别为下三叠统北泗组、马脚岭组，二叠系，石炭系，泥盆系。

(5)进结背斜(Ⅱ-5)。轴向呈北西向，背斜往北东收敛，向南西撒开。核部为下泥盆统，两翼分别为中泥盆统，上泥盆统，石炭系，二叠系，下三叠统马脚岭组、北泗组，上三叠统百逢组。

(6)三角山背斜(Ⅱ-6)。位于德保县西南三角山地区，由寒武系组成，由于断层破坏严重，出露不连续，形态零乱，总的倾向北西，倾角35°～50°，出露宽度数百米至2km；盖层为中、下泥盆统，组成背斜翼部，主要为下泥盆统郁江组(D_1y)。褶皱轴走向北东15°～30°。

(7)龙光背斜(Ⅱ-7)。位于整装勘查区西南部龙光一带，褶皱轴走向北东15°～20°，向北东方向倾没于德保那光一带，南端止于钦甲-那史断层，与钦甲穹隆东翼相接；轴部由寒武系组成复式褶皱，地层走向北东，倾角一般大于40°；翼部为泥盆系、石炭系；背斜主体部分中、南段轴部两侧和翼部均受断层严重破坏，已不保留背斜形态，背斜北东段近倾伏端未受断层破坏，形态保存较完整。

(8)荣华向斜(Ⅱ-8)。位于东北部荣华—龙光一带，向西南方向延伸至湖润以北附近，宽4～10km，长达40km以上，轴向北东30°～50°，向斜西南端扬起，向北东逐渐开阔，呈喇叭形。轴部为下、中三叠统的薄层灰岩及薄层砂页岩，挤压较厉害，其中紧密的小褶皱较发育，倾角较陡，多数在40°以上；两翼由泥盆系、石炭系组成，地层倾角30°～70°。

3. 三级、四级褶皱

三级、四级褶皱已经在前文中详述，这里不再重复。

总之，摩天岭复式向斜为整装勘查区的控矿构造，其北翼地层主要以单斜产出，受 F_1 断层的破坏，含锰岩系及锰矿层仅在局部地段有出露；南翼地层二、三、四级褶皱发育，含锰岩系及锰矿层经多次褶皱，不但延长了其走向，扩大了规模，且使矿床具埋藏浅的特点。

（二）断裂构造

断裂构造以北东向为主，次为北西向。

1. 北东向组

该组断裂主要有 F_1、F_2、F_3、F_4、F_5、F_6、F_9、F_{10}、F_{11}。

（1）F_1 断层：位于摩天岭的北面，为逆断层，倾向北或北北西，倾角 65°～80°。该断层与岩层走向基本一致，对摩天岭复式向斜北翼的含锰岩系及锰矿层破坏较大。

（2）F_2 断层：位于那温北面，为逆断层，倾向北或北北西，倾角不明。该断层对含锰岩系及锰矿层有破坏作用，但破坏程度不大。

（3）F_3 断层：位于马桥以南，为逆断层，倾向南东，倾角 60°。该断层与岩层走向基本一致，对含锰岩系及锰矿层破坏较大。

（4）F_4 断层：位于平尧一带，为逆断层，倾向南东，倾角不明。该断层与岩层走向基本一致，对含锰岩系及锰矿层破坏较大。

（5）F_5 断层：位于东平一带，为正断层，倾向北西，倾角 55°～80°。该断层与岩层走向垂直，错断含锰岩系及锰矿层。

（6）F_6 断层：位于岩造以北，为正断层，倾向北西，倾角 47°。该断层对含锰岩系及锰矿层有一定的破坏作用。

（7）F_9 断层：经过印茶，分布在印茶至东平隆起带上，为逆断层，倾向北西，倾角 60°。该断层对含锰岩系及锰矿层破坏较小。

（8）F_{10} 断层：位于印茶以南，分布在印茶至东平隆起带上，为正断层，倾向北西。

（9）F_{11} 断层：经过架龙，分布在印茶至东平隆起带上，为逆断层，倾向南东，倾角 75°。

2. 北西向断裂组

该组断裂主要有 F_7、F_8 及 F_{12}。

（1）F_7 断层：位于龙原的南面，为逆断层，倾向北东，倾角不明。该断层破坏了 F_5 断层以东的洞蒙向斜北翼的含锰岩系及锰矿层。

（2）F_8 断层：位于龙原的南面，为正断层，倾向南西，倾角 60°。

（3）F_{12} 断层：位于果福以西，为逆断层，倾向东，倾角不明。该断层对含锰岩系及锰矿层有破坏作用，但破坏程度不大。

二、构造结构面种类及特征

成矿结构面总体表现为构造层和滑脱层等接触或相关界面。其中上古生界—中、下三叠统构造层是本区分布最广泛、变形最为强烈的构造层，其间可能存在几个局部的平行不整合，并未见区域性角度不整合，该构造层可能在印支期—燕山期遭受强烈变形。该构造层的上部和下部的构造变形强度有明显差异，下部的泥盆系—二叠系变形程度明显要弱得多，一般为中等—较弱的变形；而上部的中-下三叠统特别是中三叠统变形十分强烈。两者之间可能存在明显的滑脱作用。从分析野外地质构造剖面的特征来看，三叠系的变形强烈而复杂，上古生界的变形则相对要简单、平缓，二者之间的变形不协调；三叠系与二叠系之间频发顺层断层，规模也较大，充分说明其滑脱构造的存在性；相关地震剖面的解释则更有力地证明了该滑脱面的存在（照片 5-2、照片 5-3）。另外，印支期（早-中三叠世）无论是基性的还是中酸性的岩浆活动主要发育于十万大山盆地以西的南部地区，均指示了岛弧与活动大陆边缘的构造环境，并且岩浆活动主要集中于南部地区，说明了该时期本区南侧的古特提斯洋的俯冲与聚敛作用。研究区部分区域北泗组火山岩由英安岩、流纹岩、凝灰岩、熔岩凝灰岩、凝灰角砾岩、英安质角砾岩组成，厚 22～1162m，有两个喷发旋回，中三叠世也有大量火山岩分布，其与成锰成矿的关系有待进一步研究。

综上所述，成矿构造主体为北西向的右江断裂和北东向的下雷-灵马断裂，成矿结构面总体表现为构造层和滑脱层、火山岩等接触或相关界面，锰矿沉积在扁豆状灰岩向硅质、泥质、钙质岩沉积变换的界面上。

照片 5-2　陇汤矿区滑脱构造界面

照片 5-3　摩天岭地区滑脱构造界面

第四节　成矿作用特征标志分析

一、成矿期次、阶段

1. 锰质的迁移和相对富集阶段

晚古生代—三叠纪右江-南盘江盆地经历多次构造事件，被动大陆边缘上板块之间的背向拉张和深断裂带的转换拉张活动引发台地的离散作用（构造成盆），多期次海侵海退，带出的大量富锰缺氧的热水溶液，沿同沉积断裂和古岩溶面发生垂向流动或由盆地向盆地周缘地区的台地内部发生大规模的侧向流动；而在盆地内部，成矿流体由台间盆地流向富含（有机质）菌藻类的孤立台地（整装勘查区内）形成规模较小的丘台，并加速了缺氧事件的形成，菌藻类自身有吸附 Mn^{2+} 离子的能力，使锰质得到了富集，并且能改变介质的物理化学条件。微生物在成矿过程中主要起两大作用：①它们的活动产生更多的有机质，使介质更加缺氧；②它们把较分散的 Mn^{2+} 离子高倍浓缩在一起。

2. 锰的沉积成矿阶段

整装勘查区锰矿化主要成矿时代与二叠纪末—三叠纪初的生物绝灭事件引发的大规模

缺氧事件密切相关，因为锰矿沉积富集成矿要经过盆地水体中锰的初始富集和铁-锰的分离作用，分层海水中富有机质还原水体具有提高锰溶解度和促使铁-锰分离的功能。当底流重新出现时，水介质条件发生变化，由原来还原条件的水体转变为弱氧化弱碱性的环境，锰从最低含氧层底部海水中沉淀出来形成含锰软泥，在准同生阶段和成岩早期交代由底流形成的尚未固结的碳酸盐软泥和大量死亡沉降下来比较富锰的生物遗体围绕孤立台地而形成锰矿层（施磊等，2013）。

3. 氧化富集成矿阶段

沉积的含锰岩系严格控制着氧化锰矿层的分布。锰矿层赋存于泥、泥灰岩中，含锰层和围岩均具微粒结构，薄层—纹层构造，有利于地下水的渗透，加剧了对原生锰矿的氧化能力；氧化矿皆形成于潜水面以上地带，该带地下水活动强烈，氧化作用充分，对形成大型氧化锰矿有利；含锰岩系及围岩均含较多的游离 CO_2（3.59～16.33mg/L）和较高的 CaO（含量 10%～17%），在湿润气候下，具有较大的活动性，CaO 在风化过程中容易淋失，有利于锰质富集（李升福，1996）。整装勘查区以侵蚀切割比较强烈的中—低山为主，氧化锰矿常出露于山顶和半山坡上，此种地貌，潜水面离地面较深，氧化条件良好，也易形成锰帽型氧化锰矿床。

二、成矿物理化学条件及流体作用标志

1. 微量元素地球化学特征研究

各元素分析结果见表 5-2～表 5-7。

（1）Co∶Ni 比值：Co/Ni＜1，一般为 0.5～0.9，这与沉积成因的 Co＜Ni 的比值是一致的。Ti、V 比值为 5.96～15.45，均在 20 以内，具有陆源的特征。

表 5-2　扶晚锰矿区锰矿石主要微量元素含量表

元素或组分	Co	Ni	Cu	Pb	Zn	B_2O_3	S	Sr
分析含量（%）	0.012	0.01	0.005	0.008	0.009	0.093	0.19	0.072
可综合利用含量（%）	0.02～0.06	0.1～0.2	0.1～0.2	0.4	0.7	1～3	2～4	
元素或组分	Au	Ag	As	Cr	Ba	TiO_2	V_2O_5	Sc_2O_3
分析含量	0.06×10^{-6}	3.0×10^{-6}	0.011%	0.006%	0.25%	0.057%	0.01%	0.00%
可综合利用含量	0.2×10^{-6}	$(5\sim10)\times10^{-6}$						

沉积物中 V/(V+Ni) 值可反映沉积物形成时的氧化还原环境（Jones，1994）。根据沉积盆地底水中溶解氧的含量将盆地水体分为氧化的、弱氧化的、微氧化的和缺氧的，其溶解氧的

含量($\times 10^{-3}$)分别为:>2、2～0.2、0.2～0.0、0。当V/(V+Ni)的值在1～0.83时为静海环境,在0.83～0.57时为缺氧环境,在0.57～0.46时为弱氧化环境,<0.46时为氧化环境。

研究区锰矿所取样品分别选自矿层、顶底板和夹层,组合分析、全分析各微量元素含量见表5-2。表5-2结果表明:这一比值为0.056～0.68,其中矿层为0.12～—0.27,顶底板和夹层为0.43～0.68,表明锰矿形成时处于氧化环境,顶底板和夹石形成时为氧化环境至弱氧化环境。

表5-3　微量、常量元素分析结果表(1)(%)

检验编号	来样编号	Mn	Fe	S	P	SiO_2	Al_2O_3	LOI	Cr($\times 10^{-6}$)
Q2014-1095	DP-H3-1	0.12	0.077	0.070	0.022	40.68	39.42	11.56	68.0
Q2014-1096	DP-H3-2	0.15	0.12	0.056	0.028	39.02	8.82	13.05	53.2
Q2014-1097	DP-H4-1	0.15	0.14	0.025	0.021	40.64	27.14	11.31	49.9
Q2014-1098	DP-H4-2	0.15	0.33	0.033	0.020	39.38	39.51	12.13	60.4
Q2014-1099	DP-H5	0.20	0.22	0.022	0.025	41.80	41.06	11.17	52.3
Q2014-1100	DP-H6	0.10	0.20	0.028	0.019	43.68	42.08	6.76	53.6
Q2014-1101	DP-H7	0.15	0.18	0.037	0.022	44.08	11.43	7.04	54.8
Q2014-1102	LY-H6-1	19.90	5.33	0.022	0.11	37.63	11.45	12.08	72.3
Q2014-1103	LY-H6-2	20.06	5.43	0.026	0.11	38.05	11.32	11.78	35.4
Q2014-1104	LY-H7-1	18.91	7.42	0.028	0.15	37.54	11.19	11.34	42.3
Q2014-1105	LY-H7-2	19.25	6.83	0.026	0.13	37.76	9.93	11.67	29.8
Q2014-1106	LY-H8	0.15	0.77	0.015	0.027	73.64	15.53	6.88	62.1
Q2014-1107	LY-H9	0.15	1.23	0.018	0.033	72.73	17.14	5.67	32.4
Q2014-1108	CY-H1	0.20	0.38	0.018	0.03	29.60	0.61	31.16	27.8
Q2014-1109	CY-H2	20.12	4.60	0.017	0.13	37.54	11.26	12.20	45.3
Q2014-1110	PY-H1-1	29.54	2.75	0.0073	0.16	23.36	8.85	14.07	39.7
Q2014-1111	PY-H1-2	27.52	3.13	0.0095	0.14	24.60	8.42	14.04	54.2
Q2014-1112	PY-H3-1	23.66	3.18	0.0073	0.16	30.92	9.28	11.53	61.0
Q2014-1113	PY-H3-2	23.80	3.89	0.0081	0.15	31.82	9.59	11.74	47.8
Q2014-1114	PY-H4	20.62	6.66	0.013	0.076	36.20	7.99	11.92	51.0
Q2014-1115	LT-H4-1	11.94	10.54	0.0067	0.10	45.20	7.91	12.43	35.2
Q2014-1116	LT-H4-2	11.84	10.37	0.0077	0.12	45.82	7.64	12.47	29.7

续表 5-3

检验编号	来样编号	Mn	Fe	S	P	SiO_2	Al_2O_3	LOI	Cr($\times10^{-6}$)
Q2014-1117	LT-H6-1	0.43	2.72	0.0080	0.033	80.60	9.24	3.48	26.4
Q2014-1118	LT-H6-2	0.23	2.80	0.010	0.037	79.50	8.88	3.52	30.2
Q2014-1120	LT-H1	0.23	2.90	0.010	0.037	78.64	9.18	3.60	31.0
Q2014-1121	LT-H2	20.10	7.85	0.014	0.12	37.16	7.42	11.34	36.4
Q2014-1122	LT-H5-1	0.26	2.87	0.012	0.046	78.40	11.47	4.23	35.2
Q2014-1123	LT-H5-2	0.27	2.75	0.014	0.041	76.76	9.48	3.82	37.2

2. 常量元素地球化学特征

各元素分析结果见表 5-4～表 5-7。

锰矿层中 Al/(Al+Fe+Mn)可以用来判断锰矿沉积时是否明显受到热水作用影响；沉积岩中这一比值大于 0.5 时，物源应为陆源，比值<0.35 时为有热水注入。研究区内锰矿矿层中这一比值为 0.023～0.033，岩石中此比值为 0.23～0.43，平均为 0.33，说明应是有热水作用参与补充成矿。

表 5-4　微量、常量元素分析结果表(2)(%)

检验编号	来样编号	CaO	MgO	K_2O	Na_2O	Cu	Pb	Zn	Zr($\times10^{-6}$)	Co($\times10^{-6}$)
Q2014-1095	DY-H3-1	0.13	1.29	2.63	2.04	29.0	0.0011	0.0016	56.3	23.8
Q2014-1096	DY-H3-2	0.047	0.32	2.52	1.94	86.3	0.0009	0.0030	54.3	18.3
Q2014-1097	DY-H4-1	0.12	0.59	2.58	2.62	22.0	0.0084	0.0046	76.2	44.8
Q2014-1098	DY-H4-2	0.12	0.58	2.72	2.15	19.4	0.0074	0.0025	56.3	18.9
Q2014-1099	DY-H5	0.20	0.88	2.68	2.83	22.6	0.0015	0.0024	45.2	24.0
Q2014-1100	DY-H6	0.56	0.079	1.37	3.16	28.4	0.0007	0.0015	32.1	21.5
Q2014-1101	DY-H7	0.52	0.064	1.40	3.17	23.2	0.0009	0.0019	29.8	44.5
Q2014-1102	LY-H6-1	0.23	0.56	1.73	0.074	25.6	0.0008	0.018	30.1	192
Q2014-1103	LY-H6-2	0.24	0.62	1.59	0.17	16.4	0.0028	0.017	25.4	206
Q2014-1104	LY-H7-1	0.15	0.66	1.33	0.073	29.2	0.0047	0.027	45.6	216
Q2014-1105	LY-H7-2	0.15	0.66	1.59	0.087	28.4	0.0038	0.029	68.1	210
Q2014-1106	LY-H8	0.045	0.16	0.65	0.091	37.3	0.0030	0.0018	54.7	20.0

续表 5-4

检验编号	来样编号	CaO	MgO	K_2O	Na_2O	Cu	Pb	Zn	Zr ($\times10^{-6}$)	Co ($\times10^{-6}$)
Q2014-1107	LY-H9	0.090	0.56	2.63	0.11	29.8	0.0017	0.0023	54.3	23.3
Q2014-1108	CY-H1	36.24	0.28	0.065	0.024	17.2	0.0035	0.0038	46.9	42.2
Q2014-1109	CY-H2	0.20	0.53	1.57	0.052	19.6	0.0015	0.10	75.0	210
Q2014-1110	PY-H1-1	0.79	0.54	2.84	0.064	8.7	0.0032	0.014	32.6	202
Q2014-1111	PY-H1-2	0.78	0.59	2.72	0.12	9.3	0.0035	0.037	41.0	207
Q2014-1112	PY-H3-1	0.35	0.80	3.00	0.17	10.5	0.0032	0.017	35.4	171
Q2014-1113	PY-H3-2	0.34	0.82	3.15	0.21	10.1	0.0030	0.017	36.4	192
Q2014-1114	PY-H4	0.11	0.70	1.78	0.048	25.1	0.0026	0.021	45.8	147
Q2014-1115	LT-H4-1	0.40	2.24	0.33	0.052	13.6	0.0041	0.011	64.5	133
Q2014-1116	LT-H4-2	0.43	2.45	0.32	0.033	13.4	0.0045	0.013	56.4	132
Q2014-1117	LT-H6-1	0.022	0.53	1.88	0.047	26.0	0.0026	0.0028	61.0	31.8
Q2014-1118	LT-H6-2	0.018	0.52	1.86	0.045	31.3	0.0047	0.0032	67.0	33.8
Q2014-1120	LT-H1	0.029	0.55	1.94	0.033	32.6	0.0032	0.0032	34.2	26.6
Q2014-1121	LT-H2	0.080	0.46	1.58	0.081	20.0	0.0035	0.014	29.9	172
Q2014-1122	LT-H5-1	0.035	0.64	2.31	0.027	44.6	0.0024	0.017	36.1	28.8
Q2014-1123	LT-H5-2	0.033	0.60	2.25	0.077	39.5	0.0022	0.0040	41.0	31.6

锰矿矿石和岩石的 $SiO_2/A1_2O_3$ 比值可用于判定与陆源或生物或热水作用的关系，陆壳中 $SiO_2/A1_2O_3$ 值为 3.6，与此比值接近的岩石的物源应以陆源为主，超过此值的则多是由于生物或热水作用的补充。研究区内锰矿矿石和岩石的这一比值为 13.27～22.44，结合其他地球化学依据，应是有热水作用参与补充的结果。

表 5-5 微量、常量元素分析结果表(3)($\times10^{-6}$)

检验编号	来样编号	Sr	Ni	V	Ti(%)	Ba(%)	B	Be
Q2014-1095	DY-H3-1	312	18	236	0.54	0.408	28.3	3.65
Q2014-1096	DY-H3-2	254	12	234	0.47	0.271	21.4	2.36
Q2014-1097	DY-H4-1	254	39	185	0.58	0.140	26.7	4.21
Q2014-1098	DY-H4-2	236	16	206	0.44	0.168	19.8	5.12
Q2014-1099	DY-H5	360	17	214	0.70	0.142	21.0	4.12

续表 5-5

检验编号	来样编号	Sr	Ni	V	Ti(%)	Ba(%)	B	Be
Q2014-1100	DY-H6	447	15	153	2.16	0.076	34.5	3.26
Q2014-1101	DY-H7	496	27	144	1.81	0.079	41.0	2.68
Q2014-1102	LY-H6-1	425	94	97.8	0.23	0.082	23.4	6.01
Q2014-1103	LY-H6-2	414	79	74.3	0.21	0.076	35.0	5.12
Q2014-1104	LY-H7-1	406	99	111	0.22	0.082	24.1	4.12
Q2014-1105	LY-H7-2	388	93	101	0.20	0.077	26.5	3.11
Q2014-1106	LY-H8	5.88	12	16.9	0.12	0.026	24.3	2.64
Q2014-1107	LY-H9	6.50	11	34.4	0.17	0.062	32.2	3.21
Q2014-1108	CY-H1	107	26	4.71	0.008	0.018	34.5	2.13
Q2014-1109	CY-H2	471	92	88.0	0.23	0.059	42.0	1.89
Q2014-1110	PY-H1-1	498	90	48.9	0.19	0.097	43.2	1.78
Q2014-1111	PY-H1-2	455	95	51.7	0.21	0.108	19.5	1.62
Q2014-1112	PY-H3-1	418	110	47.8	0.24	0.150	17.8	1.54
Q2014-1113	PY-H3-2	382	112	49.5	0.27	0.166	35.4	2.13
Q2014-1114	PY-H4	459	77	85.8	0.21	0.062	26.7	2.22
Q2014-1115	LT-H4-1	27.6	84	92.4	0.24	0.011	28.9	2.31
Q2014-1116	LT-H4-2	31.0	79	92.0	0.23	0.015	42.1	6.87
Q2014-1117	LT-H6-1	5.07	18	48.1	0.20	0.034	36.8	7.85
Q2014-1118	LT-H6-2	5.72	20	48.3	0.19	0.040	37.0	6.54
Q2014-1120	LT-H1	4.46	20	46.8	0.19	0.039	39.4	8.01
Q2014-1121	LT-H2	423	71	82.4	0.21	0.054	42.0	2.63
Q2014-1122	LT-H5-1	4.33	17	66.6	0.30	0.040	41.6	4.65
Q2014-1123	LT-H5-2	3.11	19	62.3	0.27	0.037	45.8	3.56

3. 稀土元素地球化学特征

稀土元素含量及特征值见表5-8、表5-9。有如下特征：①稀土总量(∑REE)在(179.096～302.54)$\times 10^{-6}$，平均值为246.952$\times 10^{-6}$，低于维氏值，但最高值为维氏值的1.03倍；②轻重稀土比值(∑Ce/∑Y)在1.541～3.067之间，低于维氏值(3.58)，表明轻稀土富集程度较低；③铕异常系数(δEu)平均值为0.305，属中等铕亏损。

表 5-6　德保陇汤剖面 PMDB01 地球化学分析结果表($\times10^{-6}$)

送样号	分析号	Cu	Cr	Ni	Co	Cd	Sr	Ba	V	Au ($\times10^{-9}$)	Ag	Ti	Mn	Fe
PMDB01-H0	A140260001	58.4	53.8	29.5	11.8	0.30	63.0	763	164	2.80	0.35	5920	140	41 800
PMDB01-H1	A140260002	27.7	37.9	7.37	1.41	0.065	28.1	390	101	1.02	0.11	2840	121	24 500
PMDB01-H2	A140260003	76.7	70.3	46.9	18.6	0.59	30.6	678	111	2.10	0.17	4230	6600	47 300
PMDB01-H3	A140260004	24.7	42.2	59.7	195	1.21	192	224	111	0.46	0.41	1950	44 200	121 000
PMDB01-H4	A140260005	35.0	59.7	43.0	7.68	0.12	16.6	460	108	0.66	0.053	4060	165	40 000
PMDB01-H5	A140260006	11.9	28.3	10.8	2.21	0.025	56.4	169	28.4	0.97	0.11	1080	528	13 500
PMDB01-H6	A140260007	684	33.3	62.9	57.2	13.9	72.7	492	79.2	3.39	0.78	1740	56 200	145 000
PMDB01-H7	A140260008	10.4	30.4	107	66.1	0.21	414	573	39.4	0.29	0.017	633	286 000	23 100
PMDB01-H8	A140260009	43.6	32.8	23.7	7.67	0.16	23.5	394	42.0	2.32	0.064	2040	902	31 000
PMDB01-H9	A140260010	41.2	53.2	88.7	280	0.12	42.1	432	87.4	0.68	0.060	2300	106 000	42 900
PMDB01-H10	A140260011	26.5	33.6	93.9	244	0.20	752	507	46.4	1.91	0.0089	648	250 000	23 900
PMDB01-H11	A140260012	7.87	12.3	5.69	6.32	<0.001	6.00	102	8.28	0.47	0.026	616	795	11 700
PMDB01-H12	A140260013	61.7	27.6	65.8	58.4	0.11	283	360	58.4	1.81	0.036	1710	81 600	37 200
PMDB01-H13	A140260014	64.0	33.0	172	79.5	0.80	608	1220	122	2.63	0.20	1540	206 000	33 100
PMDB01-H14	A140260015	40.8	35.4	122	83.2	0.20	336	634	64.4	0.88	0.026	1540	117 000	34 200
PMDB01-H15	A140260016	43.6	31.5	22.3	9.72	0.19	28.7	366	39.3	3.34	0.068	1870	1020	28 600
PMDB01-H16	A140260017	66.8	45.0	43.6	17.8	0.22	20.5	583	119	1.72	0.041	4570	15 400	48 700
PMDB01-H17	A140260018	52.9	49.9	55.7	29.1	0.23	13.0	437	79.2	2.83	0.075	3640	17 400	45 500

表 5-7　天等东平利益剖面 PMDP01 地球化学分析结果表($\times10^{-6}$)

送样号	分析号	Cu	Cr	Ni	Co	Cd	Sr	Ba	V	Au ($\times10^{-9}$)	Ag	Ti	Mn	Fe
PMDP01-H0	A140250001	69.6	92.4	29.1	13.3	0.19	58.4	748	162	2.78	0.43	5540	72.4	40 500
PMDP01-H1	A140250002	17.3	31.5	2.16	2.32	0.092	627	72.1	6.48	0.11	0.0044	416	191	5120
PMDP01-H2	A140250003	82.3	66.5	63.1	41.7	5.02	37.7	571	113	2.37	0.13	4140	15 600	50 600
PMDP01-H3	A140250004	75.8	57.9	18.4	12.3	0.21	11.6	369	67.8	2.46	0.035	2680	414	32 300
PMDP01-H4	A140250005	60.5	84.6	45.9	22.4	0.087	19.4	525	104	4.14	0.060	4140	5820	46 400
PMDP01-H5	A140250006	93.7	75.9	58.3	41.4	1.00	51.1	845	125	4.31	0.52	3970	22 400	50 200
PMDP01-H6	A140250007	62.3	60.4	35.9	17.8	0.11	15.4	503	94.9	2.59	0.055	3890	3720	42 000
PMDP01-H7	A140250008	29.8	53.6	85.2	181	0.14	607	325	75.3	1.31	0.0066	1320	248 000	44 600
PMDP01-H8	A140250009	30.7	64.4	156	286	0.18	831	610	57.2	1.25	0.012	1100	268 000	22 800
PMDP01-H9	A140250010	54.2	89.2	31.2	17.7	0.072	518	580	69.0	1.61	0.038	2690	12 700	30 200
PMDP01-H10	A140250011	28.5	57.6	172	201	0.36	856	752	81.6	4.04	0.054	1480	194 000	34 400
PMDP01-H11	A140250012	80.3	54.2	118	99.1	0.36	559	754	136	4.73	0.012	1380	214 000	33 400
PMDP01-H12	A140250013	54.4	51.8	141	131	0.14	588	546	72.1	1.38	0.014	1430	186 000	46 500
PMDP01-H13	A140250014	67.5	54.6	146	86.5	0.50	550	1010	121	3.24	0.052	1640	202 000	33 600
PMDP01-H14	A140250015	31.8	69.6	122	109	0.096	512	746	67.8	0.83	0.024	1460	184 000	32 300
PMDP01-H15	A140250016	31.7	68.6	115	97.4	0.15	507	690	63.4	0.85	0.052	1290	198 000	32 100
PMDP01-H16	A140250017	89.0	62.1	154	116	0.18	552	630	105	2.28	0.014	1600	200 000	37 600
PMDP01-H17	A140250018	89.3	59.7	122	47.5	0.13	47.3	817	118	2.97	0.069	4390	24 600	48 100
PMDP01-H18	A140250019	66.6	70.7	50.9	29.9	0.12	12.0	543	105	2.86	0.026	4290	3600	47 000

表 5-8　天等东平利益剖面 PMDP01 稀土元素分析表($\times 10^{-6}$)

送样号	分析号	La	Ce	Pr	Nd	Sm	Eu	Gd	Tb	Dy	Ho	Er	Tm	Yb	Lu	Y
PMDP01-H0	A140250001	36.4	76.6	8.36	29.6	5.25	1.10	4.27	0.66	3.70	0.78	2.16	0.34	2.13	0.30	19.0
PMDP01-H1	A140250002	7.45	14.3	1.53	6.28	1.39	0.38	1.29	0.22	1.33	0.27	0.67	0.098	0.61	0.081	8.41
PMDP01-H2	A140250003	31.5	77.6	6.81	25.1	5.05	1.19	4.44	0.80	4.82	1.01	2.89	0.47	2.97	0.41	25.9
PMDP01-H3	A140250004	46.8	70.3	9.97	38.9	7.00	1.17	5.44	0.87	4.69	0.96	2.59	0.40	2.59	0.36	23.1
PMDP01-H4	A140250005	57.4	86.5	12.0	44.1	7.56	1.43	5.98	0.90	5.01	0.98	2.78	0.42	2.73	0.38	25.3
PMDP01-H5	A140250006	70.2	93.8	14.6	58.8	11.0	2.47	9.13	1.45	8.02	1.59	4.27	0.65	4.22	0.57	37.8
PMDP01-H6	A140250007	68.6	88.4	14.4	55.9	9.67	1.95	7.59	1.15	6.11	1.22	3.27	0.49	3.23	0.44	29.8
PMDP01-H7	A140250008	41.5	71.0	8.49	31.2	5.70	1.18	4.67	0.74	4.20	0.83	2.30	0.35	2.21	0.31	22.9
PMDP01-H8	A140250009	33.3	79.6	7.08	25.8	5.05	1.17	4.29	0.71	4.15	0.82	2.20	0.34	2.14	0.29	20.9
PMDP01-H9	A140250010	44.4	77.2	9.64	33.5	6.18	1.13	4.86	0.80	4.52	0.90	2.49	0.38	2.52	0.35	24.1
PMDP01-H10	A140250011	121	104	33.7	127	34.9	8.24	30.2	6.24	36.6	6.64	16.7	2.55	15.6	2.10	116
PMDP01-H11	A140250012	86.0	104	20.3	76.3	17.2	4.32	17.6	3.35	19.6	3.79	9.57	1.40	8.50	1.19	79.2
PMDP01-H12	A140250013	67.0	86.7	12.0	43.2	8.10	1.80	8.51	1.39	8.37	1.80	4.79	0.68	3.97	0.60	64.0
PMDP01-H13	A140250014	79.0	91.8	19.3	71.8	15.4	3.41	12.9	2.24	12.8	2.35	6.03	0.91	5.80	0.78	49.0
PMDP01-H14	A140250015	59.6	79.4	9.72	35.8	6.32	1.22	5.86	0.91	5.24	1.13	3.06	0.44	2.78	0.40	38.8
PMDP01-H15	A140250016	51.7	79.9	9.11	33.3	5.85	1.17	5.35	0.87	4.99	1.07	2.91	0.45	2.80	0.38	35.2
PMDP01-H16	A140250017	44.0	82.4	9.34	35.4	6.80	1.33	5.75	0.92	5.38	1.06	2.85	0.44	2.72	0.38	28.1
PMDP01-H17	A140250018	56.5	91.5	12.2	45.4	8.34	1.59	7.20	1.15	6.61	1.35	3.58	0.57	3.64	0.50	35.5
PMDP01-H18	A140250019	55.5	71.1	12.0	44.9	8.67	1.83	7.88	1.39	8.18	1.62	4.29	0.65	4.08	0.57	43.5

表 5-9 德保陇汤剖面 PMDB01 稀土元素分析表($\times10^{-6}$)

送样号	分析号	La	Ce	Pr	Nd	Sm	Eu	Gd	Tb	Dy	Ho	Er	Tm	Yb	Lu	Y
PMDB01-H0	A140260001	36.8	80.2	8.78	30.2	5.13	1.0	4.19	0.66	3.64	0.78	2.18	0.33	2.12	0.29	19.8
PMDB01-H1	A140260002	31.0	54.3	7.12	28.6	5.64	1.02	4.49	0.74	3.90	0.74	1.95	0.29	1.77	0.24	17.5
PMDB01-H2	A140260003	61.7	83.9	12.0	38.8	6.93	1.33	5.22	0.78	4.55	0.91	2.50	0.42	2.74	0.38	24.7
PMDB01-H3	A140260004	49.5	93.4	10.6	46.2	11.3	2.90	11.8	2.05	11.5	2.18	5.23	0.68	3.93	0.53	49.8
PMDB01-H4	A140260005	30.2	65.4	6.54	23.0	4.20	0.88	3.42	0.54	3.40	0.68	1.95	0.31	2.12	0.30	16.4
PMDB01-H5	A140260006	15.2	23.6	3.54	13.9	2.84	0.61	2.32	0.34	1.84	0.32	0.86	0.13	0.74	0.11	8.64
PMDB01-H6	A140260007	55.8	158	11.6	45.5	10.2	3.07	9.89	1.61	8.92	1.63	4.07	0.60	3.75	0.50	33.8
PMDB01-H7	A140260008	33.7	72.5	7.33	28.6	5.49	1.22	4.73	0.83	4.73	0.92	2.51	0.39	2.43	0.33	22.6
PMDB01-H8	A140260009	32.8	60.4	7.48	28.7	5.80	1.10	4.92	0.85	4.94	1.01	2.64	0.40	2.61	0.35	26.0
PMDB01-H9	A140260010	39.1	73.8	8.57	30.6	5.22	0.84	4.22	0.62	3.40	0.67	1.90	0.30	1.92	0.28	16.8
PMDB01-H10	A140260011	38.0	86.8	8.48	31.1	6.28	1.42	5.37	0.88	4.94	1.00	2.65	0.40	2.58	0.35	25.6
PMDB01-H11	A140260012	9.45	14.7	1.91	6.41	1.38	0.22	1.00	0.16	0.80	0.14	0.36	0.056	0.37	0.051	2.79
PMDB01-H12	A140260013	41.3	65.3	8.24	30.6	5.91	1.23	5.55	0.95	5.49	1.15	3.16	0.46	2.84	0.41	35.1
PMDB01-H13	A140260014	80.4	95.1	19.6	71.9	15.7	3.58	13.4	2.32	12.8	2.41	6.26	0.94	5.92	0.82	50.8
PMDB01-H14	A140260015	42.3	71.0	8.41	30.6	5.93	1.24	5.14	0.84	4.76	0.96	2.62	0.40	2.54	0.36	28.0
PMDB01-H15	A140260016	31.3	57.4	7.26	26.6	5.48	1.02	4.72	0.83	4.90	0.99	2.62	0.39	2.45	0.34	26.6
PMDB01-H16	A140260017	56.7	83.7	11.6	41.3	7.19	1.47	6.28	1.02	5.88	1.23	3.45	0.52	3.29	0.48	34.5
PMDB01-H17	A140260018	96.8	150	20.4	70.8	13.9	2.86	12.1	1.99	10.6	2.07	5.44	0.80	5.13	0.74	54.6

稀土元素球粒陨石标准化图式详见图5-5、图5-6，图式为向右浅倾斜曲线，轻稀土一侧曲线缓倾斜，重稀土一侧曲线趋于水平，反映重稀土元素之间趋于稳定，各条曲线重合性好，表明它们来自同源岩浆。

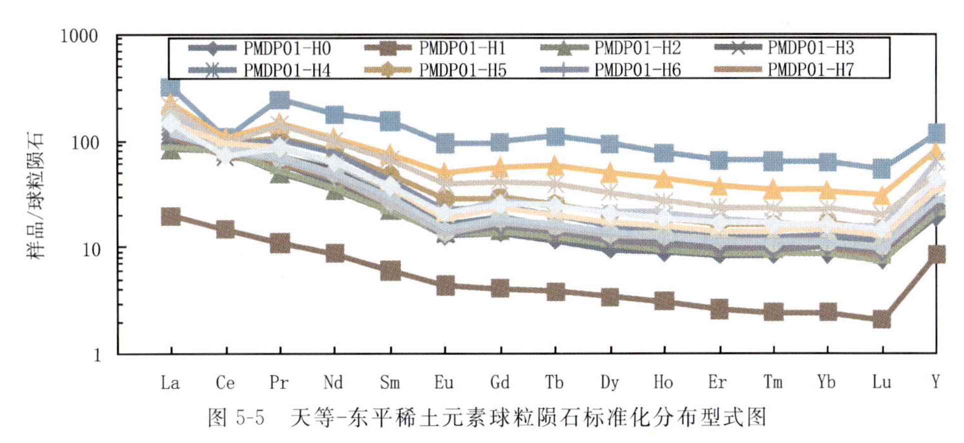

图5-5　天等-东平稀土元素球粒陨石标准化分布型式图

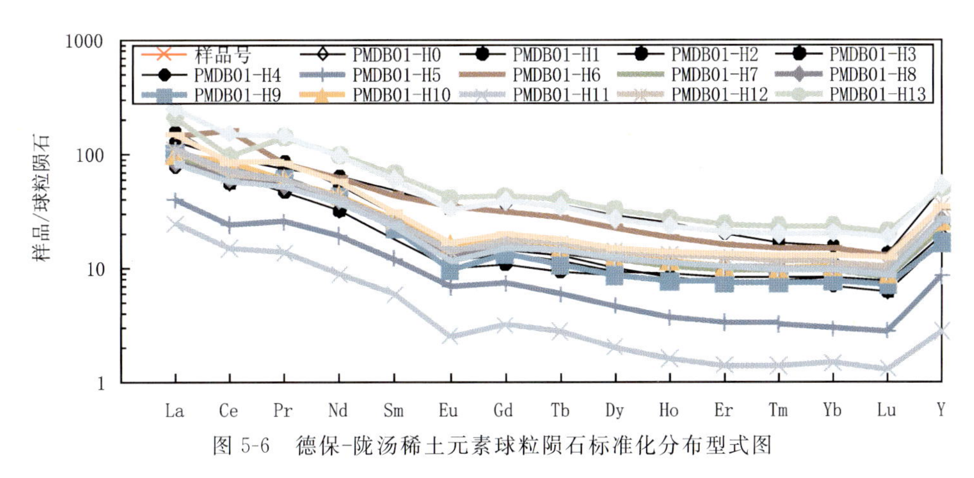

图5-6　德保-陇汤稀土元素球粒陨石标准化分布型式图

4. 稳定同位素地球化学特征

用于判定成矿物质来源，与附近古陆有关(江南古陆及越北古陆)，还是水下古老含锰岩石或火山含锰物质的渗入。

以往经验认为，碳酸盐岩中的 $\delta^{13}C_{PDB}=0$，碳质来于海水，测定不同层位碳酸锰豆粒的 $\delta^{13}C_{PDB}$ 是否属于深部岩浆来源的碳。锰矿层底板、夹层与碳酸锰矿石中的碳同位素 $\delta^{13}C_{PDB}$ 的差别，可以判断碳来自海水还是来自深部基性岩浆源，或两者兼有。

$\delta^{18}O_{SMOW}$ 可以用来判断海洋灰岩和燧石的范围；碳酸锰矿石中黄铁矿的硫同位素组成可解释为海水硫源与生物硫源的混合，还是来自火山活动。同成因、不同环境及不同时代形成的沉积岩，其氧同位素组成不同，因此可以用沉积岩，特别是硅质岩的氧同位素组成作为判别热水沉积岩及非热水沉积岩的依据。

研究指出，海滨石英砂的 $\delta^{18}O$ 平均值为11.2‰，火成石英的平均值为10‰，放射虫氧化硅的平均值为38‰(Savin and Epstein，1970)，美国密苏里州等地寒武纪正常沉积的海相燧石的平均值为25.6‰，得克萨斯州等地泥盆纪正常沉积海相燧石石英岩的平均值为30.0‰

(Knauth 等,1976),现代海洋硅质岩的 $\delta^{18}O$ 值为 30‰～35‰,盐湖中形成的硅质岩的 $\delta^{18}O$ 值可以大于 40‰,而热泉型石英的 $\delta^{18}O$ 值为 12.2‰～23.6‰(Clayton,1986),美国阿拉斯加 De Long 山铅锌银矿床热水沉积含矿硅质岩的 $\delta^{18}O$ 值为 20.7‰～24.0‰(Harrover,1973),我国墨江、黑区—雪区、拉尔玛、西成、凤太、银洞子及粤北等地热水沉积硅质岩的 $\delta^{18}O$ 值为 14.3‰～23.7‰,因此,可以初步认为热水沉积型硅质岩的 $\delta^{18}O$ 值一般为 12‰～24.0‰。

Knauth 等(1976)研究认为,硅质岩的 $\delta^{18}O$ 值随地质时代不同而变化,且有随时代变新而变大的趋势,而这种变化反映了地史时期古海洋温度的变化,即温度越高,$\delta^{18}O$ 值越低;刘家军等(1993)还指出,与同时代的正常沉积硅质岩的 $\delta^{18}O$ 相比,热水沉积岩的 $\delta^{18}O$ 值更低。

研究区硅质岩的 $\delta^{18}O$ 值均高于海滨石英砂及火成岩石英 $\delta^{18}O$ 的平均值,明显低于放射虫氧化硅、正常沉积硅质岩以及现代海洋及盐湖中形成的硅质岩的 $\delta^{18}O$ 值,而与热泉型石英及热水沉积硅质岩的值接近,表明区内这些地区的硅质岩可能主要为热水沉积成因。

国内外部分热水沉积岩样品的 $\delta^{30}Si$ 值明显集中于两个区间,详见图 5-7。一个区间的 $\delta^{30}Si$ 值为−0.6‰～0.3‰,另一个区间的 $\delta^{30}Si$ 值为 0.5‰～0.8‰。据丁悌平等(1994)的研究,热泉出口处的硅质沉积物的 $\delta^{30}Si$ 值为−3.4‰～0.7‰,其中云南腾冲热海硅华的 $\delta^{30}Si$ 值为−0.6‰～0.7‰,马里亚纳海槽海底黑烟囱硅质沉淀物的 $\delta^{30}Si$ 值为−3.1‰～0.4‰;喷气沉积硅质岩的 $\delta^{30}Si$ 值主要集中于−0.6‰～0.1‰之间;与某些裂隙构造有关的硅化岩石(如硅化灰岩、含矿硅化灰岩等)的 $\delta^{30}Si$ 值为−0.5‰～1.1‰;放射虫硅质岩的 $\delta^{30}Si$ 值一般为−0.6‰～0.8‰;其中深海放射虫硅质岩的 $\delta^{30}Si$ 值平均为 0.16‰,半深海放射虫硅质岩的 $\delta^{30}Si$ 值为 0.4‰,浅海放射虫硅质岩的 $\delta^{30}Si$ 值较高,平均为 1.3‰。

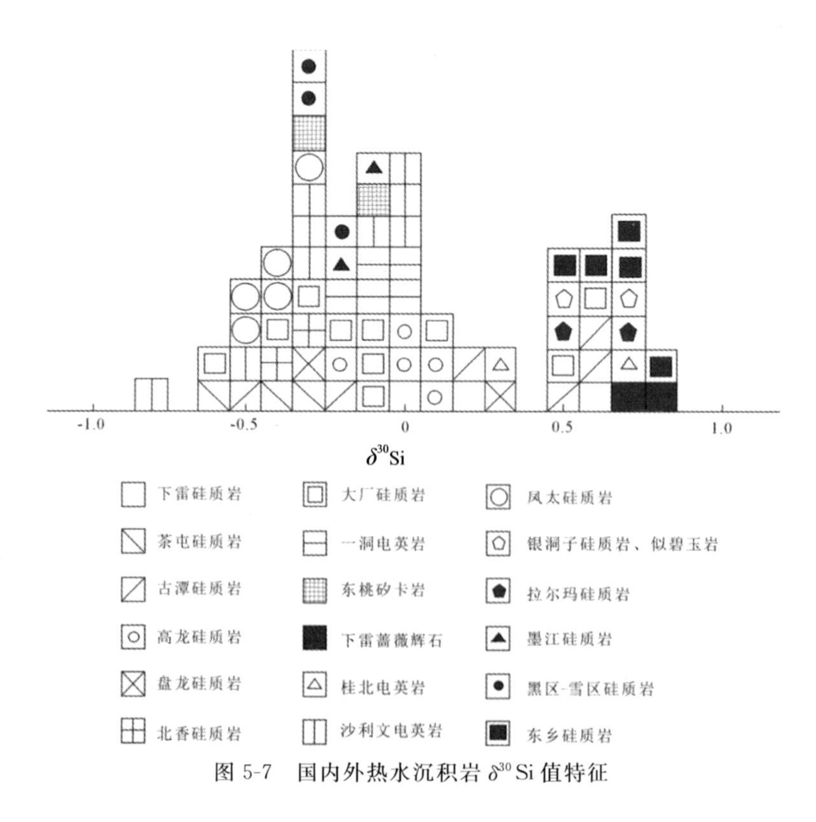

图 5-7　国内外热水沉积岩 $\delta^{30}Si$ 值特征

广西硅质岩 $\delta^{30}Si$ 值的变化较大，为－0.8‰～0.8‰，主要集中于－0.6‰～0.3‰，从地质特征及其他地球化学特征对研究区进行研究后，认为这些岩石是热水沉积岩，但是 $\delta^{30}Si$ 值的变化却较大，与腾冲热海硅华之 $\delta^{30}Si$ 值及放射虫硅质岩的 $\delta^{30}Si$ 值相似，而与丁悌平等(1994)所指出的喷气沉积硅质岩的 $\delta^{30}Si$ 值有一定差异，其原因可能与生物沉积作用的加入有关，在图 5-7 中，$\delta^{30}Si$ 值为－0.6‰～0.3‰的区间与喷气沉积硅质岩的范围基本一致，这部分岩石应属典型的热水沉积产物，而另一些岩石样品的 $\delta^{30}Si$ 值为 0.5‰～0.8‰，更接近半深海及浅海放射虫硅质岩的 $\delta^{30}Si$ 值，这些岩石同样具热水沉积特征，因此，我们推测这类 $\delta^{30}Si$ 值为 0.5‰～0.8‰的岩石，可能是热水沉积与生物沉积共同作用的结果。测定的矿体顶板岩石 $\delta^{30}Si$ 值为 0.6‰，应为热水沉积成矿作用晚期产物，有陆源物质或生物沉积加入是完全可能的，应为其共同作用的产物。

此外，矿石和岩石 Eh 和 pH 的测定可以表明矿物和岩石形成于何种碱性-氧化环境。锰、磷分离的热力学计算及实验表明，物源区岩石受热液、热水、海水、地表水等浸取时，溶液的 pH 值是决定锰、磷分离的主要因素。沉积海盆中含锰溶液 pH 值的周期变化是锰、磷分离与沉淀的决定因素。磷和菱锰矿的沉积具有不同的物化条件，当 pH＝4.46 时，磷酸钙开始沉淀，pH＝7 时，溶液中 80％以上磷(以胶磷矿和磷灰石的形式)沉淀。而菱锰矿只有 pH＝7.78 时才开始沉淀。因此，中性和弱碱性环境是锰、磷分离与沉淀的有利条件，而 Eh 值对矿物共生组合具有一定的控制作用。在以氧化锰为主的原生锰矿层中，矿石的品位随着矿石中 Mn^{3+}/Mn^{2+} 比值的升高而升高。

总之，项目组系统地研究了右江—南盘江地区典型含锰建造、锰矿石的矿物学和地球化学特征，确认热水活动和生物作用参与了锰矿沉积作用。

第五节 矿床成因及成矿模式

通过对广西天等-德保锰矿整装勘查区内锰矿床含锰岩系的地质地球化学特征、岩石、矿石中微量元素组合、稳定同位素组成和稀土元素配分形式等多种地球化学信息的综合研究，认为按分布空间可划分为原生沉积型碳酸锰矿、锰帽型氧化锰矿和堆积型氧化锰矿等成因类型；按成矿的初始时间划分，属于三叠纪早期；氧化锰矿的“源”是三叠纪北泗组含锰质地层，可归为沉积型碳酸锰矿-氧化锰矿，具有“内源外生”特点(图 5-8)。总体上，锰矿矿床(点)受层位和岩性控制明显，可归为层控型。

沉积型碳酸锰矿-氧化锰矿形成于三叠纪北泗组，矿床特征以及相关的含矿建造表明成矿物质来源主体为深部热液，并且在空间分布上与浅海盆地关系密切，即矿床常产于古隆起边缘同生沉积断裂拉张离散形成的台间海盆内部，台盆环境通常发育于被动陆缘背景或克拉通活动边缘盆地内，地理位置上位于活动型或碎裂型碳酸盐岩台地内或陆棚中，环境水深处于陆棚与深海盆地之间，相当于大陆斜坡的水深。台间盆地构造活动的不均一性和海平面变化的周期性，使台间盆地水体深浅以及物源供给量发生变化，导致台间盆地发育多种沉积组合类型和地层剖面结构。最有利的成矿环境为丘台下斜坡亚相泥灰岩-泥岩微相含锰岩系。沉积含锰岩系严格控制着锰矿层的分布，后期在有利的地下水、气候、地貌等有利环境下(如潜水面离地面较深，氧化条件良好），易形成锰帽型氧化锰矿床。

广西天等龙原-德保那温锰矿整装勘查区成矿规律与成矿模式图

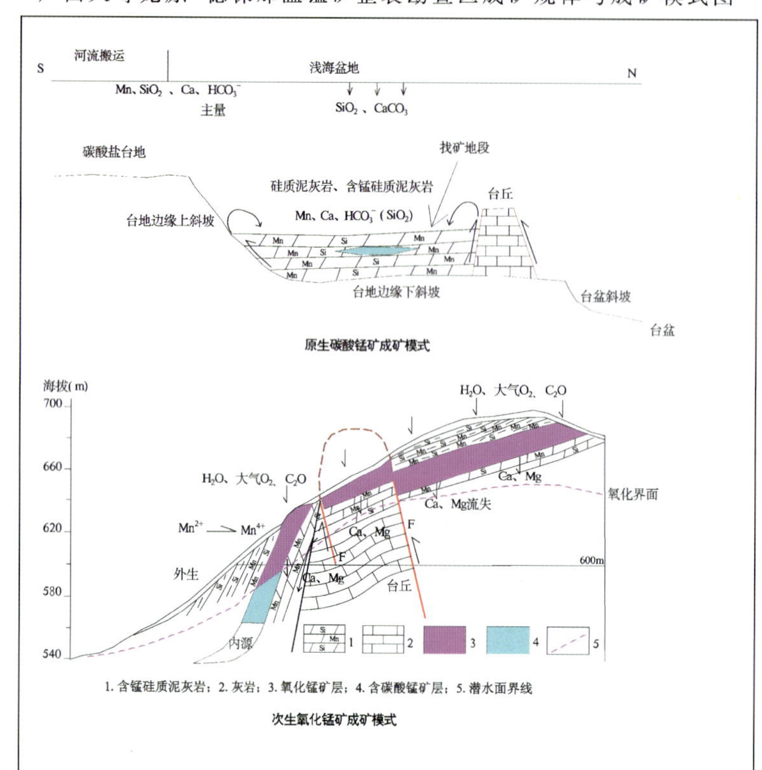

武汉地质调查中心			
广西天等龙原-德保那温锰矿整装勘查区成矿规律与成矿模式图			
编图人	李　堃	顺序号	24
审核人	汤朝阳	图　号	24
单位负责人	姚华舟	比例尺	1:50万
资料来源	实　测	日　期	2016年05月

图 5-8　整装勘查区锰矿床成矿模式图（据全国矿产资源潜力评价报告修改）

综上所述，项目组认为桂西南地区三叠纪北泗期锰质沉积具不均匀的现象，远离下雷-灵马同生断裂越远，沉积的内源锰质越少，所形成的锰矿床锰矿石的品位就会偏低。东平地区因靠近下雷-灵马同生断裂，并且沉积环境处于局限台地与盆内印茶台丘夹持的最有利区域，因而锰矿石的品位较其他区域更高。

第六章　矿产预测及找矿潜力分析

第一节　矿产预测方法

成矿区带可划分为全球性的成矿域、大区域性的成矿省、区域性的成矿区(带)及地区性的成矿亚区(亚带)、成矿小区(小带)等不同级别。按照陈毓川(1999)主编的《中国主要成矿区带矿产资源远景评价》和原国土资源部开展的《全国矿产资源潜力评价》划分原则和方案可将中国的主要成矿单元划分为5级。

Ⅰ级:全球成矿区(带),用“成矿域”来表示。

Ⅱ级:Ⅰ级成矿单元内的次级成矿区带,相当于大区域性的成矿省。它是与大地构造单元对应或跨越几个大地构造单元,成矿作用形成于几个或一个大地构造—岩浆旋回的地质历史时期。全国划分为16个成矿省,国内矿床学界基本达成共识。

Ⅲ级:Ⅱ级成矿单元内的次级成矿区带,是区域性的成矿区带。它是独特的一种或多种矿化集中分布区,成矿受控于某一构造-岩浆带、岩相带、区域构造或变质作用。全国第一轮、第二轮成矿区划及《全国矿产资源潜力评价》项目对全国成矿区带分别进行了统一划分,大致划分了81个Ⅲ级成矿区带。由于Ⅲ级成矿区带地域较大、成矿构造环境和成矿作用产物多样,特别是划分观点、依据等不同,界线范围出入较大,总体划分方案目前分歧较明显。

Ⅳ级:Ⅲ级成矿单元内的次级成矿区带,相当于矿化集中区(通常简称为矿集区),由各省市区根据各自的实际情况进行划分。

一般情况下,Ⅰ～Ⅳ级成矿区带覆盖了全部区域。

Ⅴ级:Ⅳ级成矿单元内的次级成矿区带,相当于矿田成矿单元。Ⅴ级成矿区带一般由有关项目组根据项目性质、研究区范围大小按矿种(或矿种组合)进行划分。

根据广西壮族自治区锰矿资源潜力评价成果报告,研究区位于Ⅰ-4滨太平洋成矿域(叠加在古亚洲成矿域之上)→Ⅱ-16南华成矿亚省→Ⅲ-88桂西-黔西南-滇东南北部(右江地槽)金-锑-汞-银-锰-铝-锡-铜-钛-碲-稀土-煤-石油-水晶成矿区→Ⅲ-88-3大新-武鸣锡-铜-铅-锌-锰-铝-煤成矿区→Ⅲ-88-3-b下雷-东平锰-金成矿带上。

广西天等龙原—德保那温地区锰矿整装勘查区大致是Ⅲ级、Ⅳ级成矿区带(面积),级别类似于矿集区。根据本项目的研究范围和工作性质,为了更好地服务于公益性地质找矿工作,矿集区内也按成矿条件、矿化特征等的差异进一步划分了更小级别找矿远景区,大致相当于矿田级别(Ⅴ级)。

本次找矿远景区的圈定是在对区内成矿规律研究的基础上,通过区内成矿模式及找矿模式的总结进行,主要遵循以下原则。

(1)找矿远景区在找矿预测图上圈定。

(2)立足于对成矿区带划分,以主要控矿断裂构造为远景区的边界。

(3)注意矿床(矿点)之间的成因联系,同一成矿单元应具有相同和相似的成矿环境、成矿机制和控矿地质条件,这是造成矿床(矿点)空间共生的根本原因。

(4)对已存在大型以上矿床的区域或大调查以来找矿已取得重大突破的地区本次不进行找矿远景区的圈定。

找矿远景区划分的依据主要可归纳如下几方面:①大地构造环境、成矿建造;②成矿地质背景(地层、构造和岩浆岩的区别性标志);③矿产时空分布规律(特别是矿床集中度、矿床类型和成矿时代、成矿作用等);④锰化探综合异常和物探异常分布特征。

第二节　矿产预测要素分析

本次广西天等龙原—德保那温地区锰矿整装勘查区项目矿产预测要素分析(表 6-1)研究包括地质背景和矿床特征两大方面。成矿地质背景在前文已经详述,此处不再重复。

锰矿是沉积成矿作用的地质体,沉积环境在预测要素中占绝对重要地位,褶皱构造其次,再次之为化探异常,物探异常能大体反应向斜构造,因而有一定的影响作用。

本节叙述最为重要的岩相古地理(成矿地质体、成矿构造、成矿结构面)、锰化探综合异常和物探异常分布特征 3 个要素(图 6-1,物探异常图中省略)。

表 6-1　锰矿整装勘查区锰矿床预测要素汇总表

成矿要素		描述内容	成矿要素分类
特征描述		锰矿整装勘查区下三叠统沉积-锰帽型锰矿床	
地质背景	成矿时代	早三叠世北泗组	必要的
	构造背景	Ⅴ扬子陆块,Ⅴ-2 上扬子陆边,Ⅴ-2-10 崇左弧盆系,Ⅴ-2-10-1 湖润坳拉谷,Ⅴ-2-10-2 崇左岛弧、下雷-灵马拗陷	必要的
	沉积建造	含锰硅质泥质碳酸盐岩建造	必要的
	岩相古地理	浅海盆地相	重要的
	区域地球化学场	铁族元素(Fe_2O_3、Cr、Mn)呈高背景场,Pb、Sb、Zn、Hg 异常	必要的
	区域物探	在重力梯度变化带及其附近	必要的
	遥感信息	线性影像交汇夹持区域、线性与环形影像(古隆起)过渡部位	必要的
	成矿地质体	勘查区台间盆地内的孤立台地(丘台)	重要的
	成矿构造	上古生界—中、下三叠统构造层和滑脱层等接触或相关界面	重要的
	成矿结构面	灰岩向硅质、泥质、钙质岩沉积变换的界面	重要的

续表 6-1

成矿要素		描述内容	成矿要素分类
特征描述		锰矿整装勘查区下三叠统沉积-锰帽型锰矿床	
矿床特征	矿石矿物	原生锰矿：含锰方解石；氧化锰矿：偏锰酸矿、钾硬锰矿	重要的
	矿区地球化学异常	Mn 元素异常范围大，局部环状分布，强度高，浓集中心明显，可作为找矿的标志	重要的
	矿区物探异常	剩余重力异常环状；锰矿层皆位于高阻体下部的低阻过渡带或者低阻带上，在矿区内用激电测深对判断地下的具较大规模的隐伏矿体和圈定异常有一定效果	重要的

一、岩相古地理分析

研究区成矿地质体为受北东向下雷-灵马断裂和北西向右江断裂控制的台间盆地边缘下斜坡亚相，成矿结构面总体表现为构造层和滑脱层、火山岩等接触或相关界面，锰矿沉积在扁豆状灰岩向硅质、泥质、钙质岩沉积变换的界面上，即与锰质伴生的围岩主要为硅质泥岩、钙质泥岩、泥灰岩、硅质灰岩及少许硅质岩的岩性组合，并含有较多的碳质和黄铁矿，纯硅质岩和纯碳酸盐岩不利于锰的沉积，尤其是不利于形成菱锰矿。项目组确认了陇汤、印茶和上龙—荣华一带为盆内丘台。最有利的成矿环境为丘台下斜坡亚相泥灰岩-泥岩微相，这种环境常发育于被动陆缘背景或克拉通活动边缘盆地内，一般位于古海盆地的边缘，浅层海水富集氧气有利于溶解状态的 Mn^{2+} 发生氧化，形成难溶高价态锰的氧化物，从而沉淀于海底富集形成锰矿床。

二、地球化学异常分析

地球化学标志是围绕矿化体周围形成的各种地球化学分散晕，是某些元素和元素组合的局部高含量带。扬子二级地球化学区地球化学突出特征是：铁族元素呈高背景（Fe_2O_3、Cr、Mn）或异常（Co、Ni、V、Ti）分布；Cu、Zn、Hg 呈异常分布，上述元素的平均值在全国各区最高。

滇、黔、桂锰地球化学省分布在右江造山带和上扬子台褶带西部，地跨两个二级构造单元，在右江造山带锰异常带呈长方形环状分布，长方形环带宽 50～80km，包括了整个右江造山带，锰的二、三级高浓度异常在环带上连续分布，在环带上有 Cu、Fe 族元素、As、Pb、Sb、Zn、Hg 异常。

广西天等龙原—德保那温地区锰矿整装勘查区内，前人所开展的区调和矿调工作对一些成矿区进行过不同比例尺次生晕地球化学测量，主要有土壤地球化学测量和水系沉积物地球化学测量，本次主要以 1∶10 万化探异常图为依据，据此总结认为：锰的三级、四级高浓度异常在环带上连续分布，面积大于 $200km^2$ 的地球化学异常区划分为 6 个，分别为利益-那社-印

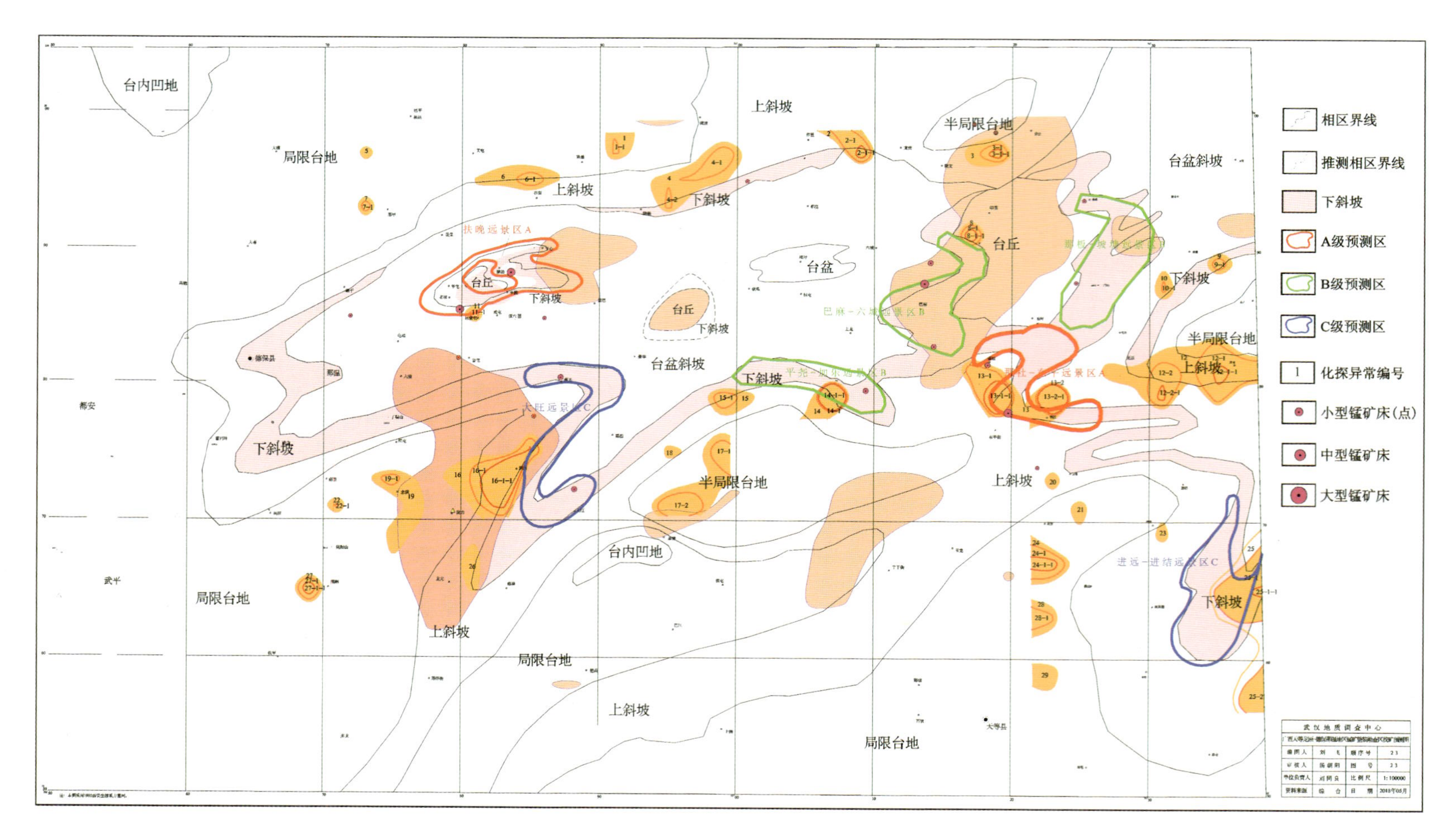

图6-1　广西天等龙原—德保那温地区锰矿整装勘查区找矿预测图

茶-陇文异常区、岜意屯-谷留-陆新异常区、燕峒-念满-洞内异常区、龙原-坡塘异常区、果替-平尧异常区、独山-进结南异常区。

据项目组研究分析，区域地球化学测量异常分布范围和异常强度与已探明的锰矿化范围基本吻合，较真实地反映区域地球化学场特征，异常元素种类、异常元素组合特征和异常形态的空间展布特征能反映矿化集中区含矿地层的展布及主要矿化因素与矿化带内在联系，但这些异常与矿点分布略有偏差，异常分布在岩相古地理图的台地（或盆内丘台）区域（目前实为三叠纪北泗组的剥蚀区），而锰矿化点往往分布在台地（盆内丘台）向盆地区域，因此，找矿空间应定位于台地（盆内丘台）边缘下斜坡亚相区域。

因此，可将在锰元素异常范围大，强度高，浓集中心明显，矿化元素和元素组合重叠性好的化探元素综合异常作为找矿的标志。

三、物探异常

物探标志主要利用地质体的物性差异，反映地下深部矿化信息的一种间接找矿标志，对判断隐伏矿体和深部矿体形态产状，圈定异常范围有一定的效果。研究区内所进行的物探工作主要有重法、磁法和电法测量。

大型重力梯度带反映的是深大断裂带，在广西具 3 条重力异常带，分别为右江重力高带、乐业-巴马重力低带、天峨-东兰重力高带，宏观上反映了莫氏面向西北倾的趋势。整装区内的重力异常特征常表现为断续的梯度带，呈串珠状排列，形态常突然变化，反映了不同地质体之间局部重磁异常的相互关系，在同一区块内，往往受边界条件的制约形成一系列大致相互平行的断裂系。从区域上看，成矿区（带）与重力梯度带的空间展布相一致，如东平成矿区与北东向展布的重力梯度带相吻合。

剩余重力异常主要反映局部地质构造、成矿地质体剩余质量的影响，是研究局部地质构造和勘探矿产的重要资料。小比例尺的重力资料除了作为探讨宏观地质构造的重要依据外，在成矿预测、确定找矿靶区方面同样能够发挥显著的作用。1∶10 万区域重力成果表现在盖层构造反映相当清楚，规模在百余平方千米以上的一些地质构造，多有异常显示；勘查区内分别有荣华-足荣、果替-向都、宁干（G 桂-604）、龙光-洞内（G 桂-603）、巴麻-印茶（G 桂 130）、坡塘、进结 7 个剩余重力高异常区，已知的大、中型锰矿床，如扶晚、东平锰矿床都产在荣华-足荣和巴麻-印茶（G 桂-130）环状重力异常的内部或其周边上，这就有力地说明环状剩余重力异常实质上是矿区成矿地质背景（控矿构造或矿源层）的反映，很明显，把这种类型的异常作为划分成矿远景区的基础，无疑是妥当的，从环状异常入手普查找矿，必将缩小靶区。

ATM 成果显示，锰矿层上部百逢组（T_2b^1）为灰、灰黑、黄绿、灰褐色泥岩夹细砂岩以及北泗组第四段（T_1b^4）以及第三段（T_1b^3）的泥灰岩、硅质岩为相对高阻体，锰矿层皆位于高阻体下部的低阻过渡带或者低阻带上。

由于物探异常受地质体埋藏深度和地形地貌等特征影响较大，同时受人为干扰因素较多，其测量结果常具有多解性，因此，在应用物探标志时，需结合地质、地貌等多方面的情况具体分析，以求对物探异常所反应的信息做出正确的解释。所以，利用物探成果时要注意做具体分析，如能结合化探成果和地质情况加以利用，对找矿有一定的参考价值。

第三节　预测找矿地段

广西天等龙原—德保那温地区锰矿整装勘查区锰矿床赋存于三叠纪北泗组中，沉积、成矿作用受构造活动、锰质来源、缺氧事件及古地理环境等因素的影响，含锰岩系受继承性古构造控制，沉积于北西西向与北东向古构造凹陷带叠加的盆地中。因此，寻找锰矿主要是弄清楚古地理格局及北泗组的展布，根据矿相、岩相变化规律，顺着北东向向斜进行，结合区块内的含矿岩系分布，或者有锰物化探异常的地方，寻找新的锰矿体及成矿预测。

按照上述确立的区域找矿方向，结合区域成矿规律，遵循时空定位的原则，本次预测尽可能综合已获得的地质、化探和物探资料，将找矿地段划分大致相当于矿田级别（Ⅴ级），每个找矿远景区根据成矿条件有利程度不同划分为 A、B、C 3 个不同级别。

A 类代表找矿极为有利，沉积环境为局限台地与盆内台丘夹持的区域，岩相为台地边缘下斜坡亚相含锰泥灰岩建造（图 6-2 中的 LSL 部位），四周锰化学元素呈环形浓集，代表矿床为扶晚矿床和东平矿床。

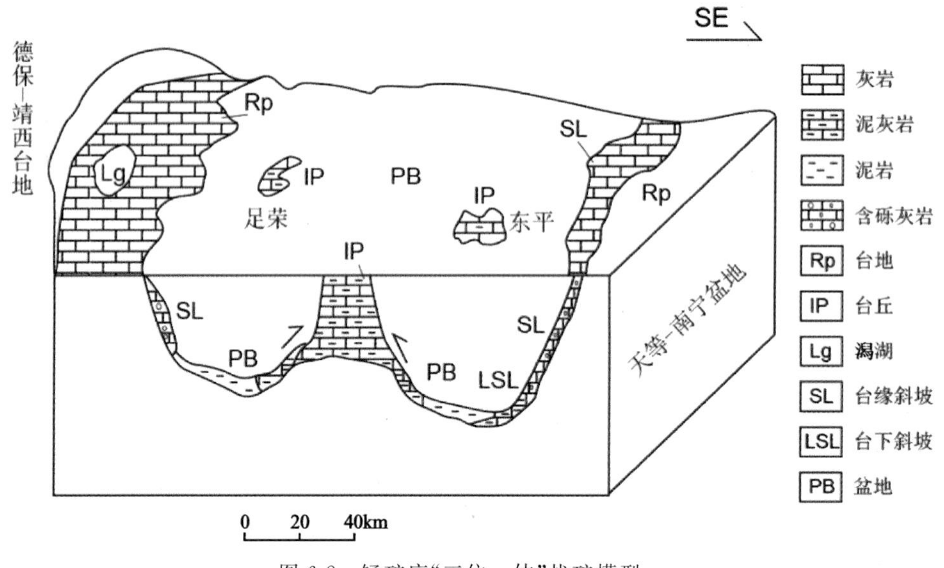

图 6-2　锰矿床“三位一体”找矿模型

B 类代表找矿有利，沉积环境为局限台地与盆内台丘夹持的区域或盆内台丘一侧，岩相为台地边缘下斜坡亚相含锰泥灰岩建造（图 6-1 中的绿色圈定预测区域），四周锰化学元素呈环形浓集，代表矿床为平尧锰矿床及巴麻锰矿点、那板锰矿点、坡塘锰矿点。

C 类代表较为找矿有利，局限台地或盆内台丘一侧（图 6-1 中的蓝色圈定预测区域），岩相为台地边缘下斜坡亚相含锰泥灰岩建造，四周锰化学元素呈环形浓集，代表矿床为务岭矿点及进结矿化点。

本次研究共划出了 A 类找矿远景区 2 个，B 类找矿远景区 2 个，C 类找矿远景区 2 个。

其中A类找矿远景区的岩相古地理、物化探异常特征可指导B类找矿远景区和C类找矿远景区的划分。

1. 扶晚找矿远景区A类

位于德保县，该区F_2断层、F_4断层、F_5断层（扶晚矿区纲要图）控制着丘台的展布，老坡矿段、孟屯矿段和陇汤矿段围绕丘台边缘下斜坡相分布，赋矿地层为T_1b^2泥岩-泥灰岩组合。矿区内主体褶皱为岜意屯背斜，次有陇汤背斜、足六向斜、平村背斜、平模向斜、普楞背斜、顶射向斜、那鱼向斜，褶皱构造控制着本矿区锰矿层的分布，尤其向斜构造控矿明显。矿体多呈层状、似层状，矿体延伸稳定，分布于向斜的两翼，厚度及品位变化小，已有部分开发利用，已经估算（122b＋333）矿石量8161.34×10^4t，为特大型锰矿床。

岜意屯-谷留-陆新高浓度异常在环带上连续分布，异常强度高，浓集中心明显，且主成矿元素套合较好，锰异常的空间分布特征基本反映了区内主要锰矿层的空间分布特征，锰异常浓集中心部位一般为矿层厚且富的部位。扶晚锰矿床集中在荣华-足荣环状重力异常的内部或其周边上，这就有力地说明，环状剩余重力异常实质上是矿区成矿地质背景（控矿构造或矿源层）的反映，把这种类型的异常作为划分成矿远景区的基础是可行的。

2. 东平锰矿找矿远景区A类

位于天等县的正北方，主体属天等县管辖，部分跨入田东县。矿区地层呈紧密线状，构造以褶皱为主，从北西至南东的褶皱有那廖向斜、塘王背斜及洞蒙向斜，其中洞蒙向斜及其次级褶皱控制着矿区含锰岩系及锰矿层的展布，断裂不发育。

区域断层控制着巴麻-印茶丘台成北东向的展布。东平锰矿区位于巴麻-印茶丘台南东边缘，与利益-那社高浓度异常在环带上连续分布，异常强度高，浓集中心明显；东平锰矿床产在巴麻-印茶（G桂-130）环状重力异常及其周边上，这就有力地说明，环状剩余重力异常实质上是矿区成矿地质背景（控矿构造或矿源层）的反映。

矿体多呈层状、似层状，矿体延伸稳定，分布于向斜的两翼，厚度及品位变化小，已有部分开发利用，已经估算（122b＋333）矿石量25 261.34×10^4t，属超大型锰矿床。

在巴麻-印茶丘台的北西部位，套合印茶-陇文高浓度异常环带连续分布，异常强度高，浓集中心明显，此区具较好的找矿前景，统一划归为东平锰矿远景区，未单独划出。

3. 平尧-加乐找矿远景区B类

位于东平锰矿西边平尧村。区内台地边缘下斜坡相沿台地边缘呈近东西向线带状分布，下三叠统北泗组含锰岩系地表出露，目前已发现平尧矿点，含锰岩系总体受向斜褶皱构造控制。果替-平尧高浓度异常环带分布，异常强度高，浓集中心明显；矿点分布于宁干（G桂-604）环状重力异常周边。项目组经研究推测上龙—荣华一带可能存在一个盆内丘台，而其边缘具较佳的找矿潜力，推测深部碳酸锰找矿潜力较大，因而建议偏北方向进行。

4. 那板-坡塘找矿远景区B类

位于天等县那板—坡塘一带。经岩相古地理研究为下斜坡相，沿局限台地边缘呈近北东向线带状分布，下三叠统北泗组含锰岩系地表出露，根据物探资料推测坡林一带有隐伏盆内丘台，而丘台边缘是最重要的锰矿沉积体，那板-坡塘找矿远景区龙原-坡塘高浓度异常呈环带分布，异常强度高，浓集中心明显，目前在坡林丘台北部已发现那板矿点，南部发现了坡圩矿点。目前看化探高浓度异常环带面积较小，且不连续分布，可作为B级找矿远景区。

5. 大旺找矿远景区C类

位于德保县大旺一带。经岩相古地理研究为下斜坡相，下三叠统北泗组含锰岩系出露地表，褶皱两翼及转折端次级褶皱较发育，断裂构造发育，含锰岩系局部相变较大，且地质勘查程度较低，目前已发现务岭、那光矿化点。大旺北部燕峒-念满-洞内高浓度异常呈环带分布，异常强度高，浓集中心明显，南部根据物探资料推测上龙—荣华一带有隐伏盆内丘台。通过扶晚和东平锰矿岩相古地理与锰矿分布关系的研究认为，锰矿常分布在台地边缘下斜坡偏向海盆一侧，因此大旺-荣华可作为C级找矿远景区。

6. 进远-进结找矿远景区C类

位于天等县进远—进结一带。经岩相古地理研究为局限台地边缘下斜坡相，为次要赋矿地质体，最重要的是盆内丘台边缘下斜坡相，物探资料解译该带可能没有隐伏盆内丘台，但该带东西两侧分别存在独山-进结南异常区和图6-1中异常区，高浓度异常呈环带分布，异常强度密度高，浓集中心明显，因此可作为找矿远景区C类。

第四节　预测资源量

一、各类预测区成矿概率

根据全国矿产资源潜力评价预测资源量的方法和各类参数取值规定，在资源量预测过程中，各地质单元的成矿概率是综合了多个预测要素、通过回归分析的结果，作为划分预测区级别的依据，根据预测区优选结果，并考虑已知矿床矿(点)规模、矿层厚度、锰趋势值、经济意义等进行预测区级别划分，主要分为3类预测区。

A类预测区：成矿概率≥0.8，在本次资源量预测中取值1.0，是指成矿条件十分有利，预测依据充分，成矿匹配程度高，资源预测量为大型，埋藏在可采深度以内，综合外部环境较好，可获明显经济效益，可优先安排勘查工作区。

B类预测区：0.6≤成矿概率＜0.8，在本次资源量预测中取值0.7，是指成矿条件有利，有预测依据，成矿匹配程度高，资源预测量为中型，可获经济效益，可优先考虑安排勘查工作区。

C类预测区：0.3≤成矿概率＜0.6，在本次资源量预测中取值0.5，是指具有成矿条件，有可发现资源、可探索的地区，据目前资料认为资源潜力较小的地区。

二、预测采用的指标

本次预测"东平式"锰矿床、"扶晚式"锰矿床各用一套指标。

"东平式"锰矿床资源量预测采用《铁、锰、铬矿地质勘查规范》(DZ/T 0200—2002)表E6中规定的《冶金用锰矿石一般工业指标》,具体见表6-2。

"扶晚式"锰矿床资源量预测采用广西南宁浩元铭锰业有限责任公司通过矿石选冶、预可行性研究,并以桂浩政字(2011)第7号文推荐的指标进行,具体指标见表4-3。

表6-2　"东平式"锰矿床资源量预测采用的指标表

<table>
<tr><th rowspan="2">矿石自然类型</th><th rowspan="2">矿石工业类型</th><th colspan="2">Mn品位(%)</th><th rowspan="2">备注</th></tr>
<tr><th>边界品位</th><th>单工程平均品位</th></tr>
<tr><td>氧化锰矿石</td><td rowspan="2">贫锰矿石</td><td>10</td><td>18</td><td></td></tr>
<tr><td>碳酸锰矿石</td><td>10</td><td>15</td><td></td></tr>
<tr><td colspan="2">矿层最低可采厚度(m)</td><td></td><td>0.50</td><td></td></tr>
<tr><td colspan="2">夹石剔除厚度(m)</td><td></td><td>0.30</td><td></td></tr>
</table>

三、资源量预测各要素赋值

表6-3中各项取值依据:预测区名称、预测区类别根据武汉地质调查中心编制的广西天等龙原—德保那温地区锰矿整装勘查区找矿预测图中获得;采用体积法求资源量。面积是依据MapGIS软件中求图形面积的功能对广西天等龙原—德保那温地区锰矿整装勘查区找矿预测图求得;体重分"东平式""扶晚式"对应采用的是东平锰矿区、扶晚锰矿区主矿层的平均小体重,其中"东平式"小体重为3.05t/m^3、"扶晚式"小体重为2.73t/m^3;平均垂直厚度分"东平式""扶晚式"对应采用的是东平锰矿区、扶晚锰矿区主矿层的平均垂直厚度,其中"东平式"平均垂直厚度为3.60m、"扶晚式"平均垂直厚度为2.71m;锰品位分"东平式""扶晚式"对应采用的是东平锰矿区、扶晚锰矿区主矿层的平均锰品位,其中"东平式"平均锰品位为10.88%、"扶晚式"平均锰品位为7.35%;除平尧一加东预测区定为"东平式",其他预测区均定为"扶晚式"。

四、资源量预测结果

按上述原则和所赋各值,对整装勘查区内3类、6个预测区进行了资源量预测。预测总资源量为64 914×10^{4}t(表6-3),显示了整装勘查区内有较大的找矿潜力。

五、预测资源量的工业意义评价

“东平式”锰矿圈矿指标采用一般工业指标，单工程平均锰品位总体小于15%，在目前矿业市场低迷的大背景下，只能算是低品位（原来的表外矿）矿。但就中信大锰矿业有限责任公司目前的生产现状来看，在政府补贴电价的扶持政策下，开采这类矿石还是经济的。

因为“东平式”锰矿有如下优势：埋藏浅，一般在500m以浅，矿层层数多，主矿层有4层，次要矿层有5～8层，矿层单层、总厚度大，单层厚一般为2.0～7.0m，总厚度大于20m。

“扶晚式”锰矿圈矿指标采用的是投资方推荐的指标。这类矿石是可选的，但由于锰品位太低，可能选冶成本偏高，在目前矿业市场低迷的大背景下，只能算是低品位（原来的表外矿）矿；由于企业还未采到这部分矿石，其经济意义目前无法评定。但总体来讲，当原矿Mn品位为6.50%时，通过采用一粗两精一扫强磁选试验流程，可获得锰精矿产率32.50%、Mn品位14.20%、锰回收率71.39%，最终所得产品可作为硫酸锰、电解金属锰的原材料。

表6-3　整装勘查区碳酸锰矿预测资源量一览表

工作区	预测区名称	预测区编号	预测区类别	面积 S (m^2)	厚度 M (m)	成矿概率	体积值 V (m^3)	体重 D (t/m^3)	预测资源量 ($\times 10^4 t$)	资源量级别	平均品位 C (%)
天等龙原—德保那温整装勘查区	那社-东平	1	A	33 122 800	3.60	1.00	119 242 080	3.05	36 400	334-1	10.88
	扶晚	2	A	30 098 800	2.71	1.00	81 567 748	2.73	22 300	334-1	7.35
	平尧-加东	3	B	2 803 400	3.60	0.700	7 064 568	3.05	2155	334-2	10.88
	那板-坡塘	4	B	5 175 700	2.71	0.700	9 818 303	2.73	2680	334-2	7.35
	大旺	5	C	4 653 100	2.71	0.500	6 304 951	2.73	1722	334-3	7.35
	进远-进结	6	C	4 897 900	2.71	0.500	6 636 655	2.73	1812	334-4	7.35
合计									64 914		

第七章　结　论

第一节　主要成果

一、研究程度

本次研究工作以海相沉积型锰矿床为重点，在天等龙原—德保那温地区锰矿整装勘查区摩天岭复向斜中东平、扶晚、龙怀那社矿段等重点工作区，开展1∶1万专项地质填图及1∶5000(AMT)物探工作，通过对含矿岩系沉积环境及成矿物质来源研究，基本厘定了研究区中的成矿地质体、成矿构造和成矿结构面、成矿作用特征标志等，构建了找矿预测模型，开展了找矿预测研究，编制了重点工作区1∶10万、1∶1万专题图件，选定了找矿远景区；提出应用示范区及验证方案；对整装勘查区实时跟踪指导，引领社会资金、省基金投入整装勘查区的锰矿勘查工作，较好地完成了各年度任务书规定的工作任务，取得了较好的研究成果。

二、研究报告资料完备程度

本项目提交的成果报告《广西天等龙原—德保那温地区锰矿整装勘查区专项填图与技术应用示范报告》完全按国土资源部中国地质调查局发展研究中心规定的报告提纲的章节编写，章节齐全、内容翔实，附图、附件完善，全面客观地反映了本次综合研究的工作成果，符合有关的国家、行业标准以及规范要求。

三、取得的主要成果

通过2014年、2015年的野外工作和室内资料整理、归纳工作，取得如下综合研究成果：①基本厘定了整装勘查区内成矿地质体、成矿构造和成矿结构面、成矿作用特征标志；②编制了“广西天等龙原—德保那温地区锰矿整装勘查区三叠系北泗期岩相古地理图”；③总结了桂西南地区三叠纪锰矿床成矿具“内源外生”的规律；④解决了桂西南地区三叠纪成锰期锰质沉积不均匀展布的现象；⑤圈出两块应用示范区，提出验证方案；⑥初步建立了广西天等东平-德保那温锰矿整装勘查区锰矿找矿预测地质模型；⑦圈出 2 个 B 级远景区和 2 个 C 级远景区；⑧预测整装勘查区内锰矿石资源量为 6.49×10^{8} t；⑨引领地方财政、商业资金投入整装勘查区开展锰矿勘查工作。

第二节 存在的问题与下一步工作建议

一、存在的问题

尽管本项目取得了上述一些认识和成果，但由于主、客观因素所限，仍存在不少问题，主要问题如下：

(1)由于部分测试数据未出，没有反映在专著中，对成矿模式研究不够深入。

(2)区域成矿规律总结不够全面，构造控矿研究不够，尤其是有机质与成矿作用的关系研究方面。

以上问题今后将以论文成果形式在核心刊物发表。

(3)锰矿主要受构造、地层与岩相三者的联合控制，但就形成机理而言，无论是地层格架形成、古地理背景演变中的沉积学问题，还是矿床形成的动力学和运动学问题等尚需进一步研究。

二、下一步工作建议

(1)建议对那板-坡塘找矿远景区 B 类、大旺找矿远景区 C 类、进远-进结找矿远景区 C 类，继续开展相关地质勘查工作。

(2)现代锰矿研究表明，向斜构造对锰矿的保存、富集是很有利的；由于受氧化、淋滤作用的影响，浅表氧化锰矿的品位一般偏低；在摩天岭复向斜东南部平尧矿段施工的钻孔表明，锰矿层随倾向延深锰矿石品位有增高的趋势；摩天岭复向斜的规模巨大，若核部含矿性好，锰矿石资源量规模巨大。因此，建议对摩天岭复向斜核部施工 1～2 钻孔，探索其含矿性。

第三节 勘查工作部署建议

首先按岩相古地理编图提出的盆内丘台和推测的丘台边缘的下斜坡亚相泥岩-泥灰岩建

造及区域锰元素化学异常区的开展勘查区远景区 B、C 类的锰矿普查，采用的主要工作手段及工作量：1∶1 万地质简测、槽探等勘查手段；然后根据普查工作成果，选择矿化较好地段开展详查工作，采用的工作手段主要有：1∶5000 地质简测、1∶1 万水工环地质简测、钻探等。扶晚、东平远景区 A 类已经做过详查，平尧-加乐找矿远景区 B 类目前正在做普查工作，建议根据多种找矿预测方法的成果，扩大外围找矿。对有潜力的 B 类和 C 类远景区开展适合的地质工作。

1. 平尧-加乐找矿远景区 B 类

远景区内已开展"广西天等县东平锰矿区平尧矿段碳酸锰矿普查"，预测资源量为 2155×10^4t。项目组经研究推测上龙—荣华一带可能存在一个盆内丘台，而其边缘具较佳找矿潜力，推测深部碳酸锰找矿潜力较大，因而建议偏北方向进行。

2. 那板-坡塘找矿远景区 B 类

位于三岩山、那板、坡林、坡塘三角环形区域，面积 80km²，含锰岩系 T_1b 出露面积约 20km²，已发现三岩山、那板锰矿化点，建议开展 1∶1 万地质简测、槽探等勘查手段；然后根据普查工作成果，选择矿化较好的地段开展详查工作，采用的工作手段主要有 1∶5000 地质简测、1∶1 万水工环地质简测、钻探等。

3. 大旺找矿远景区 C 类

大旺、那光、荣华、渠梅一带，面积面积 92km²，含锰岩系 T_1b 出露面积约 22km²，已发现雾岭、那光锰矿化点，建议开展 1∶1 万地质简测、槽探等勘查手段；然后根据普查工作成果，选择矿化较好的地段开展详查工作，采用的工作手段主要有 1∶5000 地质简测、1∶1 万水工环地质简测、钻探等。

4. 进远-进结找矿远景区 C 类

驮堪街、进远、进结一带，面积 102km²，含锰岩系 T_1b 出露面积约 18km²，暂时未发现锰矿化点，但岩相古地理、物化探异常提示成矿环境较好，建议开展 1∶1 万地质简测、槽探等勘查手段；然后根据普查工作成果，选择矿化较好的地段开展详查工作，采用的工作手段主要有 1∶5000 地质简测、1∶1 万水工环地质简测、钻探等。

参考文献

陈翠华，何彬彬，顾雪祥，等. 右江盆地中三叠统浊积岩系的物源和沉积构造背景分析[J]. 大地构造与成矿学，2003，27(1)：77-82.

陈洪德，侯明才，许效松，等. 加里东期华南的盆地演化与层序格架[J]. 成都理工大学学报(自然科学版)，2006，33(1)：1-8.

陈毓川，等. 中国成矿体系与区域成矿评价[M]. 北京：地质出版社，2007.

池汝安，田君，罗仙平，等. 风化壳淋积型稀土矿的基础研究[J]. 有色金属科学与工程，2012，3(4)：1-13.

邓晓东. 云贵高原及邻区次生氧化锰矿晚新生代大规模成矿作用及其构造和古气候意义[D]. 武汉：中国地质大学(武汉)，2011.

杜秋定. 滇东南法郎组含锰地层沉积相及其锰矿成因研究[D]. 成都：成都理工大学，2009.

杜秋定，伊海生，惠博，等. 滇东南中三叠统法郎组锰矿床成因的新认识[J]. 地质论评，2010，56(5)：673-682.

杜远生，黄宏伟，黄志强. 右江盆地晚古生代—三叠纪盆地转换及其构造意义[J]. 地质科技情报，2009，28(6)：10-15.

杜远生，黄虎，杨江海，等. 晚古生代—中三叠世右江盆地的格局和转换[J]. 地质论评，2013，59(1)：1-11.

地质矿产部区域地质矿产地质司. 中国锰矿地质文集[M]. 北京：地质出版社，1985.

范玉海，屈红军，王辉，等. 微量元素分析在判别沉积介质环境中的应用——以鄂尔多斯盆地西部中区晚三叠世为例[J]. 中国地质，2012，39(2)：382-389.

冯增昭. 单因素分析综合作图法——岩相古地理学方法论[J]. 沉积学报，1992，10(3)：70-77.

顾家裕，马锋，季丽丹. 碳酸盐岩台地类型、特征及主控因素[J]. 古地理学报，2009，11(1)：21-26.

胡丽沙，杜远生，杨江海，等. 广西那龙地区中三叠世火山岩地球化学特征及构造意义[J]. 地质论评，2012，58(3)：481-494.

姜在兴. 沉积学[M]. 北京：石油工业出版社，2006.

金秉福，林振宏，季福武. 海洋沉积环境和物源的元素地球化学记录释读[J]. 海洋科学进展，2003，21(1)：99-106.

黎彤. 锰的成矿地球化学特征及其资源预测[J]. 矿床地质，1992，11(4)：301-306.

李艳丽，王世杰，孙承兴，刘秀明. 碳酸盐岩红色风化壳 Ce 异常特征及形成机理[J]. 矿物岩石，2005，25(4)：85-90.

刘宝珺，王剑. 一个与生物丘有关的成岩成矿模式[J]. 四川地质学报，1989，9(1)：39-44.

刘运黎，周小进，廖宗庭，杨帆. 华南加里东期相关地块及其汇聚过程探讨[J]. 石油实验地质，2009，31(1)：20-25.

刘腾飞. 广西东平表生富集型锰矿床地质特征及成矿条件初步研究[J]. 地质找矿论丛，1996，11(4)：42-55.

毛光周，刘池洋. 地球化学在物源及沉积背景分析中的应用[J]. 地球科学与环境学报，2011，33(4)：337-348.

梅冥相，李仲远. 滇黔桂地区晚古生代至三叠纪层序地层序列及沉积盆地演化[J]. 现代地质，2004，18(4)：555-563.

梅冥相，高金汉. 岩石地层的相分析方法与原理[M]. 北京：地质出版社，2005.

潘桂棠，肖庆辉，陆松年，等. 中国大地构造单元划分[J]. 中国地质，2009，36(1)：1-28.

裴秋明，李社宏，苑鸿庆，等. 广西德保县荣华锰矿地质特征研究[J]. 岩石矿物学杂志，2014，33(2)：343-354.

史晓颖，侯宇安，帅开业. 桂西南晚古生代深水相地层序列及沉积演化[J]. 地学前缘，2006，13(6)：153-170.

涂光炽. 中国层控矿床地球化学[M]. 北京：科学出版社，1984.

腾格尔，刘文汇，徐永昌，等. 缺氧环境及地球化学判识标志的探讨：以鄂尔多斯盆地为例[J]. 沉积学报，2004，22(2)：365-372.

田景春，陈洪德，彭军，等. 川滇黔桂地区下、中三叠统层序划分、对比及层序地层格架[J]. 沉积学报，2000，18(2)：198-203.

王剑，谭富文，付修根，等. 沉积岩工作方法[M]. 北京：地质出版社，2015.

张飞飞，闫斌，郭跃玲，等. 湖北古城锰矿的沉淀形式及其古环境意义[J]. 地质学报，2013，87(2)：245-258.

张继淹. 广西的三叠纪地层[J]. 广西科学，1997，4(2)：118-119.

祝寿泉. 广西东平锰矿半氧化带中的菱锰矿[J]. 地质与勘探，2001，37(2)：58-61.

内部报告

段庆林，李学志. 广西田东县六乙矿区锰矿勘探报告[R]. 中国冶金地质总局广西地质勘查院，2015，8.

广西壮族自治区地质矿产勘查开发局. 广西壮族自治区数字地质图 2006 版说明书(1：50 万)》[S]. 2006，12.

黄桂强，夏柳静. 广西靖西县岜爱山矿区优质锰矿普查报告[R]. 中国冶金地质总局中南地质勘查院，2008，6.

黄桂强，夏柳静. 广西靖西县龙邦矿区南矿段锰矿详查报告[R]. 中国冶金地质勘查工程总局中南局南宁地质调查所，2006，10.

黄焕英，文瑞生. 广西天等县东平氧化锰矿床地质勘探报告[R]. 广西冶金地质勘探公司二七三队，1982，12.

黄晖明，姜天姣. 广西田东县江城那赖矿区锰矿普查报告[R]. 南宁三叠地质资源开发有限责任公司，2005，9.

简耀光，龚运吉. 广西大新县下雷锰矿区外围菠萝岗矿段锰矿普查地质报告[R]. 中国冶金地质勘查工程总局中南局南宁地质调查所，2005，8.

简耀光，夏柳静. 广西天等县东平矿区外围锰矿普查报告[R]. 中国冶金地质总局广西地质勘查院，2017，1.

简耀光，夏柳静. 广西天等县天等锰矿接替资源勘查报告[R]. 中国冶金地质总局广西地质勘查院，2016，5.

简耀光，夏柳静. 广西田东县龙怀矿区那社矿段碳酸锰矿普查报告[R]. 中国冶金地质总局广西地质勘查院，2017，4.

简耀光，夏柳静. 广西壮族自治区靖西县龙昌矿区优质锰矿普查报告[R]. 中国冶金地质总局中南地质勘查院，2008，10.

寇秀根，李淦波. 广西靖西县湖润锰矿区内伏矿段碳酸锰矿初步普查地质报告[R]. 广西壮族自治区第四地质队，1981，11.

雷英凭，陆建辉. 广西巴马良庭矿区锰矿普查报告[R]. 广西壮族自治区第四地质队，2002，8.

李升福，林健. 广西田东县龙怀锰矿区那社矿段88～128线氧化锰矿详查地质报告[R]. 中南地质勘查局南宁地质调查所，1996，3.

李升福，林健. 广西田东县龙怀锰矿区那社矿段氧化锰矿详查地质报告[R]. 中南地质勘查局南宁地质调查所，1998，1.

李升福，苏绍明. 广西桂西南优质锰矿评价报告[R]. 中国冶金地质勘查工程总局中南地质勘查院，2004，5.

廖青海，黄桂强. 广西靖西县那敏矿区锰矿详查报告[R]. 中国冶金地质总局中南局南宁地质调查所，2012，5.

廖青海，邱占春. 广西田东县六林锰矿区普查地质报告[R]. 南宁三叠地质资源开发有限责任公司，2005，2.

廖青海，朱炳光. 广西大新县土湖锰矿工贸外围锰矿普查报告[R]. 中国冶金地质总局广西地质勘查院，2017，9.

廖青海，朱炳光. 广西大新县土湖锰矿接替资源勘查成果报告[R]. 中国冶金地质总局广西地质勘查院，2016，5.

廖清海，朱炳光. 广西靖西县龙昌矿区那院矿段、利更矿段、巴荷矿段、龙昌矿段锰矿详查报告[R]. 中国冶金地质总局广西地质勘查院，2014，5.

廖养民，李学圣. 广西大新县土湖锰矿区初步勘探地质报告[R]. 广西壮族自治区第四地质队，1982，5.

林建辉，吴国平. 广西靖西县湖润矿区扑隆矿段62～87线锰矿详查报告[R]. 冶金部中南地勘局南宁地质调查所，1994，9.

卢斌，杨泽金. 广西天等县东平锰矿区平尧矿段碳酸锰矿普查报告[R]. 中国冶金地质总局广西地质勘查院，2017，12.

骆华宝,周尚国.桂西-滇东南大型锰矿勘查技术与评价研究成果报告[R].中国冶金地质总局,2001,3.

邱占春,姜邦浩.广西德保县扶晚矿区老坡-孟棉矿段锰矿普查报告[R].南宁三叠地质资源开发有限责任公司,2006,4.

施伟业,林健.广西桂西南百色龙川-燕垌优质锰矿富集区预查报告[R].中国冶金地质勘查工程总局中南地质勘查院,2005,4.

施伟业,林健.广西田东县龙怀锰矿区江城矿段氧化锰矿详查地质报告[R].中南地质勘查局南宁地质调查所,2000,10.

施伟业.广西田东—天等一带氧化锰富矿阶段普查地质报告[R].中南地质勘查局南宁地质调查所,2000,7.

谈开甲,杨家谦.广西大新县下雷锰矿区南部碳酸锰详细勘探地质报告[R].广西壮族自治区第四地质队,1982,12.

覃学仁,陈浩.广西田东县义圩矿区锰矿普查报告[R].广西地质矿产局地球物理勘察院,1996,9.

王跃文,刘健.广西德保县巴正矿区锰矿详查报告[R].南宁三叠地质资源开发有限责任公司,2010,7.

王跃文,蒙永励.广西德保县足荣扶晚矿区(陇汤矿段、老坡矿段、岜意屯矿段、孟屯矿段)锰矿详查报告[R].中国冶金地质总局中南局南宁地质勘查院,2011,12.

王跃文,周尚国.广西靖西县湖润锰矿区茶屯矿段详查报告[R].冶金工业部中南地质勘查局南宁地质调查所,1993.6.

王跃文,邹颖贵.广西德保县扶晚矿区老坡—孟棉矿段1040～575m标高锰矿生产勘探报告[R].中国冶金地质总局广西地质勘查院,2014,12.

韦昆昌,龚景秋.广西大新县下雷锰矿区北、中部矿段碳酸锰矿详细普查地质报告[R].广西壮族自治区第四地质队,1983,11.

文承潮,沙君.广西德保县足荣锰矿详查地质报告[R].广西地球物理探矿队,1993,10.

文运强,侯宁.广西田东—德保地区矿产地质调查[R].中国冶金地质总局广西地质勘查院,2016,9.

夏柳静,黄荣章.广西田东县龙怀锰矿区龙怀矿段氧化锰矿详查地质报告[R].中南地质勘查局南宁地质调查所,1999,10.

夏柳静,施伟业.广西天等县那利矿区锰矿详查地质报告[R].中国冶金地质勘查工程总局中南局南宁地质调查所,2006,1.

夏柳静,汤朝阳.广西天等龙原—德保那温地区锰矿整装勘查区专项填图与技术应用示范报告[R].中国冶金地质总局广西地质勘查院,中国地质调查局武汉地质调查中心,2016,6.

夏柳静,文运强.广西大新县下雷矿区大新锰矿北中部矿段勘探报告[R].中国冶金地质总局文本地质勘查院,2015,5.

许剑雄,劳复天.广西靖西县湖润锰矿区普查报告[R].地质部广西地质局426地质队,1966,2.

杨家谦,黄尊廷.广西靖西县湖润锰矿区巡屯矿段碳酸锰矿普查地质报告[R].广西壮族自治区第四地质队,1987,12.

杨家谦,黄尊廷.广西靖西县新兴锰矿区详查地质报告[R].广西壮族自治区地质矿产局第四地质队,1990,9.,

杨少培,林建辉.广西靖西县湖润锰矿区内伏矿段 24～27 线氧化锰矿详查地质报告[R].中南冶金地质勘探公司南宁冶金地质调查所,1987,12.

赵冠华,乐兴文.广西大新县新湖矿区锰矿普查报告[R].广西壮族自治区第四地质队,2005,6.

赵冠华,梁聚弦.广西德保县大旺矿区锰矿普查报告[R].广西壮族自治区第四地质队,1999,11.

赵品忠,彭磊.广西天等县东平锰矿区冬裕—含柳矿段碳酸锰矿普查报告[R].中国冶金地质总局广西地质勘查院,2017,4.

周泽昌,邱占春.广西天等县把荷锰矿区补充普查地质报告[R].南宁三叠地质资源开发有限责任公司,2004,9.

邹颖贵,彭磊.广西天等县东平矿区那造矿段碳酸锰矿普查报告[R].中国冶金地质总局广西地质勘查院,2017,10.